的魔力

函數式程式設計入門與應用

序

雖然平時主要的工作都是用命令式語言完成的，但這並沒有影響我成為一名 Haskell 的忠實粉絲，或者說函數式程式設計的粉絲。函數式程式設計作為另一類重要的程式設計模型，無論是在解決問題的大方向上，還是針對具體問題的具體思維上，對程式設計師都非常有幫助。即使在使用命令式程式設計語言的過程中，這些幫助也很有意義。如果你不會函數式程式設計，你可能終究無法成為一個更好的程式設計師（這和你是否需要用函數式程式設計工作沒有關係），比如 map-reduce 框架的靈感就來自函數式程式設計語言，Erlang 的分散式程式設計模型也利用了很多諸如不可變資料、高階函數等函數式程式設計的特性。

在函數式程式設計中，我最喜歡的語言就是 Haskell。Haskell 從語言設計到對實際程式設計問題的建模，都帶有那種讓人心曠神怡的美。Haskell 出身於學術界，包含了很多電腦語言方面尖端的、實驗性的想法，是各種語言特性的試驗田，學習 Haskell 是對程式設計師的內涵和品味的一個很好的提升。

但是學習 Haskell 其實很不易，常常導致對 Haskell 感興趣的人無從下手，我個人也讀過很多圖書和教材，但是沒有哪本是上手門檻特別低的。對於程式設計師來說，能對照著理論快速實踐的圖書比較容易學習，韓冬同學的《Haskell 的魔力－函數式程式設計入門與應用》就是這樣一本讀起來輕鬆愉快、很有親和力的圖書，書中提供了大量實作來配合理論，學習起來沒有太大壓力。不像其他 Haskell 圖書，這裡不會用高不可攀的名詞嚇壞你，循序漸進，不知不覺的你就成了 Haskeller。希望作為讀者的各位也可以在學習程式設計知識的過程中，體會 Haskell 的美。

另外，出於種種原因，你可能之前學過 Haskell 但是未必能直接應用到工作裡，這本書列出了作者本人的大量程式設計實作，希望它能起到拋磚引玉的作用，讓你在工作中充分享受函數式程式設計的樂趣！

李令輝

前滴滴出行首席架構師，現美洽網總裁兼 CTO

前言

從未有過一門程式設計語言像 Haskell 這般打動我：

> Elegance is not optional.
> 優雅是不可或缺的。
>
> — Richard O'Keef

以致我打算寫一本關於程式設計的書，計畫主題涉及 Haskell、範疇論以及如何使用它們解決實際的程式設計問題。此外，寫作本書的原因還有：

◎ Haskell 的進化速度太快，關於 Haskell 的資料多少都有些過時了，例如著名的 RWH、LYAH，很多東西都已經不適用。

◎ 國內關於 Haskell 的資料太少。

◎ 範疇論是程式設計師解決問題的有力工具，可是很多關於範疇論的文章都太過學術。

◎ Haskell 是一門十分有趣、有用的語言，瞭解的人太少實在可惜。

總而言之，這本書試圖給喜歡程式設計的讀者帶來很多有趣、有用的東西，讓讀者在工作中享受 Haskell 和範疇論的美妙。

書名一方面來源於：

> Any sufficiently advanced technology is indistinguishable from magic.
> 先進的科技無異於魔法。
>
> —Arthur C. Clarke

另一方面是因為熟悉 Haskell 的人都承認它是一門充滿了魔法咒語的語言。另外，我很喜歡電影《Magic Mike》。

本書分為三部分：基礎知識、重要的型別（Type）和型別類別（Type Class）、高階型別類別和專案實作，是一門由淺入深的 Haskell 學習教材。

第一部分主要介紹 Haskell 的基礎語法和函數式程式設計的基本概念，以及 GHC、GHCi、cabal 等工具的用法。

第二部分按照函子→應用函子→單子的順序介紹 Haskell 中核心的三大型別類別，並以串列單子、Reader 單子和 State 單子為例詳細分析單子型別類別的來龍去脈。

最後一部分主要介紹最新加入 Haskell 的 Foldable 和 Traversable 型別類別、單子變換、GHC 的語言擴充和程式標注，以及在網路程式設計、資料庫、並行和平行等方面的一些實例，希望能給讀者帶去很多有用的參考。

因此，本書適用的讀者很廣泛，不管你是剛剛開始學習程式設計的電腦愛好者，或是有一定程式設計經驗的從業人員，還是對函數式程式設計已經有了一些瞭解但希望進一步提升的進階讀者，我相信在本書中都能找到你想要的內容。不過這裡需要提醒的是，很多擁有其他語言經驗的程式設計師在剛剛學習一門新語言時，往往喜歡從案例入手，粗略看了幾眼基本語法後就直接進入自己熟悉的領域，分析案例，例如十分鐘寫出一個 Web Server，半小時寫出一個 GUI 記事本等，然後根據之前自己的經驗來消化新語言的語義和使用技巧。因為以他們以往的經驗來看，不同的語言無非就是縮排和括弧這類細枝末節的語法不同，或者某些特性支援與不支援的區別。但我強烈建議學習 Haskell 的時候，把之前的語言經驗統統忘記，因為這是一門非常「不一樣」的語言。

◎ Haskell 是純函數式程式設計語言，所有的函數只要傳遞的參數相同，計算的結果也一定相同，即使是和外界產生互動的函數，例如讀取使用者輸入 getLine，我們會為了和外界互動創造一整個世界。

◎ Haskell 沒有任何的控制結構宣告，例如你所熟知的 for 和 while，但卻擁有許多強大的結構控制函數，可以方便地表達複雜的確定性、非確定性、同步、非同步等計算過程。

◎ Haskell 沒有可以改變的變數，卻可以實作非常複雜的狀態轉換。把 State 的操作用強型別標記，可以從編譯階段杜絕大量 bug。另外，本書將使用「綁定」一詞取代其他資料中的變數，以減少歧義。

◎ Haskell 的抽象能力非常強，所以要求你理解很多抽象的概念。但這不是一件壞事，並且當你熟練掌握它們之後，它們可以幫你節省很多無用的程式碼。而且相比其他語言，你可能會把大部分時間都花在細枝末節的處理上。

人們常常把 Haskell 和另一門遠古魔法 Lisp 作比較。作為一個出現較晚的函數式程式設計語言，Haskell 從數學界引入了大量強力的概念，這使得它異常嚴謹，每一個層次的抽象都建立在堅固的理論基礎之上。

所以每一個在你看來很簡單的概念，都會在之後更加龐大的概念中出現，千萬不要因為它們看起來沒用而忽略它們，這會導致你快速翻閱到後面章節時，因為錯過太多簡單的概念而無法理解後續出現的精髓，等到實際應用時，你會覺得 Haskell 難以使用。

本書會提供很多 Haskell 的實際應用，因為本人工作的原因，這裡提供的應用實例大部分將集中在網路程式設計方面。也希望讀者能夠耐心閱讀，慢慢體驗 Haskell 的優雅。當你讀完本書後，十分鐘寫出一個 Web Server 之類的事情將完全不是問題。

此外，本書還提供了原始程式碼供讀者下載，詳情可參見 http://magic-haskell.com/或 http://books.gotop.com.tw/v_ACL049800。

感謝圖靈公司，尤其是王軍花編輯對我的大力支援，沒有你們的努力，本書不可能和讀者見面。也感謝在美團所有和我一起共事過的同事，我的兩個前端組 Leader 潘魏增、夏嬌嬌，之前百度的 Leader 陸泰寧，沒有你們的幫助，本書不可能成稿。特別感謝周圍在我寫作期間給予的關心和幫助，你是我不斷努力的動力。

目錄

Part 01 基礎知識

Part 03 高階型別類別和專案實作

Part 1

基礎知識

第 1 章到第 10 章是本書的第一部分，內容包括 Haskell 的基本語法、函數式程式設計的基本概念以及常見的資料型別和型別類別，主要針對之前從未接觸過 Haskell 或者想要全面瞭解 Haskell 語言的讀者。在繼續閱讀此部分內容之前，建議讀者先設定好電腦上的 Haskell 環境。書中的範例都是以 Haskell 的官方實作 GHC 為基礎編寫的，下面簡要介紹一下 GHC 的安裝步驟。

從 Haskell 的官方網站（https://www.haskell.org/downloads）獲得 Haskell 語言最主要的實作 GHC（The Glasgow Haskell Compiler）。

如果沒有其他原因，推薦下載包含 GHC 和 cabal 的 Minimal installers。安裝完成之後，命令行裡會出現以下幾個命令。

◎ GHC。這是 GHC 的可執行檔，你可以直接調用它來編譯 Haskell 原始程式碼檔（*.hs）。

◎ GHCi（GHC's interactive environment）。類似 python 和 irb，這是 GHC 的互動命令模式，方便在開發過程中快速查看、求值以及試驗等，用過 Lisp 實作 REPL 的同學會發現很熟悉。在後面的章節中，GHCi 將會是非常有用的試驗工具。

◎ runhaskell。快速執行 Haskell 檔。假設你的 runhaskell 路徑是/usr/local/bin/runhaskell，則可以在 Haskell 原始程式碼檔頂部加上 shebang 符號（即 #!，這是 Unix 系統中說明操作系統找到執行檔的注釋）：

```
#!/usr/local/bin/runhaskell
```

把 Haskell 當作腳本使用。

◎ cabal。這是 Haskell 社區使用最為廣泛的包管理工具，同時身兼自動化編譯工具的功能，所以 Haskell 專案不需要使用傳統的工具 make。

Haskell 社區最大的開源倉庫非 Hackage 莫屬：

```
http://hackage.haskell.org
```

你可以使用上面說到的 cabal 下載並安裝 Hackage 上的程式庫。在 Linux 下，很多包管理工具會提供 Haskell 的程式庫，**不要輕易使用它們**。因為它們會自動安裝到全域空間，帶來很多不必要的麻煩。如果書中需要用到額外的庫，除非是很常用的庫，其他情況下預設安裝到專案空間，這在之後的章節中會說明。

目前，主流的編輯器對於 Haskell 提供的支援都很好。

◎ Emacs 的使用者推薦安裝 Haskell-mode 外掛程式。

◎ Vim 用戶推薦安裝的外掛程式有 syntastic、vim-hdevtools 或者 ghcmod-vim、hlint 等。除了安裝外掛程式，vim-hdevtools 或者 ghcmod-vim 還需要安裝對應的程式並將其放置在 path 下。當然，對於初學者來說，這些都不是必需的，Vim 對 Haskell 原生的支持就很好了。

◎ Sublime 用戶可以安裝強大的 SublimeHaskell 外掛程式。當然，如果需要使用這個外掛程式的額外功能，也需要安裝 ghc-mod 等程式。

遵循所有程式設計語言的慣例，先新建一個 Main.hs 檔，其內容如下：

```
main :: IO ()
main = print "hello world"
```

然後使用 runHaskell 執行它：

```
runHaskell Main.hs
```

此時你的螢幕上顯示出 hello world 了嗎？如果沒有，請檢查一下你的電腦是不是壞掉了。

最後要提的是，有一本最好的 Haskell 參考書，你一定要列印出來，遇到不清楚的地方務必前去查閱，它就是「the Haskell Report」！最新的一版是 Haskell 2010。

◎ 線上閱讀：https://www.haskell.org/onlinereport/haskell2010/。

◎ 下載列印：https://www.haskell.org/definition/haskell2010.pdf。

記得一定要列印，和本書一起放在你的枕邊，因為這是 Haskell 最官方、最全面的參考書！

01

基本語法和 GHCi

Haskell 的語法以簡潔、優雅著稱，但是和 Lisp 的極簡語法不同，它最強調的是可讀性，其次才是語法結構的簡潔性。很多語法的設計都以犧牲一定的簡潔性來提高可讀性，所以閱讀 Haskell 程式碼往往給人一種很乾淨的感覺，本章呈現給讀者的，就是 Haskell 的基本語法結構。

GHCi 是 GHC 的互動模式，在其中輸入一些程式碼，可以即時獲得執行結果。此外，GHCi 還提供了一些特殊的命令來幫助我們分析正在除錯的程式碼。本章主要介紹一些基本的使用方法。

1.1 注釋

我們先從和其他語言相同的地方說起。首先，好的程式設計師一定要會寫注釋，Haskell 中的注釋長這個樣子：

```
-- 這是一行注釋
{-
    這是一段注釋
-}
```

和大多數程式設計語言一樣，Haskell 套裝程式包含有表示式（expression）和宣告（declaration）兩種型別。

1.2 表示式

表示式就是有值（value）的式子，例如：

```
1
True
x + 4
3 :: Float
sort [3,8,1,4]
case Foo of True  -> 1
            False -> 2
```

下面簡單說明上述程式碼的作用。

◎ 3 :: Float 表示的是一個浮點數 3，:: 在這裡說明了 3 的型別是 Float。

◎ sort 是排序函數，sort [3,8,1,4] 是一次函數呼叫，該表示式的值是排序後的串列。

這裡需要說明的是，和大部分語言不同，**Haskell 中的函數呼叫不需要加括弧，多個參數之間也不用加逗號**，這個以後還會解釋。

◎ case ... of ... 是一個完整的表示式。在上面的例子中，最後一個表示式的值在 Foo 是 True 的時候等於 1，否則等於 2。

值得注意的是，在其他語言中作為控制結構的宣告，例如 if...then...else... 和 case...of...，**在 Haskell 中大部分都是表示式**。

有時候，一個表示式由好幾個部分組成，我們可以使用 let...in... 來把複雜的表示式拆分成若干部分：

```
let x = 3 * a
    y = 4 * a
in sqrt (x ^ 2 + y ^ 2)
```

整個表示式的值等於把 x、y 的值代入 sqrt (x ^ 2 + y ^ 2) 的值。此外，let...in... 還有一個作用，那就是把複雜表示式中需要重複計算的部分提取出來。假設剛剛的表示式中還出現了若干個 3 * a，我們只需要計算一次 x = 3 * a 即可。

1.3 宣告

僅僅有表示式還不足以表達程式的結構，一個完整的 Haskell 程式是由若干宣告組成的。Haskell 的宣告和其他語言不太一樣，其中有很多種型別的宣告，這裡先講幾個基本型別的宣告。

1.3.1 型別宣告和綁定宣告

Haskell 是一門強型別語言，所有的表示式都有確定的型別，你可以使用::手動加入型別標注：

```
addOne :: Int -> Int
addOne x = x + 1

welcomeMsg :: String
welcomeMsg = "hello world"
```

上面的例子中，welcomeMsg :: String 讀作「welcomeMsg 的型別是 String」。= 則是把右側的表示式綁定（binding）到左側的名稱上，在程式碼其餘的地方，每當你需要使用 "hello world" 的時候，使用 welcomeMsg 即可。

和其他語言中宣告/初始化變數不同，在 Haskell 中一旦一個名稱被綁定給了表示式，這個名稱包含的表示式就永遠不會再變了。**Haskell 中不存在變數，只存在綁定，任何時刻一個名稱對應的表示式都是唯一確定的。**

如果=左側的名稱有多個，例如 addOne x = x + 1，那麼這是一個函數綁定，第一個名稱 addOne 是函數，後面的 x 是參數的模式（pattern）。關於函數綁定，後面還會詳細介紹，現在把函數綁定左側的部分，理解為函數加上參數串列即可，addOne x = x + 1 基本上和下面的 C 語言程式碼等價：

```
int addOne(int x){
    return(x+1);
}
```

在程式碼其餘的地方，如果需要計算 3 + 1，只需呼叫 addOne 3 即可。

其實在上面說到的 let ... in ... 語法中，let 和 in 之間的部分也都是綁定，這些綁定只在 in 後面的表示式裡可見，在整個 let 之外不可見：

```
x = 1

let x = 3 * a
    y = 4 * a
in ... -- 此處 x = 3 * a

y = x + 1
-- 此處y = 1 + 1 == 2
-- 此處x的綁定仍然是x = 1
```

程式碼中可以看見 x 的區域叫作 x 的**作用域**（scope）。在 Haskell 中，一個綁定的作用域可以根據程式碼的詞法（lexical）結構（例如 let ... in ...）分析出來，所以說 Haskell 的綁定遵循詞法作用域（lexical scope）：

```
let x = 1
in let y = x * 2 -- 這裡可以看見x
    in x + y -- 這裡既可以看見x，也可以看見y
```

詞法作用域其實就是指在巢狀嵌套的語法結構中，被巢狀嵌套的程式碼片段可以看到外層程式碼片段的綁定。

1.3.2 模組宣告和匯入宣告

下面的程式碼定義了一個模組 Main。在該模組內部，我們匯入了模組 Data.List，然後定義了 main 函數，它的型別是 IO ()（關於這個型別，還需要好幾個章節才能理解，先不管它）。main 函數使用 Data.List 中的函數 nub 去除串列中的重複元素，並把它列印出來。和 C 語言一樣，main 函數也是整個程式的入口：

```
module Main where

import Data.List
```

```
main :: IO ()
main = print (nub [1,2,3,2,3])
```

在把模組 A 匯入到自己的模組之後，模組 A 中所有的函數在我們的模組中都是可見的。如上面說到的，Haskell 中所有的名稱都是唯一的，所以在上面的例子中，你無法再定義一個 nub 函數。關於模組和匯入，還有很多高階語法可解決命名衝突問題，將在後面介紹。

現在你可能會奇怪 print 函數是在哪裡定義的？事實上，為了方便撰寫，Haskell 預設會在所有模組中匯入一個叫作 Prelude 的模組，這個模組包含許多常用函數。Haskell 中許多重要的模組（包括 Prelude）一起構成了 base 程式庫，這套函數程式庫會隨著 Haskell 編譯器一起發行。只要有可以工作的 GHC，就可以直接匯入 base 中的所有模組，它的說明文件放置在 Hackage 上：http://hackage.haskell. org/package/base。

現在看不懂 Hackage 的說明文件沒關係，大概感受一下就好，之後你會慢慢發現 Hackage 上的說明文件是你最好的幫手。現在需要牢記的幾件事情如下。

◎ Haskell 中沒有變數和指定值，只有綁定，綁定不能改變。

◎ Haskell 中沒有條件、迴圈、分支等控制宣告，條件和分支在 Haskell 中是表示式的一部分。

1.4 函數

在 Haskell 中，函數是最重要、最基本的元素，所以我們有一些特別的函數語法來提高程式碼的可讀性，簡化撰寫。

◎ 函數分為普通函數和中綴（Infix，或譯為中序）函數兩類。普通函數的呼叫方法就是函數跟上參數，中綴函數則和算術中的加減乘除差不多，先寫第一個參數，再寫函數，最後跟上第二個參數：

```
print "hello world"
-- 普通函數呼叫，print 是列印函數，"hello world"是參數

2 + 3
-- 中綴函數呼叫，+是加法函數
(+) 1.5 2.5
-- 等價於 1.5 + 2.5
-- 中綴函數呼叫的另一種方法

Foo == False
-- 函數==判斷是否相等

Bar /= True
-- 函數/=判斷是否不相等

[1] ++ [] ++ [2,3,4]
-- 函數++用於連接兩個串列

elem 3 [1,2,3]
-- elem x xs 判斷串列 xs 中是否出現 x
3 `elem` [1,2,3]
-- 普通函數呼叫的另一種方法
```

上面最後一個例子是 Haskell 中的一個特殊語法。當需要把一個普通函數當作中綴函數使用時，只需在函數兩側加上`即可。而 (+) 1.5 2.5 則是把中綴函數 + 當作普通函數使用的方法，即在中綴函數兩側加上括弧。

普通函數呼叫優先順序最高，高於任何中綴函數，所以你可以這樣寫：

```
zs :: [Int]
zs = sort xs ++ sort ys
-- == (sort xs) ++ (sort ys)
```

中綴函數的優先順序從 0 到 9。和結合性一起定義，使用 infix（不結合）、infixl（左結合）、infixr（右結合）說明：

```
infixl 6 +
-- + 的優先順序是6，左結合
infixl 7 *
-- * 的優先順序是7，左結合
infixr 8 ^
-- ^ 的優先順序是8，右結合
infix 4 `elem`
-- `elem`的優先順序是4，不能結合

2 + 3 * 4
-- == 2 + (3 * 4)
-- 因為*的優先順序高於+

2 ^ 3 ^ 4
-- == 2 ^ (3 ^ 4)
-- /= (2 ^ 3) ^ 4
-- 因為^是右結合的

x `elem` xs `elem` ys
-- 報錯，沒有結合性的中綴函數不能這麼連著寫，必須加括弧
```

如果一個中綴函數（包括使用`包起來的函數）沒提供優先順序和結合性的說明，那麼預設為 infixl 9，即左結合，最高中綴優先順序。

◎ 「- 」既可以在中綴函數中表示相減，也可以在普通函數中表示求相反數，而兩者的優先順序都是 6，於是：

```
3 * -2
-- 報錯
3 * (-2)
-- OK
-- == 3 * negate 2
-- == - 6
```

◎ 「:: 」型別說明符的優先順序最低，所以 :: 說明的是前面整個表示式的型別（有幾個特例後面會提到）:

```
test 2 + 3 :: Double
-- == (test 2 + 3) :: Double
-- /= test 2 + (3 :: Double)
```

此外，初學者需要注意 Haskell 中的一些命名規則，否則程式無法通過編譯。

◎ Haskell 的綁定名稱統一使用駝式命名法，雖然也允許出現_，甚至允許'，但一般都有特殊含義，例如 x' 一般代表稍加修改之後的 x，和數學推導過程中使用的規則很像。

◎ Haskell 的中綴函數允許使用的字元有！、#、$、%、&、*、+、.、/、<、=、>、?、@、\、^、|、-、~、'和:，但不能以:開頭（後面會說到）。只要不要和一些內建的語法衝突，例如 -> 和 = 等，其他都可以定義，詳細規則請參見 Haskell 2010 Report。

中綴函數是 Haskell 中很有特點的一個設計，很多時候可以極大地改善程式碼的撰寫，但是切忌亂用。因為它們不像普通函數，可以從名字推測出很多資訊，所以大部分時候，儘量使用有意義的名稱來綁定你的函數。

1.5 GHCi

以上的基本語法都理解了之後，我們開始動手吧！打開命令提示列，輸入 ghci，按 Enter。你現在進入了 GHC 的互動命令模式，先試著玩一下：

```
Prelude> 1 + 1
2
Prelude> print "hello"
"hello"
Prelude> let xs = [2,3,4,1]
Prelude> import Data.List
Prelude Data.List> sort xs
[1,2,3,4]
Prelude Data.List> let xs = [2,2,2,3,4]
Prelude Data.List> nub xs
[2,3,4]
```

上面的例子裡因為要使用 sort 函數，而這個函數沒有在預設匯入的 Prelude 模組裡，所以使用 import 匯入了 Data.List 模組。需要注意的是，我們綁定 xs 的時候使用了 let xs = [2,3,4,1]，之後又綁定了一次。因為 GHCi 身處一個巨大的連續運算中，後面的綁定可以覆蓋（shadow）前面的綁定。記得在 GHCi 中綁定名稱時，一定要在前面加上 let 就好。

GHCi 的一些基本命令如下：

```
:? :h :help 查看所有命令的幫助
:q :quit 退出 GHCi
:l :load 載入*.hs 檔案到目前會話（session）
:t :type 顯示表示式的型別
:i :info 顯示綁定的詳細資訊（例如運算子的優先順序）
```

保持 Data.List 的匯入狀態，讓我們來試試 GHCi 的命令吧：

```
Prelude Data.List> :t 3
3 :: Num a => a
Prelude Data.List> :t (3 :: Double)
(3 :: Double) :: Double
Prelude Data.List> :t [1,2,3]
[1,2,3] :: Num t => [t]
Prelude Data.List> :t sort
sort :: Ord a => [a] -> [a]
Prelude Data.List> :info &&
(&&) :: Bool -> Bool -> Bool      -- Defined in 'GHC.Classes'
infixr 3 &&
Prelude Data.List> :info nub
nub :: Eq a => [a] -> [a]
      -- Defined in 'base-4.8.1.0:Data.OldList'
```

這裡出現了許多需要解釋的東西。

◎ :t 3 查詢了 3 的型別，GHCi 返回 3 :: Num a => a，其意思是，雖然我不確定 3 的具體型別是什麼（整型？浮點？雙精度？），但是我可以肯定地告訴你，它的型別 a 一定是數字 Num。=> 代表對型別的限制，Num a 限制了最後的 a 一定是數字型別。

◎ 在 Haskell 中，確定的型別首字母大寫（例如 Float 和 Bool）代表常數，而不確定的型別一般都用小寫字母 a、b、c... 表示，代表**型別變數**。當然，你也可以用小寫字母開頭的單詞表示型別變數。

◎ 同理，sort 的型別是 Ord a => [a] -> [a]，表示 sort 的型別是串列到串列的函數，而串列裡元素的型別 a 一定要能夠比較大小，所以前面加上了型別限制 Ord a。nub 是串列去除重複的函數，它的要求則是串列的元素可以被判斷是否相等，所以需要新增型別限制 Eq a。

◎ :info && 查詢了中綴函數 && 的相關資訊。注意如果使用 :t 查詢中綴函數的型別的話，記得要加上括弧，像這樣 :t (&&) 即可。

事實上，中綴函數在 Haskell 裡的正確名稱應該叫作中綴運算子（operator），不過鑒於本質都是定義出來的函數，所以本書統一稱作「函數」。綁定中綴函數有兩種做法：

```
(++++) :: Int -> Int -> Int
x ++++ y = x ^ 2 + y ^ 2
```

或者

```
(++++) :: Int -> Int -> Int
(++++) x y = x ^ 2 + y ^ 2
```

這裡我們綁定了一個中綴函數 ++++，它可以幫助我們求取兩個整數的平方和，你可以在 GHCi 中加上 let 試一試。關於中綴函數加括弧的規則，其實就是當兩側參數都存在的時候不用加，其餘都加。

現在在目前的目錄下建立 Test.hs 檔，然後把剛剛寫的函數加進去：

```
module Test where

(++++) :: Int -> Int -> Int
(++++) x y = x ^ 2 + y ^ 2
```

儲存檔案之後，在 GHCi 中使用:l 載入：

```
Prelude> :l Test.hs
[1 of 1] Compiling Test             ( Test.hs, interpreted )
Ok, modules loaded: Test.
*Test> :t (++++)
(++++) :: Int -> Int -> Int
*Test> 3 ++++ 4
25
*Test> (++++) 3 4
25
```

程式碼說明如下。

◎ 執行 :l Test.hs 之後，Test 模組中的 ++++ 函數被匯入到目前的 GHCi session 中。

◎ :t (++++) 查看函數的型別。

◎ 3 ++++ 4、(++++) 3 4 呼叫了函數。

1.6 初級函數

接著我們試試 Prelude 裡定義的這些函數。很多其他語言裡的運算子在 Haskell 中都是函數，請務必記得：

```
id :: a -> a
-- 直接返回任意型別的參數
id 3
-- 3

const :: a -> b -> a
-- 直接返回第一個參數
const "hello" 100
-- "hello"

(&&), (||) :: Bool -> Bool -> Bool
-- 邏輯與，邏輯或
True && False
-- False
True || False
-- True

not :: Bool -> Bool
-- 邏輯非
not False
-- True

otherwise :: Bool
-- 等於 True，後面會介紹為什麼要引入它來代表 True

fst :: (a, b) -> a
-- 提取二元組第一個元素
fst ("hello", 100)
-- "hello"
snd :: (a, b) -> b
-- 提取二元組第二個元素
snd ("hello", 100)
-- 100

(++) :: [a] -> [a] -> [a]
-- 連接兩個同型別的串列
[1,2,3] ++ [4,5,6]
-- [1,2,3,4,5,6]

(!!) :: [a] -> Int -> a
-- 取串列第 n 個元素（從 0 開始）
[1,2,3] !! 2
-- 3

head :: [a] -> a
tail :: [a] -> [a]
-- 取串列的頭和尾
```

```
head [1,2,3]
-- 1
tail [1,2,3]
-- [2,3]

init :: [a] -> [a]
last :: [a] -> a
-- 取串列的始和末
init [1,2,3]
-- [1,2]
last [1,2,3]
-- 3

null :: [a] -> Bool
-- 判斷串列是否為空串列
null []
-- True

length :: [a] -> Int
-- 求串列長度
length [1,2,3,4,5]
-- 5

take :: Int -> [a] -> [a]
-- 取串列前n個元素
take 2 [1,2,3,4,5]
-- [1,2]

drop :: Int -> [a] -> [a]
-- 丟棄串列前n個元素
drop 2 [1,2,3,4,5]
-- [3,4,5]

reverse :: [a] -> [a]
-- 顛倒一個串列
reverse "hello world"
-- "dlrow olleh"

and, or :: [Bool] -> Bool
-- 對串列裡全部的邏輯值進行「與」或者「或」運算
and [True, False, True]
-- False
or [True, False, True]
-- True

elem, notElem :: Eq a => a -> [a] -> Bool
-- 判斷元素是否在串列裡
2 `notElem` [1,2,3]
-- False

(==), (/=) :: Eq a => a -> a -> Bool
-- 判斷兩個相同型別的元素是否相等/不等
"hello" == 234
-- 報錯，型別不符
```

```
(<), (<=), (>=), (>) :: Ord a => a -> a -> Bool
-- 小於、小於等於、大於等於、大於判斷
10 < 100
-- True
'a' > 'z'
-- False

min, max :: Ord a => a -> a -> a
-- 兩個元素中小的那個/大的那個
min 10 100
-- 10

maximum, minimum :: Ord a => [a] -> a
maximum "hello world"
-- 串列中最大值/最小值
-- 'w'
```

此外，Prelude 中還有許多算數運算的函數，在介紹 Haskell 的數字型別 Num 時會再詳細介紹，其他一些高階函數和型別也放到後面的章節。另外，鑒於 head/tail 和 init/last 比較常用，本書將使用頭/尾和始/末來稱呼它們，下面是它們的區別：

```
head 頭      tail 尾
  +   +-------------------+
  |   |                   |
  V   V                   V

[ 1, 15, 2, 12, 5, 6, 1, 12 ]

  ^                   ^   ^
  |                   |   |
  +-------------------+   +
        init 始        last 末
```

02

data 和模式比對

資料和資料型別一直是程式設計過程中最核心的部分。一般來說，解決問題的第一步，就是針對問題建構合適的資料型別，而 Haskell 中很多控制結構和演算法都建立在特定的資料結構之上，所以熟練地建構資料型別非常關鍵。本章要介紹的內容如下所示。

◎　定義資料型別的 data 語法結構，介紹建構函數的概念。

◎　透過模式比對對資料進行簡單的操作。

◎　以 data 的記錄語法為基礎，資料項目的提取和更新。

對於從來沒有接觸過函數式程式設計的讀者來說，這部分語法可能會有些陌生。不過先明瞭基本概念即可，後面還會透過實例反覆加強對 data 關鍵字的理解。

2.1 資料宣告 data

data 是 Haskell 中最重要的關鍵字之一。顧名思義，data 用來定義資料。舉個例子，假設想表示二維座標系中一個點的位置，打算用什麼資料結構呢？陣列？雜湊表（Hash table）？也許你會說，二元組比較合適。不過在 Haskell 中我們不會這麼做，因為使用 data 定義資料結構實在太輕鬆了：

```
data Position = MakePosition Double Double
MakePosition 1.5 2 :: Position
```

data Position 定義了一個新的資料型別 Position，MakePosition Double Double 指定了如何建立一個 Position 型別的資料，也就是 MakePosition 跟上兩個 Double 浮點數，所以 MakePosition 1.5 2 的型別是 Position。MakePosition 被稱為型別 Position 的**建構函數**（如果你之前在別的語言中聽說過這個詞，請忘記吧）。

所以，MakePosition 本質上是一個函數，它的型別應該是：

```
MakePosition :: Double -> Double -> Position
```

即把兩個 Double 變成一個 Position 的函數。你可以把 data 關鍵字做的事情理解為：

◎ 宣告了一個新的型別（上例中的 Position）。

◎ 建立了該型別對應的建構函數（上例中的 MakePosition）。

在 Haskell 中，除了建構函數外，其他的函數都應該以小寫字母開頭，這也是建構函數和普通函數的區別之一。另外，有一點讓很多人困惑的是，宣告的型別和建構函數可以同名，因為兩者的命名規則都是大寫字母開頭的駝式命名法，所以剛剛的例子也可以是：

```
data Position = Position Double Double
Position 2 2 :: Position
```

我們宣告了一個型別 Position，它的建構函數是 Position。這一點務必弄清楚，這兩個 Position 並不在一個命名空間下。當然，你也不能想當然地認為型別 Foo 的建構函數一定就是 Foo。

另外，還可以定義中綴建構函數：

```
data Position = Double :+ Double
1.5 :+ 2 :: Position
(:+) 0 0 :: Position
```

中綴建構函數必須以 : 開頭，這樣就和中綴函數區分開了，其他的命名規則和中綴函數一致。另外，需要說明的是，和中綴函數的用法類似，基於可讀性考量，請不要亂用中綴建構函數。

2.2 模式比對

現在我們打算使用剛剛定義的型別 Position。為了簡單起見，我們使用的建構函數是 MakePosition 的那個版本，現在想計算二維座標系中兩個點的直線距離：

```
distance :: Position -> Position -> Double
distance p1 p2 = ?
```

看來需要一種方法把 Position 型別中的兩個座標資料拿出來，這個過程在 Haskell 中叫作模式比對（pattern match）。我們可以使用語法結構 case ... of ...來做模式比對：

```
data Position = MakePosition Double Double

distance :: Position -> Position -> Double
distance p1 p2 =
    case p1 of
        MakePosition x1 y1 ->
            case p2 of
                MakePosition x2 y2 -> sqrt ((x1 - x2) ^ 2 + (y1 - y2) ^ 2)

pointA :: Position
pointA = MakePosition 0 0

pointB :: Position
pointB = MakePosition 3 4
```

把上面的程式碼存到 Test.hs 中，然後在 GHCi 中載入，運用 distance pointA pointB 試試看：

```
Prelude> :load Test.hs
*Main> distance pointA pointB
5.0
```

可以看到，我們成功應用了畢氏定理。下面再來看看 case ... of ...的語法。首先 case ... of ...是一個表示式，它的語法結構如下：

```
case x of
    pattern1 -> expression1
    pattern2 -> expression2
    .
    .
    .
    patternN -> expressionN
```

它的值取決於 x 滿足的模式，模式比對從上到下依次比對 pattern1 到 patternN，一旦比對成功，整個表示式等於對應 -> 右側的表示式。

然後看一下模式（pattern）的定義，在剛剛那段程式碼中：

```
case p1 of
    MakePosition x1 y1 -> ...
```

MakePosition x1 y1 就是一個模式，和之前我們寫的型別宣告做比較：

```
data Position = MakePosition Double Double
```

不難發現，模式其實就是把建構函數的定義照抄下來，把對應需要接收綁定的位置換成需要綁定的名稱。如果用 pointB = MakePosition 3 4 去比對 MakePosition x y，那麼會得到兩個綁定：x = 3 和 y = 4。

如果你的 Position 定義是中綴版本，那麼可以這麼比對：

```
data Position = Double :+ Double

... case p1 of x :+ y -> ...

-- 或者
... case p1 of (:+) x y -> ...
```

在 case ... of ... 表示式中產生的綁定，只在對應的表示式分支裡有效，不會新增到全域。而像剛剛 distance 例子中，我們在一個 case 裡面巢狀嵌套了另一個 case，如果後面的綁定不小心和之前的綁定用了同一個名字，會出現一些問題：

```
distance :: Position -> Position -> Double
distance p1 p2 =
    case p1 of
        MakePosition x y ->
            case p2 of
                MakePosition x y -> ???
```

在???所在的表示式中，可以看見兩個綁定 x 和 y。這時需要注意詞法作用域的另一個原理，???離得最近的 x 和 y 是 p2 模式比對到的綁定，它們把外層 p1 模式比對出來的 x 和 y 覆蓋了。於是我們沒辦法在???中引用 p1 的資料，自然也無法計算距離了。

2.2.1 無處不在的模式比對

回顧一下之前的例子，可以這麼理解 data 和 case。

◎ data 定義了一類盒子，上面貼著的標籤是 Position，裡面需要裝入兩個 Double 型別的數字（定義型別）。MakePosition 則是把兩個 Double 裝進了一個這樣的盒子裡打包。

◎ case p of MakePosition x y -> ... 則是對照盒子的樣子，把裡面裝的兩個 Double 取出來（解包），並綁定到 x 和 y 上，交給右側的表示式使用。

每次重複這樣的打包/解包過程實在很麻煩。還記得之前說過，函數綁定的左側，其實是函數名跟上模式。在 Haskell 中，一般會這麼寫 distance：

```
distance :: Position -> Position -> Double
distance (MakePosition x1 y1) (MakePosition x2 y2) =
    sqrt ((x1 - x2) ^ 2 + (y1 - y2) ^ 2)
```

這次我們在綁定函數的時候，直接對後面的參數做了模式比對，避免了不必要的 case。模式比對產生的綁定在=右側的表示式裡有效。

其實除了函數綁定，但凡任何涉及綁定的地方，都可以使用模式比對來幫助我們撰寫綁定：

```
pointA = MakePosition 0 0

x :: Double
y :: Double
MakePosition x y = pointA
-- x == 0; y == 0
```

上面的程式碼直接在最外層的作用域綁定了 x 和 y。此外，我們還可以在 let ... in ...中使用模式比對：

```
distance p1 p2 =
    let MakePosition x1 y1 = p1
        MakePosition x2 y2 = p2
    in sqrt ((x1 - x2) ^ 2 + (y1 - y2) ^ 2)
```

這是使用 let 來撰寫 distance 的版本，let 產生的綁定會在 in 後面的表示式裡可見，這和 case 一樣，均遵循詞法作用域。嵌套的 let 內層綁定如果和外層同名，會覆蓋外層綁定。

使用 let 來做模式比對有一個壞處，那就是只能有一個被比對的模式。

2.2.2 @pattern

其實，還可以使用下面的語法來比對整個資料：

```
...
someFunction p1@(MakePosition x1 y1) p2@(MakePosition x2 y2) =
    -- p1 是第一個 Position，p2 是第二個 Position
...
```

這種寫法常常用於以模式比對來撰寫比對參數的函數，從而獲取整個模式代表的值。這個特殊的寫法也被叫作@pattern。

2.3 各式各樣的資料型別

Haskell 中的資料型別其實非常豐富，上面的例子只是剛剛掀開了 data 這個強力咒語的冰山一角。瞭解了建構函數和模式比對的基本概念之後，讓我們繼續來瞭解 Haskell 中各式各樣的資料型別。

2.3.1 多建構函數

實際上，data 宣告的型別不一定只有一種建構函數，例如我們現在希望能夠同時表示笛卡兒座標和極座標：

```
data Position = Cartesian Double Double | Polar Double Double

Cartesian 1.5 2 :: Position
Polar 0.2 10 :: Position
```

其中|表示選擇，它連接了所有可能的建構函數，我們用 Cartesian 建構笛卡兒座標，Polar 建構極座標。這種情況下，我們需要重新定義 distance 來適應不同的情況：

```
distance :: Position -> Position -> Double
distance (Cartesian x1 y1) (Cartesian x2 y2) =
    sqrt ((x1 - x2) ^ 2 + (y1 - y2) ^ 2)

distance (Cartesian x1 y1) (Polar a r) =
    let x2 = r * cos a
        y2 = r * sin a
    in sqrt ((x1 - x2) ^ 2 + (y1 - y2) ^ 2)
```

```
distance (Polar a r) (Cartesian x2 y2) =
    let x1 = r * cos a
        y1 = r * sin a
    in sqrt ((x1 - x2) ^ 2 + (y1 - y2) ^ 2)

distance (Polar a1 r1) (Polar a2 r2) =
    let x1 = r1 * cos a1
        y1 = r1 * sin a1
        x2 = r2 * cos a2
        y2 = r2 * sin a2
    in sqrt ((x1 - x2) ^ 2 + (y1 - y2) ^ 2)
```

這裡我們提供了 4 個函數綁定，當函數呼叫發生時，模式比對的順序也是從上到下，函數計算使用的是哪一個綁定，取決於第一個成功的模式比對。所以在撰寫多個函數綁定時，要注意避免重複的模式。不過，如果少了某些模式呢？不用擔心，這時 GHC 提供的完備性檢查可以幫助你。

2.3.2　完備性檢查

GHC 知道你的 data 包含哪些建構函數，所以它會透過一個叫作完備性檢查（exhaustiveness checking）的過程幫助你檢查是否有沒考慮到的情況。你可以在 GHCi 中透過:set -Wall 打開，上面的例子裡如果你省略了一個 distance 的情況的話：

```
Prelude> :set -Wall
Prelude> :l Test.hs
[1 of 1] Compiling Main             ( Test.hs, interpreted )

-- 請先忽略其他的警告，後面會有提到

Test.hs:4:1: Warning:
    Pattern match(es) are non-exhaustive
    In an equation for ‘distance’:
        Patterns not matched: (Polar _ _) (Polar _ _)
Ok, modules loaded: Main.
```

最後一條警告（warning）明確指出了你還需要提供的模式，如果這時你呼叫了函數沒有處理的模式，程式會直接中止並回報錯誤訊息：

```
*Main> distance (Polar 2 2) (Polar 3 3)
*** Exception: Test.hs:(4,1)-(15,43): Non-exhaustive patterns in function distance
```

這也是不使用 Prelude 裡定義的二元組來表示座標的原因之一。因為如果使用二元組 (,) 的話，無法讓編譯器幫助區分一個值到底是笛卡兒座標，還是極座標。這並不是說我們不知道一個值代表什麼，而是編譯器不知道它代表什麼，所以當我們犯錯的時候，編譯器不能及時阻止，只有到程式執行時才能發現。如果不小心把一個極座標值當成了笛卡兒座標，將產生無法預測的後果。

2.3.3 無參數建構函數

再次重新回到 data。不僅 data 宣告的型別不一定只有一種建構函數，建構函數也不一定要接收參數，例如之前遇到的型別 Bool 在 Prelude 裡是這麼定義的：

```
data Bool = True | False

True :: Bool
False :: Bool
```

於是這個型別只可能有兩個值：True 或者 False。事實上，在 Haskell 中 if ... then ... else 是下面模式比對的語法糖：

```
if x then ...
     else ...
-- 等價於
case x of True -> ...
          False -> ...
-- 折行排版規則和別的語言也不大一樣
if xxx
    then ...
    else ...
-- 而不是
if xxx then ...
else ...
```

有時候甚至不會推薦使用 if ... then ... else，因為 if 限制了被判斷的表示式只能是 Bool 型別。

所以，Haskell 中並不區分函數和值，值可以理解為不需要參數的函數。同樣地，你可以認為 Haskell 裡面的 Int 是這麼定義的（假定 32767 是你的機器整型數上限）：

```
data Int = -32768 | -32767 | ... | 0 | 1 | ... | 32767
```

當然，實際上 GHC 在背後會使用一些黑魔法處理這些情況，但是這些涉及底層機器碼表示，暫時還不需要瞭解。

2.3.4 data 與型別變數

現在，我們需要稍稍提高 data 咒語的法力，讓它適應更多的情況。假設不需要限制座標一定由 Double 組成，單精確度 Float 就可以了，或者座標壓根就不是數字，而是字母 'a','b','c'...，此時可以這麼定義：

```
data PositionDouble = MakePosition Double Double
data PositionFloat = MakePosition Float Float
data PositionChar = MakePosition Char Char
...
```

但是這種組合太多了，而且區分它們意義不大，最關鍵的是這麼做無法抽象出 distance 這樣可以計算任意型別座標距離的函數，這時需要用到之前提到的「型別變數」：

```
data Position a = MakePosition a a

MakePosition 3 4 :: Position Double
MakePosition 3 4 :: Position Float
MakePosition 'a' 'e' :: Position Char
...
```

之前提到過，如果有型別不確定的話，用小寫字母或者小寫字母開頭的單詞表示即可。這裡我們定義了一個型別的家族，它們的型別 Position x 取決於建立時（MakePosition）接收的參數型別，這樣就能用統一的抽象類別型 Position x 來描述所有可能的情況。當然，現在我們掌握的法力還不足以寫出一個通用的 distance。當你看完後面幾章再來思考這個問題時，就會很簡單了。現在需要注意以下幾點。

◎ Position Char 和 Position Int 不是一個型別，需要 Position Char 作為參數的函數不能接收 Position Int 型別的值。

◎ Position Int 是 Position a 的一個特例，需要 Position a 作為參數的函數可以接收 Position Int 型別的值。

◎ data Position = MakePosition a a 是錯誤的，凡是=右側出現的型別變數都必須在=左側的型別宣告中出現過，否則 MakePosition 2 2 和 MakePosition 'a' 'b' 的型別都是 Position，編譯器將無法區分這兩種型別。

實際上，最後一條是一個十分有趣的規則。為了讓編譯器能夠區分不同的型別，我們規定 data 宣告中，=右側出現的型別變數，都必須在=左側的型別宣告中出現過，但並沒有阻止=左側出現的型別變數不在=右側中出現。於是我們可以這麼做：

```
data Position a = MakePosition Int Int
MakePosition 2 2 :: Position a
MakePosition 2 2 :: Position Char
MakePosition 2 2 :: Position Double
...
```

我們甚至可以說，MakePosition 2 2 的型別是 Position String，因為型別宣告中的型別變數，從來就沒出現在建構函數的參數裡。這個看起來很矛盾的語法規定，其實有非常嚴謹的實際應用，例如：

```
data Maybe a = Just a | Nothing

Just 3 :: Maybe Int
Just "hello" :: Maybe String

Nothing :: Maybe a
Nothing :: Maybe Int
Nothing :: Maybe Char
...
```

我們宣告了型別 Maybe、需要參數的建構函數 Just 和不需要參數的建構函數 Nothing。在實際應用場景中，Maybe 型別用來表示可能不存在的值，你可以把 Nothing 理解為 JavaScript 裡的 null，或者 C 語言的 NULL。比如，我們從一個字串中解析數字：

```
parseInt :: String -> Int
parseInt "345"
-- == 345
parseInt "abc"
-- == ???
```

顯然解析不一定會成功，我們可以使用 Maybe 把解析的結果放到貼上 Maybe 標籤的盒子裡，這樣編譯器就知道盒子裡面裝的可能是 Just xxx，或者是 Nothing:

```
parseInt :: String -> Maybe Int
parseInt "345"
-- == Just 345
parseInt "abc"
-- == Nothing
```

這樣如果你的函數處理 Maybe 型別的值時，忘記比對 Nothing，編譯器會告訴你。後面會講到更高階的抽象，讓你輕鬆解決計算失敗的問題，暫時先瞭解 Haskell 中處理失敗的一個常見做法：把結果放到 Maybe 裡。

這也是 Nothing 可以有各種型別的原因。因為我們可能會在各種型別的運算中產生失敗，而它們統統都用 Nothing 表示，Nothing 的型別取決於上下文的計算型別。

2.3.5　記錄語法

資料操作的一個基本需求是提取指定的資料，而模式比對提供了這個能力。回到之前設計的 Position 資料型別，現在我們想寫出兩個輔助函數—getX 用來提取點的橫座標，getY 用來提取點的縱座標：

```
getX :: Position -> Double
getX p = let MakePosition x _ = p
         in x

getY :: Position -> Double
getY p = let MakePosition _ y = p
         in y

pointFoo :: Position
pointFoo = MakePosition 3 4

getX pointFoo
-- 3
getY pointFoo
-- 4
```

需要解釋一下的是，模式中的_代表預留位置，也就是不管比對到什麼都不去綁定。我們用 pointFoo 比對 MakePosition x _的時候，只是簡單地把 3 綁定到 x 上，_對應的 4 不做任何處理。

大部分情況下，我們可能都需要提供這些 getXXX 函數，以方便資料操作，但是如果能夠像 JavaScript 或者 Python 這類物件導向語言一樣，提供 pointFoo.x 這樣的操作該多好！

實際上，Haskell 可以不用任何額外語法就可以實作. 樣式的提取操作，但是這需要我們理解後面幾個章節的知識。現在，來看一個簡單卻稍微不一樣的語法：

```
data Position = MakePosition { getX :: Double, getY :: Double }
-- 或者按照排版規則撰寫
data Position = MakePosition {
        getX :: Double
    ,   getY :: Double
    }

pointFoo = MakePosition 3 4

getX pointFoo
-- 3
```

上面的語法叫作記錄語法（record syntax），建構函數後面的 { label1 :: Type1, label2 :: Type2 ... } 定義了一個記錄，它實際上相當於定義了額外的提取函數 label1、label2...，所以上面的定義和下面的相當：

```
data Position = MakePosition Double Double

getX :: Position -> Double
getX p = let MakePosition x _
         in x

getY :: Position -> Double
getY p = let MakePosition _ y
         in y
```

也就是為了方便，簡單地給資料型別裡的每一項貼上了標籤。和物件導向裡 pointFoo.x 的語法不同，我們只是根據標籤額外綁定了提取函數。所以不能想當然地撰寫 pointFoo.getX。由於標籤實際上相當於綁定了一個普通的提取函數，所以以小寫字母開頭，而且由於這個綁定是自動新增到全域的，所以不同的資料型別不能使用相同的標籤名稱：

```
data Position = MakePosition { getX :: Double, getY :: Double }
data Vector = MakeVector { getX :: Int , getY :: Int }

getX :: ???
-- 是 Vector -> Int 還是 Position -> Double 呢？
```

這裡 getX 顯然陷入了衝突產生的歧義。很多時候這個限制很煩人，不過在 GHC 8.0 中，有望透過型別推斷分析得到解決。我們定義記錄的時候，暫時在標籤前面加上型別的名字吧，例如：

```
data Position = MakePosition { positionX :: Double, positionY :: Double }

pointFoo = MakePosition 3 4

positionX pointFoo
-- 3
```

關於記錄語法，還有兩個其他的用法。

◎ 建立資料的時候，除了直接使用建構函數之外，還可以使用下面的語法來指定順序：

```
data Position = MakePosition { positionX :: Double, positionY :: Double }

pointFoo = MakePosition { positionY = 4, positionX = 3 }
```

```
-- 等價於
pointFoo = MakePosition 3 4
```

◎ 可以根據已有的資料建立新資料：

```
data Position = MakePosition { positionX :: Double, positionY :: Double }

pointFoo = MakePosition 3 4

pointBar = pointFoo { positionY = 5 }
-- pointBar == MakePosition 3 5
```

因為 Haskell 中綁定不會改變，所以無法改變 pointFoo 的值，但是可以基於 pointFoo 建立一個新的 pointBar，只要使用記錄語法對不同的地方做修改即可。pointFoo 和新綁定的 pointBar 是兩個不同的綁定，彼此不會有影響。

2.4 排版規則

見識了 Haskell 的一些基本語法之後，這裡要大致說一下 Haskell 的程式碼縮排規則，以便於後面章節的理解。Haskell 可以像 C 語言一樣新增 {...} 來表示段落，也可以依靠縮排來識別段落，這是靠排版（layout）的過程實作的。以 case ... of ... 為例，當 GHC 讀到了 of 的時候，它預感後面可能會有很複雜的一個段落，於是它把下一個單詞的起始位置記作一個新的段落的開始，後面的語句的起始位置只要和這個位置相同，都會被當作同一個段落，所以下面三段在 GHC 看來是完全一致的：

```
case x of
    patternA -> ...
    patternB -> ...
case x of patternA -> ...
          patternB -> ...
-- 注意 patternB 的起始位置
case x of { patternA -> ... ; patternB -> ... ; }
```

出於簡潔考慮，推薦長的情況用第一種排版，短的情況用第二種排版。除非有特殊需求，一般不用第三種排版。更多的排版規則，後面遇到了會再單獨說。現在只需要記得一條，當你的程式碼太長了，一行寫不下的時候，換行並調整到一個新的排版位置即可。

03

串列、遞迴和盒子比喻

串列（List）是 Haskell 中非常重要的資料結構。不同於其他語言中陣列的概念，它本質上是單鏈表，同時也是初學者第一個遇到的透過遞迴定義的資料結構。因為在 Haskell 中並沒有迴圈這類的控制語句，遍訪資料結構的方法是基於資料結構來建構控制結構函數。在 Haskell 中，不管是迴圈串列還是遍訪二元樹，都是透過建構遞迴函數來實作的。所以，理解串列，是理解 Haskell 控制結構的第一步。

另外，本章還會從機器執行的角度，引入盒子的概念來解釋資料結構的實作，這對理解 data 關鍵字在背後做的事情很有幫助。

3.1 串列

首先，我們來看看串列[]在 Prelude 中的定義：

```
data [a] = a : [a] | []

[] :: [a]
1 : [] :: [Int]
1 : 2 : 3 : [] :: [Int]
[1, 2, 3] :: [Int]
```

這裡不得不說 []是 Haskell 語法的一個特殊處理，[] 既不是普通建構函數，也不是中綴建構函數，而是包圍在參數外層的一個特殊建構語法。下面的串列：

```
[1, 2, 3]
```

會被編譯器翻譯成：

```
1 : 2 : 3 : []
```

除了[]，我們還注意到 : 是一個中綴建構函數。按照定義，它可透過連接一個元素和同型別元素的串列來建構一個新的串列。也就是說，下面表示的都是同一個串列：

```
'a' : ['b', 'c']
-- 或者
(:) 'a' ['b', 'c']
'a' : 'b' : ['c']
'a' : 'b' : 'c' : []
['a', 'b', 'c']
```

所以串列的建構函數有兩個，[] 建構一個空串列，:透過連接一個元素和一個串列建構出一個新的串列，所有串列的建構都是一個遞迴的過程。在下面的程式碼中，[1,2,3] 只是一個特殊的語法，方便我們撰寫 1 : 2 : 3 : []：

```
[1,2,3]
-- 1 : [2,3]
-- 1 : 2 : [3]
-- 1 : 2 : 3 : []
```

其實，在 Haskell 中完全可以這樣定義串列：

```
data List a = a : List a | Nil

Nil :: List a
1 : Nil :: List Int
1 : 2 : 3 : Nil :: List Int
```

Nil 是 []，而 1 : 2 : 3 : Nil 則是 [1,2,3]。不過為了方便撰寫，Haskell 規定了 [] 的特殊建構函數語法。

3.1.1 等差數列

[] 的特殊語法還不止上面所提到的，你還可以使用 [..] 來建構等差數列的串列：

```
[1..7]
-- [1,2,3,4,5,6,7]

[1..]
-- [1,2,3...]

[1,3..7]
-- [1,3,5,7]

[1,3..]
-- [1,3,5,7,9...]

[1,1..]
-- repeat 1

[2,1..]
-- [2,1,0,-1,-2...]

[10,9..0]
-- [10,9,8,7,6,5,4,3,2,1,0]
```

其實後面講到 Enum 的時候，你會發現 [..] 不只可以撰寫等差數列，任何可以被列舉的型別都可以透過這個語法構建對應的串列。

3.1.2 比對串列

接著，我們來看看如何對串列進行模式比對。回顧一下串列的定義：

```
data [a] = a : [a] | []
```

以之前提到的頭/尾函數（head/tail）為例：

```
listA = [1,2,3]
-- 1 : 2 : 3 : []

head (x : xs) = x
head listA
-- 1

tail (x : xs) = xs
```

```
tail listA
-- 2 : 3 : []
-- [2, 3]
```

這裡我們利用 [a, ...] 是 a : [...] 的語法糖（Syntactic sugar）這一點，使用:把串列的第一個元素和它後面相連的串列比對了出來。注意和串列 data 定義的相似性，[] 的模式比對其實和其他的資料型別沒什麼不同。

注意，此處在模式 (x : xs) 中的括弧是不能省略的，否則編譯器會這麼閱讀我們的程式碼：

```
head     x     :    xs   = x
  ^      ^     ^
  |      |     |
  +------+     +
    模式 1     ???
```

根據函數呼叫優先順序最高的原則，編譯器把 head x 當作一整個模式之後，遇到了:，無法決定這是什麼意思，於是它決定停止解析並回報錯誤。當然，在其他地方這樣是沒問題的：

```
head list = case list of x : xs -> x
```

因為 case 是運算式的語法結構，所以編譯器不會犯錯，不過這種情況一般還是推薦加上括弧來代表整個串列。下面來看看串列的各種模式比對：

```
listA = [1,2,3,4]
-- 1 : 2 : 3 : 4 : []

foo [a,b] = a
foo listA
-- 失敗，模式長度不同，不能比對

foo [a,b,c,d] = a
foo listA
-- 1

foo ([a,b]:c) = a
foo listA
-- 錯誤，:左邊不能是串列

foo (a:b:c) = c
foo listA
-- [3,4]，:的右側是串列

foo (a:b:c:d) = d
foo listA
-- [4]，同上
```

```
foo (a:b:c:d:e) = e
foo listA
-- []，同上

foo (a:b:c:d:e:f) = f
foo listA
-- 失敗，模式長度不同，不能比對

foo (a:b:[c]) = c
foo listA
-- 實質上是使用[3,4]去比對[c]
-- 失敗，同上

foo (a:b:[c,d]) = c
foo listA
-- 3
```

3.2　遞迴操作

理解了上面的模式比對後，應該可以從容地從串列裡取出任意一個想要的元素了。和大多數語言不同的是，Haskell 不支援 listA[2] 這樣的語法來讓我們直接提取第 2 個（從 0 開始計算）元素。下面看看 Prelude 裡取串列第 n 個元素的函數：

```
(!!) :: [a] -> Int -> a

(x : xs) !! 0 = x
(x : xs) !! n = xs !! (n-1)

[1,2,3] !! 0
-- 1

[1,2,3] !! 1
-- [2,3] !! 0
-- 2
```

為了方便起見，我們定義了 !! 為中綴函數。透過之前模式比對的技巧，我們把串列分成了第一個元素 x 和餘下的串列 xs，如果這時要取的元素是第 0 個，就直接把 x 作為結果；如果是第 n 個，則取餘下的串列 xs 中的第 n-1 個元素。

不難發現，這是一個遞迴的過程，我們找到了 n 和 n-1 之間的關係，進而把 n 遞迴到 0，取出 x，考慮如下情況：

```
[1,2,3] !! 10
-- [2,3] !! 9
-- [3] !! 8
-- [] !! 7
-- ???
```

當足標超過串列的長度時，發生了不該發生的事情：模式比對失敗了。程式會停止並回報錯誤，這當然是一件不好的事情，不過可以把結果包進之前說過的 Maybe 型別來避免事故的發生：

```
(!!) :: [a] -> Int -> Maybe a

[] !! _ = Nothing
(x : xs) !! 0 = Just x
(x : xs) !! n = xs !! (n-1)

[1,2,3] !! 0
-- Just 1

[1,2,3] !! 10
-- Nothing
```

可惜 Prelude 在撰寫的時候沒有考慮周全，實際上!!的定義是（簡化等價版本）:

```
(!!) :: [a] -> Int -> a

[] !! _ = error "Prelude.!!: index too large"
(x : xs) !! 0 = x
(x : xs) !! n = xs !! (n-1)

[1,2,3] !! 10
-- 回報錯誤，Exception: Prelude.!!: index too large
```

看來只是透過 error 函數簡單地提供了一下回報錯誤資訊而已。同樣地，Prelude 裡很多函數在邊界條件下都會讓程式停止執行並回報錯誤：

```
head []
-- 回報錯誤
tail []
-- 回報錯誤
last []
-- 回報錯誤
...
```

這些函數由於不能應付全部的輸入情況，被稱作部分（partial）函數，而我們剛剛撰寫的返回 Maybe a 的函數因為可以處理任意情況下的輸入，被稱為全（total）函數。關於這個概念，後面會再遇到。總的原則是，儘量多寫全函數，因為它們安全得多，而 Prelude 的那些部分函數也都有對應的全函數版本。

我們再來看幾個遞迴的例子：

```
-- 計算串列長度
length :: [a] -> Int
length [] = 0
```

```
length (_:xs) = 1 + length xs

length [1,2,3,4,5]
-- 5

-- 取串列的始（去除最後一個元素）
init :: [a] -> [a]
init [] = error "..."
init [x] = []
init (x:xs) = x : init xs

init [1,2,3]
-- [1,2]

-- 取串列的末（最後一個元素）
last :: [a] -> a
last [] = error "..."
last [x] = x
last (_:xs) = last xs

last [1,2,3]
-- 3

-- 取串列前 n 個元素
take :: Int -> [a] -> [a]
take 0 _ = []
take _ [] = []
take n (x:xs) = x : take (n-1) xs

take 3 [1,2,3,4,5]
-- [1,2,3]
take 10 [1,2]
-- [1,2]

-- 丟棄串列前 n 個元素
drop :: Int -> [a] -> [a]
drop 0 xs = xs
drop _ [] = []
drop n (_:xs) = drop (n-1) xs

drop 3 [1,2,3,4,5]
-- [4,5]
drop 10 [1,2]
-- []

-- 建構長度為 n 的串列
replicate :: Int -> a -> [a]
replicate 0 _ = []
replicate n x = x : replicate (n-1) x

replicate 3 1
-- [1,1,1]
```

你會發現它們的共同特點如下。

◎ 定義邊界條件，即什麼時候遞迴中止。

◎ 定義兩次遞迴之間的關聯，即遞推規則。

剩下的事情，交給編譯器和電腦去做即可！是不是感覺很像數學歸納法？Haskell 並不需要迴圈來遍訪串列，慢慢感受這種直覺，並理解這句話：

在 Haskell 中，控制結構建立在資料結構之上，資料結構本身就是控制結構。

在後面的章節中，我們會抽象出資料的遍訪操作，你會驚奇地發現，GHC 甚至可以根據資料結構的定義自動推斷出遍訪函數，而不需要你撰寫一行程式碼！

無限遞迴

現在我們考慮這樣一個問題，如果把函數綁定裡關於遞迴的中止條件刪除，會發生什麼事呢？例如上面的 replicate：

```
replicate :: Int -> a -> [a]
replicate n x = x : replicate (n-1) x

replicate 3 1
-- 1 : replicate 2 1
-- 1 : 1 : replicate 1 1
-- 1 : 1 : 1 : replicate 0 1
-- 1 : 1 : 1 : 1 : replicate -1 1
...
```

看來生成了一個無限長的串列，當然受到 Int 範圍的限制，當遞迴到 replicate -32768 1 的時候，一些整型長度不足的機器會出現溢出。在標準庫中，還有這樣一個函數：

```
repeat :: a -> [a]
repeat x = x : repeat x

repeat 1
-- 1 : repeat 1
-- 1 : 1 : repeat 1
...
```

在 GHCi 中試試：

```
Prelude> let repeat x = x : repeat x
Prelude> repeat 1
[1,1,1...
```

GHCi 並沒有崩潰，而是不停地輸出 1,1,1...，正如 repeat x = x : repeat x 和數學上∞滿足等式 x = x + 1 一樣，我們生成了一個無限長的串列。了解了這一點之後，按 Ctrl+C 複合鍵打斷它吧！它真的會有無限長。試試 take、head 和 last：

```
Prelude> let xs = repeat 1
Prelude> take 3 xs
[1,1,1]
Prelude> take 10 xs
[1,1,1,1,1,1,1,1,1,1]
Prelude> head xs
1
Prelude> last xs
```

take 和 head 正常工作，但是 last 卡在了那裡。下面回憶一下 last 的定義：

```
last (x:[]) = x
last (_:xs) = last xs
```

由於一個無限長的串列去掉一個元素之後還是一個無限長的串列，因而 last 永遠不會遇到遞迴的中止條件 last [x] = x，它迷失在∞的世界了 。

3.3　盒子比喻

你可能會好奇 Haskell 是怎麼在有限的記憶體中放進無限長的串列，這涉及 Haskell 另一個有趣的特性：惰性求值（lazy evaluation）。這是一個很大的話題，後面會詳細介紹，這裡我們先從實作的角度簡單地介紹一下。

在第 2 章中，我們說可以把建構函數理解為把資料進行打包，而模式比對則是對打包後的資料解包。理解這個概念的一個關鍵是把 data 宣告定義的資料型別理解成一個盒子，例如：

```
data Position = MakePosition Double Double
-- 或者使用記錄語法
data Position = MakePosition { positionX :: Double, positionY :: Double }
MakePosition 3 4 在記憶體中的表示大致如下：
+--------------------------+
| MakePosition :: Position |
+--------------------------+
|      *     |      *      |
+------+------+------+------+
       |             |
       V             V
+-----------+   +-----------+
| ::Double  |   | ::Double  |
```

```
+-----------+   +-----------+
|     3     |   |     4     |
+-----------+   +-----------+
```

盒子裡的 * 代表一個指標，即記憶體的位址，MakePosition 3 4 在記憶體中建立了一個 Position 型別的盒子，保存了兩個指標，分別指向兩個 Double 型別的盒子，盒子裡的裝載（payload）是 3 和 4。於是我們在記憶體中實作了盒子這個概念，這裡的盒子數量可能比你想像的還要多一些，這是因為 Haskell 的基本型別 Double 也裝在盒子裡面。

當模式比對發生時，例如用 pointA = MakePosition 3 4 去比對 MakePosition x y，我們會把 x 和 y 指向包含 3 和 4 的盒子，所以模式比對就是順著大盒子找到綁定對應的小盒子，而在記憶體中，資料並沒有複製（copy）。為了簡潔起見，我們省略盒子的型別標記：

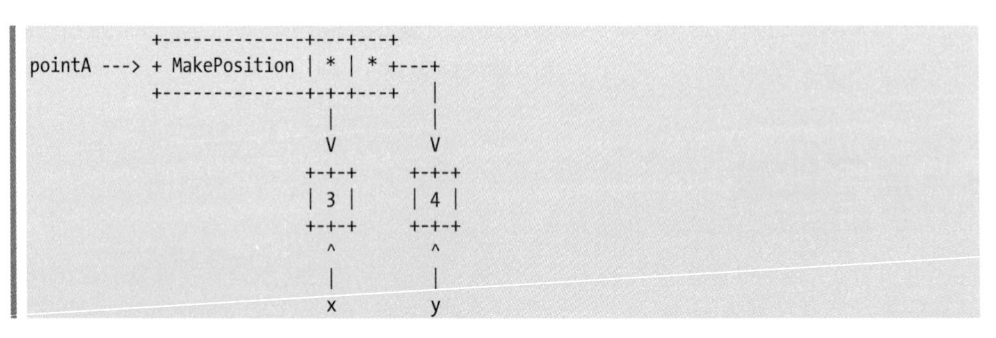

```
                    +--------------+---+---+
pointA ---> + MakePosition | * | * +---+
                    +--------------+-+-+---+   |
                                     |         |
                                     V         V
                                   +-+-+     +-+-+
                                   | 3 |     | 4 |
                                   +-+-+     +-+-+
                                     ^         ^
                                     |         |
                                     x         y
```

理解了上面的概念後，再來看看串列是如何透過盒子實作的：

```
data [a] = a : [a] | []
```

[1,2,3]，也就是 1:2:3:[]，在記憶體中應該是這樣：

```
+---+---+---+
| : | * | * +-+
+---+-+-+---+ |
      |       |
      V       V
    +-+-+   +-+-+---+---+
    | 1 |   | : | * | * +-+
    +---+   +---+-+-+---+ |
                  |       |
                  V       V
                +-+-+   +-+-+---+---+
                | 2 |   | : | * | * +-+
                +---+   +---+-+-+---+ |
                              |       |
                              V       V
```

```
                            +-+-+    +-+--+
                            | 3 |    | [] |
                            +---+    +----+
```

1:2:3:[] 中每一個元素被一個個盒子裝了起來，每一個 : 盒子包含兩個指標把左側的元素和右側的串列關聯起來。串列實際上是一顆一元樹！於是串列的模式比對和其他任何資料型別一樣，不過是新增額外的綁定指向 : 兩側的盒子。舉例來說，下面的程式碼：

```
xs = [1,2,3,4,5]
ys = take 2 xs
-- 1 : take 1 [2,3,4,5]
-- 1 : 2 : take 0 [3,4,5]
-- 1 : 2 : []

zs = drop 2 xs
-- drop 1 [2,3,4,5]
-- drop 0 [3,4,5]
-- [3,4,5]
```

在記憶體中應該是這樣：

```
 xs                             zs
  |                              |
  V                              V
+---+---+---+  +---+---+---+  +---+---+---+  +---+---+---+  +---+---+---+  +----+
| : | * | * +->+ : | * | * +->| : | * | * +->+ : | * | * +->| : | * | * +->+ [] |
+---+-+-+---+  +---+-+-+---+  +---+-+-+---+  +---+-+-+---+  +---+-+-+---+  +----+
      |              |              |              |              |
      V              V              V              V              V
    +-+-+          +-+-+          +-+-+          +-+-+          +-+-+
    | 1 |          | 2 |          | 3 |          | 4 |          | 5 |
    +-+-+          +-+-+          +---+          +---+          +---+
      ^              ^
      |              |
+---+-+-+---+  +---+-+-+---+  +----+
| : | * | * +->+ : | * | * +->+ [] +
+---+---+---+  +---+---+---+  +----+
  ^
  |
 ys
```

注意在函數的遞迴過程中，記憶體中的資料並沒有複製！我們僅僅是新建了一個串列 ys，以及新增一個指向串列後半段的 zs 而已，所以在記憶體中新建:的消耗是函數的主要消耗，我們把一連串:構成的結構叫作程式碼串列的脊架（spine），因為它和動物的脊椎骨架很像。

說了這麼多，再回到前面的 repeat 1，究竟 Haskell 怎麼做到無限長的串列呢？

```
repeat :: a -> [a]
repeat x = x : repeat x

-- repeat 1 = 1 : repeat 1
```

在記憶體中，Haskell 會這樣表示 repeat 1，函數的表示後面會講到，這裡先當成是盒子：

```
     +-------------------+
     v                   |
+-----------+---+        |
| repeat 1  | * |        |
+-----------+-+-+        |
              |          |
              V          |
           +---+---+---+ |
           | : | * | * +-+
           +---+-+-+---+
                 |
                 V
               +-+-+
               | 1 |
               +---+
```

注意這個圖表和 repeat 1 = 1 : repeat 1 的相似性。下面我們看看執行 take 3 (repeat 1) 時發生的遞迴過程：

```
take :: Int -> [a] -> [a]
take 0 _ = []
take n (x:xs) = x : take (n-1) xs

take 3 (repeat 1)
-- 1 : take 2 (repeat 1)
-- 1 : 1 : take 1 (repeat 1)
-- 1 : 1 : 1 : take 0 (repeat 1)
-- 1 : 1 : 1 : []
```

每一次遞迴都會用 repeat 1 比對模式 x:xs。從剛剛的圖表很容易看出，每次比對產生的綁定都是 x = 1 和 xs = repeat 1，所以 take 的遞迴過程正常發生，直到遇到遞迴中止條件 take 0 _ = []，給取出的串列加上一個 [] 作為結尾。

這裡介紹的並不是惰性求值，而是 Haskell 底層如何實作 data 和模式比對的大致過程。此外，我們還介紹了盒子比喻、打包、解包的概念，這是 Haskell 中一些至關重要的概念，它們提供了資料操作的直覺理解，後面會經常用到。

04

元組、型別推斷和高階函數

在 Haskell 中，元組並不算是用得比較多的資料結構，因為很多時候我們可以自訂資料型別來達到更好的效果，但是元組捕捉了乘積型別（Product）的本質：多元組的型別取決於組成元組的每個型別，總的型別個數等於每個元素的型別個數的乘積。所以，很多時候，元組會被當成基本的乘積型別，用來建構更加複雜的資料結構，例如 [(a,b)] 可以當作一個簡單的搜尋表來使用。此外，我們還引出了型別推斷和柯里化（currying）等議題，這對於理解型別系統和函數式程式設計很有幫助。

4.1 元組

元組 () 是 Haskell 中另外一個使用特殊語法的資料型別，其定義如下：

```
data () = ()

data (,) a b = (,) a b
data (,,) a b c = (,,) a b c
data (,,,) a b c d = (,,,) a b c d

...
```

其後面省略了很多定義，有興趣的讀者可以前去 Hackage 閱讀程式碼，最長的元組應該允許 62 個元素。元組的特殊語法和 [] 類似，你可以把 () 寫在資料的兩側，編譯器會自動把建構函數提前：

```
(1,2,3) :: (Int, Float, Double)
-- == (,,) 1 2 3  :: (Int, Float, Double)

fst :: (a, b) -> a
-- 取二元組第一個元素
fst (,) a b = a
-- 等價於
fst (a, b) = a
```

模式比對也沒有什麼特別的地方，元組裡的元素按照位置綁定到對應名稱上，不同長度的元組不能相互比對。值得注意的是單元（Unit）型別，這個型別在 Haskell 的定義是 () :: ()：

◎ 單元型別的建構函數只有一個，就是 ()，而且 () 的型別是 ()。

◎ 單元型別是一個十分重要的型別。「單元」這個名稱可能不夠貼切，它代表不包含任何資訊的資料型別。

◎ 所有 () 在記憶體中只有一個固定的位置。如果一個函數的值是 ()，那麼經過求值之後，它不佔用額外的記憶體，只佔用一個指標。

4.2 型別推斷

在深入介紹元組相關的知識之前，我們先簡單介紹一下 Haskell 的型別推斷功能（type inference）。注意下面定義的區別：

```
data [a] = a : [a] | []
data (,) a b = (,) a b
```

注意到串列裡面的 a : [a]，這意味著:左側的元素和右側的串列中的元素的型別都必須是相同的型別 a，儘管 a 本身不是一個確定的型別。比如：

```
[1,2,3] :: [Int]
["hello", "wolrd"] :: [String]

[1, "wat"] :: ???
-- 回報錯誤，1 和"wat"型別不同
```

這就要求串列裡所有的元素型別都必須一致，而元組的定義中使用了不同的型別變數 a、b... 代表不同位置的元素的型別，所以：

```
(1, "hello") :: (Int, String)
```

是完全合法的，這在很多動態型別語言裡常常被當成陣列來處理。但在 Haskell 中，由於型別推斷的存在，我們需要區分串列和元組。在大部分情況下，這麼做可以帶來額外的抽象能力。當然，有時候需要多元素型別的串列，後面會再介紹 Haskell 的解決方案。

型別推斷指的是，編譯器可以根據輸入（原始程式碼），推斷出程式執行中每一個綁定對應的型別，從而在編譯階段消除型別不符合帶來的錯誤。首先，編譯器必須知道一些基本的資訊，例如：

```
"hello world" :: String
5 :: Num a => a
True :: Bool
```

這些資訊可以根據資料型別的 data 宣告得到，所以你可以不用::新增型別注釋，編譯器仍然知道這些型別（當然，有少量型別是使用了黑魔法的，請先忽略）。然後，編譯器嘗試使用演算法來推斷其他綁定的型別，例如：

```
not x = case x of True -> False
                  False -> True
```

編譯器發現 x 需要和模式 True 或者 False 比對符合，所以 x 的型別是 Bool。基於同樣的道理，not x 應該是 True 或者 False，所以 not x 的型別也是 Bool，於是它推斷：

```
not :: Bool -> Bool
```

not 應該是一個從 Bool 到 Bool 的函數。這樣重複下去，我們便可以推斷出程式中任意一個綁定的型別。當然，這只是關於型別推斷的一個簡單說明，實際的過程遠比這複雜。但是作為使用者，我們需要知道的是，Haskell 中型別**可以**不用撰寫，編譯器可以根據程式碼推斷出所有綁定的型別。這裡我用了**可以**，是因為有時候推斷出的結果並不是你想要的。下面我們來看一個例子：

```
Prelude> let addOne x = x + 1 :: Int
Prelude> :t addOne
addOne :: Int -> Int
Prelude> addOne 1000000000000000000000000000000

<interactive>:7:8: Warning:
    Literal 1000000000000000000000000000000 is out of the Int range
    ➥-9223372036854775808..9223372036854775807
5076944270305263617
Prelude> let addOne x = x + 1
Prelude> :t addOne
addOne :: Num a => a -> a
Prelude> addOne 1000000000000000000000000000000
1000000000000000000000000000001
```

一開始綁定了函數 addOne，並指明 x + 1 :: Int，於是 GHCi 推斷 addOne :: Int -> Int，而 Int 在機器上是有範圍限制的，所以當試圖計算 addOne 1000000000000000000000000000000 時，GHCi 告訴我們超出了可以處理的範圍。實際上，這發生在 GHCi 試圖推斷 1000000000000000000000000000000 的型別那一步，它發現 Int 無法表示這麼大的數字，而在執行之後果然產生了錯誤的結果。

而如果不提供額外的型別說明，GHCi 會推斷 addOne :: Num a => a -> a，而 Num 型別底層是一個大數實作，沒有範圍限制（只取決於機器記憶體上限），所以 GHCi 順利計算出了我們想要的結果。

也就是說，在沒有型別說明的情況下，編譯器總會挑選一個滿足要求的最通用的型別。在某些時候，我們需要特定的型別來最佳化執行速度，例如上面的例子裡，Int 的計算速度快於 Num，在範圍適用的情況下，使用 Int 可以最佳化程式的執行時間。

另一方面，型別是程式最好的注釋，所以大部分時間都會要求程式師提供頂層綁定的型別說明，而在函數綁定內部或者 let、case 等表示式內部發生綁定的時候，沒有嚴格要求。

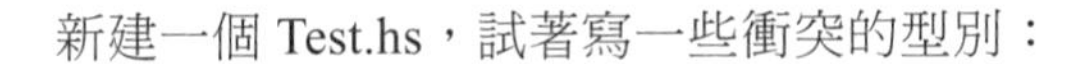

新建一個 Test.hs，試著寫一些衝突的型別：

```
module Test where

addOne :: Int -> Int
addOne x = x + 1

hello :: String -> String
hello x = "hello" + x

main = print (addOne (hello 1.5))
```

然後使用 ghc Test.hs 試著編譯一下：

```
Test.hs:9:23:
    Couldn't match type '[Char]' with 'Int'
    Expected type: Int
      Actual type: String
    In the first argument of 'addOne', namely '(hello 1.5)'
    In the first argument of 'print', namely '(addOne (hello 1.5))'
```

看來編譯器成功地阻止了我們毫無意義的程式。在程式變得複雜起來的情況下，這一點愈加重要。因為人腦的記憶是有限的，一個完整的強型別系統可以有效避免出錯，在多人協作的開發流程中，這一點更加重要。Haskell 社群流行的一句話是：

```
If it compiled, it works.
```

當然，我更加傾向於：

```
If it compiled, it works most of the time.
```

大部分情況下，如果你的程式通過了編譯，它就可以按照你設定的思考方式工作。

這裡要說明的是，從剛剛的回報錯誤資訊裡可以看出，Haskell 中 String 型別和 [Char] 型別是一樣的，字串就是字元的串列，可能細心的讀者已經從前面的章節猜到了。

由於串列在 Haskell 中並不是陣列而是單鏈表表示，所以 String 的速度比不上其他語言預設而且高度最佳化的字串型別，但 Hackage 上也會有其他的函數程式庫專門用於高效處理字串，後面會加以介紹。所以，如果你還在困擾為什麼 Haskell 字串操作速度很慢的話，可能需要更換使用的工具了。

不過 String 是串列也帶來了很多好處，例如可以進行快速（時間複雜度 $O(1)$）的頭插入和模式比對等，這在資料量較少、不在意效能的地方（例如路徑處理等）都十分方便。

4.3 高階函數

下面要介紹的東西對於第一次看的人可能有些抽象，所以略顯囉嗦，有經驗的讀者可以大致掃過。我們先看其他語言裡（下面以 JavaScript 為例）關於函數的定義：

```
function replicate(n, x){
    var result = [];
    for (var i = 0; i < n; i++){
        result.push(x);
    }
    return result;
}
replicate(3,1)
// == [1,1,1]
```

這個函數接收兩個參數 n 和 x，然後返回一個包含 n 個 x 的陣列。學習了元組後，我們可以在 Haskell 中使用二元組來模擬 JavaScript 的函數語法：

```
replicate :: (Int, a) -> [a]
replicate (0, _) = []
replicate (n, x) = x : replicate (n-1, x)
replicate (3,1)
-- == [1,1,1]
```

注意到在 Haskell 中 replicate 後面的空格，我們把元組 (3,1) 當作一個參數交給了 replicate，經由模式比對提取出 n 和 x，然後用遞迴來表達 JavaScript 的迴圈。對比之前的版本：

```
replicate :: Int -> a -> [a]
replicate 0 _ = []
replicate n x = x : replicate (n-1) x

replicate 3 1
-- [1,1,1]
```

我們似乎把 replicate 從接收兩個參數的函數 Int -> a -> [a] 變成了接收一個參數 (Int, a) -> [a] 的函數，如果這個時候只給之前版本的 replicate 提供一個參數，會怎麼樣呢？

由於 replicate 是 Prelude 裡的函數，我們在 GHCi 中試一試：

```
Prelude> replicate 3

<interactive>:3:1:
    No instance for (Show (a0 -> [a0]))
      (maybe you haven't applied enough arguments to a function?)
      arising from a use of ‘print’
    In a stmt of an interactive GHCi command: print it
```

```
Prelude> :t replicate 3
replicate 3 :: a -> [a]
```

看來 GHCi 拒絕顯示 replicate 3，並告訴我們似乎沒有提供足夠的參數，但是:t replicate 3 卻顯示 replicate 3 :: a -> [a]。這意味著 replicate 3 是一個合法的表示式，它的型別是 a -> [a]，即把一個元素變成一個串列。我們把這個表示式綁定後，當成函數試一試：

```
Prelude> let replicateThree = replicate 3
Prelude> replicateThree 1
[1,1,1]
```

這是為什麼呢？我們簡單地推導一下：

```
replicateThree = replicate 3
replicateThree 1
-- == replicate 3 1
-- ==[1,1,1]
```

因為 replicateThree 是 replicate 3 的綁定，所以當套用 replicateThree 1 時，等價於套用了 replicate 3 1。換句話說，replicateThree 把 replicate 和一個參數 3 組合成了一個新的函數。由於計算 replicate 的值的參數不足，所以計算並沒有發生，而這個暫停的運算被綁定到了 replicateThree 上，它還需要一個參數 x 來完成最後的計算。

所以，也可以這麼理解 replicate：

```
replicate :: Int -> (a -> [a])
replicate 3 :: a -> [a]
```

即 replicate 是一個只接收一個參數的函數，它接收一個 Int 型別的參數並返回一個 a -> [a] 型別的函數。按照這個想法去理解 Int -> (a -> [a])，我們說**映射->是一個右結合的型別中綴函數**，它和其他中綴函數不一樣的地方在於，它接收的參數是型別，返回的也是型別。因為它是右結合的，所以可以把型別表示式右側的部分任意加上括弧，從而改變對這個函數的理解。

GHCi 提供了命令 :k/:kind 來查看型別函數（type function）的類別（kind）。注意，類別（kind）比型別（type）高一個層級，因為它們是型別的型別：

```
Prelude> :k (->)
(->) :: * -> * -> *
```

也就是說，-> 接收兩側的型別 * 並返回一個新的型別 *。從類別的高度來看，區分具體型別變得無關緊要，所以型別都成了 *。當然，Haskell 中還存在其他類別，例如 #，後面遇到時再介紹。replicateThree 這類返回函數的函數被稱為**高階函數**。

4.3.1 拉鍊和 zipWith

除了上面說的返回函數的函數，在 Haskell 中還有許多接收函數的函數，它們也是高階函數。為了方便理解，我們先引入拉鍊（zip）的概念。考慮下面的 JavaScript 函數：

```
function giveMeFive(xs){
    var result = [];
    for (var l = xs.length, i = 0; i < l; i++){
        if (i % 5 == 0){
            result.push(xs[i]);
        }
    }
    return result;
}
```

我們定義了一個函數 giveMeFive，它可以接收一個陣列，把足標能被 5 整除的元素提取出來放到新的陣列返回。現在考慮如何在 Haskell 中實作 giveMeFive。先考慮一會兒再繼續看下去，你可能會遇到以下幾個問題。

◎ Haskell 中沒有迴圈，串列也沒有足標。

◎ Haskell 中 if ... then ... 和 else 永遠是成對出現的，因為它們是對 True、False 模式比對的語法糖。

◎ Haskell 中沒有語句的循序執行，函數本身只是個表示式，等於另一個表示式，然後另一個表示式……如此循環下去。不過沒關係，我們可以用遞迴表達遞推關係。

所以，我們可能最終會得出下面這樣的解法：

```
giveMeFive :: [a] -> [a]
giveMeFive xs = giveMeFiveHelper 0 xs

giveMeFiveHelper :: Int -> [a] -> [a]
giveMeFiveHelper _ [] = []
giveMeFiveHelper i (x : xs) =
    if i `rem` 5 == 0 then x : giveMeFiveHelper (i+1) xs
                      else giveMeFiveHelper (i+1) xs
```

在 GHCi 中試一試：

```
*Test> giveMeFive [0..100]
[0,5,10,15,20,25,30,35,40,45,50,55,60,65,70,75,80,85,90,95,100]
```

看來這個解法是對的。我們用 giveMeFiveHelper 這個函數，每次遞迴的時候額外傳遞一個增加的 i，和 JavaScript 裡的迴圈變數 i 類似，但是 i 只是綁定，它的值在函數內部不會改變。

這個技巧其實十分常用，如果你理解尾遞迴的話，會發現 giveMeFiveHelper 正好還是一個尾遞迴的函數。當然，在 Haskell 中是否是尾遞迴對效能影響不是很大，但是按照這個思路，每一個需要使用足標的函數都需要額外寫一個幫助函數，我們能否讓取足標的工作變得通用一些呢？

我們可以透過元組和串列建構這樣一個資料結構：

```
[(0,x1), (1,x2), (2,x3)...]
```

其中 x1、x2、x3...是原先需要取足標的串列中的元素，經過處理後，每一個元素變成了加上足標的二元組，然後 giveMeFive 就可以直接這麼寫了：

```
giveMeFive :: [(Int,a)] -> [a]
giveMeFive [] = []
giveMeFive ((i,x):xs) =
    if i `rem` 5 == 0 then x : giveMeFive xs
                      else giveMeFive xs
```

現在問題變成了如何提供一個函數把 [x1, x2, x3...] 轉換成 [(0,x1), (1,x2), (2,x3)...]，這個過程在 Haskell 中被稱為拉鍊（zip）：

```
zip :: [a] -> [b] -> [(a,b)]
zip [] _ = []
zip _ [] = []
zip (x:xs) (y:ys) = (x,y) : zip xs ys

zip [0..] ["hello", "wolrd"]
-- [(0,"hello"), (1,"wolrd")]
```

顧名思義，拉鍊就像拉拉鍊一樣，把兩個鏈子（串列）拉成了一個，每個按照位置對應關係組成一個元組。根據 zip 的遞迴中止條件判斷，我們可以看出拉鍊縫合出來的串列長度等於被縫合的兩個串列中長度較短的那個，這也是可以用無限長的串列 [0..] 去和任意別的串列縫合的原因。

很好，我們現在找到了一個通用的可以給串列新增足標的方法了，那就是用 zip [0..] 去縫合需要新增足標的串列。配合之前的 giveMeFive，在 GHCi 中再試一試：

```
*Test> giveMeFive (zip [0..] [0..100])
[0,5,10,15,20,25,30,35,40,45,50,55,60,65,70,75,80,85,90,95,100]
```

現在所有需要足標的操作只需要事先把串列用 zip [0..]處理即可。

說了這麼久 zip，似乎和上面的高階函數沒什麼關係。理解了 zip 之後，我們來看由 zip 抽象出的一個函數 zipWith：

```
zipWith :: (a -> b -> c) -> [a] -> [b] -> [c]
zipWith _ _ [] = []
zipWith _ [] _ = []
zipWith f (x:xs) (y:ys) = f x y : zipWith f xs ys
```

zipWith 的型別 (a -> b -> c) -> [a] -> [b] -> [c] 看起來很複雜。首先，zipWith 需要接收一個 a -> b -> c 型別的函數，也就是表示式裡的 f，然後接收一個 [a] 型別的串列 (x:xs) 和 [b] 型別的串列 (y:ys)，最後得出一個[c]型別的串列。

仔細思考一下 zipWith 的工作過程，不難發現它不過是把 zip 裡 x 和 y 打包進 (x,y) 的操作換成了 f x y，所以返回的串列裡每一個元素的型別都變成了 f 的返回型別 c。和 zip 一樣，當遞迴至任意一個串列是空串列時結束。所以，縫合出來的串列長度等於被縫合的兩個串列中長度較短的那個。

仔細想想這個函數，會發現和上面說的返回函數的高階函數不同，(a -> b -> c) -> [a] -> [b] -> [c] 需要接收一個函數，所以 (a -> b -> c) 的括弧不能去掉，你也可以理解為-> 不是左結合的，必須要使用括弧指定優先順序。

現在思考一下這個函數的型別：

```
zipWith (+) [1,2,3] [2,3,4]
-- == [3,5,7]

zipWithAdd = zipWith (+)
zipWithAdd :: ???

zipWithAdd [1,2,3] [2,3,4]
-- ???
```

(+) 是 Haskell 中一個非常直觀的語法，叫作 section，就是把中綴函數當作一個普通函數來使用。根據之前高階函數的概念，zipWith 的類別可以看作：

```
(a -> b -> c) -> ([a] -> [b] -> [c])
```

它接收一個函數並返回一個函數！由於 (+) 的型別是 Int -> Int -> Int，所以 zipWithAdd 的型別是 [Int] -> [Int] -> [Int]，它可以把第一個串列和第二個串列中每個元素分別相加並放到一個縫合串列裡。所以上面的 ??? 是什麼，你應該有答案了。

4.3.2 柯里化

在 Prelude 中，有兩個函數命名自著名的邏輯學家 Haskell Curry（這個語言叫作 Haskell，也是為了紀念他）：

```
curry :: ((a, b) -> c) -> a -> b -> c
curry f x y = f (x, y)

uncurry :: (a -> b -> c) -> (a, b) -> c
uncurry f (x, y) = f x y
```

curry 把一個 (a, b) -> c 型別的函數變成一個 a -> b -> c 型別的函數，這個過程被稱為函數的柯里化，而 uncurry 則是反過來。當然，在 Haskell 中，很少遇到 (a, b) -> c 型別的函數，因為 a -> b -> c 型別的函數可以方便**部分應用**（即提供比需要的參數數量少的參數，從而得到新的函數）。對於 a -> b -> c 型別的函數，只提供一個參數可以得到另一個 b ->c 型別的函數，在很多時候會減少程式碼的重複。所以，在綁定函數的時候，一般都會優先考慮使用高階函數的寫法。不過如果你遇到了(a, b) -> c，也許用得上 curry 和 uncurry。

對於之前沒接觸過高階函數的讀者，請反覆感受一下 curry、uncurry 以及之前很多高階函數的實作過程。在 Haskell 中，部分應用和高階函數是建構可組合程式碼的基礎，後面的章節還會用更多的實例來補充說明這個概念。

05

常用的高階函數和函數的補充語法

對於從來沒有接觸過函數式程式設計的讀者，前面的內容有點多，需要花時間透徹理解。本章中，我們先介紹一些輕鬆、有意思的函數，例如套用函數 $ 和 &，以及組合函數 .，接著補充一些函數定義的特殊語法，例如匿名函數、where 關鍵字以及 guard 語法結構等。

5.1 套用函數$和&

剛開始學習 Haskell 的時候，我常常去 Hackage 閱讀程式碼，其中很多程式碼中充滿了符號 $。例如下面這段摘自 containers 函數程式庫的程式碼：

```
-- | Lists of nodes at each level of the tree.
levels :: Tree a -> [[a]]
levels t =
    map (map rootLabel) $
        takeWhile (not . null) $
        iterate (concatMap subForest) [t]
```

我曾經認為這是 Haskell 內建的一個語法結構，其實並不是這樣。下面我們來看看$到底是什麼，它在 Prelude 中的定義如下：

```
($) :: (a -> b) -> a -> b
f $ x = f x

infixr 0 $
```

不敢相信自己的眼睛？$ 的定義看起來像是一句廢話：f $ x = f x，接收一個 a -> b 型別的函數（實際上也就是任意型別的函數了，因為 b 可以是函數），然後原封不動地返回 a -> b 型別的函數，定義中的 f 是這個 a -> b 型別的函數，x 是型別為 a 的參數，然後 $ 做的事情僅僅是計算了 f x。為什麼我們不能直接撰寫 f x，而是使用 f $ x 來代替呢？

有趣的地方在於 $ 的優先順序和結合性說明：infixr 0 $。仔細想一想，這是 Haskell 中為數不多的優先順序為 0 的中綴函數，所以之前的一個例子 giveMeFive 可以這麼寫：

```
giveMeFive $ zip [0..] [100..1]

-- 根據優先順序，它等價於
(giveMeFive) $ (zip [0..] [100..1])
-- 根據$定義，它等於
(giveMeFive) (zip [0..] [100..1])
-- 所以和之前的例子等價
giveMeFive (zip [0..] [100..1])
```

原來我們是想用優先順序很低的 $ 取代括弧，**$函數的作用在於把左邊和右邊的表示式都加上括弧**，在函數呼叫層級較深的時候，這非常有用。試比較：

```
f (g (k x))
-- 使用$
f $ g $ k x
```

由於 $ 是右結合的，它總會先計算右側的 $，再繼續計算左側的 $。當你習慣了這種依次把參數送進左側函數的感覺之後，閱讀 $ 的版本就不再困難了。相反地，你會建立一種直覺。而在 F# 等其他借鑒了 Haskell 的語言中，有一個類似的函數 <|，被叫作管道（pipe）。和 shell 裡的管道不同，Haskell 中的管道有兩個方向，從右向左的是 $，從左往右的是 &。& 這個函數定義在模組 Data.Function 中：

```
(&) :: a -> (a -> b) -> b
x & f = f x

infixl 1 &

3 & (+1) & (2^)
-- 16
```

(+1) 和 (2^) 是之前提到的 section 語法的一種：

```
(+1) x = x + 1
(2^) x = 2 ^ x
```

其實就是簡單的部分套用一個中綴函數，然後返回只接收剩下那個參數的函數。

5.2　匿名函數

如果上面的例子不用 section 語法，就必須建構一個函數，像這樣：

```
addOne :: Int -> Int
addOne x = x + 1

twoPower :: Int -> Int
twoPower x = 2 ^ x

3 & addOne & twoPower
-- 16
```

這太無聊了！很多時候我們定義的函數可能只希望臨時使用一次，為這樣的函數撰寫一個綁定很無趣。在 Haskell 中，允許你不給函數寫名字，這個語法叫作匿名函數（lambda）。來看例子：

```
3 & (\x -> x + 1) & (\x -> 2 ^ x)
-- 16
```

括弧中的 \x -> x + 1 和 \x -> 2 ^ x 就是兩個匿名函數，和 (+1)、(2^) 等價。匿名函數在 Haskell 中的語法如下：

```
\pattern1 pattern2 ... -> expression
```

在\到->之間的部分都是模式比對，模式比對產生的綁定在->右側的表示式有效，**整個匿名函數是一個表示式**，它的值是一個函數。

匿名函數的語法中有幾個需要注意的點，具體如下。

◎ 如果沒有括弧，\ ... -> ... 裡的函數體會一直向右/下延伸，所以大部分時間你可能希望加上括弧。

◎ 雖然說::的優先順序在各種符號中最低，但\ ... -> ... :: Type 中的 Type 指的不是整個匿名函數的型別，而是->右側表示式的型別，其實這是上一條規則的一個後果，即 Type 被函數體包含進去了，所以如果需要標注整個匿名函數的型別，請加上括弧：

```
(\x -> x + 1) :: Int -> Int
```

◎ 匿名函數折行排版的規則和 case 類似：

```
\x y z ->
    x + y + z
```

5.3 組合函數

和$一樣，.是另一個常用的函數，其定義為：

```
(.) :: (b -> c) -> (a -> b) -> a -> c
f . g = \x -> f (g x)
infixr 9  .

(toEnum . (+1) . fromEnum) 'a' :: Char
-- 'b'
```

它接收兩個函數作為參數，型別分別是 b -> c 和 a -> b。從型別可以看出，第二個函數的返回型別和第一個函數的參數型別相同，f . g 相當於把 f 和 g 組合成一個新的函數，這個函數接收 a 型別的參數 x 之後，先把參數交給 g，然後把 g x 當作參數再交給 f，整個函數的值等於最後 f (g x) 的值，所以.函數又被叫作組合（compose）函數。

toEnum 和 fromEnum 列舉型別轉換的一對函數，後面還會有解釋，這裡你可以把 fromEnum 理解為把字元轉為 ASCII 碼數值，而 toEnum 則是反過來的。由於.是右結合的，組合函數 (toEnum . (+1) . fromEnum) 首先利用 fromEnum 把字元 a 變成對應的 ASCII 碼 97，然後經過 (+1) 的處理得到 98，最後 toEnum 把 98 變成了對應字元 b。

感覺上是不是和 $ 有些像？其實更多的時候，. 和 $ 是配合使用的。例如，剛剛的例子也可以這麼寫：

```
toEnum . (+1) . fromEnum $ 'a' :: Char
-- 'b'
```

由於 $ 的作用，左側的函數組合被加上了一個看不見的括弧。事實上，func1 . func2 $ arg 的寫法在 Haskell 中也十分常見。有人覺得這種寫法降低了程式碼可讀性，讓初學者感到困惑。我個人的意見是，最好根據喜好自行決定，畢竟這兩個函數並不複雜，如果你習慣了組合、管道的話，這麼寫並沒什麼不好。相反地，如果你實在不習慣這種思維方式，使用括弧當然也是很推薦的。

注意，很多初學者使用.時常見的錯誤是這樣的：

```
toEnum . (+1) . fromEnum 'a' :: Char
-- 回報錯誤
```

乍看好像和上面的例子沒什麼區別，但實際上由於 Haskell 中函數套用的優先順序最高，所以上面的表示式相當於下面這個表示式：

```
toEnum . (+1) . (fromEnum 'a') :: Char
```

而 fromEnum 'a' 本身的型別已經變成了 Int，不再滿足 . 右側型別要求是一個 a -> b 型別的函數，所以上面的表示式無法透過型別檢查，產生一個類似下面的回報錯誤的資訊：

```
Couldn't match expected type ‘a0 -> Int’ with actual type ‘Int’
Possible cause: ‘fromEnum’ is applied to too many arguments
In the second argument of ‘(.)’, namely ‘fromEnum 'a'’
In the second argument of ‘(.)’, namely ‘(+ 1) . fromEnum 'a'’
```

看來 fromEnum 已經接收過參數了，. 求值的過程中繼續試圖給它傳遞參數，於是導致了上面的錯誤。

5.4 函數的補充語法

函數是 Haskell 程式的基本組成部分，所有的計算幾乎都是透過函數來表達的。它有許多補充語法，使用這些語法可以更加方便地定義函數，提高函數的可讀性。

5.4.1 where

第一個非常常用的語法是 where，用來撰寫僅在一個函數內部用到的說明函數，這個語法在撰寫頂層綁定的時候很常使用：

```
giveMeFive :: [a] -> [a]
giveMeFive xs = go $ zip [0..] xs
  where
    go [] = []
    go ((i, x):xs) = if i `rem` 5 == 0 then x : go xs
                                      else go xs
```

此處 where 和 module ... where ...中 where 的意思差不多。如果 where 出現在任何綁定發生的地方，則用來補充說明綁定右側的表示式。例如，上面 giveMeFive 的定義 go $ zip [0..] xs 中的 go，因為它的值撰寫下來可能會很長，所以單獨寫到了 where 後面作為對表示式的補充說明。

不只是函數綁定，其他發生綁定的地方，例如 case ... of 或者 let ... in ... 裡，你都可以使用 where：

```
let x = y where y = 3 in 2 * x
-- 6

case i `rem` 5 of
    0 -> x : rest
    _ -> rest
  where
    rest = go xs

case xs of
    (x:xs') -> ...
      where ...
    [] -> ...
      where ...
```

上面的第一個例子裡，where 出現在所有分支的外面，所以在 where 裡引入的綁定 rest 的作用域是 case 的所有分支。而在第二個例子裡，where 和分支一一對應，不同的分支對應的 where 引入的綁定互不影響。

關於 where 的排版格式，我的習慣是在 where 前縮進兩個空格，where 後面的段落再縮進兩個空格，因為 where 本身不是一個區域，但它連接著兩個不同的區域。不過很多人喜歡在 Haskell 中全部使用兩個空格縮進，只要不影響閱讀，兩種方式都可以。

5.4.2 guard

guard 是另一個用來說明撰寫分支的語法，它是 if ... then ... else ... 的擴充：

```
amIRich money
    | money < 0                            = "You're broken, sir."
    | 0 <= money && money < 10000          = "You're not rich, sir"
    | 10000 <= money && money < 1000000    = "You're rich, sir"
    | otherwise                            = "You're very rich, sir"

amIRich 10
-- "You're not rich, sir"
```

還記得 otherwise 嗎？這不是 guard 語法的一部分，而是在 Prelude 裡定義的 True 的綁定！目的是提高 guard 語法的可讀性，上面的函數 amIRich 會根據你的零錢情況，估算你是不是很有錢。當然，實際上只是判斷了你的零錢在什麼範圍內，這裡如果使用 if ... then ... else ... 來撰寫的話就會非常囉嗦了：

```
amIRich money =
    if money < 0
        then "You're broken, sir."
        else if 0 <= money && money < 10000
            then  "You're not rich, sir"
            else if 10000 <= money && money < 1000000
                then "You're rich, sir"
                else "You're very rich, sir"
```

考慮到 if ... then ... else ... 實際上是 case ... of { True -> ...; False -> ...; } 的語法糖，所以你也可以試試用 case 來撰寫上面這個函數，不過估計情況只會變得更加糟糕。注意在學習 guard 之前，很多初學者會犯的一個錯誤是這樣的：

```
amIRich money =
    case True of
        money < 0 -> ...
        0 <= money && money < 10000 -> ...
        ...
```

上面這段程式碼編譯時並不能通過，因為 case 語法要求 -> 左側連接的是被比對的模式，而不是一個表示式，所以你不能使用一個模式去比對一串表示式。而 guard 語法的規定正好解決了這個問題：

```
pattern
    | boolExpression1 = expression1
    | boolExpression2 = expression2
    ...
```

guard 會從上到下判斷 boolExpression1、boolExpression2...的值是否為 True，一旦遇到第一個為 True 的表示式，右側對應的表示式會被綁定到 pattern。注意=的位置是在每個判斷後，而不是頂端 pattern 的後面。

另外，你還可以混合使用 guard、where 以及 case：

```
isListLong xs
    | l < 10                = "This list is not long"
    | l < 100               = "This list is long"
    | otherwise             = "This list is very long"
  where
    l = length xs

case ...
    of ...
    | ... = ...
    | ... = ...
    of ...
    | ... = ...
    | ... = ...
  where
    ...
```

在 GHC 的 MultiWayIf 擴充出現之前，下面的寫法甚至是在表示式中撰寫多路邏輯分支的標準寫法：

```
case () of _
    | ... = ...
    | ... = ...
```

5.4.3 MultiWayIf

你可以在 Haskell 原始程式碼檔案的最上端加入 {-# LANGUAGE MultiWayIf #-} 來使用擴充，上面的表示式等價於：

```
{-# LANGUAGE MultiWayIf #-}

if  | ... -> ...
    | ... -> ...
```

在 GHCi 中打開擴充的方法則是使用 :set -XMultiWayIf：

```
Prelude> :set -XMultiWayIf
Prelude> if | False -> 2; | otherwise -> 3;
3
```

更多關於語言擴充的內容，我們會在第三部分詳細介紹。

5.4.4 where 與 let

回顧一下前面 giveMeFive 的例子，其實你可以用 let 實作同樣的功能：

```
giveMeFive :: [a] -> [a]
giveMeFive xs =
    let go [] = []
        go ((i, x):xs) = if i `rem` 5 == 0 then x : go xs
                                           else go xs
    in go $ zip [0..] xs
```

很多時候，let 和 where 可以互相替換，不過當混合使用 guard 和 where 時，let 就不能像 where 那樣隨意了。考慮上面 isListLong 的例子，由於 guard 的分支會產生不同的綁定，而 let 語法只針對一個表示式，所以需要為每一個 guard 的判斷表示式和 -> 右側的表示式撰寫 let，這時使用 where 顯然是正確的選擇。一般來說，如果需要的綁定很短，而且在固定的表示式中用到，可考慮使用 let，其他時候則推薦使用 where，這可以讓程式碼的讀者先關注實作的整體思考方式和框架，然後再關注具體細節。

5.5 Point free

讓我們來看一個非常傷腦筋但很有趣的概念，叫作 η -conversion，η 讀作「依她」（希臘字母 eta），所以我們俏皮地將其翻譯成依她轉換，它指的是下面的兩個綁定是等價的，可以相互轉換：

```
g x = f x
g = f
```

這意味著，函數綁定不一定要把參數都寫上去，乍看貌似非常簡單，但實際上蘊含著深刻的數學原理：**證明兩個函數相等的唯一辦法，就是證明在所有輸入的情況下，兩個函數的輸出都相等**，所以其實 g x = f x 是對 g = f 的證明。下面讓我們看個簡單的例子：

```
nextChar :: Char -> Char
nextChar = toEnum . (+1) . fromEnum
```

```
nextChar 'x'
-- 'y'
```

我們定義了剛剛那個按照 ASCII 順序計算下一個字母的函數 nextChar，按照依她轉換，它的定義等價於：

```
nextChar :: Char -> Char
nextChar c = toEnum . (+1) . fromEnum $ c
```

也就是說，我們可以透過函數組合來定義新的函數，而不用考慮參數套用的具體過程！nextChar 的第一個定義被稱作 point-free style，第二個則被稱作 point-full style。第一種寫法簡潔，但有時候不方便理解，尤其是省略的參數較多的時候，而第二種寫法有時候則顯得冗長，讀者可根據自己的思維習慣選擇。當然，在讀程式碼的時候，不能想當然地再認為函數綁定左側的模式有幾個，參數就有幾個了，而是要從型別和上下文分析思考。

不夠過癮？讓我們來看看一個毫無意義（point-less）的函數：

```
owl = (.) $ (.)
owl :: ???
```

由於 . 和 $ 在 Haskell 中只是普通的函數，所以只要型別能夠比對，它們可以相互組合成新的函數。根據長相，我們管它叫作貓頭鷹（owl）函數。現在的問題是貓頭鷹函數是幹什麼的，它的型別又是什麼？沒做過的讀者可以先自己在紙上推算一下，然後再看說明。

現在我們一步一步地分析貓頭鷹函數。

(1) 為了防止混淆，我們從左往右把函數的型別依次記作：

- (.) :: (b1 -> c1) -> (a1 -> b1) -> a1 -> c1
- ($) :: (x -> y) -> x -> y
- (.) :: (b2 -> c2) -> (a2 -> b2) -> a2 -> c2

(2) $ 把右側的 (.) 當成參數，於是：x 等於 (b2 -> c2) -> (a2 -> b2) -> a2 -> c2。

(3) $ 把左側的 (.) 當成函數，於是：

- x -> y 等於 (b1 -> c1) -> (a1 -> b1) -> a1 -> c1。
- x 等於 b1 -> c1。

- y 應該等於(a1 -> b1) -> a1 -> c1。

(4) 根據 (2)、(3) 可得：

- (b2 -> c2) -> (a2 -> b2) -> a2 -> c2 等於 b1 -> c1。
- b2 -> c2 等於 b1。
- (a2 -> b2) -> a2 -> c2 等於 c1。

(5) 於是左側的 (.) :: (b1 -> c1) -> (a1 -> b1) -> a1 -> c1 在得到了參數之後，應該返回 (a1 -> b1) -> a1 -> c1 型別的值。

(6) 根據 (4)，最終的結果型別是： (a1 -> b1) -> a1 -> c1 等於 (a1 -> (b2 -> c2)) -> a1 -> ((a2 -> b2) -> a2 -> c2)。

(7) 根據 -> 是右結合的原則，a1 -> (b2 -> c2) 就 等同於 a1 -> b2 -> c2，所以結果的型別是：

- (a1 -> b2 -> c2) -> a1 -> (a2 -> b2) -> a2 -> c2

(8) 為了方便閱讀，進行一下簡單的替換，把 a1 換成 a，b2 換成 b，c2 換成 c，a2 換成 d，我們得到最終的型別：

- (a -> b -> c) -> a -> (d -> b) -> d -> c

從型別我們可以理解這個函數做的事情：把參數中型別為 d 的值交給 d -> b 型別的函數，得到 b 型別的值之後，和參數中型別為 a 的值一起交給 a -> b -> c 型別的函數，最終計算出型別為 c 的結果。

我們去 GHCi 中試一試：

```
((.)$(.)) (==) 1 (1+) 0
True
```

不難發現這個表示式在比較 1 和 (1+) 0 是否相等。

想通貓頭鷹函數的工作過程之後，有興趣的讀者可以再分析下面這個函數的型別：

```
dot = (.) . (.)
dot :: ???
```

最後的答案可以去 Haskell 的官方 wiki 搜尋，這裡就不多說了。請注意過多的依她轉換會帶來無法閱讀的程式碼，上面的函數只是用來娛樂的例子，可以說明你理解函數組合的過程。而在實際程式設計中，請儘量撰寫清晰可讀的程式碼，這樣即便使用了很多高階函數，仍然可以保證讀者理解其思考方式。

5.6 黑魔法詞彙表

最後，說幾個你可能會遇到的 Haskell 魔法詞彙。

◎ saturated（飽和）。

◎ fully applied（完全套用）。

這兩個詞語都是指函數呼叫時接收全部的參數，從而進入可以求值的狀態，和之前說的部分套用（partial apply）之後返回一個新的函數正好相反。

◎ arity（參數數量）：這個詞語用於描述函數，中文翻譯很直白，就是參數數量，例如+的 arity 是 2，zipWith 的 arity 是 3，編譯器可以根據函數的 arity 判斷函數是否飽和，來套用某些最佳化和化簡。

◎ nullary/unary/binary/ternary（零元/一元/二元/三元）：這些詞語，指的是函數的參數數量分別是 0/1/2/3 的情況。對於 nullary 的函數來說，由於不需要參數，所以其實就是一個值。

◎ closure（閉包）：它指的是在函數體裡引用了週邊作用域中的自由變數（free variable）的函數。例如，下面的程式碼中：

```
giveMeN :: Int -> [a] -> [a]
giveMeN n xs
  | n <= 0    = []
  | otherwise = go $ zip [0..] xs
where
  go [] = []
  go ((i, x):xs) = if i `rem` n == 0 then x : go xs
                                    else go xs
```

我們把前面每 5 個取一個元素的函數擴充到了每 n 個取一個元素，go 的綁定右側引用了週邊變數 n，而不是從自己的參數獲得，此時我們說 go 是一個閉包，它**捕獲擷取**（capture）了變數 n。

閉包最大的特點在於，由於擷取了週邊作用域的變數，它的計算結果會取決於週邊的上下文，例如上面這個例子中，如果我們單獨分析 go 作用在陣列上的效果，會發現它在不同的環境中會得到不同的結果。

當然，由於 Haskell 中所有的綁定都是不可變的，所以這個被擷取的自由變數並沒那麼「自由」，比起別的語言中的閉包，Haskell 的閉包行為很容易控制。

◎ combinator（自由函數）：與閉包相反，即**不包含**自由變數（free variable）的函數，函數體裡所有的變數都來自參數的綁定。由於 Haskell 中閉包大多用在表示式的局部，所以通常模組匯出的函數都是自由函數。這些函數的行為都是固定的，只要你給定相同的輸入，一定能獲得相同的輸出。因此，它們的組合不受限制，這個名字源自 Moses Schönfinkel 和 Haskell Curry 研究的領域 Combinatory logic。

06

常用的串列操作：映射、過濾、折疊和掃描

大部分情況下，串列作為一個簡單的單向控制結構被廣泛使用，串列的定義 data [a] = a : [a] | [] 限定了串列中元素的型別一定都是相同的。這一假設非常重要，它賦予了我們額外的抽象能力，可以寫出許多不用考慮串列元素具體型別的函數，如 head/tail、take/drop、replicate/repeat 等。本章主要介紹串列的一些常用操作，比如映射、過濾、折疊和掃描等。

學完這一章後，你應該能夠完全脫離迴圈的束縛，從新的角度來思考串列操作（有背景知識的讀者可能瞭解到，在 FTP 之後這裡的很多函數已經被替換成了更加通用的版本，但是現在引入 Foldable 和 Traversable 還為時過早，這裡的說明更多是以教學為目的）。

6.1 映射

一個很常見的串列操作，是對每一個元素進行同樣的處理，然後把結果保存到另一個串列中，這就是映射（map）幹的事情，只不過 Haskell 中我們理解 map 的方式會很不一樣，下面來看定義：

```
map :: (a -> b) -> [a] -> [b]
map _ [] = []
map f (x:xs) = f x : map f xs

map (>3) [1,2,3,4]
-- [False,False,False,True]
```

map 接收一個 (a -> b) 型別的函數，然後返回一個 [a] -> [b] 型別的函數。例如，例子中的 (>3)，它的型別是 Num a => a -> Bool，那麼 map (>3) 的型別就是 Num a => [a] -> [Bool]了，我們可以在 GHCi 中驗證這一點：

```
Prelude> let t = map (>3)
Prelude> :t t
t :: (Num a, Ord a) => [a] -> [Bool]
Prelude> t [1..10]
[False,False,False,True,True,True,True,True,True,True]
```

GHCi 推斷出 a 的型別不僅要是 Num，還必須是能夠比較大小的 Ord。後面說到數字型別的時候，我們再解釋為什麼存在不是 Ord 的 Num。上面的 t 把 (>3) 作用在了串列中的每一個元素上，然後把結果放進了新的串列。[b] 中每一個元素對應 [a] 中對應元素經過 a -> b 函數得到的結果。

於是我們這麼理解 map：

map 把從 a 到 b 的函數映射成了從[a]到[b]的函數，這個函數保留了元素的一一對應關係。

這一點很重要，其實我們**並不關心 map 內部執行 a -> b 函數的順序**，它可以先從串列最後一個元素算起，也可以從中間任意一個位置算起，甚至把計算劃分成若干部分，交給 GPU 去平行計算。只要最終的串列仍然能夠保證和原先串列中的元素是一一對應的，就可以使用這個 map。

所以說，映射是對串列平行處理的抽象。

6.2 過濾

和 map 一樣，我們不再考慮連續處理的概念，而是繼續考慮把串列所有元素當成一個整體。一個有用的操作是過濾（filter）滿足某些條件的元素：

```
filter :: (a -> Bool) -> [a] -> [a]
filter _ [] = []
filter f (x:xs) =
    if f x then x : filter f xs
           else filter f xs
```

看來和之前寫過的 giveMeFive 很相似，不過這裡把判斷條件抽象出來作為一個參數 f。如果 f x 是 True 的話，x 會被加到結果裡，否則不會。之前的 giveMeFive 可以使用 filter 來定義：

```
giveMeFive :: [a] -> [a]
giveMeFive xs = map snd $ filter (\(i, x) -> i `rem` 5 == 0) $ zip [0..] xs
```

這裡我們用一行解決了從陣列中取相同間隔的元素這個問題。下面來看一下這個版本的 giveMeFive 是怎麼工作的。

◎ 最右邊的$把 zip [0..] xs（即縫合了足標的二元組串列）交給了 filter (\(i, x) -> i `rem` 5 == 0)。

◎ filter 根據匿名函數 \(i, x) -> i `rem` 5 == 0 來判斷是否要保留串列中的元組。

◎ 經過過濾操作後，串列裡應該只剩下個足標是 0、5、10...的元組了，$ 把這個串列交給了 map snd。

◎ snd 是提取二元組內第二個元素的函數，相當於 \(_, b) -> b，map 把這個函數作用到了過濾後串列中的每一個元組上，得到了不含足標的串列。

這就是 giveMeFive 的全部工作過程。這裡注意一下，在建構這個解決方案時，我們完全沒有使用迴圈這個概念。當然，在底層實作和編譯器最佳化的級別上，迴圈是客觀存在的，但是在串列操作的層次上，並不需要迴圈這個概念來解決問題。

6.3 折疊

理解了 map 和 filter 後，我們來看一個稍微複雜的函數：折疊（fold）。在大數據處理領域，有一個概念叫作 map-reduce，即對於大數據處理，一般可以分為兩個階段，第一個階段是 map，即對資料執行類似 map 的操作，平行對每個資料做相同的處理，然後在第二個階段（也就是 reduce 階段），把第一步得到的資料聚合成最終想要的結果。

這裡的 reduce 其實就是 fold。在 Haskell 中，折疊是指把一個串列聚合成一個值的操作。折疊可以按兩個方向進行，一個是從串列的頭到尾的 foldl，另一個是從末到首的 foldr：

```
foldl :: (b -> a -> b) -> b -> [a] -> b
foldl _ acc [] = acc
foldl f acc (x:xs) = foldl f (f acc x) xs

foldl (+) 0 [1,2,3]
-- foldl (+) ((+) 0 1) [2,3]
-- foldl (+) ((+) ((+) 0 1) 2) [3]
-- foldl (+) ((+) ((+) ((+) 0 1) 2) 3) []
-- (+) ((+) ((+) 0 1) 2) 3
-- ((+) ((+) 0 1) 2) + 3
-- (((+) 0 1) + 2) + 3
-- ((0 + 1) + 2) + 3

foldr :: (a -> b -> b) -> b -> [a] -> b
foldr _ acc [] = acc
foldr f acc (x:xs) = f x (foldr f acc xs)


foldr (+) 0 [1,2,3]
-- (+) 1 (foldr (+) 0 [2,3])
-- (+) 1 ((+) 2 (foldr (+) 0 [3]))
-- (+) 1 ((+) 2 ((+) 3 (foldr (+) 0 [])))
-- (+) 1 ((+) 2 ((+) 3 0))
-- 1 + (2 + (3 + 0))
```

foldl 和 foldr 的型別很像。foldl 需要一個 b -> a -> b 型別的函數 f，一個 b 型別的初始累計值 acc，一個 [a] 型別的陣列 x:xs。foldl 從串列的左側（頭）開始，把初始累計值 acc 和串列元素 x 交給 f，然後把 f acc x 當成新的累計值，xs 當作新的串列，繼續計算 foldl f (f acc x) xs，直到陣列遞迴到 []，整個表示式等於最後的累計值。

foldr 的過程正好相反，foldr f acc (x:xs) 並不急著計算，而是先遞迴計算 foldr f acc xs，等到右側的串列 xs 折疊完畢之後，再和 x 一起交給 f，得到最終的結果。所以，

foldr 最先計算的是串列最右邊（末端）的元素和初始累計值交給 f 的結果，然後依次從右向左計算出最終的累計值。

我們用圖表來直觀地表示這兩個函數的區別：

```
   (:)  --- foldr f z ---> f
   / \                    / \
  1  (:)                 1   f
     / \                    / \
    2  (:)                 2   f
       / \                    / \
      3  []                  3   z

   (:)  --- foldl f z --->     f
   / \                        / \
  1  (:)                     f   3
     / \                    / \
    2  (:)                 f   2
       / \                / \
      3  []              z   1
```

上圖中，foldr f z xs 新建了一個串列，把 xs 中 : 的地方替換成 f，把 [] 替換成了 z。所以，其實我們可以用 foldr 來實作 map：

```
map f xs = foldr ((:) . f) [] xs
-- 或者
map f = foldr ((:) . f) []
```

這裡每個元素都會經過 (:) . f 處理，即先被 f 處理，再和之前的累計值相連，從而變成一個新的串列。這個串列的順序和原串列一致，這也暗示了折疊操作的本質，就是按照順序逐個處理串列裡的元素，所以說折疊是對順序操作的抽象。

由於折疊會把一個串列遞迴處理成一個值（這個值也可能是個串列，如上例），所以實際程式設計中應用很廣泛，幾乎所有**遞迴處理串列**的函數都可以透過折疊來實作。下面隨便舉幾個例子：

```
length :: [a] -> Int
length = foldr (\_ acc -> acc + 1) 0
-- 或者
length = foldl (\acc _ -> acc + 1) 0

-- length [1..10]
-- 10

maximum :: (Ord a) => [a] -> a
maximum [] = error "..."
maximum (x:xs) = foldr max x xs
```

```
-- maximum [1,2,6,3,2]
-- 6

last :: [a] -> a
last [] = error "..."
last (x:xs) = foldl (curry snd) x xs

last [1,2,3]
-- 3
```

當然，有的函數使用折疊改寫後不見得變得簡單，比如上面的 last，但是這些例子想要說明的是，**折疊是順序遞迴操作的抽象**。後面看到其他資料結構時，會發現所有遞迴的資料結構都可以進行對應的折疊操作。在實際程式設計中，巧妙地利用折疊可以優雅地解決大部分遞迴問題。

關於折疊計算效率的問題，後面會提到。這裡值得注意的是，儘量避免使用 foldl，而是使用 Data.List 模組中的 foldl'函數，因為 foldl' 的求值發生在每一次 f 飽和的時候，而 foldl 的求值是惰性的，直到你最後需要用到折疊出來的值的那一刻，它才會一步步計算之前堆積起來的計算任務，而儲存這些計算所需要的空間往往比計算出的結果大得多，所以 foldl 經常會意外消耗過量的記憶體。當然，由於新版 GHC 的最佳化改進，foldl 和 foldr 在很多情況下已經接近 foldl' 了，但是如果不需要惰性求值帶來的特性，請儘量使用 foldl'。

另外，在很多情況下，累計值的型別 b 和陣列元素型別 a 是相同的，如上例的 foldl (+) 0 [1,2,3]。這時如果希望初始累計值取陣列第一個元素的話，還可以使用 foldl1/foldr1：

```
foldl1 :: (a -> a -> a) -> [a] -> a
foldl1 _ [] = error "..."
foldl1 f (x:xs) = foldl f x xs

-- 用 foldl1 定義 maximum
maximum = foldl1 max
```

foldr1 的定義和 foldl1 類似，不過注意這一對函數在遇到空串列時會回報錯誤，它們是部分函數。

6.4 掃描

另一個常見的串列操作是，把折疊時每一步的累計值都記錄下來，生成一個新的串列（這個操作就是掃描），也就是說這個新串列中每個元素都是根據之前對應位置的元素和上一次計算的累計值共同確定的。例如，求一個曲線的積分曲線：

```
integral :: Double -> [Double] -> [Double]
integral _ [] = []
integral acc (x:xs) = let i = x + acc in i : integral i xs

integral 0 [1..10]
-- [1.0,3.0,6.0,10.0,15.0,21.0,28.0,36.0,45.0,55.0]
```

上述代碼中，integral 函數接收一個初始積分值和一個表示曲線的串列，然後把初始的積分值和串列第一個元素相加，再把得到的積分值和下一個相加，依次繼續下去得到每個點對應的積分值，最後這個積分值構成了新的串列。

雖然這也可以透過折疊實作，但是因為較為常用，而且每次都使用折疊或者遞迴來實作比較麻煩，於是我們把這個遞迴過程抽象出來：

```
scanl :: (b -> a -> b) -> b -> [a] -> [b]
scanl f acc ls     = acc : (
        case ls of
            []   -> []
            x:xs -> scanl f (f acc x) xs
    )

scanl (+) 0 [1,2,3]
-- [0, 1, 3, 6]

scanr :: (a -> b -> b) -> b -> [a] -> [b]
scanr _ acc [] = [acc]
scanr f acc (x:xs) =
    f x (head ys) : ys
  where
    ys = scanr f acc xs

scanr (+) 0 [1,2,3]
-- [6, 5, 3, 0]
```

透過綁定的遞迴定義不難看出，scanl/scanr 和 foldl/foldr 很像，不同的地方在於 scanl/scanr 每次遞迴都會把累計值放進串列裡，就像掃描器逐行把文章讀出來，處理成數字格式並保存。和折疊一樣，掃描也有取串列第一個元素作初始值的對應版本 scanl1/scanr1。和 scanl/scanr 不一樣的地方在於，由於使用了串列的頭或尾做初始累計值，生成的串列不會包含額外的初始值。

最小子串和問題

對於映射和折疊函數，稍有經驗的程式設計師都會很熟悉，但是掃描函數在大部分程序式語言（Procedural programming）中並不常見。我們現在實作一個問題，希望書中的解法能為你帶來一些啟發。

給定長度為 n 的序列，求序列中所有長度為 m 的子串的和的最小值。例如：對於[2,6,4,2,5,8,3,1]，求長度為 3 的子串的最小和，不難看出是 4 + 2 + 5 = 11。

對於程序式語言，我們可以作出一個相當不錯的 O(n) 演算法。下面仍以 JavaScript 為例：

```
function minSubArray(array, m){
    var i, l = array.length, initSum = 0, minSum;
    for (i = 0; i < m && i < l; i++){
        initSum += array[i];
    }
    if (m >= array.length){
        return initSum;
    }else{
        minSum = initSum;
        for (i = m; i < l; i++){
            initSum = initSum - array[i-m] + array[i];
            if (minSum > initSum){
                minSum = initSum;
            }
        }
        return minSum;
    }
}
minSubArray([2,6,4,2,5,8,3,1], 3)
// 11
```

我們先計算從 0 開始的前 m 個元素的和，如果 m 大於或等於陣列的長度，那麼這個和就是最小和了，否則計算會從下一個元素開始計算 m 個元素的和，並和之前的值比較，如果小於之前的和，就把最小值假定為這個值。重複這個過程，直到計算完整個陣列，得到最小的那個子串和。

上面程式中兩個足標相差 1 的子串的和存在的關係，透過指定值操作 initSum = initSum - array[i-m] + array[i] 表達了出來。也就是說，這兩個子串只差上一個串的開頭和下一個串的結尾這兩個數，所以可以利用這一點來避免重複計算中間的那部分和。不難看出，整個程式的時間複雜度是和序列長度成正比的，即 O(n)。

現在思考一下在 Haskell 中怎麼實作一個 O(n) 的演算法。假如把所有子串的和分別算出來，然後求最小值，那麼時間複雜度就變成了 O(n*(m+1)) 了。而 Haskell 中不允許對綁定進行修改，所以必須找出一個函數式的解決方法，有興趣的讀者請先想想。

答案就藏在剛剛說到的那個事實上：前後足標相差 1 的子串的區別，僅僅在上一個串的開頭和下一個串的結尾這兩個數。這裡提供一個版本的 O(n) 解法。以串列 [2,6,4,2,5,8,3,1] 中求長度為 3 的最小子串和為例，我們用下面的圖表表示推導過程：

```
[2, 6, 4, 2, 5, 8, 3, 1]
 | 求和|  |  |  |  |  |  ---- 剩下的元素錯位相減，得到前後子串的和的差
 +-----+ [2, 6, 4, 2, 5, 8, 3, 1]
    v     v  v  v  v  v
   12    [0,-1, 4, 1,-4]
          |  |  |  |  |  ---- 使用初始值 0 做積分，得到所有子串和與初始和的差
      [0, 0,-1, 3, 4, 0]
       |  尋找最小值  |
       +--------------+
              -1
               | ---- 最小值和初始和相加就是最小子串和
              11
```

看懂這個思考方式之後，我們來看 Haskell 實作的版本：

```haskell
minSubList :: (Num a, Ord a) => [a] -> Int -> a
minSubList xs m = initSum + minDiff
  where
    shifted = drop m xs
    initSum = sum $ take m xs
    minDiff = minimum $ scanl (+) 0 $ zipWith (-) shifted xs

minSubList  [2, 6, 4, 2, 5, 8, 3, 1] 3
-- 11
```

在型別的選擇上，我們使用可以排序的數字型別 Num a, Ord a 來表示任意精度的可排序數字。首先，使用 drop 製造出錯位的串列，然後使用 zipWith (-) 對錯位的串列做差（or）運算，接著使用 scanl 對差的串列取積分，算出每個子串（包括初始子串自己）的和與初始和 initSum 的差，最後找到最小值 minDiff，和初始和相加，得出答案。

在分割串列的時候，分別使用 drop 和 take 遍訪串列兩遍，會花費不必要的效能，而 Prelude 中有一個專門的函數 splitAt 用於在指定位置分割串列。所以，如果我們對上面例子中分割串列的部分稍微最佳化：

```
...
  where
    (initXs, shifted) = splitAt m xs
    initSum = sum initXs
    ...
```

在打開編譯器最佳化（ghc -O2）之後，可以獲得接近於 C 的效能！另外，仔細思考一下計算過程，我們注意到除了 scanl1 (+) 需要順序計算外，maximum 和 zipWith (-) 都是和計算順序無關的函數。所以，當資料量很大的時候，可以採用平行計算的策略計算這兩個過程，進一步最佳化這個函數。

上面的例子想說明的是，使用一門函數式程式設計語言，會讓你思考問題的方式發生根本性的改變，你將不再滿足於透過分支、迴圈、狀態指定值等底層操作來尋找解決問題的步驟，而轉向去尋找問題抽象、化簡、遞推的邏輯關係，最終能更好地理解問題的本質。當問題被抽象成很多基本的函數時，還會帶來諸如平行與串列的分離，狀態轉換與外界條件的分離等好處。同時，隨著對抽象函數的日積月累，解決問題也會變得越來輕鬆，大腦中的抽象函式程式庫就是你思考問題時的工具集。

6.5 方向是相對的

最後，考慮一個經典的函數式程式設計問題：如何使用 foldr 實作 foldl？事實上，這兩個函數可以互相實作，許多書都曾使用這個例子來引導讀者擴充使用高階函數的思維。下面我們來試著做一遍：

```
foldl :: (a -> b -> a) -> a -> [b] -> a
foldl f a bs = foldr (\b g x -> g (f x b)) id bs a
```

其中 id 是前面提到的身份函數 id x = x，即對參數不加任何改變的函數。現在我們來分析一下 foldl 是怎麼工作的。

(1) 根據函數應用優先順序最高的原則，上面的式子等價於：

```
foldl f a bs = (foldr (\b g x -> g (f x b)) id bs) a
```

(2) 看來 foldr (\b g x -> g (f x b)) id bs 應該返回一個函數，它的型別是 a -> a。

(3) foldr 接收的初始值 id 恰好是一個 a -> a 型別的函數，現在我們把注意力集中到它接收到的遞推函數上：

```
\b g x -> g (f x b)
```

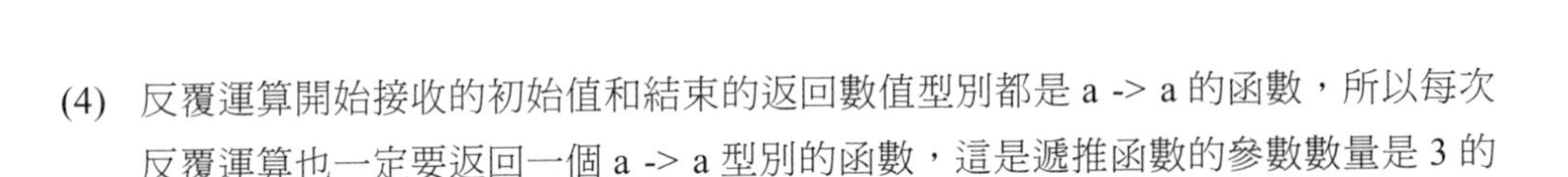

(4) 反覆運算開始接收的初始值和結束的返回數值型別都是 a -> a 的函數，所以每次反覆運算也一定要返回一個 a -> a 型別的函數，這是遞推函數的參數數量是 3 的原因。實際上，它等價於：

```
\b g ->
    \x -> g (f x b)
```

(5) 第一次遞推時，按照 foldr 的參數順序 b -> a -> a（恰好和 foldl 相反），參數 g 是初始值 id，參數 b 是串列第一個元素，假定它是 b0，於是第一次反覆運算返回了一個新的 a -> a 型別的函數：

```
\x -> id (f x b0)
-- 根據 id 的定義
\x -> f x b0
```

(6) 同理，第二次反覆運算返回的函數是：

```
\x -> f (f x b0) b1
```

(7) 反覆運算完成後，整個 foldr (\b g x -> g (f x b)) id bs 返回的是函數：

```
\x -> f (... f (f (f x b0) b1) ... bN)
```

(8) 此時我們只需把初始值 a 交給這個函數，即可得到從左往右依次運算的 foldl：

```
f (... f (f (f a b0) b1) ... bN)
```

而 f 的參數順序也需要和 foldl 的一致：a -> b -> a，以上就是透過 foldr 實作 foldl 的過程。透過使用 id 函數作為初始值，我們在折疊的過程中建構了從左向右計算的函數組合，並在最後把初始值交給這個 foldr 建構出來的巨大函數，從而完成了 foldl。理解 foldl 的關鍵在於，理解下面兩個函數的等價轉換：

```
\b g x -> g (f x b)
-- 等價於
\b g ->
    \x -> g (f x b)
```

在 Haskell 中，**所有的函數都可以看作是單參數的函數**。當函數進行部分應用的時候，我們返回一個新的函數來表示剩下的運算，這是 Haskell 中熟練運用高階函數的關鍵。回憶一下前面說的 -> 在型別中是右結合的例子：

```
map :: (a -> b) -> [a] -> [b]
-- 等價於
map :: (a -> b) -> ([a] -> [b])
```

現在是不是都明白了呢？

07

型別類別

型別類別（typeclass）是 Haskell 中最出名的魔法之一。為了實作這個魔法，GHC 以新增必要的型別標注為代價，實作了不可能實作的 System F 型別推斷系統。在 GHC 中，被實作的這套型別推斷系統也稱為 System FC，是一個複雜的、支援判斷高階型別（例如 kind）相等的推斷系統。相比較為簡單的 Hindley－Milner 型別推斷，它最主要的特點就是支持限定的型別類別。（GHC 的型別系統還在高速發展中，System FC 已經是很老的一篇論文裡的稱呼了，最新的稱呼應該叫作 System FC with Roles。）

型別類別的實作包括類別宣告和實例宣告兩個部分，我們先從實例宣告入手。

7.1 實例宣告

下面是重載函數（即支援多種型別參數的函數）的例子：

```
id :: a -> a
id x = x
(==) :: (Eq a) => a -> a -> Bool
x == y = ???
```

其中 id 的型別完整寫下來應該是 forall a. a -> a，就是對於任意的型別 a 都成立的意思；而 == 函數則要求 a 一定可以比較是否相等。對於第一種情況，我們很容易猜出編譯器會做什麼，它只需要安排機器原封不動地把參數返回即可。不管遇到什麼樣的參數，這個函數永遠不需要知道參數型別，就可以實作功能。

而第二種情況就複雜一些了，==並不知道參數 x 和 y 的具體型別，我們如何定義判斷 x 和 y 相等的函數呢？

下面來看看之前介紹 data 關鍵字時用到的例子，其中定義了一個表示平面座標的資料型別：

```
data Position = Cartesian Double Double | Polar Double Double

Cartesian 3 4 == Polar 0.9272952180016123 5
-- ???
```

我們知道 Cartesian 3 4 和 Polar 0.9272952180016123 5 這兩個點在 Double 的精度範圍內，其實表示的位置是一樣的，只是表達的方式不同：一個是笛卡兒座標，一個是極座標。我們希望電腦能夠智慧地比較出不同座標表示的點，但是對於電腦來說，它看到的只是放在不同盒子裡的兩個數字，它會知道如何判斷相等嗎？

在 GHCi 裡試一試吧：

```
*Main> data Position = Cartesian Double Double | Polar Double Double
*Main> Cartesian 3 4 == Polar 0.9272952180016123 5

<interactive>:38:15:
    No instance for (Eq Position) arising from a use of '=='
    In the expression: Cartesian 3 4 == Polar 0.9272952180016123 5
    In an equation for 'it':
        it = Cartesian 3 4 == Polar 0.9272952180016123 5
```

看來 GHC 即沒有說相等，也沒有說不相等，而是直接拒絕編譯器。這是因為資料型別 Position 不是 Eq 的一個實例（instance），我們需要讓 Position 成為 Eq 才行。下面來看看如何使用**實例宣告**（instance declaration）來解決這個問題：

```
instance Eq Position where
    Cartesian x1 y1 == Cartesian x2 y2 = (x1 == x2) && (y1 == y2)
    Polar x1 y1 == Polar x2 y2         = (x1 == x2) && (y1 == y2)
    Cartesian x y == Polar a r         = (x == r * cos a) && (y == r * sin a)
    Polar a r == Cartesian x y         = (x == r * cos a) && (y == r * sin a)
```

instance 是型別類別語法中的後一半，用來宣告某個型別（type）屬於某個型別類別。當然，要想成為某個型別類別，需要滿足一定的要求。例如，想讓 a 成為 Eq，必須提供型別為 a -> a -> Bool 的函數 ==。在上面的例子中，我們透過提供 Position -> Position -> Bool 的函數，讓 Position 成為 Eq 的一個實例。現在去 GHCi 試一試：

```
*Main> Cartesian 3 4 == Cartesian 4 3
False
*Main> Cartesian 3 4 == Cartesian 3 4
True
*Main> Cartesian 3 4 == Polar 0.9272952180016123 5
True
*Main> Cartesian 3 4 == Polar 0.9272952180016123 2
False
```

如果你的實例宣告中存在沒有比對的情況，這裡同樣會報錯。實例宣告做的事情是，讓編譯器知道，在做 Position 型別比較時，應該使用哪個函數。另外，在 Haskell 中，不允許在實例宣告裡寫型別標記，大多數時候也沒必要。如果出於說明文件等目的希望加上的話，可以使用 GHC 的擴充 InstanceSigs：

```
{-# LANGUAGE InstanceSigs #-}

data A = A ...

instance Eq A where
    (==) :: A -> A -> Bool
    x == y  = ...
```

現在你可能要問了，我們在宣告 Position 的 Eq 實例的過程中，有用到了 == 來判斷模式比對出來的座標是否相等，編譯器又是怎麼知道兩個 Double 是否相等呢？這裡是黑魔法出現的地方了。從理論上說，應該有 Double 的 Eq 實例宣告，它可能是類似這樣的：

```
instance Eq Double where
    x == y = 某個神奇的函數用來比較雙精度浮點數
```

但實際上，你已經來到了程式和機器的邊界，就像《駭客任務》裡 Neo 走到的那個火車站，火車人是一個非法程式，車站就是他創造出來的一個非法虛擬地帶，透過這個地帶能將非法程式偷渡進入母體！

而 Haskell 的編譯器就是這個火車人，編譯器知道如何在不同型別的 CPU 上使用不同的機器指令比較兩個 Double。在不同架構的機器上，Double 的底層表示甚至都有可能不同！這些程式碼永遠不會是合法的 Haskell 程式，但是 Haskell 整個上層世界都需要它們來支撐，所以編譯器會把這些機器碼偷渡進最終的執行程式碼裡。

總之，編譯器會抽象出一個通用的 Double，而它是 Eq 的一個實例，我們無從知道它如何成為 Eq，還有 Ord 等，只關心在程式中，哪些型別是 Eq 的實例。在 base 中的 Data.Eq 模組中，定義了 GHC 中所有基本型別的 Eq 實例。由於 Prelude 已經匯入了 Data.Eq 模組，大部分時間你都不用關心如何比較這些基本型別。去 Hackage 上查看 Data.Eq 的說明文件，可以看到一長串 Eq 的實例：

```
Instances
Eq Bool
Eq Char
Eq Double
Eq Float
Eq Int
Eq Int8
Eq Int16
Eq Int32
Eq Int64
Eq Integer
Eq Ordering
Eq Word
Eq Word8
Eq Word16
Eq Word32
Eq Word64
Eq CallStack
Eq TypeRep
Eq ()
...
```

這實在太長了，就不一一列舉了。概括一下，在 Prelude 匯出的資料型別中，除了帶有 IO 和->的型別，其他型別都可以比較是否相等。這意味著函數不能比較相等，只能自己透過推導來驗證兩個函數是等價的，電腦一般情況下並不能幫你判斷。這裡的宣告中，比較有意思的是元組的 Eq 實例：

```
...
(Eq a, Eq b) => Eq (a, b)
```

```
(Eq a, Eq b, Eq c) => Eq (a, b, c)
(Eq a, Eq b, Eq c, Eq d) => Eq (a, b, c, d)
(Eq a, Eq b, Eq c, Eq d, Eq e) => Eq (a, b, c, d, e)
...
```

這就是說，假設元組的每個元素型別都是 Eq 的實例，例如 (Int, Double)，那麼這類元組本身也會是 Eq 的實例，所以你可以直接比較兩個元組是否相等。不過從定義可以看出，元組預設的 Eq 實例是有長度限制的，超過 15 個元素就需要手動宣告了。

對於列表，當然也有：

```
(Eq a) => Eq [a]
```

所以，在 Haskell 中比較串列並不需要手動巡訪，這個過程已經透過型別類別幫你實作了。

7.2 類別宣告

在翻閱模組 Data.Eq 的說明文件時，你會看到以下這段話：

```
class Eq a where

The Eq class defines equality (==) and inequality (/=). All the basic datatypes exported
➥by the Prelude are instances of Eq, and Eq may be derived for any datatype whose
➥constituents are also instances of Eq.

Minimal complete definition: either == or /=.

Minimal complete definition
(==) | (/=)

Methods
(==) :: a -> a -> Bool infix 4
(/=) :: a -> a -> Bool infix 4
```

翻譯過來就是：

```
class Eq a where

Eq 型別類別定義了相等函數 (==) 和不等函數 (/=)。所有 Prelude 裡面匯出的基底資料型別都是 Eq 的實
例，而且所有由➥Eq 構成的資料型別的 Eq 實例都可以自動推導。

最小完整定義：== 或者 /=。

最小完整定義 (==) | (/=)

方法
```

```
(==) :: a -> a -> Bool infix 4
(/=) :: a -> a -> Bool infix 4
```

看來 7.1 節中 Position 的實例宣告滿足最小完整定義。下面來看類別宣告使用的 class 語法：

```
class ClassName typeVariable where
    method1 :: type1
    method2 :: type2
    ...

    method1 = default1
    method2 = default2
    ...
```

class 定義了一個新的型別類別 ClassName，typeVariable 是屬於這個型別類別的某個型別，它將出現在下面的 type1 和 type2 中。我們需要提供該型別的函數作為類別方法 method1、method2…，而類別方法如果有預設的實作，也請在類別宣告的時候寫在 class 裡面。下面看一下如何宣告 Eq 型別類別：

```
class Eq a where
    (==), (/=) :: a -> a -> Bool

    x /= y  = not (x == y)
    x == y  = not (x /= y)
```

class 關鍵字宣告了型別類別 Eq 的存在，所以可以在引入它的地方使用它。==和/=的型別都是 a -> a -> Bool。注意，此時我們還沒有完成 Eq 的定義，而是準備實作它，所以函數的型別並不是 Eq a => a -> a -> Bool。

我們還定義了兩個方法的預設實作：== 預設是對 /= 的結果取反，而 /= 預設是對 == 的結果取反。這樣，我們就可以讓實例宣告的時候，選擇定義 == 或者 /= 即可，實例宣告中沒有被定義的類別方法將使用類別宣告中預設的實作。

與 Eq 的 == 和 /= 一樣，預設方法大部分時候會相互引用，所以一般都會在說明文件中標明最少需要定義哪些方法，這就是上面說的最小完整定義的意思。

7.3 型別類別的實作

實例宣告和類別宣告共同構成了 Haskell 的型別類別語法，我們把使用 class 宣告出來的型別叫作型別類別，因為它代表了一類別型別，例如 Eq 代表了一類可以比較是否相等的型別，這和物件導向語言中的類別很像，但又很不一樣。

◎ 在物件導向語言中，類別用於約定物件實例的行為，實例的行為和實例透過 this 指標綁定在一起，類別中定義的函數是實例的一部分。

◎ 在 Haskell 中，型別類別用來約定型別的行為，和型別對應的值並沒有直接的關係，Position 型別的資料並不需要攜帶額外的資訊。

◎ 只有當試圖使用 Eq a 限定型別 a 的時候，我們才真正用到了實例宣告中的函數，而編譯器會幫我們自動選擇合適的實作，或者傳遞合適的字典。

不過需要注意的是，型別類別和物件導向中的類別/介面的一個關鍵不同在於，編譯器會自動幫助我們選擇符合型別類別限制的型別實作，這個過程並不需要資料本身包含額外的資訊。在大部分情況下，重載方法的具體實作都是在編譯時靜態決定的，而不需要等到運行時動態判斷，這樣做可以提高效能，同時可以避免一大類動態型別重載的 bug。

有了宣告的型別類別和型別類別實例後，型別類別的使用其實非常簡單、直觀：

```
-- 判斷串列中是否存在某個元素
elem :: Eq a => a -> [a] -> Bool
elem _ [] = False
elem y (x:xs) = if x == y then True
                          else elem y xs

-- 取出串列中的不重複元素
nub :: Eq a => [a] -> [a]
nub [] = []
nub (x:xs) = if x `elem` xs then nub xs
                            else x : nub xs
```

在函數 elem 中，我們要比較給定元素 y 和串列中的每一個元素 x，因此用到了==函數。而這個函數只能用在 Eq 的實例上，所以在參數型別 a 前新增了型別類別限制。而函數 nub 需要使用 elem 來判斷元素 x 在串列其他部分是否存在，所以它要保留 elem 對型別 a 的限制。另外，如果有多個限制，使用括弧和逗號即可：

```
minSubList :: (Ord a, Num a) => [a] -> Int -> a
...
```

在 Haskell Report 中，規定了所有 Haskell 實作都必須定義的標準型別類別，它們可以構成下面的圖表：

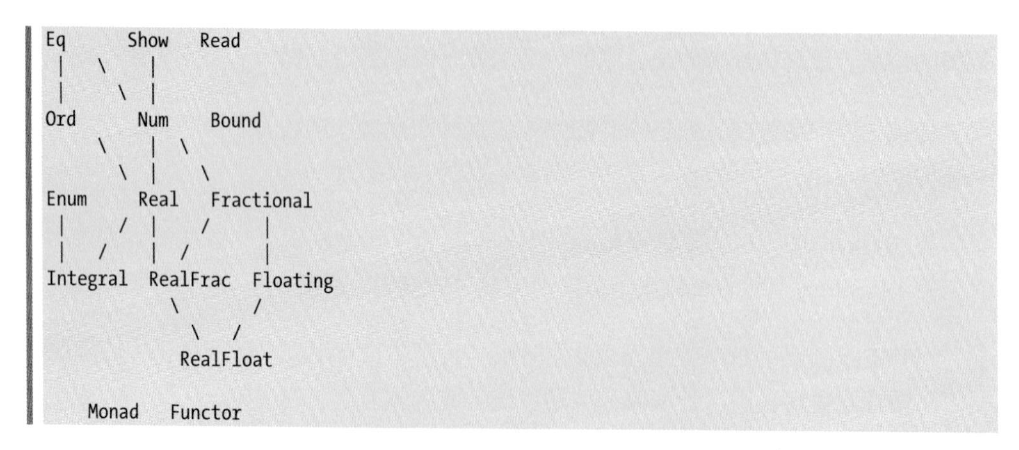

需要指出的是，這個圖表出自 Haskell 2010 Report，自它發表之後，又有很多型別被加入了 GHC 的 Prelude。今年，Haskell 社群的著名人物 hvr 正在重新集合人手，編纂新版的 Haskell Report，希望能在不久的未來和大家見面。

在解釋上面圖表中的型別類別之前，我們先來瞭解型別類別的層級關係。

7.3.1 層級和限制

在上面的圖表中，有一條從 Eq 到 Ord 的線，代表 Eq 是 Ord 的父層級型別類別，意思是說，凡是可以比較大小的型別，都一定要能比較是否相等，這在 Ord 的型別宣告中寫進了限制：

```
class  (Eq a) => Ord a  where
    compare              :: a -> a -> Ordering
    (<), (<=), (>=), (>) :: a -> a -> Bool
    max, min             :: a -> a -> a

    compare x y | x == y    = EQ
                | x <= y    = LT
                | otherwise = GT

    x <= y  = compare x y /= GT
    x <  y  = compare x y == LT
    x >= y  = compare x y /= LT
    x >  y  = compare x y == GT
```

```
-- Note that (min x y, max x y) = (x,y) or (y,x)
max x y | x <= y    =  y
        | otherwise =  x
min x y | x <= y    =  x
        | otherwise =  y
```

其中 Ordering 是一個用來表示大小關係的資料型別：

```
data Ordering == LT | EQ | GT
```

LT、GT 和 EQ 分別代表小於（less than）、大於（greater than）和等於（equal）。

我們看到，在 Ord 的型別類別宣告中使用 == 來判斷元素是否相等。因此，在最開始新增了型別限制 class (Eq a) => Ord a where。除了定義 <、<=、>、>= 這些中綴函數之外，Ord 還提供了 max、min 和 compare 函數，滿足你的各種比較需求。另外，如果想宣告 Ord 的實例的話，不一定要實作所有的函數，最簡單的情況下，只需要提供 compare 函數即可，其他函數都可以根據這個函數預設實作。

在型別類別宣告裡新增限制，就會產生型別類別的層級，我們說被限制的型別類別是限制本身的一個子型別類別，限制則是被限制型別類別的父型別類別，每一個子型別類別的實例型別也同時都是父型別類別的實例。例如，Int 是 Ord 的一個實例，所以它也一定是 Eq 的一個實例，因此在限制某個函數參數 a 滿足 Ord a 之後，就不用再進一步限制 Eq a 了。

從上面的圖表還可以看出，Haskell 支援多個型別類別限制，這有點像物件導向的多繼承。但是因為 Haskell 中值本身不攜帶這些限制資訊，所以問題會更簡單一些。實際上，Haskell 中的型別類別更加接近 Java 中的介面（interface）或者 C++ 中的虛擬函數。當然，這其中本質的不同，還需要讀者花時間慢慢體會。

7.3.2 推導型別類別

有一個令人驚訝的事實是，有很多型別類別的實例宣告，編譯器可以幫你推導（derive）。在 Haskell Report 中，規定這些型別類別可以被推導：Eq、 Ord、Enum、Bounded、Show 和 Read。

而 GHC 提供的推導型別更加豐富，包括 Functor、Foldable、 Traversable 以及用於泛型程式設計的 Typeable 和 Generics 等，這些高階的型別類別後面再深入解釋，這裡只是提一下型別推導的概念。我們還是舉最開始的那個例子：

```
data Position = Cartesian Double Double | Polar Double Double
    deriving Eq
```

deriving Eq 就是告訴編譯器讓它幫我們自動推導 Eq 實例的意思。如果 deriving 後面接了若干個型別類別，同樣需要用逗號來隔開並加上括弧。請在 GHCi 中試驗一下：

```
*Main> Cartesian 3 4 == Cartesian 3 5
False
*Main> Cartesian 3 4 == Cartesian 3 4
True
*Main> Polar 2 4 == Polar 2 4
True
*Main> Polar 2 4 == Polar 2 2
False
*Main> Cartesian 3 4 == Polar 0.9272952180016123 5
False
```

在推導出來的實例中，== 可以判斷相同建構函數的情況，但在不同建構函數的情況下，則會判斷兩個值是否不相等。這和之前手寫的實例宣告並不一致，這也是我們有時不使用推導的原因。

7.3.3 Show/Read

下面來看兩個很常用的型別類別，它們是：Show 和 Read。在很多其他語言中，你可能非常依賴 toString 方法來幫助你快速把想要的資料用字串表示出來。在 Haskell 中，Show 型別類別所作的就是這樣一件事情：

```
class  Show a  where
    showsPrec :: Int -> a -> ShowS
    show      :: a -> String
    showList  :: [a] -> ShowS

    showsPrec _ x s   = show x ++ s
    show x            = showsPrec 0 x ""
    -- ... default decl for showList given in Prelude
```

Show 型別類別定義了若干方法來幫助定義最關鍵的 show 函數，這個函數可以方便地把資料轉換成字串。關於為什麼需要額外的 showsPrec/showList 方法，感興趣的讀者可以翻閱 Haskell Report，這裡只需要知道 show 方法可以把滿足 Show 型別類別的型別轉換成字串即可：

```
*Main> show [1,2,3]
"[1,2,3]"
*Main> show "hello world"
"\"hello world\""
*Main> show 'a'
```

```
"'a'"
*Main> show 3.1415926535
"3.1415926535"
*Main> show $ Just 3
"Just 3"
```

GHCi 中兩側的 " 只是表示 show 函數輸出的型別是字串，並不是最終字串的一部分。注意，當 show 遇到字串型別的值時，會在兩側加上 " 代表這是一個字串，而遇到字元型別的時候，則會加上'，這些引號是屬於最終的轉換結果。

有序列化的需求，就少不了反序列化。和 Show 類似，Read 型別類別定義了如何從字串解析出 Haskell 的資料型別：

```
class  Read a  where
    readsPrec :: Int -> ReadS a
    readList  :: ReadS [a]
    -- ... default decl for readList given in Prelude
```

這兩個函數顯然也不直接面向用戶，而是方便宣告 Read 實例時遇到部分解析的情況的。真正面向使用者的函數 read 被定義在 Prelude 裡：

```
read :: (Read a) => String -> a
read s  =  case [x | (x,t) <- reads s, ("","") <- lex t] of
    [x] -> x
    []  -> error "PreludeText.read: no parse"
    _   -> error "PreludeText.read: ambiguous parse"
```

如果解析的結果只有一個，則返回，否則報錯。我們去 GHCi 中試驗一下：

```
*Main> read "2" :: Int
2
*Main> read "2" :: Float
2.0
*Main> read "2e3" :: Float
2000.0
*Main> read "2efg" :: Float
*** Exception: Prelude.read: no parse
*Main> read "[1,2,3]" :: [Double]
[1.0,2.0,3.0]
*Main> read "abc" :: String
"*** Exception: Prelude.read: no parse
*Main> read "\"abc\"" :: String
"abc"
*Main> read "True"
*** Exception: Prelude.read: no parse
*Main> not $ read "True"
False
```

你會發現使用 read 函數時，需要注意如下幾點。

◎ 如果運算式型別不能被推導出來，例如一個單獨的 read "True"，則一定要提供適當的型別說明。

◎ 相同的字串有可能對應不同的型別，例如 3 既可以是 Int，也可以 Float。

◎ 待解析的字串需要用 " 包起來，待解析的字元則是用 '，這一點和 show 的行為是一致。

從理論上說，下面的等式應該成立：

```
(read (show (x :: Double)) :: Double) = x
```

由於在轉換成字串時，資訊有可能出現遺漏，上面的等式在實際應用中不一定總成立。如果你在考慮使用 show/read 做序列化/反序列化的話，請反覆測試保證正確。另外，在 Hackage 上有許多速度非常快、適用場景更廣的序列化/反序列化庫，所以推薦只在一些對速度、精度要求不高的情況下使用 show/read，例如簡單的命令列參數解析、資訊列印、GHCi 中偵錯工具等。

08

數字相關的型別類別

因為 Haskell 中基本的大小判斷、數值運算等都不是語法結構，而是透過函數來實作的，這和很多程式設計語言非常不同，所以很多初學者會抱怨解決這些基本問題的程式碼難以撰寫。網上能夠找到的參考主要有 Haskell Report 和 Hackage 上 base 函數程式庫的說明文件，所以本章將為您整理一下 Haskell 中這些基本操作涉及的型別類別和常用的函數。

8.1 順序類別

順序類別（Ord）在前面講 Eq 時提到過，它提供的方法如下：

```
class  (Eq a) => Ord a  where
    -- 比較函數，返回 Ordering 型別的結果：LT/EQ/GT
    compare              :: a -> a -> Ordering
    -- 比較函數，返回 Bool 型別的結果：True/False
    (<), (<=), (>=), (>) :: a -> a -> Bool
    -- 比較函數，返回被比較元素中較大/較小的那個
    max, min             :: a -> a -> a
```

這些函數都很好理解，它們和高階函數配合使用，可以優雅地實作各種以比較為基礎的函數。例如之前的例子：

```
maximum :: Ord a => [a] -> a
maximum = foldr1 max

maximum [23,5,61,123]
-- 123
```

這裡的重點是看編譯器如何推導 Ord 實例。在 Prelude 匯出的所有資料型別中，只有涉及 IO、->、IOError 的型別不能比較大小，其餘都可以。如果是自訂的資料型別，只要建構函數接收的參數都是 Ord 的實例型別，或者是含有 Ord 限制的型別變數，編譯器就可以自動推導：

```
Prelude> data T = T Int Int | U Int deriving (Eq,Ord)
Prelude> T 2 3 > U 0
False
Prelude> T 2 3 > U 10
Fasle
Prelude> T 2 3 > T 4 5
False
Prelude> T 2 3 > T 2 1
True
Prelude> T 2 3 > T 1 10
True
Prelude> U 3 > U 0
True
```

由於 Eq 是 Ord 的父型別類別，所以在推導 Ord 之前一定不要忘記推導 Eq。自動推導的 Ord 實例的比較規則概括下來有如下兩點。

◎ 按照建構函數撰寫的順序，後面的建構函數創建的值大於前面的。

◎ 相同的建構函數，則按照**從前向後的位置順序比較參數的大小**。

8.2 data 和型別限制

這裡其實涉及了一個有趣的問題，那就是 data 宣告的時候，應不應該新增型別限制。現在拿上面的資料型別 T 為例：

```
Prelude> data T a = T a a deriving (Eq,Ord)
Prelude> T 3 4 > T 2 10
True
Prelude> T max min > T min max

<interactive>:19:3:
    No instance for (Ord a0) arising from a use of ‘max’
    The type variable ‘a0’ is ambiguous
    Note: there are several potential instances:
      instance Ord a => Ord (Maybe a) -- Defined in ‘GHC.Base’
      instance Ord Ordering -- Defined in ‘GHC.Classes’
      instance Ord integer-gmp-1.0.0.0:GHC.Integer.Type.BigNat
        -- Defined in ‘integer-gmp-1.0.0.0:GHC.Integer.Type’
      ...plus 26 others
    In the first argument of ‘T’, namely ‘max’
    In the first argument of ‘(>)’, namely ‘T max min’
    In the expression: T max min > T min max

<interactive>:19:11:
    No instance for (Ord (a0 -> a0 -> a0))
      (maybe you haven't applied enough arguments to a function?)
      arising from a use of ‘>’
    In the expression: T max min > T min max
    In an equation for ‘it’: it = T max min > T min max
```

定義 T 型別的時候，我們使用型別變數 a 來代表所有可能的型別，於是剛剛新建的資料型別應該類似下面：

```
T 3 4     :: Num a => T a
T max min :: Ord a => T (a -> a -> a)
```

對於 T 3 4 來說，編譯器可以找到 3 和 4 符合 Ord 限制的型別，例如 Integer，進而根據推導出來的 T 的 Ord 實例，對 T 3 4 和 T 2 10 進行比較。而對於 T max min 來說，T 的參數型別是函數，而函數是不能比較的，於是產生了上面的錯誤。

那麼，我們是不是可以這樣解決呢？

```
data (Ord a) => T a = T a a deriving (Eq,Ord)
```

這限制了建構 T 的時候 a 的型別必須是 Ord 的實例型別，因此推導出來的 Ord 實例永遠成立。

實際上，GHC 在很早的時候甚至出現過一個擴充，叫作 DatatypeContexts，用來允許上面的寫法，但後來證明這是一個非常愚蠢的決定（在 GHC 的原始程式碼中被稱作 stupid theta）。當然，現在這個擴充已經廢棄了。因為 Haskell 中的型別限制資訊並不會保存到資料中，所以上述限制並不能透過資料傳遞到一個使用型別 T a 的函數那裡，於是這個函數也並不知道會不會接收到 T (a ->a) 型別的參數，更沒法實作限制條件下的重載了。

於是你不能想當然地撰寫：

```
isBigger :: T a -> T a -> Bool
isBigger = ...
```

而是需要在每一個用到 T 型別資料的函數前面加上：

```
isBigger :: (Ord a) => T a -> T a -> Bool
isBigger = ...
```

你甚至不能方便地提取 T 中的資料：

```
getA1 :: (Ord a) => T a -> a
getA2 :: (Ord a) => T a -> a
```

上面兩個函數根本沒用到 Ord a 這個限制！但是編譯器的型別推導能夠推導出這樣一個限制，於是如果想要標注這個函數型別的話，就不得不把限制都加上，可以想像當資料型別都含有限制條件時，一個函數前面需要加上多少個根本用不到的 =>。

這裡的問題就出在上面所說的，Haskell 中的型別限制資訊並不會保存到資料中，所以 data 宣告中的限制實際上是限制了建構函數的參數型別。但是這樣做的話，它就不僅僅對建構函數有效了，型別推導會發現所有用到被宣告資料型別的地方都需要新增限制。

結論就是，**永遠不要在你的資料型別宣告前加上型別類別的限制**。型別限制應該用來限制普通函數的參數型別，進而說明編譯器確定函數的行為，而不是限制資料的行為，千萬不要誤解了型別類別限制的使用方式！

8.3 列舉類別

顧名思義，列舉型別類別（Enum）指的是那些可以被一一列舉的型別，比如 Char、Bool 以及之前介紹 Eq 的時候定義的 Ordering。Enum 在 Prelude 中的定義如下：

```
class  Enum a   where
    -- | 目前元素的下一個元素。對於數值元素來說，succ 會加 1
    succ                 :: a -> a
    -- | 目前元素的前一個元素。對於數值元素來說，pred 會減 1
    pred                 :: a -> a
    -- | 返回列舉中對應次序的元素
    toEnum               :: Int -> a
    -- | 返回元素在列舉中的次序
    -- 如果次序超過了 Int 能夠表示的範圍，結果就不確定了
    fromEnum             :: a -> Int

    -- | 參考語法糖[n..]
    enumFrom             :: a -> [a]
    -- | 參考語法糖[m,n..]
    enumFromThen         :: a -> a -> [a]
    -- | 參考語法糖[m..n]
    enumFromTo           :: a -> a -> [a]
    -- | 參考語法糖[m,n..l]
    enumFromThenTo       :: a -> a -> a -> [a]

    succ                   = toEnum . (+ 1)  . fromEnum
    pred                   = toEnum . (subtract 1) . fromEnum
    enumFrom x             = map toEnum [fromEnum x ..]
    enumFromThen x y       = map toEnum [fromEnum x, fromEnum y ..]
    enumFromTo x y         = map toEnum [fromEnum x .. fromEnum y]
    enumFromThenTo x1 x2 y = map toEnum [fromEnum x1, fromEnum x2 .. fromEnum y]
```

實際上，列舉型別代表的是一個有序不重複的值的集合。succ/pred 用來取集合中下一個/上一個元素，fromEnum 返回元素在這個有序集合中的次序，toEnum 則是根據次序給出對應的元素，剩下的幾個函數都是用來實作 Haskell 的串列語法糖的輔助函數，一般並不會直接使用。對照之前生成等差數列的語法，就不難理解它們了。

這其實也暗示 Haskell 中並不是只有數字型別才能使用 [m,n..l] 這個形式的語法糖，列舉型別都可以。而數字型別的差預設都是 1：

```
['a'..'z']
-- "abcdefghijklmnopqrstuvwxyz"

[1.1..10]
-- [1.1,2.1,3.1,4.1,5.1,6.1,7.1,8.1,9.1,10.1]

[1.0,1.1..3.3]
-- [1.0,1.1,1.2000000000000002 ... 3.300000000000002]
```

```
[1.1,1.2..3.3] :: [Float]
-- [1.1,1.2,1.3000001,1.4000001 ... 3.200002,3.300002]

[(False)..]
-- [False,True]

[(LT)..]
-- [LT,EQ,GT]

['呵'..'哈']
-- "呵呶呷呸呹呺呻呼命呾呿咀咁 ... 咤咿哀品哂哃哄哅哆哇哈"
```

由於普通的建構函數加 . 之後會產生語法歧義，所以要加上括弧。[1.0,1.1..3.3] 的結果是因為機器操作浮點數的精度損失導致的，不過你可以使用 Haskell 的有理數型別 Rational 來避免這個誤差：

```
[1.1,1.2..3.3] :: [Rational]
-- [11 % 10, 6 % 5, 13 % 10, 7 % 5 ... 16 % 5, 33 % 10]
```

下面會提到 % 是定義在 Data.Ratio 中表示分數的建構函數。

在上面的例子中，最後一個運算式利用了 Char 型別在 Haskell 中使用 UTF-32 編碼來表示的事實，取出了指定區間的 UTF-32 編碼字元，輸出的結果用 UTF-32 編碼數值表示出來。

最後，來看一下 Haskell 中關於 Enum 的推導規則：**建構函數不需要參數的資料型別**才可以使用 Enum 推導。例如：

```
data Pet = Dog | Cat | Bird | Turtle deriving (Enum, Show)

show Dog
-- "Dog"

succ Cat
-- Bird

fromEnum Dog
-- 0

toEnum 3 :: Pet
-- Turtle
```

我們自動推導了 Pet 的 Enum 實例和 Show 實例，推導出來的 Enum 實例按照建構函數定義的順序從左向右分配次序，Show 實例則是直接把建構函數當作字串輸出。

8.4 邊界類別

和列舉類似，我們使用邊界類別（Bounded）來表示有上下邊界的資料型別：

```
class Bounded a where
    minBound, maxBound :: a
```

看來我們只要提供對應資料型別的上下邊界 maxBound 和 minBound，即可宣告型別是 Bounded 的實例了。注意，Bounded 並不是 Enum 的父型別類別，例如 Integer 型別，這個型別的底層實作決定了它並沒有上下限，但是卻可以被一一列舉，所以它是 Enum 的實例。換句話說，Haskell 中存在一些包含無限個元素的列舉型別。不過如果是自訂的型別，一般可以推導 Enum 的型別，都可以推導 Bounded。你可以用 maxBound/minBound 查看你的機器上一些內建資料型別的上下邊界：

```
*Main Data.Ratio> minBound :: Char
'\NUL'
*Main Data.Ratio> maxBound :: Char
'\1114111'
*Main Data.Ratio> minBound :: Int
-9223372036854775808
*Main Data.Ratio> import Data.Word
*Main Data.Ratio> maxBound :: Word
18446744073709551615
*Main Data.Ratio Data.Word> maxBound :: Word16
65535
*Main Data.Ratio Data.Word> maxBound :: Word8
255
```

像 Word8 這樣寫死位元組位數的型別，一般上下界都是確定的，而 Int 這種型別往往和編譯器實作有關。不過 Haskell Report 規定所有實作必須滿足 Int 的最小範圍為 -2 ^ 29~2 ^ 29-1。另外，在編譯器推導出來的邊界類實例中，上邊界和下邊界是按照建構函數的撰寫順序決定的。

8.5 數字類別

數字類別（Num）是 Haskell 中所有數字型別的父型別類別，我們可以在 GHCi 中使用:info Num 查看它的所有實例：

```
Prelude> :info Num
class Num a where
  (+) :: a -> a -> a
  (-) :: a -> a -> a
  (*) :: a -> a -> a
  negate :: a -> a
  abs :: a -> a
  signum :: a -> a
  fromInteger :: Integer -> a
      -- Defined in 'GHC.Num'
instance Num Word -- Defined in 'GHC.Num'
instance Num Integer -- Defined in 'GHC.Num'
instance Num Int -- Defined in 'GHC.Num'
instance Num Float -- Defined in 'GHC.Float'
instance Num Double -- Defined in 'GHC.Float'
```

你可以使用同樣的方法查看每個型別類別對應的方法和實例型別，詳細的數字型別層級請務必參考 Haskell Report 中關於內建數字型別類別的章節（這裡提供全部型別類別包含的方法以及中文說明文件）：

```
class  (Eq a, Show a) => Num a  where
    -- 加、減、乘
    (+), (-), (*) :: a -> a -> a
    -- 求相反數
    negate        :: a -> a
    -- 絕對值、符號（正數 -> 1，0 -> 0，負數 -> -1）
    abs, signum   :: a -> a
    -- 型別轉換，需要的時候會在整數字面量前自動新增 fromInteger
    fromInteger   :: Integer -> a

class  (Num a, Ord a) => Real a  where
    -- 型別轉換，轉換成相等的分數
    toRational ::  a -> Rational

class (Real a, Enum a) => Integral a where
    -- 整除，餘數，嚴格整除，模數
    quot, rem, div, mod :: a -> a -> a
    -- (整除,餘數)，(嚴格整除,模數)
    quotRem, divMod ::a -> a -> (a,a)
    -- 轉換成任意精度表示
    toInteger ::a -> Integer

class  (Num a) => Fractional a  where
    -- 除法
    (/)           :: a -> a -> a
```

```
    -- 求倒數
    recip        :: a -> a
    -- 型別轉換，需要的時候會自動在小數字面量前新增 fromRational
    fromRational :: Rational -> a

class (Fractional a) => Floating a where
    -- 圓周率π
    pi                  :: a
    -- 自然指數、自然對數、平方根
    exp, log, sqrt      :: a -> a
    -- 次方、對數
    (**), logBase       :: a -> a -> a
    -- 三角函數
    sin, cos, tan       :: a -> a
    asin, acos, atan    :: a -> a
    sinh, cosh, tanh    :: a -> a
    asinh, acosh, atanh :: a -> a

class  (Real a, Fractional a) => RealFrac a  where
    -- 浮點數轉換為整數加小數
    properFraction   :: (Integral b) => a -> (b,a)
    -- 截斷（浮點數中的整數部分）
    truncate         :: (Integral b) => a -> b
    -- 五捨六入
    round            :: (Integral b) => a -> b
    -- 向上、向下取整
    ceiling, floor   :: (Integral b) => a -> b

class  (RealFrac a, Floating a) => RealFloat a  where
    -- 浮點數底層相關函數
    -- 請參考 https://en.wikipedia.org/wiki/Floating_point
    floatRadix  :: a -> Integer
    floatDigits :: a -> Int
    floatRange  :: a -> (Int,Int)
    decodeFloat :: a -> (Integer,Int)
    encodeFloat :: Integer -> Int -> a
    exponent    :: a -> Int
    significand :: a -> a
    scaleFloat  :: Int -> a -> a
    isNaN, isInfinite, isDenormalized, isNegativeZero, isIEEE
                :: a -> Bool
    atan2       :: a -> a -> a

-- 最大公約數、最小公倍數
gcd, lcm :: (Integral a) => a -> a-> a
-- 整數次方
(^)      :: (Num a, Integral b) => a -> b -> a
(^^)     :: (Fractional a, Integral b) => a -> b -> a

-- 轉換整數的不同型別表示
fromIntegral :: (Integral a, Num b) => a -> b
-- 轉換浮點數的不同型別表示
realToFrac   :: (Real a, Fractional b) => a -> b
```

在運算元字的時候，有一些重點需要注意。

◎ 整數的表示有兩種：Int 和 Integer。前者是固定位元組表示，有大小限制的整數，和C語言中的長整數型類似；而後者是使用大數處理演算法表示的整數，上下限只受機器記憶體限制。所以處理速度上，前者比後者快很多，在滿足計算要求的情況下，請新增 Int 型別說明以優化計算速度。

◎ 和上一條類似，與 Float 相比，Double 精度高但速度慢，請根據自己的計算要求進行選擇。由於編譯器的型別推斷預設會自動選擇最通用的型別，例如 Num a，也就意味著能夠計算所有的數字型別，而這往往會帶來很大的性能損失，所以建議給所有用到數值計算的函數加上合適的型別說明或者型別限制，以優化計算速度。

◎ 從前一章的層級圖表可以看出，Fractional 和 Floating 這兩個型別類別並沒有將 Ord 作為父型別類別。理論上說，存在不可比較的數字型別，但是實際上這些型別類別的實例型別（例如 Float 和 Double 等），也都是 Real 型別類別的實例。由於 Ord 是 Real 的父型別類別，所以 Prelude 中的數字型別都可以比較。如果一個函數需要某個參數是可比較的數字，但不確定數字的具體型別時，需要加上兩個型別類別限制：(Ord a, Num a)。

◎ quot、rem、div 和 mod 滿足如下等式：

```
(x `quot` y)*y + (x `rem` y) == x
(x `div`  y)*y + (x `mod` y) == x
```

◎ quot 和 div 的區別在於 quot 的結果向 0 取整，而 div 的結果向下取整，所以：

```
5 `quot` (-2)
-- -2
5 `div` (-2)
-- -3
5 `rem` (-2)
-- 1
5 `mod` (-2)
-- -1
```

◎ quot/rem 比 div/mod 的速度快些，而如果整除的商和餘數都需要用到的話，可以使用 quotRem 返回一個商和餘數的元組，這樣比分別呼叫 quot 和 rem 要快。divMod 比 div/mod 快的道理與此相同。

◎ properFraction :: (Integral b, RealFrac a) => a -> (b, a)，把浮點數的整數部分和小數部分分開，整數部分的正負和原浮點數一致。

◎ 預設的數字字面量（literal）的型別是重載的，相當於程式碼中所有整數數字前面有一個預設的 fromInteger，而小數數字前面預設有一個 fromRational，所以你大部分時間不用給數字的字面量新增型別說明去區分 Int 和 Integer、Float 和 Double，型別推斷會幫你做適當的轉換。

◎ Rational 是 Ratio Integer 的型別別名（相同型別的不同寫法）。Ratio 在模組 Data.Ratio 裡定義，用來表示分數型別。% 是 Ratio a 型別的建構函數，需要提供 a 型別的分子和分母來建構分數。使用 Rational 來表示參與運算的數字型別，可以得到不受小數精度限制的分數計算。

總而言之，Haskell Report 裡規定的數字型別類別層級和實例方法都是經過深思熟慮的，能夠滿足大部分的計算要求。如果對數值計算有特別要求的話，也可以去 Hackage 上查詢特定的函數程式庫。由於數值型別涉及的型別類別較多，建議遇到問題時先查看一下型別和限制是否撰寫正確。

09

type、newtype 和惰性求值

本章中，我們詳細介紹兩個經常令初學者感到困惑的關鍵字— type 和 newtype。初學者常常把它們和 data 混淆，而理解它們的區別又需要對盒子抽象有很好的理解，所以前面一直避免討論它們。type 是一個羽量級的語法，它不會定義新的資料型別，只是給原有的資料型別起一個新的名字，提高可讀性而已。而 newtype 是 Haskell 中定義新資料型別的一個非常特殊的方法，它和 data 在底層實作上有本質的不同，使用場景也非常特殊。而想要理解它和 data 關鍵字在語義上的差別，還需要瞭解標記語義和惰性求值相關的知識。接著我們先來研究一下語法層面的定義和區別。

9.1 型別別名 type

type 關鍵字允許我們定義自己的型別別名，也就是相同型別的不同稱呼：

```
type List a = [a]
type IntList = [Int]

xs = [1,2,3] :: IntList
maximum xs
-- 3
```

和 data 不同，type 僅僅是給已經存在的型別提供了一個不一樣的名字，所以不會定義新的建構函數，只會定義「新的」資料型別名稱。在型別檢查的時候，這個「新的」資料型別和 type 指定的型別完全等價，編譯器不會區別，所以可以使用原來型別的函數，也可以用在新的型別上，反之亦然。你可以理解為 type 給原有的型別增加了一個新的「綁定」，所以在 = 右側出現的也並不是建構函數，而是你需要添加名稱「綁定」的型別。

type 型別別名宣告常常用於簡化型別的撰寫，例如：

```
type ShowS = String -> String
-- 別名標記了字串到字串的函數

showsPrec :: Int -> a -> ShowS
-- showsPrec 接收一個 Int 和 a 型別的參數，返回一個 String -> String 型別的函數
```

和 data 一樣，右側用到的型別變數必須在左側出現，否則需要用到高階的型別擴充，這個我們遇到再說。需要記住的是，在型別檢查階段，型別別名會被「展開」，所以下面定義裡的值完全相等：

```
[1,2,3] :: [Int]
[1,2,3] :: List Int
[1,2,3] :: IntList
```

在編譯器看來，它們都是 [Int]，type 的作用只是提高資料型別的可讀性，本質上並沒有任何新的資料型別產生。

9.2 新型別宣告 newtype

簡單地說，newtype 允許你定義一個只包含一個建構函數，且建構函數只接收一個參數的資料型別，而該型別只在程式碼層面發生表面的打包和解包，在底層執行時，打包和解包的過程會消失。

下面讓我們慢慢來理解這個黑魔法。首先要了解的是，newtype 更像是 data 宣告的一個特例，和 type 並沒有什麼關係。newtype 的寫法和 data 一樣，但只允許一個建構函數，而且建構函數只能接收一個參數，所以下面的寫法都是正確的：

```
newtype Cm   = Cm Double deriving Eq
newtype Inch = Inch Double deriving Eq
-- Cm 2.3 和 Inch 2.3 是兩個型別的資料，無法相互比較
-- 可以用這種方法給相同的底層資料型別加上不同的標記
-- 在編譯階段讓編譯器幫助我們確保型別正確

newtype URL = MakeURL String
-- MakeURL "http://www.winterland.me" :: URL
-- 和 String 也不再是一個型別

newtype Translator = Translator (String -> String)
-- 建構函數的參數允許是各種型別

reverseTrans :: Translator
reverseTrans = Translator reverse
case reverseTrans of Translator fn -> fn "hello"
-- "olleh"
-- 上面的打包和解包過程只是看上去存在

newtype Merger a = Merger ([a] -> a)
-- 含有型別變數的新型別
newtype Const a b = Const a
-- 和 data 一樣，型別變數有可能只出現在左側
newtype State s a = State { runState :: s -> (s, a) }
-- 使用記錄語法表示的新型別，因為受到建構函數的參數數量限制，
-- 記錄裡最多只能有一項
```

newtype 之所以不用在執行時額外打包和解包，是因為它直接把建構函數接收的參數的盒子上的標籤換成了自己定義的新標籤，這相當於把之前資料的盒子更換掉了。考慮下面的兩個資料型別：

```
data Cm = Cm Double
newtype Inch = Inch Double

x = Cm 3
y = Inch 4
```

在記憶體中的情況大約是這樣的：

```
     +--------------+    +---------------------+    +--------------+
x -> | Cm :: Cm | * +--->+ Double :: Double | * +--->+ 3 :: Double# |
     +--------------+    +---------------------+    +--------------+

     +------------------+    +--------------+
y -> | Inch :: Inch | * +--->+ 4 :: Double# |
     +------------------+    +--------------+
```

Double 其實就是 data 定義出來的一個盒子，它裝載了編譯器偷渡過來的原始型別 Double#（對應機器底層的雙精度浮點數）。每個 data 都有自己的盒子，上面標記著建構函數和型別，同時裝著通往被裝載的資料的指標。

而 newtype 則不然，在型別檢查階段 newtype 和 data 的對待並沒有什麼區別，但是當到了開始生成機器程式碼的時候，編譯器知道所有的 newtype 型別的建構函數只有一個參數，所以它可以放心地把那個參數的盒子換掉！newtype 比 data 的速度更快也是這個原因。

在 Haskell 中，若要標記一個原有的資料型別為新的特定型別，大部分情況下都可以先看一下是不是符合 newtype 的使用要求，因為 newtype 可以避免額外的打包/解包過程。按照 Haskell 的掌門人 Simon Peyton Jones 的說法，newtype 是免費的。

底

底（bottom）是個很有趣的概念，在剛剛的例子裡，你是否想過這樣一個問題：為什麼 Double 不用 newtype 宣告，而使用 data 呢？這不意味著每次計算 Double 型別的資料時，都要解包，計算完畢返回 Double 的時候又多了一次打包嗎？關於執行效率的問題，下面會再解釋，我們先引入底的概念來分析為什麼有時候需要 data。

底在電腦世界中用來表示無法計算的值，一般來說，就是其他語言的 undefined/void/nil...。我們之前引入的 Maybe 型別中的 Nothing，是用來人為標記失敗的運算，以方便程式自己處理。就算沒有人為標記，失敗的計算也是隨時可能產生的，這個時候計算的結果是毫無意義的，而我們不能區分這個結果和程式無限執行下去的結果，例如：

```
y = let x = x in x
y = ???
```

你無法知曉 y 的值是什麼，因為上面的遞迴永遠不會終止，這和你讀取輸入但出錯一樣，你永遠得不到合適的 y 用於接下來的計算，於是你不得不終止程式執行。我們把上面的 y 的值記作底（_|_），在 Prelude 中的 undefined 就代表這個值。

在 Haskell 中，每個值都有對應的型別。和 Nothing 的型別是 Maybe a 類似，_|_可以出現在任何種類的計算中，所以_|_可能是任何型別，一般用型別變數表示：undefined :: a。當計算從上一個盒子進行到下一個盒子時，有可能陷入迴圈，有可能無法返回有意義的結果，所以在程式執行時可能會出現下面的情況：

```
+---------------------+     +-----+
| Double :: Double | * +---> | _|_ |
+---------------------+     +-----+


+---+-------+
| : + * | * +---> ...
+---+-+-----+
      |
      V
    +-----------------+     +-----+
    | Char :: Char | * +---> | _|_ |
    +-----------------+     +-----+

...
```

各色各樣的盒子都有可能指向一個裝著_|_的盒子。當然，在程式剛開始的時候，我們還不知道這些盒子裡裝的是_|_，這時有意思的地方出現了！如果我們在計算的時候沒有打開裝有_|_的盒子，計算是可以繼續下去的：

```
(||) :: Bool -> Bool -> Bool
True || _ = True
_ || True = True
_ || _    = False

True || undefined
-- True

True || let x = x in x
-- True
...
```

上面的||函數用來做邏輯或運算，透過它的定義可以看出，只要任意一邊的參數是 True，最後的結果都會是 True，否則結果就是 False。我們看到當比對到左側的參數是 True 後，模式比對使用了_放棄繼續比對右側參數，直接返回了結果，而由於||左側的參數無論如何都要被模式比對，所以下面的式子就不能工作了：

```
undefined || True
-- 程式終止，報錯
不只是||函數，Haskell 中所有函數的行為都一樣，例如：
take 2 [1,2,3,4,let x = x in x]
-- [1,2]

length [1,2,3,4,let x = x in x]
-- 5
-- 回憶 length 的定義：length (_:xs) = 1 + length xs
-- length 沒有比對任何一個串列元素，只是每次判斷下串列是不是[]

last [1,2,3,4,let x = x in x]
-- 報錯
-- 我們用 last 取串列的最後一個元素，結果遇到了_|_

const 3 [let x = x in x]
-- const x y = x
-- 3
```

回到開始的問題上面，為什麼要對 Double# 機器型別包一層 Double 的盒子？因為 Double# 不包含對應的 _|_ 表示！在記憶體中的任意一種 0 和 1 的組合都能夠對應一個合法的 Double#，我們無法知道一個 Double#是不是計算失敗的結果。同樣，Char# 和 Int# 這些機器型別都不能表示對應的 _|_，我們把這種不包含 _|_ 的型別叫作底層型別（unlifted type）。而我們把它們包進盒子之後，在任何需要用到底層型別的地方，用它們來代替，它們可以透過標記代表_|_。相對底層型別，我們把包含_|_的型別叫作上層型別（lifted type）。現在用 GHC 的官方說明文件上的一張圖：

```
+--------+-----------+
| header |  payload  |
+---+----+-----------+
    |
    |       +------------+
    |       | info table |
    +---->  +------------+
            | entry code |
            .    ...     .
            .    ...     .
            .    ...     .
```

這是閉包、函數、建構函數等的通用記憶體結構。在 Double 的盒子裡，也許指向的不是 Double#，而是未被求值的函數，而這個函數有可能崩潰，或者永遠不結束。不管何種情況，Double 裡的 _|_ 只要沒有用到，都可以安心地躺在那裡。對於實作惰性求值，這個打包/解包的過程不可避免。這也是 newtype 在定義的時候，需要右側被包裹的型別必須是上層型別的原因，否則新的型別沒有辦法改寫盒子。所以我們必須使用 data Double 包裹住 Double#，使它成為上層型別。

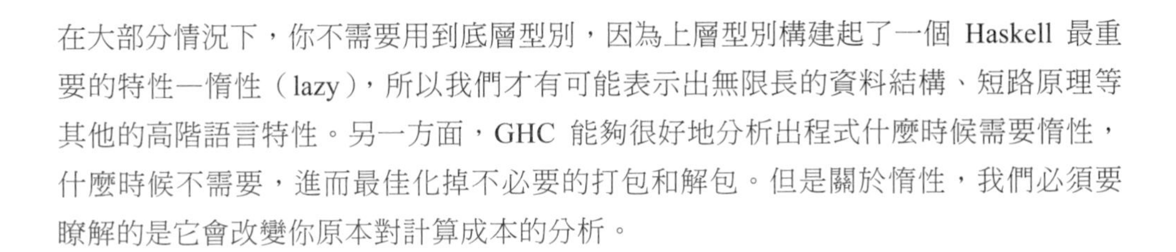

在大部分情況下，你不需要用到底層型別，因為上層型別構建起了一個 Haskell 最重要的特性—惰性（lazy），所以我們才有可能表示出無限長的資料結構、短路原理等其他的高階語言特性。另一方面，GHC 能夠很好地分析出程式什麼時候需要惰性，什麼時候不需要，進而最佳化掉不必要的打包和解包。但是關於惰性，我們必須要瞭解的是它會改變你原本對計算成本的分析。

9.3　惰性求值

我們把上面例子中函數的行為稱作惰性計算，簡單地說，就是 Haskell 的函數太懶惰了，它們並不會先計算出參數的值，再去繼續計算函數，而是在函數計算的過程中，遇到使用參數的值時（例如發生模式比對），才去計算參數中需要用到的那部分的值。以剛剛的例子來說，如果含有 _|_ 的值從來沒有比對的話，函數的計算將不受影響。

這和大部分程式設計語言的迫切求值（eager evaluation）不同，在其他語言中，函數計算時要首先確定所有的參數，如果參數裡出現了 undefined，程式會自動停止執行並回報錯誤。當然，很多語言實作了惰性的邏輯運算子，例如||和 && 等。當使用這些運算子時，也可以獲得類似 Haskell 中的效果，於是在這些語言中會定義一個概念叫作**短路原理**，指的是特定的運算子在判斷某些參數之後，可以不用其他參數立即得出結果的行為。

而在 Haskell 中，所有函數的行為都是統一的，只有當用到一個值的時候，這個值才會被求取，這種行為在函數綁定上常被稱作按需傳遞（call-by-need），以和傳統的按值傳遞（call-by-value）相區別。所以在 Haskell 中，求值僅僅在模式比對的時候才發生（當然，還有別的輔助方式），而且模式比對也僅僅會把計算進行到可以完成比對的程度。當然，從模式比對底層實作的角度來看，這是一個很自然的結果，模式比對不過就是新建綁定需要的指標而已。

回憶剛剛說到的盒子的比喻，在 Haskell 中，每當函式呼叫發生時，我們並沒有執行相應的計算。因為我們不確定程式的其他部分會不會用到這次的計算結果，所以先建立一個盒子，把函數和參數都裝進去，然後把這個盒子一起當作一個值交給下一個函數，就像 Double 盒子假裝是 Double# 一樣。我們管這些未計算的盒子叫作任務盒（thunk），這和使用建構函數建立的盒子很類似，而建構函數其實就是函數的一種，這些在記憶體中通通都是上面那張圖表的樣子。

這個特點在很多時候對於程式的執行很不利，因為儲存任務盒本身需要消耗額外的時間和空間。另外，對於很多計算而言，執行計算之後需要儲存的結果，可能比儲存計算任務消耗的空間還要少，所以惰性求值往往會帶來意想不到的後果。

回憶之前說的 foldl 和 foldl' 的區別，可在 GHCi 中直接感受一下計算效率上的不同：

```
Prelude> import Data.List
Prelude Data.List> foldl' (+) 0 [1..10000000]
50000005000000
Prelude Data.List> foldl (+) 0 [1..10000000]
50000005000000
```

我們發現 foldl 比 foldl' 慢了很多倍，這是為什麼呢？回憶一下 foldl 的定義：

```
foldl :: (b -> a -> b) -> b -> [a] -> b
foldl _ acc [] = acc
foldl f acc (x:xs) = foldl f (f acc x) xs
```

乍看上去，尾遞迴的寫法十分優雅，編譯器應該可以把它變成一個迴圈。但是問題在於，每次反覆運算的時候，我們用上一步的計算結果去比對 acc 的時候不會發生任何計算，因為這個模式比對沒必要計算，程式只需要增加一個指標指向上一步的函式呼叫產生的任務盒就行了。於是當 foldl 返回的時候，記憶體中就堆積了一個巨大的任務盒鏈：

```
f ... (f (f acc x0) x1) ... xN)
```

在記憶體中堆積的任務盒大約長這個樣子：

```
    thunk--x
      |  \
      |   \
      f   thunk--x
            |  \
            |   \
            f   thunk--x
                  |  \
                  |   \
                  f    ...
```

假設現在 f 是+，我們知道+可以把兩個參數變成一個參數。如果每次反覆運算的時候，都可以發生計算的話，這些任務盒就不會堆積了，於是額外的時間和記憶體消耗都消失了。因此，foldl'的速度比 foldl 快得多。

當然，惰性計算並不一定都會帶來差勁的效能，還可以讓很多複雜的問題變得無比簡單，例如著名的選擇問題（selection problem）：

```
Prelude Data.List> take 10 $ sort [100000000, 99999990..0] :: [Int]
[0,10,20,30,40,50,60,70,80,90]
```

我們想取出串列中最小的前 10 個數字。在惰性計算的情況下，sort 函數不會被完全計算，它會被計算到剛剛可以取出前 10 個元素為止。實際上，對於計算榜單這一類選擇問題，惰性計算給出的時間複雜度和一個迫切求值語言實作複雜的選擇演算法列出的時間複雜度相當：O(n+k*log(k))。而你並不需要使用任何特別的演算法實作，惰性計算可以使用直觀的計算過程實作很多別的語言裡非常複雜的最佳化演算法。

現在我們來簡單分析一下這是如何做到的。假定這裡的排序演算法使用了兩行「快速」排序 qsort：

```
qsort :: Ord a => [a] -> [a]
qsort [] = []
qsort (x:xs) = qsort (filter (<x) xs) ++ [x] ++ qsort (filter (>=x) xs))
```

當然，一個真正的快排除了使用分治法之外，還應該複用之前的陣列，直接在原陣列上面對元素做交換（in-place swap），這樣除了能夠實作 O(n*log(n)) 的時間複雜度之外，還可以獲得 O(n) 的空間複雜度。而 Haskell 中這個版本的「快排」由於使用了 filter，每次反覆運算都建立了新的串列，每次新建的總長度是 n，而遞迴深度是 log(n)，所以這個版本的空間複雜度和時間複雜度都是 O(n*log(n))。

可以看出，對於 take 10 來說，它會遞迴地去取前 10 個元素。在取第一個元素的時候，qsort 的遞迴表示式左側的 qsort 會被一直遞迴到底。假定每次快排的劃分都能剛好把串列化成差不多長的兩半（這是一個不影響平均時間複雜度計算的假設），那就意味著一共要比較 n + n/2 + n/4 + … ~= 2n 次，同時建立的新串列長度和是 n，捨棄常數項，取第一個元素需要 O(n) 的時間。

接下來，取第二個元素的時候，只需要在剛剛遞迴出的樹狀結構中計算相鄰的 qsort 任務盒即可。最終計算出來的子樹高度是 log(k)，寬度是 k，因此需要的額外計算時間複雜度相當於對這 k 個元素進行快速排序，即 k*log(k)，加上剛剛的時間，總共需要 O(n+k*log(k)) 的時間完成計算。

可以看出，隨著 k 的增加，整個時間複雜度會趨近於 O(n+n*log(n)) ~= O(n*log(n))，也就是完整的快速排序的時間複雜度，而惰性計算保證了只有在用到全部元素的時候，串列才會被全部排序。

上面的排序演算法在很大程度上出於演示計算過程的目的。因為額外的串列拼接操作我們並沒有考慮，而且兩次 filter 操作可以合併成一次，但那些影響的都只是常數項，並不會影響最終時間複雜度的計算。對於 Haskell 串列來說，拼接操作的效率並不高。Prelude 裡使用的是歸併（merge）排序，可以獲得 O(n*log(n)) 的最差時間複雜度。程式碼在 Hackage 上，也很短，而且說明文件很詳細，已經廢棄的快速排序演算法的程式碼也出現在說明文件裡，很值得一看。出於分析惰性計算的目的，這個簡單版本的演算法足夠了。

9.3.1 標記語義、正規形式和弱正規形式

現在我們來到了 Haskell 這門語言的黑暗面，請勇敢地面對！惰性求值帶來了一個麻煩的問題：很難估計出一個演算法的 Haskell 實作，需要什麼樣的時間複雜度和空間複雜度，有時它讓一個複雜的計算變得十分高效，而有時它會讓一個看上去無辜的演算法執行得非常緩慢。當然，GHC 提供了許多工具解決類似問題，下面先來看一些概念。

我們說在 Haskell 程式中，所有的綁定都具有標記語義（denotational semantics），有時也被叫作參考引用透明原則（referential transparency），意思就是你隨時隨地可以把一個綁定換成它對應的表示式，而不影響程式的求值。這個看起來好像不複雜的概念在其他語言中卻完全行不通，例如下面的 JavaScript 程式：

```
var sum = 0;

function step(){
    sum++;
    if (sum > 3){
        return "finished."
    }else{
        return "working..."
    }
}

var word = step()

word + word + word + word
// "working...working...working...working..."

step() + step() + step() + step()
// "working...working...finished.finished."

word + word + word + word
// "finished.finished.finished.finished."
```

可以看到，我們定義了 var word = step()，但是執行 word + word + word + word 和 step() + step() + step() + step()，列出的結果卻不同，並且在不同的時刻，執行相同的表示式本身也不會相等。這是因為，在指令式（imperative）的程式設計語言中，函數指的並不是數學意義上的輸入輸出映射關係，而是一系列步驟組成的執行單元。很多時候，我們編寫函數，甚至不會關心它的返回值，而是關心它執行的時候進行了哪些操作。因此，指令式語言依賴變數來保存狀態，依賴語句的順序來控制和外界的互動。

以上這些操作在 Haskell 中統統定義為副作用（side effect）。因為在 Haskell 看來，函數就是輸入和輸出的映射，如果在函數執行的過程中，產生了某些不相關的變化，那麼這些和函數本身無關，只是執行機器帶來的副作用罷了。

你可能會問，如何在 Haskell 中和外界互動呢？我需要向瀏覽器發送一個網頁，需要在螢幕上畫出一個圖像，這些操作如何在一個純函數式語言中實作呢？不要著急，後面的章節將會集中注意力在 Haskell 的計算抽象上，那個時候你會瞭解，我們如何建立對外界世界進行操作的統一模型。

標記語義帶來的好處是顯而易見的。編譯器可以任意替換綁定，或者在不衝突的情況下改變綁定的作用域，實作函數內聯（inline）、化簡（simplify）、融合（fusion）等複雜的變換，而不影響我們撰寫的程式的語義。在很多情況下，你可以按照你的思維方式去撰寫演算法，經過編譯器最佳化後，仍然能夠得到高效率的底層實作。一個例子是之前我們曾經使用 foldr 實作的 foldl。實際上，Prelude 的函式程式庫 foldl' 正是使用 foldr 實作的，編譯器會把生成嵌套函數的過程化簡成一個迴圈，從而獲得非常好的效能。

而根據標記語義進行最佳化帶來的一個後果就是，你無法預測函式呼叫在什麼時候發生，甚至不確定它是不是被最佳化了。解決這個問題的方法並不多，一個方法是閱讀 GHC 提供的化簡結果，經過化簡的程式碼使用的是一種被稱為核心（core）的語言表示的。對於沒有經驗的人來說，透過閱讀核心來定位問題還是略顯複雜，所以在很多情況下，還需要控制下求值的過程。

和標記語義相對的是求值過程。在 Haskell 中，表示式是否被求值並不影響語義，底層是透過之前提到的任務盒來實作的。求值也不一定是完全求值，正如上面的選擇問題的例子一樣，求值會進行到可以得出結果為止。

在 GHCi 中提供了如下命令，方便我們除錯求值過程。

◎ :print：試著在不求值的情況下，列印綁定的相關資訊。如果遇到的是任務盒，則會在列印出的綁定名稱前加上_來代表這是一個未被求值的任務盒。

◎ :sprint：和 :print 類似，但不會綁定新的變數名。如果遇到任務盒，簡單地顯示成一個 _。

◎ :force：和 :print 類似，但是會強制對綁定的表示式求值。

:print 大多用在獲取一個多型（polymorphism，或譯為「多態」）型別的綁定在某個時刻的具體型別。下面我們來試試:sprint：

```
Prelude> let a = 1 + 1 :: Int
Prelude> :sprint a
a = _
Prelude> a
2
Prelude> :sprint a
a = 2
Prelude> import Data.List
Prelude Data.List> let a = sort [1,23,4,6,1,6,2,3] :: [Int]
Prelude Data.List> :sprint a
a = _
Prelude Data.List> take 3 a
[1,1,2]
Prelude Data.List> :sprint a
a = 1 : 1 : 2 : _
```

需要注意的是，在使用 :sprint 查看數字型別時，要提供具體的型別說明。例如，上面的 Int 和 [Int]，因為預設推斷出來的型別是 Num a，所以 a = 1 + 1 可能返回不同的型別（Int/Double...），這樣每次查看 a 的時候，a 的值會被重新求取，因為 GHC 沒有把之前的計算結果記憶下來。

我們看到，就連最簡單的計算 1+1，GHC 都懶惰到要生成一個任務盒。而當我們查看 a 的值之後，:sprint a 的結果才確定下來。對於 take 和 sort 的行為，我們在上面的選擇問題裡已經分析得很清楚了，take 3 a 僅僅把 a 排序到可以取出前 3 個元素為止。

我們把完全求值之後的表示式稱作正規形式（normal form）。在下面的例子中，我們使用 last 取串列的最後一個元素。由於取最後一個元素會巡訪整個串列，所以 a 對應的整個任務盒 sort [1,23,4,6,1,6,2,3] 都需要計算：

```
*Main Data.List> let a = sort [1,23,4,6,1,6,2,3] :: [Int]
*Main Data.List> :sprint a
a = _
*Main Data.List> last a
23
*Main Data.List> :sprint a
a = [1,1,2,3,4,6,6,23]
```

這時 a 就變成了正規形式。和剛剛綁定之後處於任務盒的狀態不同，a 在記憶體中已經是一個串列了，其中不包含任何未被求值的任務盒。和正規形式相關的概念還有一個，即弱正規形式（weak head normal form）。我們來看下面這個例子：

```
*Main Data.List> let a = sort ["hello", "world"]
*Main Data.List> :sprint a
a = _
*Main Data.List> length a
2
*Main Data.List> :sprint a
a = [('h' : _),('w' : _)]
```

對 sort 函數求值的時候，我們會從第一個字元向後比較。在上面的例子裡，"hello" 和 "world" 分別求值到 "h：_" 和 "w：_" 即可比較出兩個字串的大小；至於剩下的部分是什麼，我們並不關心。對於類似 "hello" 和 "world" 這樣的求值狀態，我們稱為弱正規形式。嚴格說來，弱正規形式有幾種情況。

◎　形如 \x -> ... 的匿名函數表示式，例如 \x -> 2 + 2。

◎　某些不飽和的內置函數，例如 (+2) 和 sqrt 等。

◎　表示式最外層是一個建構函數，例如 (1 + 1, 2 + 2)，最外層是建構函數 (,)。

叫作弱正規形式的原因是，這些求值的狀態並不一定是最後的正規形式。處於弱正規形式的表示式可能會含有未求值的部分，但是它們有一個共同的特點，那就是在底層中的表示和計算任務不同。對於計算任務而言，它們一定是函數應用的形式，例如 (\x -> x + 1) 2 或者 "hello" ++ "world"。

這些概念對於不熟悉惰性求值的讀者可能非常陌生，不要著急，因為就算對於熟練的 Haskell 使用者來說，往往也不能準確判斷惰性計算帶來的影響。這裡我們引入任務盒、正規形式、弱正規形式的概念，實際上都是為了解決任務盒堆積的問題，所以請記住下面幾點。

◎　所有使用建構函數建立的資料都處於弱正規形式。

◎ 弱正規形式可以成為一個任務盒，例如給匿名函數傳遞了參數。

◎ 弱正規形式表示式裡可能會包含任務盒，例如 (1 + 1, 2 + 2) 中的 1 + 1 就是一個任務盒。

◎ 處於弱正規形式的表示式成為正規形式的條件是表示式中的任務盒全部被計算成正規形式。

◎ 任務盒求值的結果往往是一個新的處於弱正規形式的表示式。

9.3.2 seq 和 deepseq

在明確了求值過程中可能出現的不同狀態後，終於可以開始進一步瞭解如何控制求值過程了。首先，如果要把計算結果綁定到一個名稱上，而計算結果的型別是固定的話，同一個名稱的綁定將不會重複計算：

```
Prelude Data.List> let xs = sum [1..10000000] :: Int
Prelude Data.List> xs
50000005000000
Prelude Data.List> xs
50000005000000
```

你會發現，當第二次查看 xs 的時候，計算立刻就返回了。因為只要參數不會變化，計算結果也不會變，所以任務盒的計算會被記住，底層會透過對盒子做標記，來判斷任務盒有沒有被求值。此外，這裡我們使用 Int 來代替多型型別 Num a，以保證求值的型別是固定的。

現在來看兩個函數，它們可以說明我們強迫計算任務盒，以解決惰性計算帶來的任務盒堆積的問題：

```
seq :: a -> b -> b
($!) :: (a -> b) -> a -> b
```

當對一個 seq 函式呼叫求值時，需要先對第一個參數求值，如果求值結果是 undefined，也就是之前說的_|_，那麼整個函數的值也是_|_，否則返回第二個參數，這個函數會把第一個參數求值成弱正規形式。在 GHCi 中試一試：

```
Prelude Data.List> let xs = sort [3,21,12313,124,1,41] :: [Int]
Prelude Data.List> :sprint xs
xs = _
Prelude Data.List> seq xs ()
()
```

```
Prelude Data.List> :sprint xs
xs = 1 : _
```

1 : _ 的最外層已經是一個建構函數了，這是一個包含任務盒的弱正規形式表示式。seq 函數的型別初看上去非常奇怪，但是理解了標記語義後，就不難發現這是一個很自然的型別。假設寫了一個 a ->a 型別的函數來對參數求值，由於函數是按需傳遞的，如果函數本身的值還沒用到，即使在函數中對參數求值，參數的求值仍然不會發生，而如果要對這個函數求值的話，為什麼不直接撰寫這個參數呢，所以這個型別對於弱正規形式求值並不起作用。

分析一下 a -> b -> b 這個型別，我們在不知道 a 和 b 的具體型別的情況下，能做的事情只有一件，就是把第二個參數返回出來。而 seq 實作的事情卻是在返回 b 型別參數的過程中，附帶地把 a 型別的參數求值到弱正規形式。雖然 seq 函數也需要等到被求值的那一刻才回去計算參數，但是它實作了正常程式無法完成的功能，它在根本不需要 a 型別參數的情況下，對 a 型別的參數求了值。值得注意的是這個過程的特點。

◎ 不影響引用透明原則，即在任何情況下，都不會影響到表示式的值。

◎ 被包裹到一個合法型別的函數中，而不需要破壞其他函數按需傳遞的語義。

◎ 對第一個參數求值的過程，是函數的副作用。

我們試著使用 seq 來改寫一下之前說的 foldl 函數，來解決計算任務堆積的問題：

```
module Main where

foldl2 :: (b -> a -> b) -> b -> [a] -> b
foldl2 _ acc [] = acc
foldl2 f acc (x:xs) =
    let acc' = f acc x
    in seq acc' (foldl2 f acc' xs)

x = foldl2 (+) 0 [1..10000000] :: Int
main = print x
```

在 foldl2 中，每次反覆運算之前，我們都會使用 seq 強迫計算 acc' = f acc x。對於 f 是+的情況，acc'被計算到弱正規形式就意味著被計算到 Int 的表達形式，這給接下來 GHC 自動解包底層型別的最佳化提供了視窗，最後編譯出的機器碼成為了一個高效的迴圈。

注意，以上程式碼需要使用 GHC 編譯才能看出效果。在 GHCi 中，因為是解釋執行模式，和 GHC 的執行時環境不大一致，seq 的效果非常不明顯。把上面的檔保存成

Main.hs，然後使用 ghc Main 編譯得到 Main 可執行檔，執行即可。試著把上面 main 中調用的 foldl2 換成 foldl，重新編譯一次再執行，你就會發現速度的差別。

$! 函數就是 $ 函數的迫切求值版本，我們也常常稱之為嚴格（strict）版本。下面兩個式子是等價的：

```
f $! x
x `seq` f x
```

就是說 $! 會把參數先求值成弱正規形式，然後和 f 一起構成新的任務盒。在 GHCi 中試一下：

```
Prelude Data.List> let xs = sort [3,21,12313,124,1,41] :: [Int]
Prelude Data.List> const 3 $ xs
3
Prelude Data.List> :sprint xs
xs = _
Prelude Data.List> const 3 $! xs
3
Prelude Data.List> :sprint xs
xs = 1 : _
```

在正常情況下，對 const 函數求值並不會導致對第二個參數求值，而當我們使用$! 後，函數強制把 xs 求值成一個弱正規形式。這在很多地方比 seq 用起來方便，不過這也導致很多初學者常犯的一個錯誤—濫用 $!，例如：

```
foldl (\x y -> (+x) $! y) 0 [1..10000000]
```

你可能希望透過使用 (+x) $! y 來強迫 foldl 的每一步遞迴都去計算，但事實情況是 f = \x y -> (+x) $! y 這個函數在 foldl 的內部沒有被強迫計算，這無法透過在 f 內部強迫計算解決。因為計算任務的堆積過程並沒有發生在對 f 求值的過程中，而是發生在 foldl 裡，foldl 在遞迴的過程中壓根就不會對 f 求值。

和 seq 和 $! 相似，在 deepseq 函式程式庫中，有一個 Control.DeepSeq 模組，裡面會提供 deepseq 和 $!! 函數，前者會把第一個參數求值到正規形式，即完全求值，後者則會在函數應用之前把參數先求值到正規形式。此外，還有一個 force 函數：

```
force :: NFData a => a -> a
```

該函數提供了很多人覺得直觀的型別：當對 force x 求值時，x 會被求值到正規形式。這相當於是有副作用版本的 id 函數。

在使用這些函數時請注意，參數的_|_會直接傳遞到結果中，而不管計算對參數有沒有實際的需求：

```
Prelude Data.List> seq (let x = x in x) ()
*** Exception: <<loop>>
Prelude Data.List> (False &&) $ (let x = x in x)
False
Prelude Data.List> (False &&) $! (let x = x in x)
*** Exception: <<loop>>
Prelude> import Control.DeepSeq
Prelude Control.DeepSeq> let x = [1,2,3,undefined]
Prelude Control.DeepSeq> head $! x
1
Prelude Control.DeepSeq> head $!! x
*** Exception: Prelude.undefined
Prelude Control.DeepSeq> seq x ()
()
Prelude Control.DeepSeq> deepseq x ()
*** Exception: Prelude.undefined
```

換句話說，我們可以透過控制讓一個函數獲得按值傳遞的語義，即計算之前先計算參數。實際上，GHC 支持很多型別的嚴格性標注，包括在資料型別宣告中和模式比對中等，不過本章是之後各種語法糖的基礎。在即將到來的 GHC 8.1 裡，可以透過擴充對整個模組的求值策略進行選擇，那樣就可以把一些底層的、大部分需要嚴格求值的部分放到單獨的模組中，從而減輕對程式碼的修改。

最後，簡單提一下 GHC 的嚴格性分析（strictness analysis）。在 GHC 化簡程式的過程中，它會試圖判斷哪些函數一定會被求值，從而消除惰性帶來的任務堆積，同時對於一些一定會被求值的高層型別，GHC 會在不影響結果的前提下更換成底層型別，從而避免對資料過多的拆包和解包。嚴格性分析大部分情況下比人腦的判斷要好，但這也不是絕對情況，而且 GHC 的化簡功能還在高速發展中。當發現程式執行的速度和設計的出現偏差時，就要停下來分析一下，是不是惰性計算在搗鬼，而有的時候，甚至是因為我們寫的程式不夠懶惰導致的問題。

10

模組語法以及 cabal、Haddock 工具

在前面的例子中，大多使用的是 base 函數程式庫裡的模組。這是因為 base 函數程式庫是跟隨 GHC 一起安裝的官方函數程式庫，使用時不需要安裝，直接匯入其中的模組即可。如果需要用到其他函數程式庫，程式和專案需要做配套的修改。本章就來介紹一下如何撰寫、管理和注釋程式模組，主要內容如下：

◎ 模組語法；

◎ 使用 cabal 管理專案的依賴和編譯目標；

◎ 使用 Haddock 自動為模組生成說明文件。

10.1 模組語法

之前出於示範的需要，簡單介紹了 module 和 import。實際上，在 Haskell 中，模組管理的語法還有許多需要注意的地方，例如如何解決命名空間衝突的問題，如何選擇性地匯入需要匯入的綁定和型別等。首先，需要明確模組的概念：它是值、型別、型別別名、型別類別等的集合。在模組內部，透過 import 可以把其他模組中的值和型別等匯入到目前模組的環境中，從而被目前模組使用，同時模組也會匯出一些內部的值和型別等，使其他模組得以使用。模組是程式碼複用的基本單元，一個模組對應一個原始檔案。

一個程式由很多模組構成。按照約定，一個完整的可執行程式應該包含一個叫作 Main 的模組。Main 模組必須匯出 main 函數，它的型別必須是 IO a，其中 a 是任意一個具體型別。當這個程式執行時，main 函數包含的 IO 運算被執行，同時 a 型別的計算結果會被丟棄。關於 IO 型別，我們會在第 16 章中詳細介紹。

一個模組的典型寫法如下：

```
module Xxx.Yyy.Zzz (
        binding
    ,   module OtherModule
    ,   DataType(Constructor1, Constructor2...)
    ,   ClassDef(classMethod1, classMethod2...)
    ,   ...
    ) where

import Aaa
import Aaa.Bbb
import Aaa.Bbb.Ccc (Type, value...)
import qualified Aaa.Bbb.Ccc.Ddd as D
import qualified Aaa.Bbb.Ccc.Eee as E hiding(Type, value...)
import OtherModule
...
```

下面我們來逐一分析模組涉及的語法。首先，看模組的匯出語法。

◎ module Xxx.Yyy.Zzz 定義了一個模組 Xxx.Yyy.Zzz，這也是別的模組引用這個模組時 import 後面使用的名稱。

◎ 模組名稱後面的括弧指定了該模組的哪些綁定/型別/型別類別會被匯出，這個功能用來隱藏模組的內部綁定/型別/型別類別。如果在模組名和 where 之間省略指定匯出的綁定，則所有在頂層作用域（top-level）的綁定、型別以及型別類別都會被匯出（實際上，型別和型別類別都應該在最外層作用域）。

◎　凡是目前作用域裡的綁定，無論是模組內部定義的，還是透過 import 匯入的，都可以被模組匯出。注意匯出中綴函數的時候，應該加上括弧。

◎　如果一個被匯入的模組裡所有的綁定和目前模組都不衝突的話，可以直接在匯出串列中使用 module OtherModule 來重新匯出 OtherModule 模組裡的所有綁定。當然，OtherModule 模組一定要被 import 到目前的模組才能被再次匯出。

◎　DataType(Constructor1, Constructor2...) 匯出資料型別 DataType，以及對應的建構函數 Constructor1/Constructor2...。你可以使用這個功能隱藏某些建構函數。

◎　DataType() 僅僅匯出了資料型別 DataType，而沒有匯出任何的建構函數。一般來說，模組會定義其他的函數來生成該資料型別的資料。

◎　使用..來代表全部的建構函數，因此 DataType(..) 匯出的是資料型別 DataType 以及對應的全部建構函數。

◎　和 DataType(Constructor1, Constructor2...) 語法十分類似，ClassDef(classMethod1, classMethod2...) 匯出了 ClassDef 型別類別和對應的類別方法 classMethod1/classMethod2..，同樣可以使用 () 和 (..) 來隱藏或者全部匯出。

在 module ... where 後面跟著的就是模組的正文了。首先是一連串匯入的宣告，用來把其他模組的內容引入到目前模組的命名空間裡。

◎　import Aaa/import Aaa.Bbb 把整個 Aaa/Aaa.Bbb 模組裡的綁定全部匯入目前的頂層作用域。如果兩個模組中出現名稱衝突的話，使用這個名稱時，在前面加上模組名和.來區分，例如 Aaa.foo 和 Aaa.Bbb.foo 就可以用來區分來自兩個不同模組的 foo 綁定。

◎　你可以使用 import qualified Aaa.Bbb.Ccc as C 這樣的語法為匯入的模組顯式加上一個別名。當需要引用 Aaa.Bbb.Ccc.foo 的時候，你可以直接撰寫 C.foo。同時，如果 qualified 關鍵字出現的話，該模組的綁定/型別等不會被新增到目前的頂層作用域，你必須使用 C.xxx 的語法來引用它們。

◎　對應匯出的語法，匯入資料型別時也可以只匯入對方模組的部分內容，這透過在匯入宣告後面加匯入串列或者隱藏串列來實作。

- import Aaa.Bbb.Ccc (Type, value...) 指明從 Aaa.Bbb.Ccc 模組中匯入 Type/value/... 這些內容，沒有出現在括弧裡的內容將被隱藏。
- import qualified Aaa.Bbb.Ccc.Eee As E hiding(Type, value...) 指明從 Aaa.Bbb.Ccc.Eee 模組中匯入除了 Type/value/... 之外的內容，沒有出現在括弧裡的內容將被匯入。

◎ 和匯出串列一樣，匯入清單支援匯入部分建構函數/型別類別方法。當然，大部分時間你可能還會使用 DataType(..) 這樣的寫法把對應的建構函數全部匯入。當編譯器提示你找不到建構函數時，注意是不是在 import 的時候只匯入了資料型別而忘記匯入了對應的建構函數。

以上就是模組的基本語法構成，具體的規範請參考 Haskell Report。除了一些常用的模組外，其他模組都推薦使用 qualified 關鍵字或者選擇性匯入這兩種方式來避免命名空間衝突。

10.2 使用 cabal

前面提到，cabal 身兼套件管理工具和自動化編譯工具的功能，這兩者的結合也是很自然的事情。因為在專案編譯階段，需要依賴的函數程式庫被安裝到對應的資料夾下，而這些檔都需要套件管理工具來安裝和管理。

10.2.1 使用 cabal 安裝依賴

Hackage（http://hackage.haskell.org）是 Haskell 社群的函數倉庫網站，上面擁有大量的開源函數程式庫，涉及數值分析、編譯工具、系統程式設計、網路程式設計等各個領域。而且函數程式庫的數量還在穩步增長，我們可以使用 cabal 來安裝來自 Hackage 的函數程式庫。cabal 的套件管理方式和 apt-get/yum/ omebrew 等工具類似，需要先從遠端獲取所有包的摘要資訊，並將其快取到本機，然後在安裝函數程式庫的時候從本機快取找到對應的版本和地址。要獲取摘要資訊，可以透過下面的命令完成：

```
$ cabal update
```

第一次使用 cabal 之前，需要先執行這個命令，獲取一次全部的函數程式庫摘要。之後，每隔一段時間手動執行即可更新本機的摘要快取。在執行 cabal 的時候，需要注

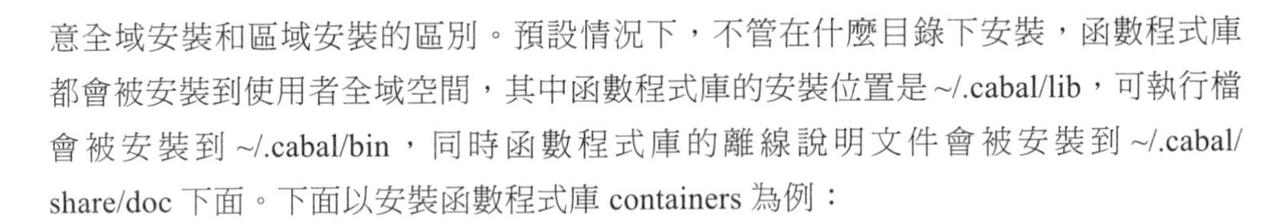

意全域安裝和區域安裝的區別。預設情況下，不管在什麼目錄下安裝，函數程式庫都會被安裝到使用者全域空間，其中函數程式庫的安裝位置是 ~/.cabal/lib，可執行檔會被安裝到 ~/.cabal/bin，同時函數程式庫的離線說明文件會被安裝到 ~/.cabal/share/doc 下面。下面以安裝函數程式庫 containers 為例：

```
$ cabal install containers
```

可以透過新增參數-j 來並行編譯函數程式庫及其依賴，使用 --global 把函數程式庫安裝到整台機器的全域目錄下。上面例子裡的命令執行完成後，就可以在任何一個位置編譯引用 containers 函數程式庫的 Haskell 程式碼了，同時也可以在任何一個位置執行 GHCi，然後載入 containers 裡面的模組，例如：

```
Prelude> import qualified Data.Set as Set
Prelude Set> Set.lookupLT 3 (Set.fromList [3, 5])
Nothing
Prelude Set> Set.lookupLT 6 (Set.fromList [3, 5])
Just 5
```

我們可以使用 ghc-pkg 來管理全域空間下安裝的函數程式庫。下面列出了一些常用的命令：

```
$ ghc-pkg list                # 查看全域安裝的函數程式庫
$ ghc-pkg unregister foo      # 卸載 foo 函數程式庫

$ ghc-pkg unregister foo --force
# 強制卸載 foo 函數程式庫，可能會造成依賴 foo 函數程式庫無法使用

$ ghc-pkg check               # 檢查全域函數程式庫是否完整
$ ghc-pkg hide foo            # 隱藏 foo 函數程式庫
```

ghc-pkg 的其他命令並不推薦使用。正常情況下，cabal 會自動呼叫 ghc-pkg 完成函數程式庫的註冊工作。使用 cabal install 容易遇到的一個問題是全域污染問題，這個問題常出現在安裝了同一個函數程式庫的不同版本或者強制重新安裝了某個函數程式庫之後。所以，一般建議只向全域空間安裝一些非常常用的函數程式庫。對於專案相關的函數程式庫依賴，統統使用沙盒（sandbox）來管理。我們使用下面的命令在目前的目錄下新建一個沙盒：

```
$ cabal sandbox init
```

cabal 會在目前的目錄下新建一個區域的函數程式庫資料庫沙盒，用來隔離對全域的影響，之後所有的安裝操作都只針對這個沙盒有效。cabal 還提供了在沙盒環境中執行 GHCi 的命令：

```
$ cabal repl
```

這個 GHCi session 在沙盒環境中打開，你可以使用 import 匯入沙盒裡安裝的函數程式庫。另外，cabal 還提供了類似 ghc-pkg 的命令來管理沙盒裡的函數程式庫：

```
$ cabal sandbox hc-pkg list        # 查看沙盒裡安裝的函數程式庫
$ cabal sandbox hc-pkg unregister foo   # 卸載沙盒裡的 foo 函數程式庫

$ cabal sandbox hc-pkg -- --force unregister foo
# 強制卸載沙盒裡的 foo 函數程式庫，可能造成沙盒裡其他函數程式庫無法使用
```

cabal sandbox hc-pkg 和 ghc-pkg 基本很相似，一旦出現沙盒裡的函數程式庫被手動操作弄亂的情況，可以使用下面的命令刪除沙盒：

```
$ cabal sandbox delete
```

然後再新建一個沙盒即可。當然，大部分情況下，使用 cabal 都不需要手動安裝或者刪除函數程式庫。cabal install 更多的是配合 10.2.2 節介紹的 cabal 配置來使用的。

10.2.2　專案的 cabal 配置

cabal 既是依賴管理工具，同時也是編譯管理工具，你可以使用 cabal init 在一個目錄裡新建一個專案：

```
$ mkdir test
$ cd test
$ cabal sandbox init
$ cabal init
```

我們先建立一個沙盒來隔離專案依賴，接著在執行 cabal init 的過程中，你需要提供一些諸如專案名稱、許可證、分類等資訊，例如：

```
Package name? [default: test]
Package version? [default: 0.1.0.0]
Please choose a license:
 * 1) (none)
   2) GPL-2
   3) GPL-3
   ...
Your choice? [default: (none)]
Author name? [default: **]
Maintainer email? [default: **]
Project homepage URL?
Project synopsis?
Project category:
 * 1) (none)
   2) Codec
```

```
   3) Concurrency
  ...
Your choice? [default: (none)]
What does the package build:
   1) Library
   2) Executable
Your choice? 2
What is the main module of the executable:
 * 1) Main.hs
   2) Other (specify)
Your choice? [default: Main.hs]
What base language is the package written in:
 * 1) Haskell2010
   2) Haskell98
   3) Other (specify)
Your choice? [default: Haskell2010]
Include documentation on what each field means (y/n)? [default: n]
Source directory:
 * 1) (none)
   2) src
   3) Other (specify)
Your choice? [default: (none)]

Guessing dependencies...
Generating LICENSE...
Warning: unknown license type, you must put a copy in LICENSE yourself.
Generating Setup.hs...
Generating test.cabal...

Warning: no synopsis given. You should edit the .cabal file and add one.
You may want to edit the .cabal file and add a Description field.
```

對於這個測試的小專案來說，很多選項都不需要填寫，直接按 Enter 使用預設值即可。預設的原始程式碼入口檔案是目前的目錄下的 Main.hs 檔，現在來建立它：

```
$ vim Main.hs
```

你可以使用任何喜歡的編輯器，這裡只是示範一下大致的流程。下面以本書開頭的 hello world 程式測試一下，儲存完檔案之後：

```
$ cabal run
hello world
```

cabal run 會根據剛剛 cabal init 自動生成的 test.cabal 檔案找到入口檔案 Main.hs 並編譯執行。打開 test.cabal 檔，大概是長這個樣子：

```
-- Initial test.cabal generated by cabal init.  For further
-- documentation, see http://Haskell.org/cabal/users-guide/

name:                test
version:             0.1.0.0
```

```
-- synopsis:
-- description:
-- license:
license-file:        LICENSE
author:              **
maintainer:          **
-- copyright:
-- category:
build-type:          Simple
-- extra-source-files:
cabal-version:       >=1.10

executable testHask
  main-is:             Main.hs
  -- other-modules:
  -- other-extensions:
  build-depends:       base >=4.8 && <4.9
  -- hs-source-dirs:
  default-language:    Haskell2010
```

這個檔案的格式和 YAML 的格式很像，大致描述了專案的名稱、版本、程式碼位置、依賴的函數程式庫等資訊，其中：

```
executable testHask
    main-is:            Main.hs
    build-depends:      base >=4.8 && <4.9
    default-language:   Haskell2010
```

上面這段配置指定一個可執行檔的編譯條目 testHask，它的 main 函數定義在 Main.hs 檔中，編譯時需要依賴 base 函數程式庫，對 base 的版本要求是從 4.8 到 4.9，使用的語言規範是 Haskell 2010。如果需要手動新增額外的編譯依賴的話，寫到 build-depends 下面就好。這裡仍以新增 containers 為例來介紹：

```
  ...
  build-depends:         base >=4.8 && <4.9
                       ,  containers >= 0.5
  ...
```

當依賴被新增到 test.cabal 檔後，執行 cabal install 來安裝依賴：

```
$ cabal install --only-dependencies
```

--only-dependencies 是要告訴 cabal 不要安裝 test 本身，僅僅去安裝.cabal 檔中指明的依賴。cabal 會自動安裝依賴的依賴，並且根據我們指明的版本，解析出合適的依賴關係。安裝完成後，就可以在程式碼中透過 import 匯入 containers 函數程式庫裡的模組了。

除了指定可執行的編譯條目外，cabal 中還可以指定函數程式庫模組的編譯條目。如果你編寫的模組 Xxx.Yyy.Zzz 是一個函數程式庫模組，即不包含 main 函數，那麼在 cabal 檔中對應的的編譯條目可能是這樣子的：

```
library
    -- 編譯依賴
    build-depends:  base >= 2 && < 6
                    ...
    -- 程式碼目錄
    hs-source-dirs: src

    -- 需要編譯並且對其他專案可見的函數程式庫模組
    exposed-modules:
        Xxx.Yyy.Zzz
        ...

    -- 其他要編譯的模組
    other-modules:
        ...
```

cabal 設定檔中的 library 指明了一個函數程式庫的編譯條目。與 executable 指定可執行的編譯條目類似，build-depends 指定編譯的依賴。一個 library 條目下面可以匯出若干個模組，只需要在 exposed-modules 裡把這些模組依次撰寫下來，用「,」分開即可。這些模組在一個條目下，所以依賴宣告也是共用的。需要注意的是，有時我們不想暴露一些內部的模組給使用者，只希望它們被專案內部使用，這時把它們放在 other-modules 下面即可。總的原則是：儘量匯出足夠的資料型別，因為如果一個資料型別所在的模組沒有匯出，使用者就很難使用這個型別的資料。另一方面，不要匯出過於內部的實作細節，因為一旦匯出後，別人的程式碼就可能會依賴模組內部的實作細節，給之後的重構帶來麻煩。

另外，在專案的 cabal 設定檔中，會指定原始程式碼目錄。在這個目錄裡，模組名稱和模組程式碼檔應該是一一對應的。假定專案 fooBar 的 cabal 配置裡指定了 Xxx.Yyy.Zzz 的 hs-source-dirs 屬性是 src，那麼 fooBar 專案的目錄結構可能會是這樣子的：

```
.
├─── fooBar.cabal
├─── src
│    └─── Xxx
│         └─── Yyy
│              └─── Zzz.hs
...
```

除了 cabal run 之外，你可能還會經常用到下面幾個命令：

```
$ cabal build             # 編譯整個專案
$ cabal clean             # 清理之前的編譯結果
$ cabal sdist             # 生成可以上傳發佈的程式碼壓縮套件
$ cabal upload Foo.tar.gz    #上傳 sdist 命令打包好的程式碼壓縮包至 Hackage
```

在向 Hackage 上發佈函數程式庫之前，需要在 Hackage 上註冊一個帳號，然後 cabal sdist/upload 會幫你完成剩下的所有事情。更多關於 cabal 的用法，請讀者參考 cabal 的官方使用手冊，詳見 https://www.haskell.org/cabal/users-guide。

10.3 Haddock

流覽 Hackage 上的函數程式庫時，你會注意到大多數函數程式庫都會附帶詳細的模組說明文件，其中會對模組功能、包含的資料型別、綁定等作簡單的介紹。當然，還附帶最重要的型別資訊。透過閱讀每個函數的型別說明，你很快就會搞清楚這套函數程式庫的全部原理和功能。

這些說明文件其實是使用 Haddock 工具自動生成的，該工具可以根據原始程式碼中的注釋自動生成說明文件。當專案原始碼被 cabal 打包並上傳至 Hackage 之後，Hackage 也會自動呼叫 Haddock 生成說明文件。給程式碼新增注釋來生成說明文件是 Haskell 社群非常優良的一個傳統，這裡就讓我們簡要介紹一下 Haskell 的說明文件生成工具 Haddock 的使用方法。掌握 Haddock 的寫法，除了能幫助我們閱讀使用 Haddock 格式撰寫的程式碼注釋之外，也可以說明撰寫規範的注釋。

類似 JavaDoc、docco 等工具，Haddock 需要根據原始程式碼中符合某些格式的注釋自動生成程式碼的說明文件。執行 haddock Main.hs -o ./doc，就會根據 Main.hs 檔裡的注釋生成說明文件到./doc 目錄下。如果使用 cabal 構建專案的話，執行 cabal haddock 就可以自動為專案生成說明文件了。

借助 Haskell 的強型別推斷系統，生成的說明文件中關於型別的說明會自動連結到相應的定義處，其他一些常見的規範如下。

◎ 模組介紹如下：

```
{-|
Module      : 模組名稱
Description : 簡介
Copyright   : 版權資訊
License     : 許可證
Maintainer  : 維護作者
```

```
Stability    : 穩定性
Portability : 跨平臺性

詳細介紹一下 XXX 模組
-}
module XXX where
...
```

◎ 上述資訊不一定要填寫完整，很多時候提供一個介紹就足夠了。除了上述寫法，下面的寫法也可以：

```
-----------------------------------------------------------------------------
-- |
-- Module       :  XXX
-- Copyright    :  XXX
-- License      :  XXX
-- Maintainer   :  XXX
-- Stability    :  experimental
-- Portability  :  portable
--
-- 詳細介紹一下 XXX 模組
-- ...
-----------------------------------------------------------------------------

module XXX where
...
```

◎ 頂層綁定注釋：

```
| 使用 square 函數計算一個整數的平方
square :: Int -> Int
square x = x * x

square :: Int -> Int
-- ^ 你也可以在宣告後面新增注釋，使用-- ^開頭即可
square x = x * x

-- | 使用 square 函數計算一個整數的平方
--
-- 多行的注釋不用使用-- |開頭
square :: Int -> Int
square x = x * x

{-|
你也可以使用段落注釋，並在開頭加上|，
用於很多行的注釋
-}
square :: Int -> Int
square x = x * x
```

◎ 型別類別宣告注釋：

```
class Monad a where
```

```
-- | 這是給 return 的注釋
return :: a -> m a
-- | 這是給>>=的注釋
>>= :: m a -> (a -> m b) -> m b
```

◎　資料型別宣告注釋：

```
data T a b
-- | 這是給建構函數 C1 的注釋
= C1 a b
-- | 這是給建構函數 C2 的注釋
| C2 a b

data T a b
= C1 a b   -- ^ 這是給建構函數 C1 的注釋
| C2 a b   -- ^ 這是給建構函數 C2 的注釋

data R a b =
C { -- | 這是給資料項目 a 的注釋
    a :: a,
    -- | 這是給資料項目 b 的注釋
    b :: b
  }

data R a b =
C { a :: a  -- ^ 這是給資料項目 a 的注釋
  , b :: b  -- ^ 這是給資料項目 b 的注釋
  }
```

◎　函數參數注釋：

```
f  :: Int       -- ^ 第一個參數的注釋
 -> Float     -- ^ 第二個參數的注釋
 -> IO ()     -- ^ 返回值的注釋
```

在 Haddock 中，還有一些特殊的文字標記，舉例如下。

◎　對於型別、型別類別、建構函數或者函數的識別字，新增單引號可以新增超連結。'T' 表示可以新增到 T 的連結，'M.T' 會連結到 M 模組的 T。

◎　對於模組名來說，新增雙引號可以新增對其的連結。

◎　/.../ 表示斜體強調，__...__ 表示加粗強調，@...@ 會把環繞的文字按照等寬的程式碼字體顯示。

其他更多的標記語法，請參考 Haddock 的官方手冊（詳見 https://www.haskell.org/haddock/doc/html/index.html），對於使用 cabal 的專案來說，執行 cabal haddock 就可以在本機生成離線的 Haddock 說明文件了。

Part 2

重要的型別和型別類別

接下來的 10 章是本書第二部分，這裡你會遇到一些非常難理解的函數式概念，例如鏡片組和單子等。章節安排也儘量從簡單到複雜，以避免讀者直接面對過於抽象的概念。當然，正如前言裡提到的，我們希望讀者在閱讀的過程中不要跳躍章節，因為前後章節的關聯性非常強，很多概念都是一步一步建立起來的，需要讀者慢慢消化。慢慢地你會發現，Haskell 是如何在純函數式基礎之上建構出一個充滿想像力的魔法世界，你經常會遇到的情況會是：搞懂了這個問題，卻發現還有 10 個問題等著你！如果這讓你感到興奮，那麼，帶上勇氣出發吧！

關於單子

這一部分會投入大量的篇幅來介紹單子（monad）這個概念，這是一個非常有爭議性的話題：一方面，函數式程式設計的支持者強調單子能夠帶來無與倫比的抽象能力和程式設計的靈活性；另一方面，很多人批評這個概念過於抽象，對於初學者十分不友好，甚至很多借鑒函數式程式設計範式的語言在設計時都會刻意避開這個概念，以免讓語言過於複雜和抽象。當然，任何事物都不應該一概而論。作為一門純函數式程式設計語言，Haskell 對單子概念的依賴遠遠勝過任何一門其他語言，例如建構和外界交互的程式建立在 IO 單子之上，對於異常的處理建立在 Either 單子之上，任何涉及狀態的操作往往都需要借助 State 單子。所以說，掌握了單子，也就掌握了 Haskell 的核心。

網路上有大量關於單子的文章，也在一定程度上反映了這個概念難以理解的程度，這裡給讀者一些建議。

◎　儘量不要去閱讀關於單子的總結類文章。因為這些文章往往都是個人的理解，提供的描述往往也比較片面，不僅不能加深理解，反而會帶來不必要的困擾。

◎　把握型別類別的基本概念。畢竟單子也只是一個普通的型別類別而已，只是這個型別類別很常用，但並不代表這個型別類別和其他任何型別類別有本質的不同。

◎　透過理解單子的實例，一步一步理解單子。在講述單子的過程中，我們會列出很多單子的實例，理解這些實例是掌握單子的關鍵，這些實例包含的具體實現往往大不相同，但是在掌握了幾個基本的單子實例之後，再去看單子這個概念就不再複雜了。

理解函子和應用函子是進一步理解單子的基礎，不過這兩個概念本身也都是十分有趣和有力的工具。鏡片組就是建立在函子抽象基礎上的資料操作工具，充滿了函數式程式設計之美，十分耐人尋味。而應用函子作為出現較晚（GHC 7.8 之後）的計算建構工具，在某些情況下提供了比單子更加優雅、更函數式的解決方案，在之後的 Haskell 語言體系裡也將發揮越來越大的作用。

總的來說，等你認真閱讀完這一部分之後，我們相信你之前的很多疑問都可以得到解答。

下面讓我們從函子開始，一步步接觸 Haskell 中最重要的幾個型別類別。

11

函子

「函子（functor）」是 Haskell 中最基本的型別類別之一。正如所有的抽象始於對相似物體的概括，函子就是這樣的抽象的一個概括。例如，串列表示的是一類有多個元素的物體，Maybe 表示一類有可能不存在的物體等。我們常常使用「容器」這個概念去理解函子，但這只是幫助我們理解，實際上函子遠不止容器這麼簡單。下面就從函子開始，進入 Haskell 的抽象世界。

11.1 容器抽象

回憶之前學過的 Maybe 型別：

```
Maybe a = Just a | Nothing

Just 3 :: Maybe Int
Nothing :: Maybe a
```

我們說 Maybe a 代表一個裝著 a 型別的值或什麼都沒裝的盒子。當得到了一個 Maybe a 型別時，我們不能只處理盒子裡有值的情況，還需要處理盒子是 Nothing 的情況：

```
addOneMaybe :: Maybe Int -> Maybe Int
addOneMaybe (Just a) = Just (a + 1)
addOneMaybe Nothing = Nothing

addOneMaybe (Just 3)
-- Just 4
addOneMaybe Nothing
-- Nothing
```

在上面的例子中，我們希望可以處理一個包裹在 Maybe 裡的 Int 數字，所以透過模式匹配提取了數字並加以處理，但是由於有可能拿不到數字，所以這個計算本身也有可能失敗，於是我們把結果又重新包回了一個 Maybe 型別的盒子裡，並且綁定了一個失敗情況下的 addOneMaybe，即如果遇到了參數是 Nothing 的情況，直接返回一個 Nothing。

再看看一個串列的例子：

```
addOneList :: [Int] -> [Int]
addOneList = map (+1)

addOneList [1,2,3]
-- [2,3,4]
```

這次希望能夠處理包裹在 [] 裡的數字，我們的策略是把串列裡的數字全部處理一遍，再重新放回串列中，而之前學習的 map 函數正好幫我們完成了把每個元素都處理一遍的任務。

上面這兩個例子的函數存在一個共同點：希望處理包裹在盒子的值，處理完成之後再放回盒子裡，而如果盒子攜帶某些額外資訊（例如 Nothing 表示失敗，串列表示多個元素），就保留這些額外的資訊不變。透過這個過程抽象出的一個通用型別就是：

```
someFunction :: f a -> f b
```

其中，f 是一個型別變數，例如剛剛的串列或者 Maybe，而實際上我們一般都有一個處理單獨元素的函數：

```
someFunction :: a -> b
```

例如上例的 (+1)，問題是我們能不能用一個統一的方法，從 a -> b 這個函數得到 f a -> f b 呢：

```
fmap :: (a -> b) -> f a -> f b
```

在 Haskell 中，我們把抽象出來的這個函數記作 fmap，而被抽象出來的型別（串列和 Maybe 等）叫作函子。對於串列來說，很容易看出 map 就是我們需要的 fmap，但是對於 Maybe 呢？

```
fmap :: (a -> b) -> [a] -> [b]
fmap = map

fmap :: (a -> b) -> Maybe a -> Maybe b
fmap f (Just a) = Just (f a)
fmap _ Nothing = Nothing
```

看來也並不複雜，我們在接收到普通函數 f 和裝在盒子裡的 Just a 之後，用 f a 得到處理後的值，再用 Just 重新裝到 Maybe 的盒子裡。而如果遇到的是 Nothing，則直接返回 Nothing 即可，因為 Nothing 可以代表任何型別的失敗。

我們發現當盒子的型別不同時，fmap 的實作也不同，而型別類別正好是為了解決這個問題誕生的！下面定義函子這個型別類別：

```
class Functor f where
    fmap :: (a -> b) -> f a -> f b
```

我們還需要提供串列和 Maybe 的型別類別實例宣告：

```
instance Functor [] where
    fmap = map

instance Functor Maybe where
    fmap f (Just a) = Just (f a)
    fmap _ Nothing = Nothing
```

然後就可以統一使用 fmap 來處理串列和 Maybe 了！由於函子型別類別以及很多常見的型別的實例宣告在 Prelude 中都已經提供了，我們可以去 GHCi 試試：

```
Prelude> fmap (+1) (Just 10)
Just 11
Prelude> fmap (+1) Nothing
Nothing
Prelude> fmap (+1) [1,2,3]
[2,3,4]
Prelude> fmap (+1) []
[]
Prelude> take 3 $ fmap (+1) (repeat 1)
[2,2,2]
```

其他是函子的型別（例如二元組 (,) a）：

```
instance Functor ((,) a) where
    fmap f (x, y) = (x, f y)

fmap (+1) (2,3)
-- (2,4)
```

(a,b) 是型別 (,) a b 的語法糖，我們把元組的第二個元素，也就是型別是 b 的元素當作盒子裡等待處理的元素，而把 (,) a 當成一整個盒子，所以實例宣告的時候是 instance Functor ((,) a)，代表 (,) a 這一整個型別是函子。當我們把函數透過 fmap 作用到二元組時，我們其實只是把函數作用在第二個元素上面而已。

這裡有個很有意思的函子需要費點腦筋，我們說函數型別中 a -> 這部分也是個函子，其中 b 是包裹在這個函子裡的元素，而 a -> 這部分是構成函子的盒子。和元組類似，在 Haskell 中，a -> b 是 (->) a b 的語法糖，所以說 (->) a 型別是一個函子，仔細想想如果我們想把某個 b -> c 的函數作用在盒子中 b 型別的元素上時，應該怎麼處理？

```
instance Functor ((->) a) where
    fmap = ???
```

根據 (b -> c) -> f b -> f c 的型別，我們把 f 換成 (->) a 得到 (b -> c) -> (a -> b) -> (a -> c)，這正好是之前說過的組合函數 (.) 的型別。可以這樣來理解這個 fmap 的過程：fmap 拿到了包裹在 (->) a 函子中的 b 型別的值和處理 b 型別元素的 b -> c 型別的函數後，透過組合函數把這個 b -> c 函數作用到盒子中 b 型別的結果上，得到 c 型別的結果，而得到的 a -> c 的函數也可以看作是一個裝在 (->) a 型別的盒子裡的 c 型別的值，正好符合 fmap 的型別要求，於是得到了 (->) a 的函子的定義：

```
fmap :: (b -> c) -> ((->) a b) -> ((->) a c)
-- 也就是
fmap :: (b -> c) -> (a -> b) -> (a -> c)

instance Functor ((->) a) where
    fmap f fa = f . fa
```

```
    -- 或者
    fmap = (.)

fmap (*2) (+1)
-- \x -> (x + 1) * 2
fmap (*2) (+1) $ 3
-- 8
```

這種把函數當作盒子來理解的方式，後面很多時候還會用到。綜上所述，函子這個型別類別提供了一個很重要的抽象：容器型別。也就是說，函子型別基本上都可以看作某種型別的容器。除了串列和 Maybe 之外，我們還會遇到 Vector、Array、Either 等容器型別，我們透過 fmap 抽象出了一個通用的、可以作用在容器型別上的操作，進而可以透過 fmap 寫出適用於任何容器型別的其他函數而不必關心具體型別是如何處理的，這是使用函子抽象的一個重要原因。

11.2　範疇

Haskell 的型別類別提供了高於具體型別的抽象。為了更容易理解抽象類別型，有必要將一些概念抽象化以方便表達和理解，這是範疇學研究的一個主要目的。本節就來簡單介紹範疇論，然後使用範疇論的一些概念，來幫助我們理解函子。

在集合論中，集合（set）是含有某些共同性質的物件的集體，例如整數的集合、有理數的集合和字串的集合等，這些集合與 Haskell 程式中對應的概念就是具體的型別，例如 Int 和 String 等。但是相比集合本身的性質，我們有時更想瞭解集合和集合的關係，於是就定義了映射，也就是 Haskell 中的函數。函數可以把一個集合裡的元素映射到另一個集合中，而現在我們想要瞭解這些映射還有沒有更加有趣的性質。

於是定義了一個概念，叫作「範疇（category）」。在範疇中，每個組成元素叫作「物體（object）」，它可能是型別，也可能只是一個值，或者是其他的範疇。我們沒有規定物體一定要像集合那樣滿足某些性質，但是要求在範疇中能夠定義出物體和物體之間的關係，兩個物體之間可能有關係，也可能沒關係，我們把存在的關係叫作「態射（morphism）」。態射不一定是函數，例如對於一個含有 "a"、"abc" 和 "abcd" 的範疇，可以規定短於一個態射，那麼 "a" 和 "abc" 之間存在這種態射，而"abcd"和"abc" 之間不存在。現在試著用圖 11-1 表示一下這個範疇。

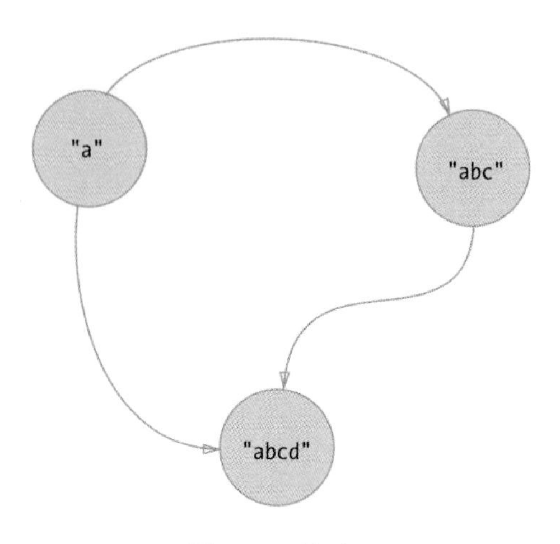

圖 11-1 範疇 1

範疇 1 中的箭頭代表短於這個態射。態射在圖中是一個單向的箭頭，從來源物體（source）指向目標物體（target）。實際上，在範疇學中，想要讓圖 11-1 成為一個範疇，還必須定義一個很重要的規則，那就是如何組合兩個態射。在上面的這個範疇中，我們定義規則：如果 x 短於 y，而且 y 短於 z，則 x 短於 z，這樣就定義出了這個只有三個物體的範疇。

我們試著用規範化的數學語言細化並明確範疇的定義。

一個範疇 C，應該由如下 3 個要素組成。

◎ 一個集合類別 ob(C)，其元素被稱為**物體**。

◎ 一個集合類別 hom(C)，其元素被稱為**態射**。每個態射 f 都只有一個來源物體 a 及一個目標物體 b（其中 a 和 b 都在 ob(C) 內），態射 f 被稱為從 a 至 b 的態射，記作 $f : a \rightarrow b$。

◎ 一個二元運算，被稱為態射組合，該組合使得對於任意 3 個物體 a、b 及 c，都有 $hom(b, c) \times hom(a, b) \rightarrow hom(a, c)$。兩個態射 $f: a \rightarrow b$ 及 $g: b \rightarrow c$ 的組合寫作 $g \circ f$，並符合下列兩個公理。

- 結合律（associativity）：若 $f: a \rightarrow b$、$g: b \rightarrow c$ 及 $h: c \rightarrow d$，則 $h \circ (g \circ f) = (h \circ g) \circ f$。

- 單位律（identity）：對於任意物體 x，總存在一個態射 idx: x → x（x 的單位態射），使得對於每個態射 f: a → b，都會有 idb ∘ f = f = f ∘ ida。

其中，集合類別（class）這個概念是指滿足某一類特點的不含糊的集合。不含糊這個概念其實是為了避免羅素悖論，下面的定義就是一個非常含糊的集合：

包含所有集合的集合。

這個集合應不應該包含自身呢？如果它不包含自身，顯然不符合定義，而如果它包含了自身，那麼它發生了改變，產生的新的集合是不是也應該被包含呢？這麼一直重複下去，我們永遠無法給出一個嚴格的定義，所以說這是一個含糊的集合。

就像上面的集合類別 ob(C) 和 hom(C)，暫時先理解成集合就好：對於一個範疇，所有的物體構成了集合 ob(C)，所有態射構成了集合 hom(C)。

看來對於剛剛的範疇，我們需要補充一個每個元素到自身的態射，才能滿足嚴格數學定義。一種方式是，我們規定每個元素都短於它自身，這樣每個元素就擁有了到自身的態射，這符合上面的所有要求。另一種方式是，再定義出一個更符合直覺的態射，叫作不長於，並規定出不長於和短於這兩種態射是如何組合的。你可以驗證這個單位態射是否滿足數學上 idb ∘ f = f = f ∘ ida 的要求，最後會得到如圖 11-2。

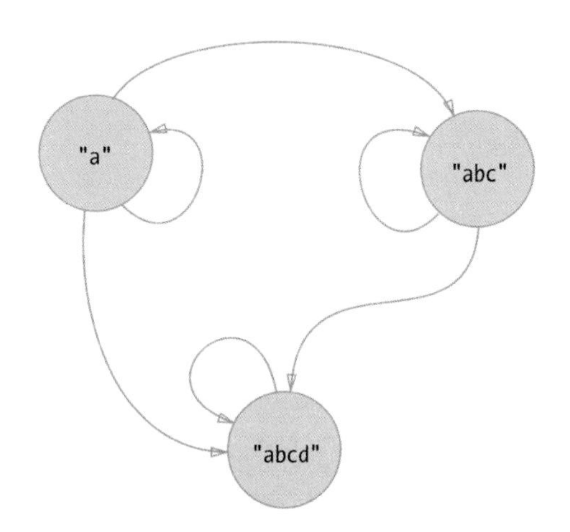

圖 11-2　範疇 2

除了有不同物體之間的態射之外，還有每個物體自身到自身的態射，而且只要從 a 到 b 和從 b 到 c 有態射，從 a 到 c 也一定有態射，於是我們成功地定義出了一個範疇。實際上，在範疇學中，我們把具有大小秩序的範疇叫作有序類別，其中只有一種秩序的（例如短於）叫作偏序類別，而包含相反秩序的叫作全序類別，這些範疇之所以成為範疇，也都是要滿足某些關係的。

你可能會想，什麼情況不算是範疇。我們隨意舉個例子，對於一個三人小組一小明、小紅和小麗，假設現在定義態射是暗戀關係，那可能會有圖 11-3 所示的關係。

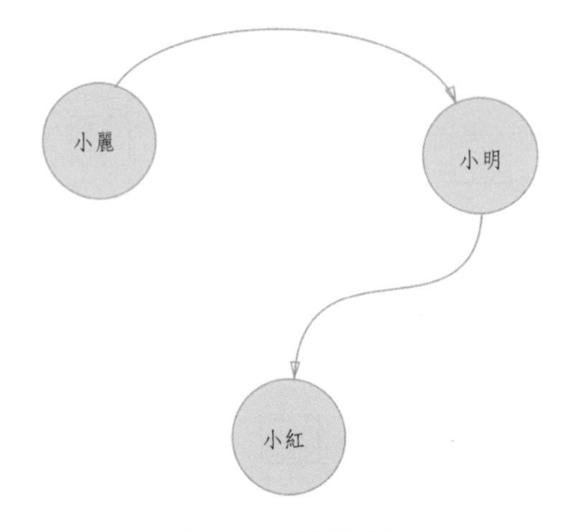

圖 11-3　問題範疇

圖 11-3 之所以不是範疇，是因為存在兩個問題：一是暗戀關係沒有對應的合成方法，小麗暗戀小明，小明暗戀小紅，但這不足以說明小麗和小紅的關係，他們可能甚至彼此不認識，二是每個物體沒有到自身的映射。

當然，讓上面的小組成為範疇也很簡單，你需要補充每個物體到自己的一個關係，例如每個人都討厭自己，同時新增暗戀關係的組合規則。例如，如果 A 暗戀 B，B 暗戀 C，則 A 討厭 C。這個看似非常無聊的例子實際上在暗示範疇的本質，**範疇是對物體和物體之間對應關係的描述**。我們引入「範疇」這個概念，是因為在程式中，資料和函數構成了各種各樣的範疇，這些範疇很多時候都很模糊，而我們必須透過這些看似模糊的範疇和他們**滿足的一些直覺上容易理解的性質**，推導出一些直覺上不那麼容易理解的性質。這是抽象的力量。

現在考慮在 Haskell 中的情況，Haskell 中的所有型別可以構成一個巨大的範疇 Hask。Hask 裡的物體是一個個型別或者小的範疇，不同物體之間的態射就是它們的函數，而態射組合的規則是透過組合函數 (.) 定義的，如圖 11-4 所示。

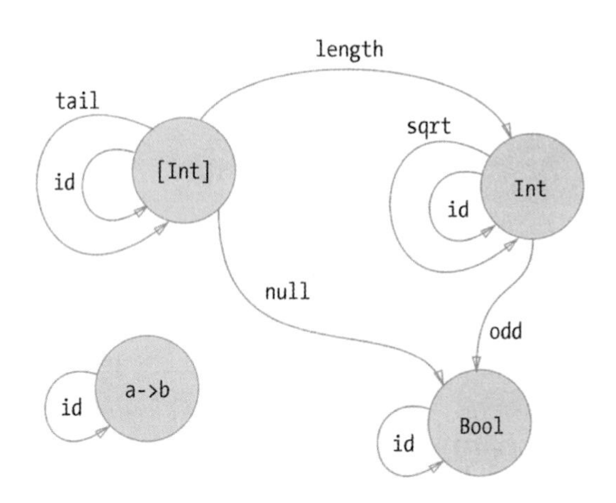

圖 11-4　Hask 範疇

而對於上面說的函子型別類別，我們說函子可以把一個 Hask 中的範疇 C 態射成另外一個範疇 D，這個函子我們記作：F: C → D。例如，對於串列函子和一個我們任選的範疇 C：

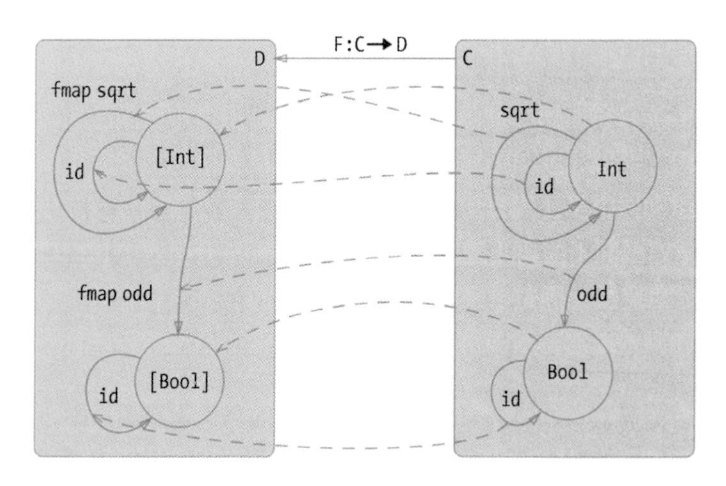

圖 11-5　函子示意圖

串列函子把範疇 C 態射成了範疇 D，這裡做的事情有兩件。

◎　把 ob(C) 映射成 ob(D)，即把範疇 C 中的每一個物體 x 映射成範疇 D 中對應的物體 F(x)，即一個物體的串列。

◎　把 hom(C) 映射成 hom(D)，即把範疇 C 中每兩個物體間的態射 f 映射成範疇 D 中對應的態射 F(f)，例如從 sqrt 映射到 fmap sqrt。

我們注意到 fmap id 在範疇 D 中出現在 id 的位置。實際上，我們遇到了函子在範疇學上的第一個限制－單位律，在這個限制中，F: C → D 必須要把範疇 C 中的 id 映射到範疇 D 中的 id。

緊接著，根據範疇學的定義，如果物體 A 到物體 B，物體 B 到物體 C 之間都有態射，物體 A 到物體 C 之間也一定存在態射。可以看出，在範疇 C 中，從 Int 到 Bool 之間一定還存在一個態射 odd 。 sqrt，這個態射同樣可以把 Int 變成 Bool。而在範疇 D 中，也一定對應著一個映射 fmap (odd 。 sqrt)，實際上範疇 D 中已經存在 fmap odd 和 fmap sqrt 這兩個被 F: C → D 映射過去的態射了，它們的組合(fmap odd) 。(fmap sqrt) 出現在了被映射過去的 fmap (odd 。 sqrt) 的位置上。我們現在遇到了函子在範疇學上的第二個限制－組合律，在這個限制中，F 必須滿足 F(f) 。 F(g) ≡ F(f 。 g)，≡在這裡代表同構（isomorphic），即在任何條件下都成立。

也就是說，在範疇 C 中態射的組合等同於組合之後的態射在範疇 D 中的映射。換句話說，對於 Haskell 中的串列，fmap (odd . (^2)) 和 fmap odd . fmap (^2) 作用在串列上應該得到相同的結果：

```
Prelude> fmap (odd . (^2)) [1..10]
[True,False,True,False,True,False,True,False,True,False]
Prelude> (fmap odd . fmap (^2)) [1..10]
[True,False,True,False,True,False,True,False,True,False]
```

第一個式子對串列中的每一個元素先求平方，再來判斷是否是奇數；第二個式子則是先對串列中的每一個元素求平方得到新的串列，再對這個新的串列中每一個元素做判斷，所以第一個式子只需要巡訪串列一次，而第二個式子則需要先後巡訪串列兩次。

而範疇學要求這兩個式子的值必須相等，這也是 Haskell 編譯器做融合迴圈最佳化的理論基礎，多次巡訪的組合等同於組合的巡訪。我們用 Haskell 的語言再次描述一下函子必須滿足的要求，函子實例的 fmap 必須滿足下面的等式：

```
fmap id ≡ id
fmap (f . g) ≡ fmap f . fmap g
```

可以把剛剛定義的串列和 Maybe 函子拿過來試試：

```
Prelude> fmap id [1..10] == id [1..10]
True
Prelude> fmap id Nothing == id Nothing
True
Prelude> fmap (odd . (^2)) (Just 3) == (fmap odd . fmap (^2)) (Just 3)
True
Prelude> fmap (odd . (^2)) Nothing == (fmap odd . fmap (^2)) Nothing
True
```

這是我們把範疇學裡的限制引入 Haskell 得出的限制。注意，當宣告一個函子的實例時，編譯器並不能幫助你檢查 fmap 是否滿足這兩個限制，因為函數是無法比較相等的。你需要透過自己的推理自行驗證這兩個限制是成立的，而實際上對於一個函子型別，滿足上面兩個限制條件的 fmap 是唯一確定的，這也是 GHC 可以說明你推導函子實例的原因。請仔細思考一下，對於串列來說，有可能寫出一個滿足上面兩個條件，且和 map 不等價的 fmap 嗎？

11.3　Identity 和 Const

在函子的世界中，有兩個非常有趣的函子：Identity 和 Const，它們代表了容器概念的兩個極端。我們先來看 Identity，它代表最簡單的容器，相當於把 Maybe 中的 Nothing 去掉，只有一個建構函數來把值裝到盒子裡。考慮到 newtype 語法可以避免底層的打包/解包，我們這麼定義 Identity：

```
newtype Identity a = Identity { runIdentity :: a }

Identity 3 :: Identity Int

runIdentity $ Identity 3
-- 3
```

我們使用記錄語法定義了一個只有一個參數的建構函數 Identity 來把值裝進盒子裡，然後提供了 runIdentity 函數方便我們把值從盒子中取出。現在需要提供 Identity 的函子型別類別的實例宣告：

```
instance Functor Identity where
    fmap f idx = Identity (f (runIdentity idx))
    -- point-free 寫法
    fmap f = Identity . f . runIdentity

fmap (+1) (Identity 3)
-- Identity 4
```

這個函子的 fmap 也沒做什麼，只是簡單地把值從盒子中取出，應用一下 f，然後裝回到盒子中。這個過程和函數 id 很像。Identity 代表不含任何額外上下文資訊的盒子。試著用上面說到的函子需要滿足的兩個條件，看看 Identity 是否滿足：

```
fmap id (Identity 3) == id (Identity 3)
fmap ((+1) . (*2)) (Identity 3) == (fmap (+1) . fmap (*2)) (Identity 3)
```

很容易看出，這兩個條件是滿足的。我們再來看看另外一個更加奇特的函子 Const：

```
newtype Const a b = Const { getConst :: a }

Const 3 :: Const Int String
Const 3 :: Const Int Int
...

getConst (Const 3)
-- 3
```

它看起來和 Identity 很像，其建構函數也只有一個參數，所以我們同樣使用 newtype 的把戲來最佳化程式碼的速度。至於為什麼這裡用 get...來提取，而上面用 run...，只能說是個不幸的命名事故。有趣的地方在於 Const 3 建構出來的值的型別是 Const Int a，這個額外的型別變數在之前提到過，允許 Const 3 成為各種型別：Const Int Int、Const Int String 等。如果 newtype 或者 data 宣告時，=左邊出現的型別變數沒有出現在右邊，就把這樣定義出來的型別叫作幻影型別（phantom type）。例如，上面的 Const 就是一個幻影型別。幻影型別有趣的地方在於，對於一個幻影型別的值來說，例如 Const 3，它的具體型別是不確定的，但是透過幻影型別本身攜帶的額外的型別變數，編譯器卻可以區分相同的兩個值：

```
Prelude> import Control.Applicative
Prelude Control.Applicative> Const 3 == Const 3
True
Prelude Control.Applicative> (Const 3 :: Const Int Int) == (Const 3 :: Const Int String)

<interactive>:5:32:
    Couldn't match type '[Char]' with 'Int'
    Expected type: Const Int Int
      Actual type: Const Int String
    In the second argument of '(==)', namely
      '(Const 3 :: Const Int String)'
    In the expression:
      (Const 3 :: Const Int Int) == (Const 3 :: Const Int String)
    In an equation for 'it':
        it = (Const 3 :: Const Int Int) == (Const 3 :: Const Int String)
```

這裡我們先導入定義了 Const 的模組 Control.Applicative，然後試著比較一下 Const 3。當不提供型別說明的時候，編譯器推斷它們的型別一定是相同的，不然無法比較；

但是當我們試著提供不同的型別注釋時，我們發現在編譯器看來，Const 3 :: Const Int Int 和 Const 3 :: Const Int String 由於型別不同，是無法比較的。

這也是為什麼用 type 無法定義幻影型別。因為 type 定義的型別僅僅是型別別名罷了。假如我們有下面的別名：

```
type Foo a = Int
(3 :: Foo String) == (3 :: Foo Char)
-- (3 :: Int) == (3 :: Int)
-- True
```

在型別檢查的第一步，這些型別別名就會被替換成真正的型別，所以在編譯器看來，Foo String 和 Foo Char 都是同一個型別，它們不過是 Int 的別名罷了。

搞懂了幻影型別之後，你一定會問：為什麼需要這麼奇怪的一個型別 Const a b？這個問題在下一章中就會解釋。我們需要關注的是 Const a b 型別中，我們認為 b 型別的值是盒子裡的裝載，而 a 型別的值是盒子的一部分，而建構函數並不需要提供 b 型別的參數。因為我們根本不關心盒子裡裝的是什麼，建構 Const a b 時也根本沒有往裡面裝任何東西，我們關心的是寫在盒子上面的 a 的值。下面來看一下 Const a 的函子型別類別實例宣告：

```
instance Functor (Const a) where
    fmap f c = c
```

這裡的 fmap 的型別是 fmap :: (b -> c) -> Const a b -> Const a c，我們把 Const a 當成一整個盒子。因為我們不關心盒子裡裝著什麼，所以直接把接到 b -> c 型別的函數 f 丟棄，返回接收到的 c。實際上，這裡把 c 的型別從 Const a b 轉換到了 Const a c，而對於 c 來說，這個值的型別可以是任意的 Const a x，而不需要對 c 做任何處理。

Const a 代表了盒子抽象的另一個極端。這是一個什麼都沒有裝的空盒子，透過幻影型別，Const a b 給你產生了盒子裡裝有一個 b 型別的值的幻覺，但實際上這個值根本不存在，而對這個盒子做 fmap 的結果相當於什麼都不做，原封不動地把盒子返回即可。有興趣的讀者可以驗證一下，它是否滿足函子的兩個限制呢？

11.4 IO 函子

Haskell 是透過 IO 型別來建模外部世界。當然，要想徹底理解這個型別，還需閱讀後面的內容，這裡只是簡單提一下。IO 型別是一個函子，而我們可以用 fmap 來操作包裹在 IO 中的值：

```
module Test where

main :: IO ()
main = do
    l <- fmap length getLine
    print l
```

把上面的程式寫到 Test.hs 檔中，然後使用 runhaskell Test.hs 執行：

```
$ runhaskell Test.hs
dwqdad
6
```

程式會計算輸入字串的長度，然後列印出來。這裡先不要管 do、<- 這些語法，後面關於單子的章節會詳細講解。對於 fmap length getLine 這段程式碼，你可能覺得有些奇怪，length 不是應該作用在字串上嗎？實際上，getLine 的型別是包裹在 IO 中的：

```
getLine :: IO String
```

這意味著 getLine 的值需要和外界互動（這裡指的是等待使用者輸入），而由於 IO 型別是個函子，所以如果你希望把 length 作用在 IO String 型別的值上，就需要使用 fmap 把函數從 String -> Int 型別的 length，變成 IO String -> IO Int 型別的 fmap length。

從一個更大的視角來看，fmap 可以把一個 a -> b 型別的函數變成 f a -> f b 型別的函數，從而讓函數可以作用在任意型別的包裹上，我們把這個過程叫作升格（lift），即讓函數的作用範圍從一個範疇進入另一個範疇。在 Haskell 中，不同的型別類別有著不同的升格操作。而對於函子型別類別來說，升格操作就是 fmap。

從本章起，接下來的若干章將繼續關注很多抽象出來的型別類別和對應方法的語義。就像學習物理中的動量守恆定律一樣，你需要理解 $\Sigma m * v = \Sigma m' * v'$，但不用記住它，只要記住它的物理意義即可。在 Haskell 中，型別類別的方法實作隨著實例型別的不同而不同，但是我們並不需要把太多精力放在這些方法的具體實作上，而是要理解抽象出來後的方法，在所有實例上表達的一個共同的計算規則，這就是型別類別的方法包含的語義。

12

透鏡組

透鏡組這個概念源自之前建立在記錄語法之上的資料操作函數，主要目的是方便不可變資料的操作。使用 data 關鍵字定義資料型別時，一種方式是使用記錄語法，給建構函數的每一個資料項目添加標籤，來方便對資料結構中對應的資料項目進行提取和更新操作。Haskell 的記錄語法提供的資料操作方案是根據標籤生成對應的提取和更新函數，這個方案在遇到複雜資料結構時，會遇到難以撰寫和最佳化的問題。本章介紹的透鏡組使用函子抽象來建構資料操作函數，是目前 Haskell 中操作複雜資料結構的首選方案。

12.1 getter 和 setter

getter 和 setter 並不是 Haskell 中出現的概念，而是很多物件導向語言中用來操作物件實例的一個語法。下面以 JavaScript 為例來介紹：

```
position = {x: 1, y: 2}
position.x
// 1

position.y = 3
// position == {x: 1, y: 3}
```

簡單地說，在大部分物件導向語言中，如果想取出一個物件 x 的某個屬性 p，只需要使用 x.p 即可，而如果希望更改某個物件的屬性 p，則直接對 x.p 指定值即可。有時候，你不希望直接暴露屬性 p，可以對物件添加兩個方法 x.getP 和 x.setP。透過呼叫這兩個方法，就可以完成讀取和更改的操作，這兩個方法很多時候被稱為 getter 和 setter。

這條不成文的規定到了 Haskell 這裡，就成了另外一個故事。我們在定義資料型別時，有下面這樣的記錄語法：

```
data Position = Position { positionX :: Double, positionY :: Double }

p1 = Position 1 2

positionX p
-- 1

p2 = p { positionY = 3 }
-- Position 1 3
```

看起來還不錯嘛，只是因為 Haskell 中綁定是不會改變的，所以 p2 建立了一個新的 Position 記錄，這個記錄的值是我們希望更新後的值。而在記憶體中，情況如下：

```
      +---------------+
  p1->| :: Position   |
      +---------------+
      |  *  |  *   +-+
      +---+---+-------+ |
          |             |
          V             V
      +-----------+  +-----------+  +-----------+
      | ::Double  |  | ::Double  |  | ::Double  |
      +-----------+  +-----------+  +-----------+
      |     1     |  |     2     |  |     3     |
      +-----------+  +-----------+  +-----------+
```

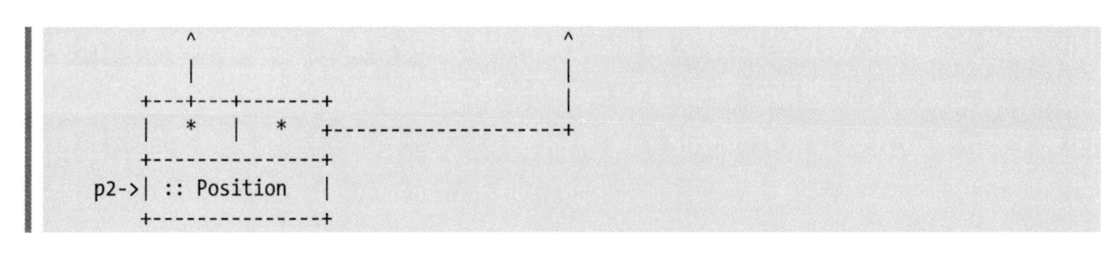

也就是說，因為所有綁定都不會改變，所以並不會浪費記憶體去複製 p1 和 p2 中相同的元素，p1 和 p2 共用了相同的資料 1 :: Double。剛剛記錄的更新表示式是下面表示式的語法糖：

```
p2 = Position {
        positionX = positionX p
    ,   positionY = 3
    }
```

這裡我們新建了一個 Position 盒子，把盒子的內容指向對應的位置，這些都是模式匹配和建構函數的語義。我們可以把下面兩個函數當作 getter 和 setter：

```
positionX :: Position -> Double
positionX (Position x _) = x

setPositionX :: Double -> Position -> Position
setPositionX x' p = p { positionX = x' }
```

其中，positionX 是記錄語法提供的提取資料的方法。而 setPositionX 簡單地把記錄語法中更新資料的部分 { positionX = x' } 做了一個綁定，此函數接收一個 Double 型別的值 x' 作為新的橫座標，接收一個 Position 型別的值 p 作為原始座標，然後返回一個新的 Position 型別的值，這是橫座標更新之後的值。這兩個方法都提供了操作橫座標的功用。

記錄語法提供的 getter 和 setter 的解決方案在大部分情況下都可以滿足要求，但是當資料結構變得愈加複雜時，問題就出現了。假定現在定義了一個新的資料型別 Line，它用來表示直角座標系上的一條線段，這條線段由起點 lineStart 和終點 lineEnd 共同確定：

```
data Line = Line { lineStart :: Position, lineEnd :: Position }

line1 = Line (Position 0 0) (Position 3 4)
```

現在希望將 line1 的終點縱座標從 4 變到 5，應該如何做呢？我們有下面幾種選擇：

```
-- 模式匹配
line2 = case line1 of Line p1 (Position x _) -> Line p1 (Position x 5)

-- 記錄語法
line2 = line1 { lineEnd = (lineEnd line1) { positionY = 5 } }

-- getter 和 setter
line2 = setLineEnd (setPositionY 5 (lineEnd line1)) line1
```

在模式匹配中，我們需要手動匹配線段的起點 p1 並在重建線段時使用它。而在記錄語法裡，我們需要手動提取 line1 的終點 lineEnd line1，才能讓接下來的更新操作得以繼續。顯然，不管是模式匹配還是記錄語法，都需要寫出一堆輔助的表示式。但其實這些額外的綁定都不需要，這種添加綁定然後扔掉的行為既浪費時間，寫起來又很麻煩。假如資料的層級變得更深，可以想像每次操作一個深層次資料時需要添加多少層級的輔助操作，我們必須有一個高效率、優雅的解決方案來解決函數式程式設計中巢狀嵌套資料結構操作的問題。

12.2 透鏡組

現在請做好準備，讓我們來介紹一個想像力非凡的概念：透鏡組 Lens。顧名思義，透鏡組的作用是讓你能更清楚地觀察。而在光學上，透鏡組可以相互組合，構成新的透鏡組，從而滿足各種觀察要求。對於 Haskell 來說，透鏡組的作用就是讓你透過它，操作複雜資料結構中的一小部分，它最重要的特點就是可以組合！

先來看看它如何定義：

```
type Lens b a = Functor f => (a -> f a) -> b -> f b
```

Lens b a 是一個型別別名，它指的是型別是 (a -> f a) -> b -> f b 的函數，這個函數裡面的 a 型別是資料中需要操作的那部分的型別，而 b 型別則是資料本身的型別。所以。對於 Position 型別來說，我們可以定義出兩個透鏡組：

```
xLens :: Functor f => (Double -> f Double) -> Position -> f Position
yLens :: Functor f => (Double -> f Double) -> Position -> f Position
```

由於型別別名中並沒有包含函子的型別變數 f，所以想要編譯器接收這個型別，需要打開高階型別的擴充，這裡暫時先不理會這個限制，只需關心怎麼寫出具體的透鏡組。我們以 xLens 為例，它會接收到一個 Double -> f Double 型別的函數，然後把這個函數變成 Position -> f Position 型別的函數。在沒有其他任何資訊的情況下，唯一線索是 Lens 型別別名中的一個限制 Functor f =>，f 一定要是一個函子型別，而我們手上現在掌握的函數中，以下兩個能夠反映 Double 型別的橫座標和 Position 型別的值的關係：

```
positionX :: Position -> Double
setPositionX :: Double -> Position -> Position
```

此外，還有一個可以把 Double -> Position 型別升格成 f Double -> f Position 型別的函數 fmap。這個 fmap 的具體定義我們並不關心，這和 f 的具體型別相關，但是卻可以利用這個函數定義出需要的 Functor f => (Double -> f Double) -> Position -> f Position 型別的函數：

```
xLens :: Functor f => (Double -> f Double) -> Position -> f Position
-- 也可以使用型別別名。注意型別別名中，大型別在前，小型別在後
-- xLens :: Lens Position Double

xLens f p = fmap (\x' -> setPositionX x' p) $ f (positionX p)
  where
    setPositionX :: Double -> Position -> Position
    setPositionX x' p = p { positionX = x' }

-- inline 寫法
xLens f p = fmap (\x' -> p { positionX = x' }) $ f (positionX p)
```

這裡需要注意 xLens 做的事情。

◎　在接收的參數中，f 是一個 Double -> f Double 型別的函數，p 是 Position 型別的資料。

◎　透過 positionX p 把 p 中的橫座標提取出來，並交給 f 得到一個包裹在函子中的值 f (positionX p) :: f Double。

◎　透過建構匿名函數\x' -> setPositionX x' p 得到一個 Double -> Position 型別的函數，這個函數接收一個 x'並把它當成新的橫座標設定給 p。

◎　最後透過 fmap 把剛剛建構出來的 Double -> Position 型別的函數升格為 f Double -> f Position 型別的函數，並把第二步得到的包裹在函子中的值 f (positionX p) 交給這個函數。注意 $ 的使用。

◎　我們成功地得到了函數型別說明中要求得到的 f Position 型別的值。

你可能在想這個函子型別 f 有什麼作用？下面就來看看：

```
Prelude> data Position = Position { positionX :: Double, positionY :: Double } deriving Show
Prelude> data Line = Line { lineStart :: Position, lineEnd :: Position } deriving Show
Prelude> let setPositionX x' p = p { positionX = x' }
Prelude> let xLens f p = fmap (\x' -> setPositionX x' p) $ f (positionX p)
Prelude> xLens (\x -> Just (x+1)) (Position 3 4)
Just (Position {positionX = 4.0, positionY = 4.0})
Prelude> xLens (\x -> Nothing) (Position 3 4)
Nothing
Prelude> xLens (\x -> [x+1, x+2, x+3]) (Position 3 4)
[ Position {positionX = 4.0, positionY = 4.0}
, Position {positionX = 5.0, positionY = 4.0}
, Position {positionX = 6.0, positionY = 4.0} ]
```

使用 deriving Show 可自動生成資料型別的 Show 實例，從而在 GHCi 中方便地顯示出來。我們給 xLens 傳遞 Double -> Maybe Double 型別的函數，代表在更新座標地時計算可能會失敗，結果我們得到了 Maybe Position 型別的值，而不是包含 Maybe Double 的 Position。當丟給 xLens 的函數是 Double -> [Double] 型別時，代表我們可能在一次操作中產生若干個新的橫座標，我們得到了每一個新的橫座標對應的新座標！

透過這個例子可以看到透鏡組 xLens 的威力，它允許你使用函子來包裹你的資料操作，從而獲得各種各樣的計算語義。其中的核心是不同的函子型別實例宣告中不同的 fmap 實作。下面問題來了，我們能否從透鏡組獲得 getter 和 setter？

12.3 view、set 和 over 函數

上面說到的 Lens 型別，最早出現在 2009 年 Twan van Laarhoven 的一篇文章（CPS based functional references，詳見 http://www.twanvl.nl/blog/haskell/cps-functional-references。），當時他並沒有把這個型別的函數叫作 Lens，而且關注的重點是如何運用合適的函子型別 f 獲得 getter 和 setter。上一章介紹的兩個函子 Identity 和 Const a 這時扮演了至關重要的角色。首先，定義我們希望得到的 getter 和 setter：

```
view :: Lens Position Double -> Position -> Double
set :: Lens Position Double -> Double -> Position -> Position
over :: Lens Position Double -> (Double -> Double) -> Position -> Position
```

我們希望能夠從透鏡組中得到的一組函數分別如下。

◎ view xLens 會得到 Position -> Double 型別的函數，也就是從座標中提取出橫座標的函數。

◎ set xLens 會得到 Double -> Position -> Position 型別的函數，也就是設定座標中的橫座標，並返回新座標的函數。

◎ over xLens 會得到 (Double -> Double) -> Position -> Position 型別的函數，這個函數接收一個針對橫座標的變換函數，並把變換作用在座標中的橫座標上，返回新的座標。

我們為什麼如此確定透鏡組 xLens 包含所有需要的資訊呢？下面把剛剛的 xLens 改寫一下：

```
xLens f p = fmap setter $ f $ getter p
  where
    setter :: Double -> Position
    setter x' = p { positionX = x' }

    getter :: Position -> Double
    getter = positionX
```

實際上，為了能夠把函子型別從小型別外層移到大型別的外層，我們既用到了 getter，又用到了 setter。接下來，將要向你展示 view、set 和 over 這些函數，它們全都是 Lens 型別函數的一個特例。我們需要做的，只是選擇合適的函子型別來從 Lens 中提取想要的函數即可。有趣的是，上面 3 個函數中最容易實作的，是看上去最複雜的 over 函數。

12.3.1　over 函數

該函數的定義如下：

```
over :: Lens b a -> (a -> a) -> b -> b
```

這裡沒有使用任何具體型別的透鏡組。因為需要 over 能夠工作在任意型別的透鏡組上，所以也不能在這個函數中使用任何涉及具體資料型別的函數。恰好相反，我們需要把任意型別的透鏡組變成想要的 getter 和 setter！注意上面的型別展開後是：

```
over :: Functor f => ((a -> f a) -> b -> f b) -> (a -> a) -> b -> b
over lens f x = ???
```

我們掌握的資訊並不多。根據 Twan 的關鍵的觀察，我們透過選擇合適的函子型別來獲得額外的資訊，這裡選擇的函子是 Identity。對於這個函子，我們有下面兩個函數：

```
newtype Identity a = Identity { runIdentity :: a}

Identity :: a -> Identity a
runIdentity :: Identity a -> a
```

我們的透鏡組需要一個 a -> f a 型別的函數，而 over 接收到的 f 卻是 a -> a 型別，所以需要透過函數組合(.)把 f 和建構函數 Identity 組合起來：

```
over :: ((a -> Identity a) -> b -> Identity b) -> (a -> a) -> b -> b
over lens f x = ???
  where
    lifted = lens (Identity . f)
```

這時把組合出來的 a -> Identity a 的函數交給透鏡組。這時已經得到了 b -> Identity b 型別的函數了。而恰好我們手上有一個 b 型別的參數 x，把 x 交給上面的 lifted，即可得到一個 Identity b 型別的值，而這個值可以方便地透過 runIdentity 把包裹在 Identity 中的值提取出來，於是得到了最終的 over：

```
over :: ((a -> Identity a) -> b -> Identity b) -> (a -> a) -> b -> b
over lens f x = runIdentity $ lifted x
  where
    lifted = lens (Identity . f)

-- 代入消除 lifted
over lens f x = runIdentity $ lens (Identity . f) x

-- point-free 寫法
over lens f = runIdentity . lens (Identity . f)
```

我們去 GHCi 上面試試：

```
Prelude> import Data.Functor.Identity
Prelude Data.Functor.Identity> let over lens f = runIdentity . lens (Identity . f)
Prelude Data.Functor.Identity> :t over
over
  :: ((a1 -> Identity a2) -> a -> Identity c) -> (a1 -> a2) -> a -> c
Prelude Data.Functor.Identity> over xLens (+1) (Position 3 4)
Position {positionX = 4.0, positionY = 4.0}
Prelude Data.Functor.Identity> over xLens (+1) (Position 4 4)
Position {positionX = 5.0, positionY = 4.0}
```

很好！我們的 over 在不知道構成鏡片組的具體型別的情況下，僅僅憑藉函子 Identity 的兩個函數，就完成了從鏡片組中提取 over 函數的任務！

12.3.2　set 函數

下面來看一下 set 的實作，這個實作相當簡單。考慮到下面兩個式子應該是等價的：

```
set xLens 3 p
over xLens (\_ -> 3) p
```

也就是說，set 需要做的，就是不管之前座標的橫座標是什麼值，都把它設定為接收到的新值，於是很容易得出下面的解法：

```
set :: ((a -> Identity a) -> b -> Identity b) -> a -> b -> b
set lens a' x = over lens (\_ -> a') x

-- point-free 寫法
set lens a' = over lens (const a')

-- 回顧 const 的定義
const :: a -> b -> a
const x _ = x
```

我們在繼續推導 view 的解法之前，先來回顧一下 set 是如何工作的：

```
set xLens 3 (Position 1 2)

-- 展開 set 定義
over xLens (const 3) (Position 1 2)

-- 展開 over 的定義
runIdentity $ xLens (Identity . (const 3)) (Position 1 2)

-- 展開 xLens 定義
runIdentity (
    fmap
        (\x' -> (Position 1 2) { positionX = x' })
        ((Identity . (const 3)) (positionX (Position 1 2)))
    )

-- 計算 positionX (Position 1 2)
runIdentity (
    fmap
        (\x' -> (Position 1 2) { positionX = x' })
        ((Identity . (const 3)) 1)
    )

-- 計算(Identity . (const 3)) 1
runIdentity (
    fmap
       (\x' -> (Position 1 2) { positionX = x' })
        (Identity 3)
    )

-- 展開 Identity 的 fmap 定義
```

```
runIdentity (
    Identity ( (Position 1 2) { positionX = 3 } )
    )

-- 計算更新後的座標
runIdentity (Identity (Position 3 2))
-- Position 3 2
```

看上去透過透鏡組操作資料好像進行了很多計算，但是實際上 Identity 函子是透過 newtype 定義出來的，所以表面的打包/解包 Identity/runIdentity 在執行時根本沒有發生，在底層 Identity Position 和 Position 型別的表示是完全一致的，而 xLens 的展開過程在編譯過程中就已經被最佳化了。

12.3.3 view 函數

下面讓我們來看看如何從一個透鏡組中提取出 getter，這就是 view 函數做的事情：

```
view :: Lens b a -> b -> a
view lens x = ???
```

這裡同樣使用型別變數 b 和 a 來代表大型別和小型別。這和 over 一樣，view 函數也可以工作在任意型別組成的鏡片組上。現在需要思考的是，最後要得到的函數是 b -> a 型別的，也就是從大型別（例如 Position）到小型別（例如 Double）。而對於鏡片組的型別 (a -> f a) -> b -> f b 來說，最後總會得到一個包裹在函子中的 f b 型別的值。如何從 f b 中得到 a 型別的值呢？

答案就藏在上一章提到的 Const a 型別的函子。對於這個型別的函子來說，Const a b 型別的值其實根本就不包含 b 型別的值。但是根據 Const a b 的定義，我們用下面的函數來提取盒子上面的 a 型別的值，而不是盒子裡面不存在的 b：

```
newtype Const a b = Const { getConst :: a }

Const :: a -> Const a b
getConst :: Const a b -> a

getConst (Const 3)
-- 3
```

現在選擇 Const a 來作為 view 型別中 Lens b a 展開時的 f 函子，為的是和最後需要提取的 a 型別的值做型別匹配：

```
view :: ((a -> Const a a) -> b -> Const a b) -> b -> a
view lens x = getConst ((lens Const) x)
```

```
-- point-free
view lens = getConst . (lens Const)
```

這裡需要注意的是，建構函數 Const 的型別是 Const :: a -> Const a b，而 b 是和 a 不相關的型別變數。這裡我們就選擇 b 等於 a，lens 接收到 a -> Const a a 型別的建構函數 Const 之後，得到了 b -> Const a b 型別的函數。我們把 b 型別的值 x 傳給這個函數，得到包裹在 Const a 中的 Const a b 型別的值，這時得到了需要的盒子 Const a，於是使用 getConst 提取盒子上面的 a 型別的值即可。下面以 xLens 為例，試著推導一下：

```
view xLens (Position 1 2)

-- 展開 view 定義
getConst ((xLens Const) (Position 1 2))

-- 展開 xLens 定義
getConst (
    fmap (\x' -> (Position 1 2) { positionX = x' })
        (Const (positionX (Position 1 2)))
    )

-- 計算 Const
getConst (
    fmap (\x' -> (Position 1 2) { positionX = x' })
        (Const 1)
    )

-- 根據 Const 的 fmap 定義，直接忽略 fmap 後的函數
getConst (Const 1)
-- 1
```

我們成功地使用 view xLens 獲得 Position -> Double 型別的 getter 函數，用來提取座標中的橫座標。與 set 和 over 函數一樣，在 view 函數的推導過程中，打包/解包 Const 的過程實際上在執行時也不會發生。

最後，讓我們回到最初的問題，透鏡組是如何解決深層次資料操作問題的。宣告資料型別時，不再宣告 getXXX 和 setXXX 函數，而是宣告 xxxLens 這樣的透鏡組：

```
data Position = Position { positionX :: Double, positionY :: Double }
data Line = Line { lineStart :: Position, lineEnd :: Position }

xLens :: Lens Position Double
xLens f p = fmap (\x' -> p { positionX = x' }) $ f (positionX p)
yLens :: Lens Position Double
yLens f p = fmap (\y' -> p { positionY = y' }) $ f (positionY p)

startLens :: Lens Line Position
startLens f l = fmap (\s' -> l { lineStart = s' }) $ f (lineStart l)
endLens :: Lens Line Position
endLens f l = fmap (\s' -> l { lineEnd = s' }) $ f (lineEnd l)
```

```
注意下面兩個型別的特點：
yLens :: Lens Position Double
yLens :: Functor f => (Double -> f Double) -> Position -> f Position

endLens :: Lens Line Position
endLens :: Functor f => (Position -> f Position) -> Line -> f Line
```

yLens 和 endLens 不過就是高階函數，而 yLens 的返回數值型別和 endLens 需要的參數型別正好相同，所以可以使用組合函數(.)連接它們：

```
endLens . yLens :: Functor f => (Double -> f Double) -> Line -> f Line
endLens . yLens :: Lens Line Double
```

此時就得到了從線段終點縱座標到線段本身的透鏡組。所以，我們可以像使用其他透鏡組一樣透過 view、set、over 使用它：

```
line1 :: Line
line1 = Line (Position 0 0) (Position 3 4)

set (endLens . yLens) 5 line1
-- Line (Position 0 0) (Position 3 5)

view (endLens . yLens) line1
-- 4
```

這也是透鏡組這個名字有趣的地方。我們把透鏡組中的小型別稱作對應大型別的焦點（focus），透過一系列焦點和透鏡組的組合，便可以得到任意深層次的透鏡組。為了進一步方便我們撰寫，可以定義下面的中綴函數：

```
-- 中綴版本 view
(^.) :: b -> Lens b a -> a
x ^. lens = view lens x
-- point-free
(^.) = flip view

infixl 8 ^.
-- 最佳化級比合成函數 (.) 低：infixr 9

line1 ^. endLens . yLens
-- 4

-- 中綴版本 over
(%~) :: Lens b a -> (a -> a) -> b -> b
lens %~ f x = over lens f x
-- point-free
(%~) = over

infixr 4 %~

line1 & endLens . yLens %~ (^2)
-- Line (Position 0 0) (Position 3 16)
```

```
-- 中綴版本 set
(.~) :: Lens b a -> a -> b -> b
lens %~ a' x = set lens a' x
-- point-free
(.~) = set

infixr 4 .~

line1 & endLens . yLens .~ 10
-- Line (Position 0 0) (Position 3 10)
```

除了 ^. 之外，這些中綴函數大多需要兩個以上的參數，所以使用 & 管道函數把參數從左往右送過去。& 的優先順序定義是 infixl 1，以上面 .~ 的式子為例，可以這麼來理解：

```
-- 回顧(&)的定義
(&) :: a -> (a -> b) -> b
x & f = f x

line1 & endLens . yLens .~ 10
-- 根據優先順序
-- ((endLens . yLens) .~ 10) line1
-- 根據.~定義
-- set (endLens . yLens) 10 line1
```

而對於^.的 point-free 的寫法中用到的 flip，對比 ^. 和 view 的型別，讀者可以猜出應該是這樣一個函數了：

```
flip :: (a -> b -> c) -> b -> a -> c
flip f x y = f y x
```

12.4　函數程式庫

上面提到的中綴函數以及各種常見的資料型別的透鏡組，在 Hackage 上面有幾個著名的函數程式庫已經幫助你定義好了。而且，生成自訂資料型別的透鏡組的工作也不需要你手動完成。因為 Haskell 中有範本（template）程式設計的功能，只要你提供了使用記錄語法定義好的資料型別，一句話就可以讓編譯器自動幫你生成記錄中每一項的透鏡組。

而實際上，透鏡組的型別往往要比本文中提供的複雜一些。例如，在 lens 函數程式庫裡，透鏡組是這樣定義的：

```
type Lens s t a b = forall f. Functor f => (a -> f b) -> s -> f t
type Lens' s a = Lens s s a a
```

這裡我們把資料操作過程的型別從 a -> f a 擴充到了 a -> f b，表示在操作子資料的時候，型別有可能已經發生了改變，於是大型別 s 也可能發生對應的改變，變成型別 t。而對於本章中出現的簡單的資料操作的情況，我們用 Lens' s a 表示上述操作的一個特例。關於 Lens，其實可以說的還有很多，這裡只介紹了一些基礎內容。在第 29 章中，我們會再次提到這個型別，並詳細講述如何透過範本建構透鏡組。

此外，我們還展示了 Haskell 中一個實作函數的常用思考方式：先寫出你要的函數型別，然後根據型別去推導，利用已知的函數，去一點點拼湊出想要的函數，而這個函數最終的底層實作過程，在函數被實作之後再慢慢分析即可。很多時候，當型別確定的時候，函數實作就已經確定了。所以在 Haskell 中，設計型別是程式設計過程中非常重要的一步，這是其他程式設計語言很難帶來的體驗，而編譯器強大的型別推斷和檢查，能夠保證你的思路不會出錯。當然，想要寫出 (a -> f a) -> b -> f b 這樣的型別，需要敏銳的洞察力和靈感，這正是函數式程式設計的美妙之處。

13

應用函子

應用函子是出現較晚的抽象型別類別，在 GHC 7.10 中正式成為「函子→應用函子→單子」型別類別層級的一部分。作為函子的子型別類別，它含括了某些函子的額外特性：把函子裡的函數作用到函子裡的值，可以得到新的包裹在函子裡的函數或者值。並不是每個函子都可以提供這樣的函數，那麼這樣的函數有什麼用處，在應用函子裡又是怎麼表示的呢？本章將會回答這兩個問題。

13.1 函子的局限

在第 11 章中，我們說函子抽象提供了 fmap 函數，用來把普通函數升格成可以操作函子容器的函數。其中舉的一個例子是，如果有一個不確定是否有值的 Maybe a 型別的值，我們可以把所有能處理 a 型別的函數升格成處理 Maybe a 型別的函數：

```
maybeThree = Just 3
maybeFour = Nothing

fmap (+1) maybeThree
-- Just 4

fmap (+1) maybeFour
-- Nothing
```

假設現在有一個 a -> b -> c 型別的函數，而參數中有一個 Maybe a 型別的值，和一個 b 型別的值，我們可以繼續使用 fmap：

```
a :: Maybe Int
a = Just 3

b :: Char
b = 'x'

replicate :: Int -> b -> [b]

replicateB :: Int -> String
replicateB = \x -> replicate x b

fmap replicateB a
-- Just "xxx"
```

這裡我們透過建構 replicateB 這個函數，使得 fmap replicateB 的型別變成了 Maybe Int -> Maybe String，從而得到了複製後的字串。

但是實際上遇到的問題往往是，參與計算的參數裡不只有一個是包裹在函子型別裡面的。假如，上面的例子中 Char 型別的值也被包裹在 Maybe 裡，那麼如何繼續把 replicate 作用在 Maybe Int 和 Maybe Char 上，得到 Maybe String 呢？

```
a :: Maybe Int
a = Just 3

b :: Maybe Char
b = Just 'x'

fmap replicate ???
```

第一個想法是回到最原始的模式比對，我們可以把 Maybe 分成兩種情況考慮：

```
replicateMaybe :: Maybe Int -> Maybe a -> Maybe [a]
replicateMaybe (Just n) (Just a) = Just $ replicate n a
replicateMaybe Nothing _ = Nothing
replicateMaybe _ Nothing = Nothing

replicateMaybe a b
-- Just "xxx"

replicateMaybe a Nothing
-- Nothing
```

不管兩個參數中哪一個是 Nothing，我們都無法完成計算，所以直接返回 Nothing。而如果兩個參數都是透過 Just 建構的，就提取其中的值交給 replicate，最後把結果包裹到 Just 裡。

我們把上面這個過程抽象出來，可以得到一個用來升格雙參數函數的高階函數 liftMaybe2：

```
liftMaybe2 :: (a -> b -> c) -> Maybe a -> Maybe b -> Maybe c
liftMaybe2 f (Just x) (Just y) = Just $ f x y
liftMaybe2 _ _ _               = Nothing

liftMaybe2 replicate a b
-- Just "xxx"
```

同樣地，可以得到 liftMaybe3、liftMaybe4 ...等，雖然可以使用 Maybe 處理任意個參數，但是這麼做有兩個問題。

◎　需要為每一種參數數量的情況撰寫一個特定的函數，這個過程很無趣。

◎　無法使用別的型別的函子。例如，假設參數都是裝在串列中的話，還需要撰寫 liftList2、liftList3...等。

這迫使我們思考一個更加通用的解決方法，可以方便地把函數升格至可以適應任意數量的、裝在函子中的參數情況。

這時我們需要一個關鍵的觀察——如果多參數函數只經過 fmap 的升格，並部分應用一個包裹在函子中的值，將會得到一個包裹在函子中的函數：

```
replicate :: Int -> a -> [a]
replicate :: Int -> (a -> [a])

fmap replicate :: f Int -> f (a -> [a])
fmap replicate (Just 3) :: Maybe (a -> [a])
```

這裡我們把 replicate 看作一個接收 Int 型別的參數，並返回 a -> [a]型別函數的一個高階函數，經過 fmap 升格後，函數的型別已經變成 f Int -> f (a -> [a])，如果我們這時給它傳遞一個 Maybe a 型別的值，就會得到一個包裹在函子中的函數 Maybe (a -> [a])，可是如何繼續使用這個函數呢？實際上，一旦解決了如何讓 f (a -> [a]) 型別的函數和 f a 型別的值進行應用的問題，之前的問題就迎刃而解了：

```
replicateThreeF :: Maybe (a -> [a])
replicateThreeF = fmap replicate (Just 3)

applyMaybe :: Maybe (a -> b) -> Maybe a -> Maybe b
applyMaybe (Just f) (Just x) = Just $ f x
applyMaybe _ _               = Nothing


applyMaybe replicateThreeF (Just 'x')
-- Just "xxx"

applyMaybe replicateThreeF Nothing
-- Nothing
```

applyMaybe 做的事情很簡單，先判斷兩側的函子中是否都有想要的函數 f 和參數 x，有的話就直接用 f 處理 x 並包回到 Just 中，否則任意一個條件不足，都會返回 Nothing。這裡需要理解的是，Maybe (a -> b) 這個函子裡包含的函數有可能不存在。對比下面兩個包裹在 Maybe 中的部分函數：

```
replicateThreeF :: Maybe (a -> [a])
replicateThreeF = fmap replicate (Just 3)

replicateNothing :: Maybe (a -> [a])
replicateNothing = fmap replicate Nothing

applyMaybe replicateNothing (Just 'x')
-- Nothing
```

如果我們交給 fmap replicate 的參數是 Nothing，得到的就是 Nothing。按照型別來說，我們得到的是一個包裹在函子中的 Maybe (a -> [a])，而實際上並沒有。

有了 applyMaybe 這個函數後，就可以實現升格任意參數數量的函數到 Maybe 參數型別上了：

```
addAll :: Int -> Int -> Int -> Int
addAll x y z = x + y + z

(fmap addAll $ Just 1) `applyMaybe` Just 2 `applyMaybe` Just 3
-- 6
```

注意，第一次使用 fmap 升格後，fmap addAll $ Just 1 的型別是 Maybe (Int -> Int -> Int)，而這時我們把 Int -> Int -> Int 再次當成接收 Int 並返回 Int -> Int 的函數，於是 `applyMaybe` Just 2 的結果是一個 Maybe (Int -> Int) 型別的函數，最終我們透過 `applyMaybe` Just 3 把最後一個包裹在函子中的參數交給了之前部分應用得到的函數，從而得出答案。在這個過程之中，任意地方出現 Nothing，都會導致最終的結果失敗：

```
(fmap addAll $ Nothing) `applyMaybe` Just 2 `applyMaybe` Just 3
-- Nothing

(fmap addAll $ Just 1) `applyMaybe` Nothing `applyMaybe` Just 3
-- Nothing

(fmap addAll $ Just 1) `applyMaybe` Just 2 `applyMaybe` Nothing
-- Nothing
```

假如我們在計算過程中，有一個參數沒有包裹在函子中，那麼對於 Maybe a 型別來說，我們只需要把它用 Just 包裹起來即可，因為一個確定的值是不會失敗的。所以，使用 applyMaybe，可以隨意地把一個函數作用在包裹在 Maybe 中或者沒有任何包裹的參數上。問題是我們可否抽象出一個適用於任意型別函子 f 上的函數呢：

```
(<*>) :: Functor f => f (a -> b) -> f a -> f b
(<*>) = ???
```

為了撰寫方便，我們把應用的過程寫成中綴函數 <*>，這個函數不僅可以接收 Maybe (a -> [a])，還可以接收任意包裹在函子中的函數 f (a -> b)，所以又被稱為函子應用運算子。現在試試串列，這是另一個很容易理解而且有用的應用函子：

```
(<*>) :: [(a -> b)] -> [a] -> [b]
fs <*> xs = concat $ map (\f -> map f xs) fs
```

其中 concat 是把串列裡的所有串列連接起來的函數：

```
concat :: [[a]] -> [a]
concat xss = foldl (++) [] xss
```

這裡用 foldl (++) []，把一個串列的串列中所有的子串列從左向右連接了起來。當然，還有更有效率的方法能達成同樣的效果。這裡只是示範 <*> 在串列函子的情況下會表現出什麼行為。

◎　首先 map (\f -> map f xs) fs 把 fs 中的每一個函數 f 交給了匿名函數 \f -> map f xs。

◎ 匿名函數 \f -> map f xs 會把函數 f 作用在 xs 中的每一個 x 上，得到處理之後的子串列。

◎ 現在處理後的子串列被映射回串列的串列，型別是 [[b]]，我們使用 concat 把所有子串列連接起來，得到最終的結果。

這個 <*> 在串列上的表現和 fmap 很像，就是把左側串列中的函數和右側串列中的參數都拿出來，分別相互作用，並把作用的結果全部返回成一個新的串列：

```
[(*1), (*2)] <*> [1,2,3]
-- [1,2,3,2,4,6]

fmap replicate [1,2,3] <*> ['x', 'y', 'z']
-- ["x","y","z","xx","yy","zz","xxx","yyy","zzz"]
```

這在很多動態規劃的問題上很有用處，因為我們現在可以方便地計算出在全部輸入條件和全部計算情況下的所有可能結果。如果計算中任意一步返回 []，整個計算也將返回 []。這裡值得注意的是，我們仍然遇到了和 Maybe 同樣的問題，那就是如果計算中途遇到了一個沒有包裹在串列中的參數，該怎麼辦。從計算結果分析，我們只需要把這個參數包裹到一個串列中，構成一個長度為 1 的單元串列，計算就可以繼續下去，同時不會影響計算結果。這和 Maybe 中把確定的參數用 Just 包裹的道理一樣，我們需要一個最簡單的操作讓一個值升格成為包裹在函子中的值，使得 <*> 可以連接它們，但同時又不能影響到 <*> 確定下來的計算的語義。這個升格參數的操作下面會提到。

回到上面的問題，我們可否抽象出一個適用於任意型別函子 f 上的函數 <*> 呢？答案是不可以。證明這類問題最簡單的辦法是舉出一個反例，這裡以之前的 Const a 函子為例：

```
(<*>) :: Const a (b -> c) -> Const a b -> Const a c
cf <*> cx = ???
```

這個奇怪的容器裡面其實什麼都沒有，所以我們既沒有函數，也沒有參數。但是問題並不只是出現在這裡，最後返回的盒子也並不需要裝進一個 c 型別的值，所以我們不用計算出值。問題在於，我們手上接收到了兩個盒子，每個盒子外面各攜帶了一個 a 型別的值，我們最終的返回值 Const a c 盒子上的 a 應該是哪一個呢？換句話說，在不知道 a 的具體型別和其他約束的情況下，我們沒辦法做出新的盒子。

13.2 什麼是函子

我們把剛剛希望被抽象出來的、能夠提供 <*> 定義的函子稱為應用函子（applicative functor）。在 Haskell 中，Applicative 型別類別代表的就是這一類的型別：

```
class Functor f => Applicative f where
    pure :: a -> f a
    (<*>) :: f (a -> b) -> f a -> f b
```

我們要求函子是應用函子的父型別類別，而如果一個函子想成為應用函子，就必須提供如下兩個函數。

◎ pure 接收一個參數並把它包裹到函子裡，這個函數的作用就是上面提到的、給予參數一個不影響計算語義的盒子，我們也常常把這個升格值的過程稱作新增最小上下文（minimum context）。

◎ <*> 是升格計算的核心，它可以把包裹在函子中的函數和包裹在函子中的參數取出並計算，或者根據函子的上下文直接列出結果，這也是 <*> 被稱作函子應用運算子的原因。計算的結果將仍然被包裹在函子型別中。

「新增最小上下文」這件事情成了一個略顯模糊的定義。實際上，pure 和 <*> 函數一定需要滿足某些條件，否則滿足型別的函數太多。我們要求對於任意一個應用函子，pure 和 <*> 函數必須滿足下面 4 個條件。

◎ 單位律（identity）：pure id <*> v ≡ v。

◎ 組合律（composition）：pure (.) <*> u <*> v <*> w ≡ u <*> (v <*> w)。

◎ 同態律（homomorphism）：pure f <*> pure x ≡ pure (f x)。

◎ 互換律（interchange）：u <*> pure y ≡ pure ($ y) <*> u。

這些條件一起共同約束應用函子的兩個函數，讓它們不會產生模棱兩可的計算語義。而實際上，剛剛說的 Const a 無法成為應用函子，正是因為沒有辦法提供適合的 pure 和 <*>，才停留在函子的範疇中。在下一章中，你會發現在某些特殊情況下，Const a 也可能成為應用函子，不過那完全是另外一個故事了。

13.2.1 Reader 應用函子

之前說過，Haskell 中的函數型別 (->) a 其實可以看作一個函子，a -> b 型別的函數可以看作被包裹在 (->) a 型別的函子中的 b 型別的值，而相應的 fmap 操作就是函數組合。實際上，(->) a 不僅僅是函子，還是一個應用函子。下面就來研究一下 (->) a 是如何成為應用函子的實例，它又具有什麼樣的計算語義。

根據應用函子的定義，我們需要提供下面型別的兩個函數：

```
pure :: x -> (a -> x)
(<*>) :: (a -> (x -> y)) -> (a -> x) -> (a -> y)

-- 根據->是右結合的，下面的型別和上面的型別是等價的
pure :: x -> a -> x
(<*>) :: (a -> x -> y) -> (a -> x) -> (a -> y)
```

注意 (->) a 就是 a ->。對於 pure 函數而言，我們接收到了一個 x 型別的參數，需要返回一個 a -> x 型別的函數。鑒於不知道 a 和 x 的型別關係，我們能做的，只有生成一個原封不動返回參數的函數：

```
instance Applicative ((->) a) where
    pure x = \_ -> x
    -- point-free
    pure = const
```

而對於 <*> 型別，我們需要注意如下幾點。

◎ 第一個參數是一個函數，這個函數需要 a 型別參數，返回 x -> y 型別的函數。

◎ 第二個參數還是一個函數，這個函數需要 a 型別參數，返回 x 型別的值。

◎ 最終需要返回 a -> y 型別的函數。

由於最終返回的函數會接收到 a 型別的參數，我們可以先把它交給第一個函數，得到 x -> y 型別的函數，再交給第二個函數，得到 x 型別的值，最後把這個值交給 x -> y 型別的函數，從而得到 y 型別的結果：

```
(<*>) :: (a -> (x -> y)) -> (a -> x) -> (a -> y)
fxy <*> fx = \a -> fxy a $ fx a
-- (<*>) f g x = f x (g x)

hyperSum = pure (\x y z -> x + y + z) <*> (^2) <*> (^3) <*> (^4)
-- \x -> (x^2) + (x^3) + (x^4)

hyperSum 3
-- 117
```

我們看到，這個函子應用運算子一定會返回 a -> ... 型別的函數，其中 a 型別的參數自始至終貫穿整個運算，傳給了每個被連接的 a -> ... 型別的函數，這些函數的返回值被當成參數傳遞給初始建立應用函子時的計算。這有點像全域綁定，不同的是我們並沒有手動把這個綁定單獨傳遞給每一個參與運算的函數，<*> 函數已經說明我們完成了背後的穿針引線。

這個應用函子常常用在配置模組化的問題上。程式執行需要的配置資料就是函子中 a 的型別，其他需要讀取配置的函數型別一定都是 a -> ...。如果要組合若干個需要讀取配置的函數，可以透過 <*> 把它們連接起來，得到一個新的 a -> ... 型別的函數。給這個函數傳遞一個配置，就相當於給運算中包含的所有需要配置的函數傳遞了相同的配置。而作為這些子函數的作者，就可以不用關心具體從哪裡取得配置了，只需要撰寫對應的 a -> ... 型別的函數即可。

(->) a 這個函子也稱為讀取（reader）函子。因為這個函子會把需要讀取 a 的函數組合起來，生成一個大的讀取函數，a 型別的參數就是讀取函子要讀取的目標。回到 (->) a 本身的含義，即一個需要讀取 a 型別參數的函數，<*>提供的是一個組合這類函數的方法。

13.2.2 自然升格

自然升格指的是使用應用函子建構運算的一種撰寫習慣。我們先來看個輔助函數：

```
(<$>) :: (a -> b) -> f a -> f b
f <$> x = fmap f x
-- <$> = fmap

infixl 4 <$>

(+1) <$> [1,2,3]
-- [2,3,4]
```

<$> 其實就是函數 fmap 的中綴版本。和 $ 不同的是，<$> 是一個左結合的中綴函數，在自然升格裡的作用是把一個函數先升格至函子的範疇，然後就可以方便地使用 <*> 去繼續應用計算：

```
Prelude> (+) <$> Just 1 <*> Just 2
Just 3
Prelude> (+) <$> Just 1 <*> pure 2
Just 3
Prelude> replicate <$> Just 10 <*> Just 'x'
Just "xxxxxxxxxx"
```

```
Prelude> replicate <$> Nothing  <*> Just 'x'
Nothing
Prelude> replicate <$> [1,2,3] <*> ['x', 'y', 'z']
["x","y","z","xx","yy","zz","xxx","yyy","zzz"]
Prelude> (\x y z -> x + y + z) <$> (^2)  <*> (^3) <*> (^4) $ 3
117
```

編譯器自動根據參數型別推導出了我們需要的應用函子型別，形如：

```
... <$> ... <*> ... <*> ...
```

這類寫法就叫自然升格。這種寫法的第一個運算式是一個參數數量為 n 的函數，後面用 <$> 連接第一個參數，得到升格之後的後續運算，然後使用 <*> 連接剩下的 n-1 個參數即可。升格的過程在第一個 <$> 中被自然完成了，需要注意的是，這些參數都要包裹在函子型別裡。

有時我們希望在計算過程中直接填入函子型別。在模組 Data.Functor 中，提供了在自然升格寫法下需要的兩個中綴函數：

```
(<$) :: Functor f => a -> f b -> f a
(<$) = fmap . const

infixl 4 <$

($>) :: Functor f => f a -> b -> f b
($>) = flip (<$)

infixl 4 $>


[1..10] $> 'a'
-- "aaaaaaaaaa"

3 <$ Just 'x'
-- Just 3

(\x y z -> x + y + z) <$> (^2) $> 10 $ 3
-- 10
```

在上面最後一個例子中，我們直接使用 10 填入了 a -> ... 型別的函子盒子，得到了一個相當於 const 10 的讀取函數，於是最後不管你傳遞什麼參數，結果都是 10。

值得注意的是，在這兩個函數中，我們並不要求 f 一定是應用函子。因為定義中只用到了函子實例的 fmap，而函子是應用函子的父型別類別，所以在自然升格的過程中也可以使用它們。

有時候，我們希望直接使用某個包裹在函子的值填入到生成的函子中。在 Control.Applicative 中，還定義了如下兩個中綴函數：

```
(*>) :: Applicative f => f a -> f b -> f b
a1 *> a2 = (id <$ a1) <*> a2

(<*) :: Applicative f => f a -> f b -> f a
(<*) = flip (*>)

infixl 4 <*, *>

(\x y z -> x + y + z) <$> (^2) <*> (^2)  *> (+10) $ 3
-- 13

replicate <$> Just 1 *> Just (+1) <*> Just 1234
-- Just 1235

replicate <$> Just 2 <* Just (+1) <*> Just 1234
-- Just [1234,1234]
```

在自然升格的寫法中，所有運算子的優先順序都是 4，結合性都是從左向右。<*、*> 用來捨棄右側或者左側未完成的包裹在函子中的計算或值，而 <$、$> 用來填滿左側或者右側的函子。這些函數不太好理解，但是仔細沿著函子和應用函子的定義，就不難弄清楚了。關於它們的應用，在第 15 章中會再介紹。

需要注意的是，很多新手會誤認為 (<*) :: f a -> f b -> f a 和 const 函數一樣，做的事情一樣，就直接忽略第二個參數了，這其實不對。<* 和 const 的型別 a -> b -> a 的區別就在 f 這個應用函子攜帶的上下文資訊上：

```
Nothing `const` Just 3
-- Nothing

Just 3 `const` Nothing
-- Just 3

Nothing <* Just 3
-- Nothing

Just 3 <* Nothing
-- Nothing
```

透過 Just 3 `const` Nothing 和 Just 3 <* Nothing 的區別就可以看出來，<* 做的不僅僅是丟棄右側的參數，而是根據左右兩側函子攜帶的上下文資訊，把左側函子包裹的值重新封包。在這個過程中，右側的參數中函子攜帶的資訊將會影響到最終結果。同樣地，我們還有：

```
Prelude Data.Functor Control.Applicative> [1..2] <* [1..10]
[1,1,1,1,1,1,1,1,1,1,2,2,2,2,2,2,2,2,2,2]
```

雖然結果中只包含左側函子包裹的值，但是右側函子盒子的形狀最終決定了結果中函子盒子的形狀。

最後，再補充介紹一下和自然升格相對應的顯式升格的寫法。回顧本章開頭的一個例子：

```
liftMaybe2 :: (a -> b -> c) -> Maybe a -> Maybe b -> Maybe c
liftMaybe2 f (Just x) (Just y) = Just $ f x y
liftMaybe2 _ Nothing _ = Nothing
liftMaybe2 _ _ Nothing = Nothing
```

我們同樣可以把這種針對兩個參數的函數的升格操作擴充到全部的應用函子上：

```
liftA2 :: Applicative f => (a -> b -> c) -> f a -> f b -> f c
liftA2 f x y = fmap f x <*> y

liftA2 replicate (Just 3) (Just 'x')
-- Just "xxx"
```

在 Control.Applicative 模組中，定義了參數數量從 1 到 3 的常用升格函數：

```
liftA :: Applicative f => (a -> b) -> f a -> f b
liftA2 :: Applicative f => (a -> b -> c) -> f a -> f b -> f c
liftA3 :: Applicative f => (a -> b -> c -> d) -> f a -> f b -> f c -> f d
```

不難看出，其實 liftA 就是 fmap，在參數數量繼續增加的情況下，顯式升格並不會帶來可讀性上的增加，反而導致難以撰寫，所以標準程式庫中也沒有定義參數更多的情況。而且一旦理解了包裹在函子中的計算這個概念，自然升格的寫法往往也非常符合直覺，而 liftAx 系列函數，更多用在定義其他控制函數。

13.3 IO 應用函子

之前說過，IO 是一個函子型別。我們可以使用 fmap 把函數作用在被函子包裹的值，而這個函子包裹的是和系統的輸入/輸出相關的值，例如使用者的輸入，或是讀取磁碟上的檔案，再或是從網路連接埠讀取的資料。實際上，這個函子的作用就是確保和外界的互動，這個函子同樣也是一個應用函子，例如下面這個例子：

```
Prelude Control.Applicative> liftA2 (&&) readLn readLn
False
False
False
```

readLn :: Read a => IO a 會返回一個包裹在 IO 函子型別中的可以反序列化的值。由於&&的型別是 Bool -> Bool -> Bool，所以 readLn 返回的值是 IO Bool，liftA2 (&&) 得到了一個 IO Bool -> IO Bool -> IO Bool 的函數。由於兩個參數都被包裹在了 IO 中，即使&&在遇到第一個 False 之後已經不需要第二個判斷參數了，但是讀取的這個過程仍然會發生，因為這是 IO 函子帶來的副作用。下面看一下 Maybe 函子：

```
Prelude Control.Applicative> liftA2 (&&) (Just False) (Just undefined)
Just False
```

即使包裹在第二個參數中的值是底，在 && 接收到第一個參數是包裹在 Maybe 函子中的 False 之後，就不會再求取第二個函子裡的值了。而如果是 IO 函子的話，第二次讀取外界參數的過程並不會消失，這並不是因為我們需要知道第二個函子中的值，而是需要第二個函子包裹本身。在 16.3 小節中，我們再解釋這個 IO 型別的包裹到底是什麼。

14

單位半群和一些有趣的應用函子

單位半群（monoid），又稱作么半群，是現代數學一大分支群論裡的一個概念。雖然它有著悠久的歷史和十分難念的名字，卻是一個非常簡單的概念，在程式設計世界裡無處不見。而且單位半群和其他概念的結合，往往會產生更加有趣的結果，比如本章要提到的選擇應用函子，就可以看作單位半群和應用函子結合的結果。此外，本章還會補充一些應用函子的實例，加深讀者對應用函子的理解。這些應用函子到後面的章節，還會有更奇妙的應用。

14.1 單位半群

凡是包含一個二元運算（例如加法）和這個二元運算對應的單位元（例如 0）的代數結構（例如整數），都叫作單位半群。單位元，是指和任意其他元素 x 透過二元運算之後，仍然能得到 x 的一個特殊元素。常見的單位半群舉例如下。

◎ 實數；單位元：1；二元運算：乘法。

◎ 字串；單位元：空字串；二元運算：拼接。

◎ 參數和返回數值型別相同的函數；單位元：單位函數 id；二元運算：組合函數 (.)。

下面我們使用稍微嚴格一些的數學語言來定義單位半群。對於單位半群 M 和二元運算 *，必須滿足如下條件。

◎ 結合律：對於任何在 M 內的 a、b 和 c，滿足 (a*b)*c = a*(b*c)。

◎ 單位元：存在一個 M 內的元素 e，使得任一在 M 內的 a 都符合 a*e = e*a = a。

就是這麼簡單！回顧一下前面的單位半群型別，是不是都符合上面兩個定律呢？我們在 Haskell 中使用型別類別 Monoid 來描述這個數學概念：

```
class Monoid a where
    mempty :: a
    mappend :: a -> a -> a

    mconcat :: [a] -> a
    mconcat = foldr mappend mempty
```

其中 mempty 和 mappend 分別對應單位半群型別的單位元和二元運算，而 mconcat 是一個有預設實現的類方法，目的是方便把一個串列的單位半群元素透過二元運算和單位元合成一個單位半群元素。

由於 mappend 大多數情況下會作為中綴函數使用。所以，在 Data.Monoid 模組中還有一個對應的綁定：

```
(<>) :: Monoid a => a -> a -> a
(<>) = mappend

infixr 6 <>
```

由於單位半群的二元運算滿足結合律，所以 <> 定義成左結合還是右結合其實無所謂。下面列舉 Prelude 中幾個常見的單位半群：

```
instance Monoid [a] where
    mempty  = []
    mappend = (++)

instance Monoid Ordering where
    mempty         = EQ
    LT `mappend` _ = LT
    EQ `mappend` y = y
    GT `mappend` _ = GT

instance Monoid () where
    mempty        = ()
    _ `mappend` _ = ()
    mconcat _     = ()

instance (Monoid a, Monoid b) => Monoid (a,b) where
    mempty = (mempty, mempty)
    (a1,b1) `mappend` (a2,b2) = (a1 `mappend` a2, b1 `mappend` b2)
```

對於 Ordering 型別的單位半群實例的含義，是指從高位（significant）到低位（insignificant）的順序組合。例如，在比較兩個長度是 4 的字串時，有可能對應字母的大小關係是 EQ, EQ, GT, LT，根據 Ordering 的二元運算 mappend，GT 和任何大小的 mappend 組合都是 GT，所以第一個字串大於第二個。

對於只含有一個元素的 () 型別，透過定義 _ `mappend` _ = () 和 mempty = ()，我們同樣得到了滿足定律的單位半群。

而對於常見的數字型別，我們遇到了一個問題，那就是它們的單位半群定義可能有多種。例如，對於有理數，我們既可以定義它是單位元為 0，二元運算為加法的單位半群，也可以定義它是單位元為 1，二元運算為乘法的單位半群。而如果把這兩個定義都寫上去，GHC 就無法判斷在使用 mempty 和 mappend 時，到底需要的是哪一個實例了。

這時 newtype 再次發揮了作用。我們知道 newtype 宣告出來的型別在編譯器型別檢查階段和原型別是不相同的，於是可以用這個型別去宣告新的型別類別實例，而當生成執行程式碼的時候，新的型別和原型別的底層表述卻完全相同，於是不會帶來額外的打包/解包。前面講解 Identity 和 Const a 函子時，曾用過這個技巧，這裡再次使用它：

```
newtype Product   a = Product { getProduct :: a }
newtype Sum a = Sum { getSum :: a }

instance Num a => Monoid (Product a) where
    mempty = Product 1
    (Product x) `mappend` (Product y) = Product (x * y)

instance Num a => Monoid (Sum a) where
    mempty = Sum 0
    (Sum x) `mappend` (Sum y) = Sum (x + y)
```

透過定義新的資料型別 Product 和 Sum 來分別代表不同含義的單位半群，並透過 Num a 限制單位半群實例對數字型別有效。在編譯的型別檢查階段，Product 和 Sum 是不同的型別，所以編譯器可以區分 mempty `mappend` Product 2 和 mempty `mappend` Sum 2 中的 mempty 和 mappend 的定義。在 GHCi 中試試：

```
Prelude> import Data.Monoid
Prelude Data.Monoid> mempty <> Sum 1
Sum {getSum = 1}
Prelude Data.Monoid> Sum 2 <> Sum 1
Sum {getSum = 3}
Prelude Data.Monoid> Product 2 <> Product  1
Product {getProduct = 2}
Prelude Data.Monoid> Product 2 <> mempty
Product {getProduct = 2}
```

可以看到，編譯器自動選擇了合適的實例定義。由於最終的結果還包裹在 Sum 或 Product 中，所以必須使用 getSum 或 getProduct 把包裹的數字提取出來。

有趣的是，如果對 Bool 型別使用類似的技巧，可以得到下面兩個單位半群：

```
newtype Any = Any { getAny :: Bool }
newtype All = All { getAll :: Bool }

instance Monoid Any where
    mempty = Any False
    Any x `mappend` Any y = Any (x || y)

instance Monoid All where
    mempty = All True
    All x `mappend` All y = All (x && y)
```

不同的是，Any、All 確定包裹裡的型別一定是 Bool，所以沒有使用型別變數。仔細思考一下，為什麼 Any 的實例中 mempty = Any False，而 All 的實例中 mempty = All True。另外，這和前面說到應用函子的 pure 函數提供最小上下文是否有相似點？

14.1.1 Endo 單位半群

在介紹單位半群的概念時，我們說參數和返回數值型別相同的函數也可以看作單位半群，此時可以選取 id 函數作為單位元，(.) 函數作為組合函數的二元運算。由於參數和返回值相同，所以 (.) 組合得到的函數仍然是和之前相同的單位半群型別，這樣就符合單位半群的要求了。

但是在 Data.Monoid 模組中，我們並沒有直接定義 a -> a 是 Monoid 的實例，而是下面這樣一個實例宣告：

```
instance Monoid b => Monoid (a -> b) where
    mempty _ = mempty
    mappend f g x = f x `mappend` g x
```

如果一個函數返回的型別是單位半群型別，那麼這個函數本身也構成了一個單位半群。這個單位半群的單位元是返回數值型別的單位元，對應的二元操作是把兩個函數 f 和 g 變成一個函數，這個函數把 f 和 g 的返回值透過返回型別的 mappend 連接起來。這個單位半群實際上利用了返回數值型別的單位半群實例，方便地合併了函數的返回值：

```
genStrX :: Int -> String
genStrX n = replicate n 'x'

genStrY :: Int -> String
genStrY n = replicate n 'y'

genStrXY = genStrX `mappend` genStrY

genStrXY 3
-- "xxxyyy"
```

透過 Monoid b => a -> b 的單位半群實例，我們可以方便地組合產生單位半群的函數，這個實例的計算語義往往比選取 id 作為單位元，(.) 作為二元運算的單位半群更常用。為了避免衝突，我們使用一個新的型別來宣告 a -> a 型別的函數，使它成為另一個不同的單位半群實例：

```
newtype Endo = Endo    { appEndo :: a -> a    }

instance Monoid (Endo a) where
    mempty = Endo id
    (Endo f1) `mappend` (Endo f2) = Endo (f1 . f2)
```

這個實例和 (->) a 作為函子的實例是不是有異曲同工之妙呢？這裡我們把上面的實例中包裹 a -> a 的新型別叫作 Endo，這個名字取自於自映射（endomorphism，或譯自同態），也就是把型別 a 映射到其自身的函數。

14.1.2 自由單位半群

其實任意一個單位半群都可以構成一個範疇，這個範疇只有一個物體，對應單位半群型別，而從這個點出發可以產生許許多多從這個物體到這個物體的態射。下面以單位半群 String 為例，它和它對應的態射如圖 14-1 所示。

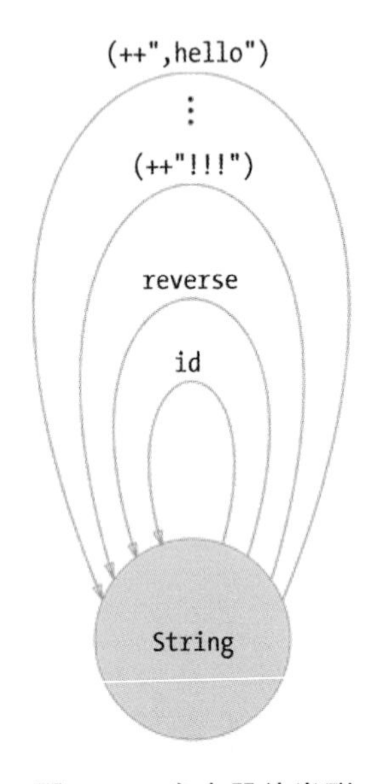

圖 14-1　自由單位半群

這些態射以及相互組合的態射都在圖 14-1 中，我們把這種從一個物體映射到它自身的態射稱作自態射（endomorphism），其實就是範疇的自映射。由於源物體和目標物體相同，自態射的組合一定還是自態射。

仔細觀察圖 14-1，你會發現有些態射和物體中的值是一一對應的。

◎　(++ "!!!") 對應 "!!!"。

◎　(++ ", hello!") 對應 ", hello!"。

這樣的例子有無數個。其實，建構這些態射很簡單，隨意在物體 String 中挑選一個值，然後用串列連接函數++部分應用這個值，就會得到一個態射，而這個態射做的事情就是把這個值透過++新增上去。我們注意到，String 其實就是 [Char]，即字元的串列，而字元本身並不是一個單位半群，因為我們沒法定義一個二元運算可以把任意兩個字元處理成一個新的字元。

從更加通用的角度來說，我們可以透過建構型別[a]把任意一個型別 a 變成一個單位半群，此時只需要固定 mempty 是 []，mappend 是 ++ 即可。在範疇學上，我們把從一個集合（例如全部字元），透過創建子集（例如字串，任意一個字串可以看作全部字元的子集）建構出來的單位半群叫作自由單位半群（free monoid）。這裡自由的含義是，不要求底層的集合型別有任何特性，我們用建構子集的方法可以把任意一個集合型別變成一個單位半群。

而在 Haskell 中，建構子集的任務通常透過創建串列 [] 來完成。當然，你也可以使用其他的集合資料型別。用空集合作為 mempty，用合併集合作為 mappend。這些都是上面結論的推廣。可以看出，除了 Sum Int 和 Product Int 外，圖 14-2 建構出的[Int]同樣也是一個單位半群。

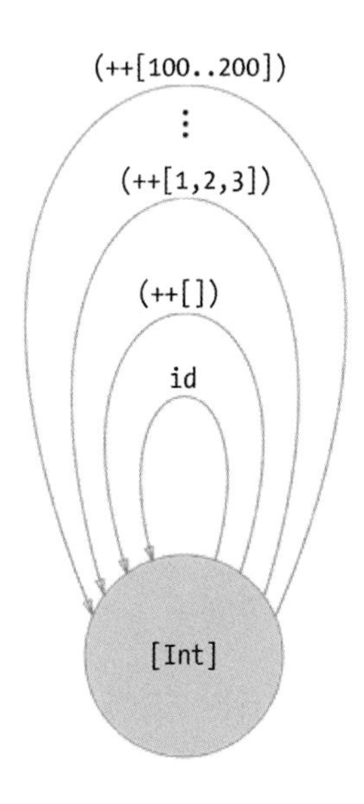

圖 14-2　[Int]

不難看出，這個單位半群的單位元是 []，二元操作是 ++，這是一個從整數集合建遘出來的自由單位半群。

單位半群和集合是一對密切相關的概念，如果你下次定義了一個新的集合型別，不管是佇列，棧還是堆，記得試著撰寫它的 Monoid 的實例宣告。很多情況下，使用 mempty 和 mappend 的程式碼不用做任何修改，就可以切換到新的資料型別上了。

14.1.3 逆

逆（dual）是一個不大好理解的概念，出自範疇學中，描述「互為相反」的兩個範疇。這裡的「相反」是指，當我們用範疇 B 和範疇 A 相比較時，所有的箭頭（態射）的方向都是調轉過來的，包括透過組合規則得到的箭頭也都是調轉過來的。此時，我們說範疇 A 和範疇 B 是互逆（duality）的。例如，使用大於關係連接一些數字構成的半序類別 Pa，和另一個使用小於關係連接同樣一堆數字的半序類別 Pb 就是互逆的，因為它們中任意兩個源物體和目標物體在兩個範疇中的箭頭都是相反的。

事實上，還存在互逆的兩個範疇是相同的情況。例如，一個全序類，每兩個物體之間的箭頭是成對出現的，顛倒的結果還是之前的範疇。對於單位半群來說，互逆的單位半群雖然不一定相同，但是它一定還是一個單位半群。從範疇學的角度來看，單位半群可以看作一個物體的範疇，我們只需要定義出圖上相反的箭頭就可以了。在 Haskell 中，我們使用 Dual a 這個型別來表示 a 型別的逆。現在來看看它是如何成為單位半群的：

```
newtype Dual a = Dual { getDual :: a }

instance Monoid a => Monoid (Dual a) where
        mempty = Dual mempty
        Dual x `mappend` Dual y = Dual (y `mappend` x)
```

當 a 型別是一個單位半群時，Dual a 也一定是一個單位半群，它的單位元和 a 的相同，但是二元運算的順序和 a 的相反，即 Dual x `mappend` Dual y = Dual (y `mappend` x)。解包之後，把 x、y 按照相反的順序交給 a 型別對應的 mappend。

很多單位半群不僅滿足單位元和結合律，還滿足著名的交換律（commutative），即 mappend 的結果和左右的元素的順序無關，例如 Any、All、Num a => Sum a 等，所以大部分時候，它們的逆還是它們自己。但是對於某些不滿足交換律的單位半群，事情就會變得有趣，這其中最著名的例子正是上面說的 Endo 單位半群，它的 mappend 操作的本質是函數組合：

```
(Endo f1) `mappend` (Endo f2) = Endo (f1 . f2)
```

由於這裡 mappend 組合兩個 a -> a 型別的函數，所以把這兩個函數交換位置仍然可以繼續組合，但是函數組合會影響計算的結果，例如：

```
(+1) . (*2) $ 3
-- 7
(*2) . (+1) $ 3
-- 8
```

14.2 當單位半群遇上應用函子

在 Haskell 裡，單位半群和函子都只是普通的型別類別，但是它們限制的層面並不相同：函子限制的是容器型別，而單位半群一般限制實體型別。換句話說，函子限制往往限制類別是 * -> * 的型別，而單位半群更多地作用在 * 類別上。下面我們來探索一下應用函子和單位半群的結合。

14.2.1 Const a 的應用函子實例

現在來解釋一件看上去很神奇的事情，那就是 Const a 在某些情況下可以成為應用函子。這裡神奇的事情就是：Const a 無法提供的「最小上下文」，在 a 是單位半群的時候，可以由 a 型別對應的 mempty 來提供。而之前用 Const a 作為應用函子的反例時，提到我們拿到兩個 Const a 型別的盒子時會不知所措，這交給 a 型別對應的 mappend 來解決：

```
instance Monoid a => Applicative (Const a) where
    pure _ = Const mempty
    (Const x) <*> (Const y) = Const (x `mappend` y)
```

這個實例透過限制 a 是單位半群，獲得了額外的單位元和二元操作。下面驗證一下這個實例是否滿足應用函子的要求：

```
-- 單位律 pure id <*> v = v
pure id <*> Const (Sum 1) == Const (Sum {getSum = 1})

-- 組合律 pure (.) <*> u <*> v <*> w = u <*> (v <*> w)
pure (.) <*> Const (Sum 1) <*> Const (Sum 2) <*> Const (Sum 3)
    == Const (Sum {getSum = 6})
Const (Sum 1) <*> (Const (Sum 2) <*> Const (Sum 3))
    == Const (Sum {getSum = 6})

-- 同態律 pure f <*> pure x = pure (f x)
```

```
pure (+1) <*> pure 1 :: Const Any Int
    == Const (Any {getAny = False})
pure ((+1) 1) :: Const Any Int
    == Const (Any {getAny = False})

-- 互換律 u <*> pure y = pure ($ y) <*> u
Const (Product 10) <*> pure "whateverFunction"
    == Const (Product {getProduct = 10})
pure ($ "whateverFunction") <*> Const (Product 10)
    == Const (Product {getProduct = 10})
```

在驗證這個應用函子的實例的 4 個定律時，我們發現 Monoid a => Const a 實在太任性了，使用 pure 包裹的任何東西（包括函數），都沒有任何意義，只是產生了一個帶有 mempty 的盒子而已。而因為 mempty 和 mappend 滿足單位元的定律 mempty `mappend` a = a 和 a `mappend` mempty = a，所以上面的 4 個定律在完全拋棄應用函子應該包裹的計算的情況下，神奇地得到了滿足。

14.2.2 選擇應用函子

Const a 透過限制 a 是單位半群從而使自己成為應用函子，這個結論看上去多少有些神奇。實際上，應用函子和單位半群的關係遠不止 Monoid a => Const a 是應用函子實例這麼簡單。透過 Const 包裹，我們可以讓任意一個單位半群成為應用函子。而對於某些應用函子而言，它們恰巧也是單位半群：

```
-- []
pure x = [x]
fs <*> xs = concat $ map (\f -> map f xs) fs

mempty = []
mappend = ++

-- Monoid a => Maybe a
pure x = Just x
(Just f) <*> (Just x) = f x
_ <*> _ = Nothing

mempty = Nothing
Nothing `mappend` m = m
m `mappend` Nothing = m
Just m1 `mappend` Just m2 = Just (m1 `mappend` m2)
```

這其實很容易理解。在應用函子的實例中，pure 函數需要把參數包進一個「最小上下文」中，而<*>提供了兩個函子上下文直接組合的操作。對於某些應用函子而言，這兩個操作恰好滿足單位半群的條件，即 pure 新增的「最小上下文」是<*>的單位元。當然，受限於函子中包裹的值的型別，這個條件不一定總會成立。對於上面的

Maybe a 型別，我們透過限制被包裹型別 a 一定是單位半群，來為 Maybe a 提供合適的 mappend。

實際上，還有一個專門用來描述 pure 提供的「最小上下文」和<*>操作構成的單位半群，但是這個單位半群和之前說過的不同，它並不是用來限制具體型別的，而是用來限制函子的容器型別：

```
class Applicative f => Alternative f where
    -- '<|>'的單位元
    empty :: f a
    -- 滿足結合性的二元運算
    (<|>) :: f a -> f a -> f a

instance Alternative [] where
    empty = []
    (<|>) = (++)

instance Alternative Maybe where
    empty = Nothing
    Nothing <|> r = r
    l       <|> _ = l
```

Alternative 提供的 empty 就是在沒有值的情況下函子應該具有的最小上下文，<|>則提供了連接被函子包裹的值的方法。雖然這兩個函數與 mempty、mappend 很像，但是本質上它們還是有很大區別的。Monoid 並不是 Alternative 的父型別類別，因為 Monoid 要求型別實例都是完整的型別，例如 Ordering、[a] 和 Maybe a 等。換句話說，它們的類別是*，而 Alternative 則是用來限制函子型別的，即包裹在值外面的容器的型別，所以被它限制的型別的類別是 * -> *，例如 [] 和 Maybe 等。從 class Applicative f => Alternative f 也可以看出，Alternative 限制的是應用函子型別 f。

我們把這類提供了 empty 和<|>的應用函子稱作選擇應用函子，這類函子在第 15 章中會提到，它們可以連接兩個同型別的運算來表示選擇的過程。

14.2.3 拉鍊應用函子

回憶之前提到的拉鍊函數 zipWith：

```
zipWith :: (a -> b -> c) -> [a] -> [b] -> [c]
zipWith f [] _ = []
zipWith f _ [] = []
zipWith f (x:xs) (y:ys) = f x y : zipWith f xs ys

zipWith (+) [1,2,3] [4,5,6,7]
```

```
-- [5,7,9]
```

這個函數的型別看起來是不是很眼熟？這不就是把 liftA2 中的函子型別替換成串列了嘛，可惜的是 liftA2 作用在串列型別上，得到的並不是 zipWith 函數：

```
liftA2 (+) [1,2,3] [4,5,6,7]
-- [5,6,7,8,6,7,8,9,7,8,9,10]
```

liftA2 (+)雖然得到了[Int] -> [Int] -> [Int]型別的函數，但是這裡表達的計算語義是把兩個串列中所有可能的組合的和都算出來，而不是按照次序用「拉鍊」縫合。為了表達拉鍊的計算語義，可以使用 newtype 來建遺出一個「新的」串列型別：

```
newtype ZipList    = ZipList { getZipList :: [a]    }

instance Applicative ZipList where
    pure x = ZipList (repeat x)
    ZipList fs <*> ZipList xs = ZipList (zipWith id fs xs)
```

我們定義了一個新的型別 ZipList，這個型別也叫作拉鍊串列。這裡提供的應用函子的實例所表達的計算語義，是把左側包裹在拉鍊串列中的函數取出，按照次序分別作用在右側拉鍊串列中的元素上，並把最終結果縫合成新的拉鍊串列。這個過程的核心正是 zipWith 函數，所以結果串列的長度取決於 <*> 兩邊最短的那個。

有趣的地方在於，為了表達「最小上下文」這個概念，pure x 直接返回了一個無限長的拉鍊串列，因為這個串列可以和任意長度的其他串列縫合。下面來檢查一下 ZipList 是否符合應用函子的四大定律：

```
Prelude Control.Applicative> pure id <*> ZipList [1,2,3]
ZipList {getZipList = [1,2,3]}
Prelude Control.Applicative> pure (.) <*> pure (+2) <*> pure (*4) <*> ZipList [1,2,3]
ZipList {getZipList = [6,10,14]}
Prelude Control.Applicative> pure (+2) <*> (pure (*4) <*> ZipList [1,2,3])
ZipList {getZipList = [6,10,14]}
Prelude Control.Applicative> take 3 . getZipList $ ((pure (+2) <*> pure 2) :: ZipList Int)
[4,4,4]
Prelude Control.Applicative> take 3 . getZipList $ (pure ((+2) 2) :: ZipList Int)
[4,4,4]
Prelude Control.Applicative> ZipList [(+2)] <*> pure 2
ZipList {getZipList = [4]}
Prelude Control.Applicative> pure ($ 2) <*> ZipList [(+2)]
ZipList {getZipList = [4]}
```

因為 pure 返回的是一個無限長的拉鍊串列，有些定律在 ZipList 上非常不好驗證，但是只要考慮到縫合出來的串列長度取決於兩者中最短的那個，就不難了解這個過程。由拉鍊函數引申出來的函子 ZipList 也稱作拉鍊應用函子，這個函子會在第 16 章

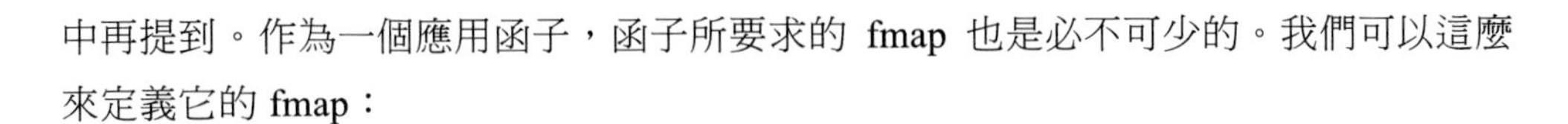

中再提到。作為一個應用函子，函子所要求的 fmap 也是必不可少的。我們可以這麼來定義它的 fmap：

```
instance Functor ZipList where
    fmap f (ZipList xs) = ZipList $ fmap f xs
```

其實但凡提供了應用函子的 pure 和 <*> 函數，都可以推導出對應的 fmap 函數：

```
fmap f x = pure f <*> x
```

這裡只不過是把 f 透過 pure 升格到函子範疇而已。仔細思考一下，這個 fmap 和我們手動補充的是否等價？這個拉鍊應用函子和單位半群是否有相似點？它是不是單位半群呢？

15

解析器

學習了前面的型別類別後，你一定在思考，這些型別類別是如何使用的？本章中，我們就來看看如何在 Haskell 中利用這些型別類別輕而易舉地解決其他語言中一個複雜而又容易出錯的過程：解析（parse）。

15.1 參數解析

解析器（parser）指的是從序列化之後的型別（例如字串）中提取出需要的資料型別的一類函數。很多程式都需要解析的字串是命令列參數，例如下面這段參數字串：

```
$ git branch -D bugFix
```

我們知道 git 是要執行的命令，branch 是它的一條子命令，-D 指明了子命令的操作是刪除分支，後面的 bugFix 是分支名稱。可以想像，git 在遇到這行字串之後，需要先判斷子命令是哪一條，然後根據參數繼續後面的任務，這其實就是把字串形式的參數解析成了執行需要的資料結構的一個例子。

對於簡單的解析工作，可以使用 Either 資料型別以及它的應用函子實例：

```
data  Either a b  =  Left a | Right b

instance Functor (Either a) where
    fmap _ (Left x) = Left x
    fmap f (Right y) = Right (f y)

instance Applicative (Either e) where
    pure           = Right
    Left  e <*> _  = Left e
    Right f <*> r  = fmap f r
```

Either 資料型別是一個包含選擇關係的資料型別，一個 Either a b 型別的值可能是 Left a 或者 Right b 中的一種。當我們把 Either a 看作容器時，就和 Maybe 有些類似了，我們把 Left a 的值當成容器的一部分，而把 Right b 裡包含的值當作容器裡包含的值。所以對於 Either 型別來說，它的函子抽象關心的是對 Right b 的操作。我們常常利用 Either 容器的這個特點來表示會失敗的計算結果，和 Maybe 不同的地方在於，我們可以利用 Left 建構函數攜帶一些關於失敗的資訊，這也是應用函子的實例宣告裡，組合兩個 Either 的關鍵：如果左邊的計算失敗了，就不再關心右側的值，而是把整個計算結果都標記成 Left e，否則繼續把左側沒進行完的計算進行下去。

我們利用這個特點撰寫一個簡單的參數解析器。假定要解析的命令包含的一條主命令是 branch 或者 file，還有一條子命令是 list、create 或者 remove，可以這樣定義資料型別和解析器：

```
data Command = CmdBranch | CmdFile deriving (Show, Eq)

cmdParser :: String -> Either String Command
```

```
cmdParser str = case str of
    "branch"    -> Right CmdBranch
    "file"      -> Right CmdFile
    str'        -> Left ("Unknow command: " ++ str')

data SubCommand = CmdList | CmdCreate | CmdRemove deriving (Show, Eq)

subCmdParser :: String -> Either String SubCommand
subCmdParser str = case str of
    "list"      -> Right CmdList
    "create"    -> Right CmdCreate
    "remove"    -> Right CmdRemove
    str'        -> Left ("Unknow subCommand: " ++ str')
```

下面的問題就是如何組合解析器了，這裡使用 Either 的應用函子實例：

```
mainParser :: String -> Either String (Command, SubCommand)
mainParser str =
    let [cmdStr, subCmdStr] = words str
    in (,) <$> cmdParser cmdStr <*> subCmdParser subCmdStr
```

接著在 GHCi 裡測試一下解析器：

```
Prelude Data.String Data.List> mainParser "file list"
Right (CmdFile,CmdList)
Prelude Data.String Data.List> mainParser "list file"
Left "Unknow command: list"
Prelude Data.String Data.List> mainParser "branch add"
Left "Unknow subCommand: add"
Prelude Data.String Data.List> mainParser "branch create"
Right (CmdBranch,CmdCreate)
```

Either 的應用函子實例保證了第一個解析錯誤產生的 Left 會把剩下的解析過程全部跳過，只有當所有子解析器都返回 Right 的結果時，整個解析器才執行完畢。實際上，任何解析器的核心都是建立在類似 Either 的資料結構之上，來實作及時的報錯和解析結果的自由組合。當然，一個實用的解析器還需要能夠說明我們管理輸入字串被解析器消耗的過程，這可以透過在返回結果裡包含剩餘未解析的字串來實作。實際上，這時在解析器之間傳遞的剩餘字串變成一個狀態量，這在第 19 章中會深入介紹。這裡我們先以一個應用函子解析的實際應用，來讓大家感受一下在 Haskell 中建構解析器的大致方法。

15.2 optparse-applicative

在 Hackage 上面，有很多功能更加強大的專門用來做命令列參數解析的函數程式庫。我們以 optparse-applicative（詳細內容請看 https://hackage.haskell.org/package/optparse-applicative）為例來看下實際應用中的解析器如何利用應用函子解決問題，這套函數程式庫除了使用應用函子之外，還使用了選擇應用函子來實作解析器組合功能。在執行下面的例子之前，請先使用 cabal 搭建好測試環境：

```
import Options.Applicative

data Greet = Greet { hello :: String, quiet :: Bool }

greetParser :: Parser Greet
greetParser = Greet
  <$> strOption
      ( long "hello"
     <> metavar "TARGET"
     <> help "Target for the greeting" )
  <*> switch
      ( long "quiet"
     <> help "Whether to be quiet" )

main :: IO ()
main = do
    greet <- execParser $ info greetParser mempty
    case greet of
        Greet h False -> putStrLn $ "Hello, " ++ h
        _             -> return ()
```

現在編譯並執行這個例子。預設配置下，編譯出來的檔案在目前的目錄的 dist 子目錄下。執行編譯出來的可執行檔 ./dist/build/test/test，會產生下面的輸出：

```
$ cabal build
$ ./dist/build/test/test
Missing: --hello TARGET

Usage: test --hello TARGET [--quiet]
```

它提示我們需要給程式一個 --hello 選項和一個 TARGET 參數。另外，還可以傳遞一個 --quiet 選項。按照格式傳遞參數的結果如下：

```
$ ./dist/build/test/test --hello world
Hello, world
-------------------------------------------------------------
$ ./dist/build/test/test --hello world --quiet
-------------------------------------------------------------
$ ./dist/build/test/test --quiet
```

```
Missing: --hello TARGET

Usage: test --hello TARGET [--quiet]
```

傳遞給 --hello 的參數是 world，程式輸出了 Hello, world。而如果加了 --quiet 選項，則程式不輸出任何東西。如果試著輸入錯誤的參數，程式會提示錯誤並顯示說明。

先不要急著去理解上面的程式中 main 函數是怎麼運作的，因為這涉及後面要解釋的單子型別類別。我們先關注下面這幾行程式碼：

```
data Greet = Greet { hello :: String, quiet :: Bool }

greetParser :: Parser Greet
greetParser = Greet
  <$> strOption
      ( long "hello"
     <> metavar "TARGET"
     <> help "Target for the greeting" )
  <*> switch
      ( long "quiet"
     <> help "Whether to be quiet" )
```

首先，定義需要解析的資料型別 Greet，這是一個簡單的記錄語法定義出來的、含有一個 String 和一個 Bool 型別的資料型別。我們用 hello 表示歡迎的物件的名稱，quiet 表示是否顯示歡迎。

然後根據定義好的資料型別定義 greetParser 解析器，它的型別是 Parser Greet，代表可以從字串中解析出 Greet 型別的值的解析器。這裡透過 ... <$> ... <*> ... 的自然升格寫法組合系統自帶的一些 Parser。下面仔細分析一下這個解析器是如何建構的。首先，函數程式庫提供了一些基礎函數：

```
long :: HasName f => String -> Mod f a
metavar :: HasMetavar f => String -> Mod f a
help :: String -> Mod f a
```

這些基本的建構函數分別代表建構 -- 開頭的長選項名稱、命令中需要接收的變數名稱，以及說明中顯示的文字，它們都返回 Mod f a 型別的值，而 Mod f a 本身恰好是一個 Monoid：

```
data Mod f a = Mod (f a -> f a)
                   (DefaultProp a)
                   (OptProperties -> OptProperties)

instance Monoid (Mod f a) where
  mempty = Mod id mempty id
  Mod f1 d1 g1 `mappend` Mod f2 d2 g2
```

```
    = Mod (f2 . f1) (d2 `mappend` d1) (g2 . g1)
```

這個單位半群的作用就是把修改選項的函數組合起來，可以看作 3 個 Endo 單位半群合成出來的組合單位半群。我們暫時並不需要搞清楚這些修改函數修改的是什麼，只需要知道使用 <> 連接 Mod f a 型別的值可以得到新的修改函數組合即可。獲得了組合好的 Mod f a 之後，再使用兩個函數把它們組合成 Parser：

```
strOption :: Mod OptionFields String -> Parser String
switch :: Mod FlagFields Bool -> Parser Bool
```

這兩個函數分別把 Mod f a 變成了接收字串和接收邏輯值的解析器，這些解析器的具體細節（選項名稱和選項參數等）已經由剛剛組合出來的 Mod f a 決定了。現在只剩下一件事情，那就是如何把這些解析器組合成 Greet 型別的解析器了。仔細觀察下面運算式的型別：

```
strOption (...) :: Parser String
switch (...) :: Parser Bool

Greet :: String -> Bool -> Greet
```

在第 13 章中說過，把兩個包裹在應用函子 f 的值丟進一個普通函數最好的做法就是先使用 fmap 或者 <$> 把這個函數升格至 f a -> f (b -> c)，在應用 f a 之後，讓 f (b -> c) 型別的函數透過 <*> 應用 f b 型別的參數，最終得到 f c。這正是 greetParser 的定義：

```
greetParser = Greet <$> strOption (...) <*> switch (...)
```

當然，對於雙參數的函數，你也可以使用 liftA2：

```
greetParser = (liftA2 Greet) strOption (...) switch (...)
```

但是當建構函數 Greet 的參數數量隨著 Greet 變得愈加複雜而越來越多時，自然升格的寫法顯然更容易，且更加符合直覺一些。

15.3 選擇解析

如果你仔細閱讀了 optparse-applicative 的說明文件，就會發現 Parser 型別不僅是一個應用函子，同時還是一個選擇應用函子，這意味著我們可以使用<|>來連接它們。下面來看一個例子：

```
import Options.Applicative

data Message  =
    Greet { hello :: String, quiet :: Bool }
    | Farewell { bye :: String, quiet :: Bool }

quietParser =  switch
    ( long "quiet"
    <> help "Whether to be quiet" )

greetParser :: Parser Message
greetParser = Greet
    <$> strOption
        ( long "hello"
        <> metavar "TARGET"
        <> help "Target for the greeting" )
    <*> quietParser

farewellParser :: Parser Message
farewellParser = Farewell
    <$> strOption
        ( long "bye"
        <> metavar "TARGET"
        <> help "Target for the farewell" )
    <*> quietParser

messageParser ::  Parser Message
messageParser = greetParser <|> farewellParser

main :: IO ()
main = do
    greet <- execParser $ info messageParser mempty
    case greet of Greet h False    -> putStrLn $ "Hello, " ++ h
                  Farewell b False -> putStrLn $ "Bye, " ++ b
                  _                -> return ()
```

這裡我們把最開始的 Greet 擴充成了包括 Greet 和 Farewell 兩種可能性的資料型別 Message，分別用來代表問候和再見，這兩者在顯示的時候，分別以 Hello 和 Bye 開頭。我們透過自然升格的寫法建構了 greetParser 和 farewellParser 解析器，分別用來解析問候和再見對應的選項。後面關鍵的操作就是透過 <|> 把它們組合起來。回憶一下 <|> 作用在 Maybe 型別上的效果：

```
instance Alternative Maybe where
    empty = Nothing
    Nothing <|> r = r
    l       <|> _ = l

Nothing <|> Nothing
-- Nothing

Nothing <|> Just 0
-- Just 0

Just 0 <|> Nothing
-- Just 0

Just 0 <|> Just 1
-- Just 0
```

也就是說，<|> 會從兩個參數中選擇第一個被 Just 包裹的值。除非兩者都是 Nothing，返回才會是 Nothing。而 Parser 的實例方法做的事情也十分類似，只有左右兩個 Parser 都無法解析時，我們才認為參數無法解析，否則返回第一個被解析的參數。所以，執行上面的例子，可以得到下面的輸出：

```
$ ./dist/build/testHask/testHask --hello Summer
Hello, Summer
------------------------------------------------------------
$ ./dist/build/testHask/testHask --bye Winter
Bye, Winter
------------------------------------------------------------
$ ./dist/build/testHask/testHask --bye Winter --hello Summer
Invalid option `--hello`
Usage: testHask (--hello TARGET [--quiet] | --bye TARGET [--quiet])
------------------------------------------------------------
```

上面最後輸入中的 --bye Winter 是可以被解析的，但是因為我們繼續給程式提供--hello Summer 參數，而此時由<|> 連接的兩個解析器已經執行完畢，由於沒有對應的解析器，導致解析失敗。

值得注意的是，<|> 連接的兩個解析器在失敗的時候都不應該消耗輸入，否則會影響到後續的解析。下面舉個簡單的例子：

```
data Message  =
    Greet { host :: String, hello :: String, quiet :: Bool }
    | Farewell { host :: String, bye :: String, quiet :: Bool }
```

我們在 Message 中加了一項 host 用來表示主人的名稱，然後添加相應的解析器：

```
hostParser =  strOption
    ( long "host"
    <> metavar "HOST"
```

```
    <> help "Who is the host" )

quietParser =  switch
    ( long "quiet"
    <> help "Whether to be quiet" )

greetParser :: Parser Message
greetParser = Greet
    <$> hostParser
    <*> strOption
        ( long "hello"
        <> metavar "TARGET"
        <> help "Target for the greeting" )
    <*> quietParser

farewellParser :: Parser Message
farewellParser = Farewell
    <$> hostParser
    <*> strOption
        ( long "bye"
        <> metavar "TARGET"
        <> help "Target for the farewell" )
    <*> quietParser

messageParser ::  Parser Message
messageParser = greetParser <|> farewellParser
```

同時別忘了調整最終的輸出：

```
main :: IO ()
main = do
    greet <- execParser $ info messageParser mempty
    case greet of
        Greet host hello False
            -> putStrLn $ "Hello, " ++ hello ++ ", from " ++ host
        Farewell host bye False
            -> putStrLn $ "Bye, " ++ bye ++ ", from " ++ host
        _                          -> return ()
```

編譯後重新執行：

```
$ ./dist/build/testHask/testHask --host me --hello you
Hello, you, from me
------------------------------------------------------------
$ ./dist/build/testHask/testHask --host me --bye you
Invalid option `--bye'

Usage: testHask (--host HOST --hello TARGET [--quiet] | --host HOST --bye TARGET
                [--quiet])
```

你可能會期待當 greetParser 執行失敗後，farewellParser 可以順利地重新把參數中的 host 和 bye 解析出來，但事實上它並沒有執行成功。這裡的問題就出現在組合出來的

messageParser 會先試圖執行 greetParser，如果失敗了，再去執行 farewellParser。而在 greetParser 解析的過程中，--host me 這部分參數已經先被解析成了 Parser String 了。而繼續嘗試解析時，如果是 --hello you，則一切正常繼續；而如果是 --bye you 的話，就會失敗，繼續交給 <|> 右側的 farewellParser，不過這個時候已經太遲了。因為 farewellParser 也需要先吃掉一個 --host xxx 的參數作為 Parser String，而這段字串已經被 greetParser 吃掉了，所以這兩個解析器都會返回失敗，最終的結果是整個參數無法解析。

由於在應用函子把普通計算升格之後，計算型別就無法更改了，中途的任何操作都不應影響最終值的型別。所以如果需要解決上面的問題，可以把 host 資料項目從 Message 中分離出來：

```
import Options.Applicative

data HostMessage = HostMessage String Message

data Message  =
    Greet { hello :: String, quiet :: Bool }
    | Farewell { bye :: String, quiet :: Bool }

hostParser =  strOption
    ( long "host"
    <> metavar "HOST"
    <> help "Who is the host" )

quietParser =  switch
    ( long "quiet"
    <> help "Whether to be quiet" )

greetParser :: Parser Message
greetParser = Greet
    <$> strOption
        ( long "hello"
        <> metavar "TARGET"
        <> help "Target for the greeting" )
    <*> quietParser

farewellParser :: Parser Message
farewellParser = Farewell
    <$> strOption
        ( long "bye"
        <> metavar "TARGET"
        <> help "Target for the farewell" )
    <*> quietParser

messageParser ::  Parser HostMessage
messageParser = HostMessage <$> hostParser <*> (greetParser <|> farewellParser)
```

```
main :: IO ()
main = do
    greet <- execParser $ info messageParser mempty
    case greet of
        HostMessage host (Greet hello False)
            -> putStrLn $ "Hello, " ++ hello ++ ", from " ++ host
        HostMessage host (Farewell bye False)
            -> putStrLn $ "Bye, " ++ bye ++ ", from " ++ host
        _                    -> return ()
```

試試用 --hello 和 --bye 去執行，結果是不是符合預期了呢？

16

單子

單子是 Haskell 中最出名的型別類別，這個型別類別擷取了一類特殊的函子上下文操作：把兩層函子包裹合併為一層。這個操作使得建構基於函子上下文的運算變得簡單。同時，Haskell 提供特殊的語法來幫助撰寫單子運算。單子大大改變了函數式程式設計的體驗，是 Haskell 的核心抽象型別類別。

16.1 應用函子的局限

上一章提到了應用函子的一個限制，那就是當計算被升格到函子的範疇之後，這個計算就被確定了。它還需要幾個參數，分別是什麼型別，都取決於升格之前的計算本身。這可以很容易從顯式升格函數 liftAx 的型別中看出來：

```
liftA2 :: Applicative f => (a -> b -> c) -> f a -> f b -> f c
liftA3 :: Applicative f => (a -> b -> c -> d) -> f a -> f b -> f c -> f d
```

一旦計算被升格成 f a -> f b -> ... 之後，就無法更改被函子 f 包裹的計算內容了，這個未完成的計算由已經接收的參數和函子的型別作唯一確定。而實際程式設計中常常發生的是，需要根據上一步計算的結果，來決定下一步計算需要如何安排。例如，下面這個函數：

```
replicateMaybe :: Maybe Int -> Maybe Int -> Maybe [Int]
replicateMaybe (Just n) (Just x) = Just (replicate n x)
replicateMaybe Nothing  (Just x) = Just (replicate 1 x)
replicateMaybe _        _        = Nothing
```

這個函數在遇到重複次數 Nothing 時，會預設複製 x 一次，它不能透過自然升格來撰寫。不信你可以試著寫出下面型別的函數，看看升格之後能不能實作同樣的功能：

```
replicate' :: Int -> Int -> [Int]
replicate' = ???
```

同樣，下面的函數在手動升格時也會遇到問題：

```
replicateMaybe :: Maybe Int -> Int -> [Int]
replicateMaybe (Just n) x = replicate n x
replicateMaybe Nothing x = replicate 1 x
```

由於第一個參數中 Maybe 的存在，我們沒有辦法再透過升格來獲得 Maybe Int -> Maybe Int -> Maybe [Int]型別的函數，而是會獲得一個 Maybe (Maybe Int) -> Maybe Int -> Maybe [Int]型別的函數，這顯然不是我們想要的型別。

實際上，我們注意到 Maybe (Maybe Int) 這個型別包含的資訊和 Maybe Int 型別是一樣的。舉個例子來說：

```
Just (Just 1) :: Maybe (Maybe Int)
Just 1 :: Maybe Int

Just (Nothing) :: Maybe (Maybe Int)
Nothing :: Maybe Int
```

對比上面兩組表示式，我們發現在 Maybe 型別外面又套了一層 Maybe，得到的東西並沒有什麼額外的資訊量。因為 Nothing 和 Just 本身表示的失敗和成功與外層的 Just 組合後，並沒有改變。而如果外層是 Nothing，那麼整個結果還是失敗。所以，我們可以先撰寫一個用來「坍縮（collapse）」多餘上下文的函數：

```
join :: Maybe (Maybe a) -> Maybe a
join (Just x) = x
join Nothing = Nothing
```

這看起來相當無趣，僅僅是拆掉了一層 Maybe 的包裹。那麼，能否把這個 Maybe 型別替換成所有的函子呢？我們來試試串列：

```
join :: [[a]] -> [a]
join = concat
```

concat 串列操作正好符合要求。之前在串列的應用函子實例中，我們也遇到過 concat，在那裡我們用串列來表示多種返回值的計算語義，所以得到的新串列和之前的巢狀嵌套串列的計算語義並無差別。

16.2　什麼是單子

能夠提供 join 函數的函子型別稱為單子，這是 Haskell 中相對來說限制較多的函子型別。相比普通的函子型別，單子額外的限制也使得它成為 Haskell 中最為強大的函子型別。此外，我們還要求任意一個單子都必須是應用函子：

```
class Applicative m => Monad m where
    return      :: a -> m a
    return      = pure

    join :: m (m a) -> m a
```

這裡我們用型別變數 m 代表要限制的函子型別 m。因為使用 pure 函數作為 return 函數的預設定義，所以 Applicative 是它的父型別類別。join 函數和 return 函數組合後，得到了一個非常有用的函數：

```
(>>=) :: m a -> (a -> m b) -> m b
x >>= f = join $ fmap f x
```

由於接收到的函數 f 的型別是 f :: a -> m b，經過 fmap 升格後，將得到 fmap f :: m a -> m (m b)，把 m a 型別的參數 x 交給 fmap f 之後，便得到了 m (m b) 型別的值，然後再經過 join 合併掉一層函子，得到 m b 型別的結果。這就是>>=函數的工作過程，這個函數很常使用：

```
Prelude> import Text.Read
Prelude Text.Read> let envPort = Just "8080"
Prelude Text.Read> envPort >>= readMaybe :: Maybe Int
Just 8080
```

有時希望從環境變數讀取一些資訊（例如監聽的埠號），而這個環境變數可能並不存在，我們用 let envPort = Just "8080" 代表讀取的包含埠號的字串。在反序列化的過程中，我們使用 Text.Read 模組中的函數 readMaybe。和 read 函數不同的是，這個函數是一個返回 Maybe a 的全函數，遇到不能解析的情況時，它並不會停止報錯，而是返回 Nothing。於是現在有了 Maybe String 的值和 String -> Maybe Int 型別的函數，使用 >>= 連接它們，可以得到最終的 Maybe Int。它的值只有在環境變數 envPort 中包含對應字串，且字串可以被順利反序列化成整型數字時，才包含一個我們可以繼續使用的埠，否則就會是 Nothing。下面的式子是等價的：

```
getPort :: Int
getPort = case envPort >>= readMaybe of
    Just port -> port
    Nothing   -> 80

-- 等價於
getPort = case envPort of
    Just port ->
        case readMaybe port of
            Just port' -> port
            Nothing    -> 80
    Nothing   -> 80
```

可以看出，>>= 把 Maybe String 型別的值交給 String -> Maybe Int 型別的函數處理，得到的是 Maybe Int 型別的結果，而不是 Maybe (Maybe Int)。這是因為 join 在背後把兩層 Maybe 的包裹合成為一層，而這個操作是應用函子的 <*> 函數所無法表達的。因為 readMaybe 函數除了需要接收包裹在函子裡面的值外，它本身也會產生一個 Maybe 型別的包裹，即建構整個計算本身的子運算 readMaybe 有可能會失敗。而 <*> 要求被包裹之後的函數是 f (a -> b) 型別的，即升格之後的函數不應該新增額外的上下文資訊，只能攜帶外層的函子資訊。

證明單子比應用函子強大的一個例子，就是函子的 <*> 函數可以透過 join 來實作：

```
(<*>) :: Monad m => m (a -> b) -> m a -> m b
mf <*> mx = join $ fmap (\f -> fmap f mx) mf
```

假定 m 是單子型別類別限制的型別，那麼一定有合適的 join 函數，透過 fmap (\f -> ...) mf 得到包裹在函子中的函數 f。而在匿名函數中再次使用 fmap 把函數 f 作用在函子包裹的 mx 上時，最終得到的值將會攜帶兩層函子的包裹。我們使用 join 把它合併成一層，得到最終的 m b。

改寫之前自然升格的例子：

```
replicate <$> Just 3 <*> Just 'x'
-- Just "xxx"

Just 3 >>= \n ->
    Just 'x' >>= \x ->
        Just (replicate n x)
-- Just "xxx"
```

我們再來看看對於串列函子，>>= 又是如何作用的：

```
join :: [[a]] -> [a]
join = concat

(>>=) :: [a] -> (a -> [b]) -> [b]
x >>= f = join $ fmap f x

[1,2,3] >>= (\x -> [x, x^2, x^3])
-- [1,1,1,2,4,8,3,9,27]
```

對於串列來說，join 函數就是 concat，>>= 相當於把左側串列中每一個值送進右側函數，再把得到的每一個串列相連，得出最終的串列。我們常常把這種每次子運算都返回多個結果的計算語義叫作不確定性（non-deterministic）計算。使用串列的 >>= 可以輕鬆解決常見的窮舉法問題，例如計算邊長 1 到 10 的所有矩形（包括正方形）的面積：

```
[1..10] >>= \x ->
    [x..10] >>= \y ->
        return (x * y)
-- [1,2,3,4,5,6,7,8,9,10,4,6,8,10,12,14,16,18,20...
```

注意，在第二個匿名函數中使用 return 來確保匿名函數的型別符合 a -> m b 的要求。這裡使用了一個重要的技巧來避免重複計算長和寬對調的矩形組合，例如長 3 寬 4 或者長 4 寬 3 的矩形，它們雖然是不同的長寬組合，但實際上是相同的矩形。所以，當第一次從串列 [1..10] 中取出任意一個值作為 x 後，就不再從 1 開始取 y，而是從 x 開始取，這就是使用 [x..10] >>= ...的原因。這樣我們嚴格按照 x 是寬度、y 是長度的順序遞增取出了所有的矩形組合，而這是使用自然升格的寫法無法做到的：

```
(*) <$> [1..10] <*> [???..10]
```

我們無法在從串列函子中取出第二個參數時決定容器的形狀，而是必須在計算開始之前，由參數決定好最終的容器形狀，這就是應用函子最大的限制：**在使用應用函子建構計算時，我們無法在計算中途更改應用函子包含的上下文資訊，這些資訊由**

參數靜態決定。當然，這也不完全是一件壞事。靜態決定函子上下文往往能帶來一些最佳化的機會，這將在第 30 章中詳細介紹。

16.2.1 繫結函數

我們把上面提到的>>= 函數叫作繫結（bind）函數，因為它可以方便地繫結多個產生函子上下文的計算。而把 return 函數叫作返回函數，這和其他語言中的返回宣告不同。這個函數是 pure 的同義詞，用來把表示式裝進一個含有「最小上下文」的函子中。例如：

```
return 2 :: [Int]
-- [2]

return 2 :: Maybe Int
-- Just 2
```

在函子型別不同的時候，return 和 pure 的結果也不相同。返回函數只是用來把一個值升格到函子範疇以滿足計算的要求，同時新增的函子包裹不會影響上下文的計算語義，並不是什麼特別的語法。而對於函數綁定來說，由於綁定等式的左側是模式，右側是表示式，所以沒有必要使用其他語言中的返回宣告。

應用函子中需要定義的 pure 和 <*> 需要滿足一些條件。當然，return 和 join 也同樣必須滿足一些規則，但是這裡有兩個需要注意的地方，具體如下。

◎ 繫結函數>>=使用的場合遠遠比 join 來得多，而>>= 和 join 是可以互相推導的，所以在定義單子時，一般都會要求提供>>= 的定義，而不是 join。

◎ 由於 Applicative 是 Monad 的父型別類別，所以理論上來說 return 是不需要定義的，只需要使用預設實作 return = pure 即可，這在新的 Haskell 代碼中已經有所體現。但由於歷史上 Monad 型別類別出現的比 Applicative 早，所以還有很多函式程式庫中提供了 return 的實作，而使用 pure = return 來處理應用函子的情況。這個情況將在接下來的幾個 GHC 版本中得到改善，而 return 也最終將被從 Monad 型別類別要求定義的方法中移除。到時，在 Prelude 中將統一提供 return = pure 作為一個全域的綁定，而 return 函數作為建構單子運算的一個重要函數，可以繼續放心使用。

上面已經使用 join 推導了>>= 的實作，下面來看看如何使用>>= 實作 join：

```
join :: Monad m => m (m a) -> m a
join mmx = mmx >>= id
```

這裡 id 函數在接收到>>=傳遞的解過一層函子包裹的 m a 型別的值後，直接返回，並沒有新增任何新的函子包裹，而是直接把內層的函子包裹當成最後的上下文。由於兩層函子的型別相同，這個表示式型別滿足了 join 的定義，而且外層函子的上下文資訊在經過 >>= 解包後已經傳遞給了結果，最終包裹結果的函子上下文由兩層函子攜帶的上下文資訊共同決定。

換句話說，join 和 >>= 函數是同構的，join ≌ >>=。這裡用 >>= 來表述單子的幾個要求。當然，使用 join 也同樣可以表達。

◎　return 函數是 >>= 的左單位元：return a >>= k ≡ k a。

◎　return 函數是 >>= 的右單位元：m >>= return ≡ m。

◎　>>= 滿足結合性：m >>= (\x -> k x >>= h) ≡ (m >>= k) >>= h。

除了滿足上面的要求之外，單子還必須是應用函子，所以 return = pure。此外，我們可以使用 >>= 來表述應用函子的 <*>：

```
ap :: Monad m => m (a -> b) -> m a -> m b
mf `ap` mx = mf >>= (\f -> mx >>= \x -> return (f x))
```

在上述代碼中，我們使用 >>= 解開了 m (a -> b) 和 m a 的函子包裹後，計算出了 b 型別的結果並放回合成的函子包裹中。細心的讀者應該發現其實 ap 函數和之前講應用函子時定義的 <*> 函數型別相似。實際上，在 Haskell 中，我們要求對於同一個型別，如果它既是應用函子的實例，也是單子的實例，那麼不管是使用應用函子還是單子來建構計算，得到的計算語義應該完全相同。只是有一些計算只能使用單子來建構，而有些運算使用應用函子會提供額外最佳化的機會。

16.2.2　do 語法糖

現在你可能在思考一個問題，那就是從函子到應用函子再到單子，隨著抽象層次的提高，單子這個概念在實際程式設計中到底有什麼用？又會對撰寫程式的方式產生什麼樣的影響？

我們說，Haskell 中對計算的通用描述，全部都建立在單子這個概念的基礎之上。為此，還特地引入了方便撰寫單子運算的語法糖：

```
allArea :: [Int]
allArea =
    [1..10] >>= \x ->
        [x..10] >>= \y ->
            return (x * y)

-- 等價於
allArea = do
    x <- [1..10]
    y <- [x..10]
    return (x * y)
```

首先，do 開始了一個新的排版段落，在新的段落裡，所有的代碼都會按照規則被編譯器相應地還原成語法糖對應的代碼。這裡進一步抽象了把函子包裹的[Int]交給匿名函數 Int -> [Int] 的過程。我們把 ... >>= \param -> 的過程寫作 param <- ...，表示從函子包裹中取出值綁定給 param。這裡的直覺是<-反箭頭代表從函子包裹中取值，所以上面的 do 裡的段落可以這麼來理解，我們從 [1..10] 中任取一個值綁定給 x，然後從 [x..10] 中任取一個值綁定給 y，最後計算出 x * y 並包裹回函子型別中，最終得到所有組合的乘積。再看下面的段落：

```
Just 3 >>= \n ->
    Just 'x' >>= \x ->
        return $ replicate n x

-- 等價於
do
    n <- Just 3
    x <- Just 'x'
    return $ replicate n x
```

在上述代碼中，我們從 Just 3 中取一個值綁定給 n，然後從 Just 'x' 中取一個值綁定給 x，最後計算出 replicate n x 並將其包裹回函子型別中。一旦這個計算中有一次遇到 Nothing 無法取出值的情況，整個計算都會返回 Nothing。

可見，do 語法的計算語義取決於具體的函子型別，這也是常常讓初學者困惑的地方。看似相似的代碼，卻表達完全不同的意思。這裡需要理解的是，do 不過是方便撰寫單子運算的語法糖，真正的關鍵在單子的>>=定義上。同時，注意查看上下文的型別說明也是獲取資訊的重要方式。

還記得在應用函子的自然升格撰寫方式中提到的下面兩對函數嗎？

```
(*>) :: Applicative f => f a -> f b -> f b
(<*) :: Applicative f => f a -> f b -> f a
```

這兩個函數會保留左側和右側的函子包裹的資訊，但只裝回去右側或左側的函子中的值。其中 *> 函數很常用，我們在型別類別 Monad 中也有一個函數做相同的事情：

```
(>>) :: Monad m => m a -> m b -> m b
mx >> my = mx >>= (\x -> my >>= \y -> return y)
```

這個函數把兩個參數的函子包裹打開後，直接把第二個包裹裡的值裝回合成的包裹裡。我們來看看下面的例子：

```
count :: Int
count = sum $ [1..10] >>= (\x -> [x..10] >> [1])
```

其中 sum 是用來對陣列求和的函數。我們想知道長和寬從 1 到 10 的矩形（包括正方形）一共有多少個，於是用數字 1 來填入得到的函子容器，並對這個元素都是 1 的陣列求和，就得到了總個數。上面的表示式也可以使用 do 語法糖改寫：

```
count :: Int
count = sum $ do
    x <- [1..10]
    [x..10]
    return 1
```

這裡 [x..10] 的左側並沒有 <-，代表它並不用取出包裹裡的值，後面的運算會直接把新的值填進包裹。實際上，也可以這麼寫：

```
count :: Int
count = sum $ do
    x <- [1..10]
    _ <- [x..10]
    return 1
```

用_代表什麼變數也不綁定，上面的例子經過編譯器解開語法糖之後，得到的就是下面的表示式了：

```
count :: Int
count = sum $ [1..10] >>= (\x -> [x..10] >>= \_ -> return 1)
```

當然，實際效果是相同的。在 do 語法糖中，任何一個包裹在函子中的表示式都代表忽略之前容器裡的內容，而是讓表示式的值來填入新的函子：

```
Prelude Text.Read> do {Just 3; Just 4; Just 0}
Just 0
Prelude Text.Read> do {Just 3; Nothing; Just 0}
Nothing
```

如果需要在 do 段落裡面定義一些臨時的綁定，可以使用 let：

```
count :: Int
count = sum $ do
    x <- [1..10]
    y <- [x..10]
    let area = x * y
    return $ if area < 50 then 1 else 0
```

這個例子計算出了所有面積小於 50 的矩形的個數。在這個過程中，把計算出來的面積臨時綁定到 area 上，上面的式子展開後相當於：

```
count = sum $
    [1..10] >>= \x ->
        [x..10] >>= \y ->
            let area = x * y
            in return $
                if area < 50 then 1 else 0
```

可以看出，do 中的 let ...其實就是 let ... in ... 語法，do 段落裡面的 let 產生的綁定在它後面的表示式中有效。

值得注意的是，透過 ... <- 反箭頭產生的綁定，因為是 >>= \... -> 的語法糖，所以和 let 類似，也只在後面的表示式中才有效。所以，下面的表示式是錯誤的：

```
do
    y <- [x..10]   -- 此時綁定 x 還不存在
    x <- [1..10]
    ...
```

現在你應該明白為什麼 <- 反箭頭撰寫出來的綁定並不是在整個 do 中都可見。在 Haskell 中，還有一類特殊的遞迴單子（MonadFix）允許運算的前後互相引用，感興趣的讀者可以查看 Haskell Report。

16.3　IO 單子

Haskell 中一個非常讓初學者頭疼的問題是，如何理解 IO 型別。前面提過，IO 型別是函子的實例，也是應用函子的實例，這些實例的定義為它的單子實例定義打下了基礎。使用單子建構 IO 型別的計算能表達複雜的計算語義，同時便於撰寫，但是想要深入理解 IO 型別，還需要看後面幾個章節，這裡只是簡單介紹一下如何使用 do 語法建構 IO 運算。

我們先舉一個簡單的例子：

```
getLine :: IO String

putStrLn :: String -> IO ()
```

getLine 函數從命令列讀取一行字串，並把返回的內容包裹在 IO 函子中。而 putStrLn 會把字串輸出到命令列，這個計算並不會返回任何有意義的值，所以返回型別是 IO ()，表示在 IO 函子中什麼資訊都沒有包括，列印到命令列只是 putStrLn 函數執行打包 IO 函子時的副作用。

IO 作為單子的實例，其含義在於保證 IO 攜帶的副作用在外界環境中執行。既然 IO 函子也是單子，我們可以使用 >>= 連接上面兩個函數：

```
main :: IO ()
main = getLine >>= putStrLn
```

main 函數作為外界通往程式的入口函數，必須是一個包裹著 IO 型別的值。上面的程式開始執行後，getLine 函數會等待使用者輸入，待用戶輸入後才會返回 IO String 型別的值，而後由 IO 型別對應的 >>= 完成解包工作，把字串傳遞給 putStrLn 函數。

>>= 在這裡的作用是保證「副作用」的循序執行。因為表示式的求值順序並不是由撰寫順序決定的，一個綁定出現的位置並不會影響最終的計算結果，而 IO 的 >>= 保證了函子中包含的「外界世界」這個上下文被順序從左側傳遞到右側。在第 20 章中，我們會重新研究這個「外界世界」的具體含義。

現在試著使用 do 語法糖來重寫上面的例子：

```
main :: IO ()
main = do
    line <- getLine
    putStrLn line
```

是不是容易閱讀些了呢？<- 仍然理解為從函子中取值。我們可以把之前 IO 應用函子的例子使用單子改寫一遍：

```
main = do
    x <- readLn
    y <- readLn
    print $ x && y
```

這樣更容易看出為什麼在讀取 x 是 False 之後，仍然還需要繼續讀取 y，甚至在不需要用到 y 的時候，這個讀取仍然會發生：

```
main = do
    x <- readLn
    _ <- readLn
    print $ x
```

第二個 readLn 表示式的值並不會被後續計算用到，但是 IO 函子的計算語義保證了第二個 readLn 並不會被編譯器最佳化刪除。

明白了 IO 函子的計算語義後，便可以開始探索如何實作一些簡單的輸入/輸出操作：

```
main = do
    n <- readLn
    if n < 0
        then return ()
        else print "OK"
```

這段程式在輸入的數字小於 0 時，什麼都不做。return () 對應什麼都不做這個 IO 操作，什麼都不做就是 IO 函子對應的「最小上下文」的含義。而使用 () 填入 IO 函子，是因為它什麼資訊量都沒有。

在 Control.Monad 模組中，定義了一對函數來幫助撰寫帶有條件分支的單子操作：

```
when :: Applicative f => Bool -> f () -> f ()
when p s  = if p then s else pure ()

unless :: Applicative f => Bool -> f () -> f ()
unless p s =  if p then pure () else s
```

這對函數甚至不要求函子是單子。因為當進入 else 分支時，使用 pure 包裹一個 () 即可，所以上面的條件判斷例子一般會這麼寫：

```
import Control.Monad

main = do
    n <- readLn
    when (n < 0) $ print "OK"
```

你也可以在 $ 後面再新增一個 do 段落，$ 後面的 IO 操作只有在 (n < 0) 時才執行。另外，由於 return () 在很多時候經常用到，所以 Control.Monad 模組之中還定義了一個綁定：

```
void :: Functor f => f a -> f ()
void x = () <$ x
```

由於只是往函子裡填入一個 ()，所以同樣沒有用到 Monad 的限制。由於函子是單子的父型別類別，此函數可以在任意單子運算裡代替 return ()，用來捨棄 x 裡的結果。

在繼續介紹其他結構控制函數之前，我們還沒有辦法完成簡單的迴圈 IO 操作。先不用著急，Control.Monad 模組中定義了一整套結構控制函數，它們不僅可以表達豐富的控制語義，更重要的是可以工作在所有的單子型別上，而不僅限於 IO。

17

八皇后問題和串列單子

透過上一章的學習，讀者應該對單子型別類別（type class）有了一個大概的認識。本章從串列單子入手，向讀者呈現解決八皇后問題的思考方式和方法，同時還將介紹如下內容：

◎ 透過串列單子的定義理解串列歸納；

◎ 八皇后隱含的不確定性問題的本質；

◎ 選擇單子型別類別的定義和應用；

◎ 常用的結構控制函數。

17.1 串列單子與陣列歸納

上一章中，我們粗略展示了串列單子的實例定義，歸納如下：

```
instance Monad [] where
    return x = [x]
    x >>= f = concat $ fmap f x
```

串列單子的計算語義是把每次返回多個結果的計算連接起來，合成一個返回所有可能結果的計算。例如：

```
Prelude> :{
Prelude| do
Prelude|     x <- [1,2,3]
Prelude|     y <- [4,5,6]
Prelude|     return $ x * y
Prelude| :}
[4,5,6,8,10,12,12,15,18]
```

這裡順帶提一下如何在 GHCi 中輸入多行排版的程式碼：使用命令 :{ 開始一個排版段落，接著 GHCi 的提示符會從>變成|，代表處於接收排版程式碼的狀態。當程式碼片段輸入完畢後，輸入 :} 結束，然後 GHCi 開始計算程式碼片段的值並輸出。

Haskell 中有一個叫作串列歸納（list comprehension）的語法，就是出自串列單子的 do 語法。使用串列歸納的話，上面的式子也可以這麼寫：

```
[ x * y | x <- [1,2,3], y <- [4,5,6] ]
```

這個寫法和 do 語法幾乎一致。首先需要撰寫外側的 []，然後撰寫最終想要計算的表示式，接著用|隔開表示式和表示式中綁定的來源。x <- [1,2,3] 的語義和 do 語法糖中一致，表示從 [1,2,3] 中任取一個值綁定給 x。同理，我們從 [4,5,6] 中任取一個 y，然後把所有 x 和 y 計算出來的 x * y 的值裝進最終的串列。和 do 語法一樣，左側的綁定可以被右側引用，反之則不行。我們在 GHCi 中試驗一下串列歸納的寫法：

```
Prelude> [ x * y | x <- [1..3], y <- [x..6] ]
[1,2,3,4,5,6,4,6,8,10,12,9,12,15,18]
Prelude> [ x * y | x <- [y..3], y <- [1..6] ]

<interactive>:36:17: Not in scope: ‘y’
```

比 do 語法方便的一點是，| 後面還可以連接返回 Bool 的判斷條件，用來過濾符合條件的元素。下面的例子用一個式子就求出了長寬和小於 10 的所有矩形的面積：

```
[ x * y | x <- [1..10], y <- [x..10], x + y < 10 ]
-- [1,2,3,4,5,6,7,8,4,6,8,10,12,14,9,12,15,18,16,20]
```

它是對應下面的 do 語法：

```
do
    x <- [1..10]
    y <- [x..10]
    if x + y < 10
        then return $ x * y
        else []
```

透過返回一個空串列，else 分支並不向最終的串列新增任何結果。對比兩種寫法不難發現，過濾這個操作使用串列歸納撰寫比較方便，這個語法在很多別的語言中也有借鑒。下面我們將使用它完成一個經典的回溯法問題——八皇后問題。

17.2　八皇后問題

八皇后問題最早由棋手馬克斯· 貝瑟爾於 1848 年提出。之後，陸續有數學家對其進行研究，其中包括高斯和康托，並將其推廣為更一般的 n 皇后擺放問題[註1]。

> 八皇后問題是一個以國際象棋為背景的問題：如何能夠在 8×8 的國際象棋棋盤上放置八個皇后，使得任何一個皇后都無法直接吃掉其他皇后？為了達到此目的，任兩個皇后都不能處於同一條橫行、縱行或斜線上。八皇后問題可以推廣為更一般的 n 皇后擺放問題：這時棋盤的大小變為 n×n，而皇后個數也變成 n。當且僅當 $n = 1$ 或 $n \geq 4$ 時，問題有解。

我們使用一個長度等於 8 的串列來表示國際象棋的棋盤，左上角定義為座標的原點，串列中第 i 個元素表示第 i 行的棋子所在的橫座標。注意，這裡 i 和橫座標都是從 1 開始計算的。例如，下面的擺放就是一個合理的解法：

```
    1   2   3   4   5   6   7   8
  +---+---+---+---+---+---+---+---+
1 |   | / |   | / | Q | / |   | / |
  +---+---+---+---+---+---+---+---+
2 | / | Q | / |   | / |   | / |   |
  +---+---+---+---+---+---+---+---+
3 |   | / |   | Q |   | / |   | / |
  +---+---+---+---+---+---+---+---+
4 | / |   | / |   | / |   | Q |   |
```

註1　關於八皇后問題的背景和介紹，以及圖片內容，均摘自維基百科：https://zh.wikipedia.org/wiki/ 八皇后問題。

```
  +---+---+---+---+---+---+---+---+
5 |   | / | Q | / |   | / |   | / |
  +---+---+---+---+---+---+---+---+
6 | / |   | / |   | / |   | / | Q |
  +---+---+---+---+---+---+---+---+
7 |   | / |   | / |   | Q |   | / |
  +---+---+---+---+---+---+---+---+
8 | Q |   | / |   | / |   | / |   |
  +---+---+---+---+---+---+---+---+

座標串列：[5,2,4,7,3,8,6,1]
```

圖中/的地方代表棋盤上的黑格子，Q 代表皇后的位置。檢查上面的擺放是不是符合問題的描述？不過這裡我們不只要求出一個解，而是要計算出所有可能的解法。

根據擺放皇后的規則，即同一條橫行、縱行或斜線上不能出現兩個皇后，你可能想寫一個函數來判斷座標串列對應的情況是不是符合擺放規則。但是仔細思考一下，是否衝突的這個事情只能每兩個皇后作一次判斷。要判斷串列中任意兩個皇后不衝突，需要計算很多對皇后組合的情況。

所以我們換一種思考方式，考慮逐步建構符合要求的串列：每一步在新的一行新增一個皇后。在和之前的擺放不衝突的情況下，可能會產生若干種方案，然後把所有可能的方案分別繼續新增下去，直到擺滿棋盤，最後所有的方案就不難得出了，這實際上正是動態規劃的一種。

我們先考慮在給定了前 m 行的擺放方案後，如何得到所有可能的 m+1 行的擺放方案。這裡需要從 8 個可能的橫座標中找出和之前 m 行的皇后都不衝突的位置。由於 Haskell 中透過:函數在串列前面插入新的座標比在末尾插入要快很多，所以這裡建構擺放的過程選擇從第 8 行開始，一行一行往上新增。現在問題變成了，如何判斷新的座標和之前 m 行的擺放是否衝突：

```
safe :: Int -> [Int] -> Int -> Bool
-- 第一個參數是新的橫座標
-- 第二個參數是前m行的擺放方案
-- 第三個參數是遞迴時的迴圈變數，用來表示判斷到了前m行的第幾行

-- 第一次擺放，之前的方案是空串列，怎麼擺放都可以
safe _ [] _ = True
-- 接下來從前m行的最上面一行開始判斷，即n從1開始
safe x (x1:xs) n =
    -- 是否在同一列上？
    x /= x1
    -- 是否在同一條斜線上？
    && x /= x1 + n && x /= x1 - n
    -- 和前m-1行的皇后一起是否安全？
    && safe x xs (n+1)
```

safe 函數可以判斷新的座標加到串列最前面之後，和後面每一行的棋子是否衝突，n 的初始值是 1。每次遞迴時，n 加 1 表示要判斷的行數向下移動了 1 行，直到把之前的方案都判斷完畢，任意一步不成功，都會返回 False，代表新的座標 x 和之前的擺放方案衝突。

safe 函數其實是動態規劃中最重要的函數：啟發函數（heuristic），即如何從上一步方案中得出下一步若干種可能方案的函數。有了判斷每一步是否成功的函數，求解全部可能的擺放方案就非常簡單了：

```
queens :: Int -> [[Int]]
queens 0 = [[]]
queens n = [ x : y | y <- queens (n-1), x <- [1..8], safe x y 1]
```

queens n 函數計算第 n 步所有可能的擺放串列，所以返回值是串列的串列 [[Int]]。第 n 步所有的擺放方案，等同于向第 n-1 步的所有可能性中新增全部可能的橫座標 x。所以，這裡使用串列歸納語法，取出之前所有的擺放方案 y，從 1 到 8 任取一個值作為新座標 x，經過 safe 函數過濾出不衝突的擺放。這時只要調用 queens 8，即可遞迴計算出 8 × 8 棋盤上全部的可能擺放。

如果需要把棋盤從 8 × 8 擴充到 n × n，則每次 x 的取值範圍也要擴充到 [1..n]，此時只需定義一個輔助函數即可：

```
queensN :: Int -> [[Int]]
queensN n = queens n
  where
    queens 0 = [[]]
    queens m = [ x : y | y <- queens (m-1), x <- [1..n], safe x y 1]
```

這裡 queens 是個閉包，擷取了外層的綁定 n，並且使用 m 代表參數以免覆蓋了外層的 n。

17.3 MonadPlus

和選擇應用函子 Applicative 類似，我們同樣也有一個選擇單子型別類別 MonadPlus，它定義在 Control.Monad 模組中：

```
class (Alternative m, Monad m) => MonadPlus m where
    mzero :: m a
    mplus :: m a -> m a -> m a
```

和單位半群、選擇應用函子類似，上面兩個值需要滿足如下條件。

◎ **單位元**：mzero `mplus` ma ≡ ma `mplus` mzero ≡ ma。

◎ **結合律**：ma `mplus` (mb `mplus` mc) ≡ (ma `mplus` mb) `mplus` mc。

此外，mzero 還需要滿足下面兩個式子：

◎ mzero >>= f ≡ mzero

◎ v >> mzero ≡ mzero

不過 MonadPlus 應該遵守的定律還有很多分歧，例如上面的結合律會導致某些無限長的結構產生一些問題。這裡先不關注這個問題，看看串列作為選擇單子的實例宣告：

```
instances MonadPlus [] where
    mzero = []
    mplus xs ys = xs ++ ys
```

這個實例宣告和串列的單位半群實例宣告並沒有什麼區別。但是由於額外的單子型別限制的存在，我們可以用 MonadPlus 這個型別類別實作一些單位半群實作不了的方法。例如：

```
guard :: MonadPlus m => Bool -> m ()
guard True      =  return ()
guard False     =  mzero
```

這個函數在遇到 True 的時候，會返回一個包裹在單子中的 ()，否則返回 mzero。由於 () 的存在，**單子容器的形狀在兩種情況下變得不相同了**。對於串列來說，[()] 和 [] 的長度分別是 1 和 0，也就是說 guard 函數在遇到不同的邏輯值時，會產生不同長度的串列。下面我們看個例子：

```
do
    x <- [1..10]
    y <- [x..10]
    guard $ x + y < 10
    return $ x * y

-- [1,2,3,4,5,6,7,8,4,6,8,10,12,14,9,12,15,18,16,20]
```

因為 MonadPlus 和 guard 都定義在 Control.Monad 模組中，所以在 GHCi 裡試驗的時候別忘記先導入 Control.Monad 模組。

這個例子和上面的串列歸納很像，不同的是，這裡過濾掉 x + y < 10 的組合的方法不是手動返回 []，而是透過 guard 函數返回 mzero 來實作。在符合條件的時候，guard 會返回 [()]。不過沒關係，後面的 return $ x * y 實際上是透過 >> 函數和前面的計算相連的，所以函子裡面的 () 被替換成了計算結果。

從更通用的層次來看，guard 函數的作用在於它可以根據接收的條件改變函子容器。當條件為 True 時，後續計算的上下文會被合併到容器；而如果條件為 False，返回的 mzero 會把之前和之後的計算都拋棄掉。我們再看一遍 mzero 滿足的兩個條件：

◎　mzero >>= f ≡ mzero

◎　v >> mzero ≡ mzero

因此，mzero >> v ≡ mzero >>= _ -> v ≡ mzero。無論 mzero 出現在運算的哪一步，最終結果都還是 mzero。在剛剛的例子裡，mzero 就是 []。

儘管配合單子的 >>=，mzero 可以發揮很大的作用，但實際上 guard 函數本身並不需要 MonadPlus 這麼強大的限制。在下面的例子中，我們使用選擇應用函子的 empty 即可提供這個改變容器形狀的單位元：

```
guard :: Alternative f => Bool -> f ()
guard True      =  pure ()
guard False     =  empty
```

由於 Alternative 是 MonadPlus 的父型別類別，所以 guard 可以工作在所有的選擇單子上。不過 guard 函數僅僅結合選擇應用函子並不能發揮太大的作用。正如之前所說，如果使用應用函子建構計算，其結果的函子容器形狀已由參數的函子容器決定了：

```
(*) <$> [1..10] <*> [1..10] <*> guard ???
```

這裡 guard 並不能拿到想要的資料，這也是為什麼 guard 函數出現在了 Control.Monad 模組裡，而不是 Control.Applicative 模組。

此外，MonadPlus 的實例還有 Maybe 型別，其實例宣告和 Alternative 類似。在後面深入講解解析器時，我們再繼續討論 MonadPlus 的用法。

17.4 結構控制函數

上面的 guard 函數，其實就是一個簡單的結構控制函數，它可以透過判斷達到控制程式計算流程的目的。在繼續探索八皇后問題之前，還需要補充一些常見的結構控制函數。正是這些函數，奠定了 Haskell 中可組合的判斷、迴圈等控制結構的基礎。

17.4.1 sequence/sequence_

在使用 IO 單子構建和外部互動的程式時，同樣不可避免地會遇到迴圈操作。例如，計算出八皇后問題的全部解法後，我們希望逐行輸出它們。但是我們發現結果包裹在一個串列裡面，此時首先想到的是使用針對串列的 map 函數：

```
solutions :: [[Int]]
solutions = queensN 8

printSolution :: [Int] -> IO ()
printSolution = putStrLn . show

map :: (a -> b) -> [a] -> [b]

main :: IO a
main = map ???
```

仔細觀察上面 3 個表示式的型別，不難發現使用 map 會把 [Int] -> IO () 變成 [[Int]] -> [IO ()] 型別的函數，但是 main 函數可相容的型別是 IO [()] 而不是 [IO ()]。我們需要一個函數實作型別轉換，這個函數在 Control.Monad 模組中叫作 sequence：

```
sequence :: (Traversable t, Monad m) => t (m a) -> m (t a)
```

這裡的 Traversable 型別類別代表可以巡訪的型別，相關內容會在第 22 章中介紹。串列是 Traversable 的一個實例，所以先按照下面的型別理解這個函數：

```
sequence :: Monad m => [m a] -> m [a]
sequence []     = return []
sequence (a:as) = a >>= \x -> x : sequence as
```

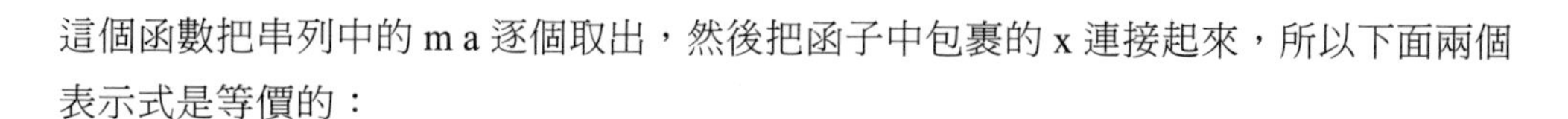

這個函數把串列中的 m a 逐個取出，然後把函子中包裹的 x 連接起來，所以下面兩個表示式是等價的：

```
sequence [print 1, print 2, print 3]

do
    x <- print 1
    y <- print 2
    z <- print 3
    return $ x : y : z : []
```

區別就是 sequence 透過遞迴，可以依序連接任意長度的單子運算。對於剛剛的列印八皇后解法的問題，使用 sequence 把 [IO ()] 變成 IO [()] 即可：

```
main :: IO [()]
main = sequence $ map printSolution solutions
```

對於 main 函數來說，最後返回一個包裹在 IO 中的串列 [(),()...] 也沒什麼意義。實際上，我們並不需要把每個 printSolution 的結果 () 都存到串列裡，需要的只是它帶來的副作用罷了。這裡還有一個函數 sequence_，用來依序連接一個串列的單子運算，但是並不保留結果：

```
sequence_ :: Monad m => [m a] -> m ()
sequence_ []     = return ()
sequence_ (a:as) = a >> sequence_ as
```

這個函數由於沒有在記憶體中新建串列，所以速度比 sequence 快些。很多向外界輸出 IO 運算的操作都沒有有意義的返回值，所以它經常配合 IO 運算一起使用。

17.4.2　mapM/mapM_

上面的 sequence 和 sequence_函數其實是建構迴圈單子操作的眾多函數中最簡單的一對。只要你建構出一個串列的單子運算，sequence 就可以幫你依序連接它們，建構出總的單子運算。實際上，在列印八皇后結果的例子中，sequence 結合 map 的用法非常普遍。因為建構單子運算串列時，基本上都會透過 map 一個資料串列來做。例如，要迴圈輸出數位 1 到 10，可以使用 sequence_函數：

```
main = sequence_ $ map print [1..10]
```

這裡資料串列起迴圈變數的作用，為此有兩個專門代替 sequence . map 和 sequence_ . map 的函數－ mapM 和 mapM_：

```
mapM :: (a -> m b) -> [a] -> m [b]
mapM_ :: (a -> m b) -> [a] -> m ()
```

不難看出，它們的實作就是 sequence . map 和 sequence_ . map。所以，上面列印的例子還可以這麼寫：

```
main :: IO ()
main = mapM_ printSolution solutions
```

另外，還有一對函數 forM/forM_，可用來模擬其他語言中的 for 迴圈：

```
forM :: [a] -> (a -> m b) -> m [b]
forM = flip mapM

forM_ :: [a] -> (a -> m b) -> m ()
forM_ = flip mapM_
```

其實只是使用 flip 函數把 mapM/mapM_ 函數的參數位置顛倒了一下。這樣就可以先撰寫包含「迴圈變數」的串列，再撰寫針對單個「變數」的函子運算。例如：

```
module Main where

import Control.Monad

safe :: Int -> [Int] -> Int -> Bool
safe _ [] _ = True
safe x (x1:xs) n =
    x /= x1
    && x /= x1 + n && x /= x1 - n
    && safe x xs (n+1)

queensN :: Int -> [[Int]]
queensN n = queens n
  where
    queens 0 = [[]]
    queens m = [ x : y | y <- queens (m-1), x <- [1..n], safe x y 1]


main :: IO ()
main = forM_ [5..10] $ \n -> do
    putStrLn $ "Solutions for queen" ++ show n ++ " problem:"
    let solutions = queensN n
    forM_ solutions $ print
```

上面便是一個完整的列印五皇后到十皇后問題解法的程式。

17.4.3 replicateM/replicateM_

如果只是想簡單地重複若干次單子運算，使用 [1..n] 新建串列的方式就沒那麼必要了。下面提供了兩個從 replicate 函數衍生出來的結構控制函數 replicateM 和 replicateM_：

```
replicateM :: Monad m => Int -> m a -> m [a]
replicateM_ :: Monad m => Int -> m a -> m ()

ns :: IO [Int]
ns = replicateM 3 $ do
    print "Guessing a number:"
    a <- readLn
    if even a then print "Even."
              else print "Odd."
    return a

main :: IO
main = ns >>= print
```

上面的程式碼片段從命令列讀取 3 個數位，並根據奇偶分別輸出 Even 和 Odd，最終的結果綁定給了 ns。當 main 試圖提取 ns 裡的值給 print 時，讀取動作就會發生。

17.4.4 forever

如果希望單子運算不停地重複下去，例如做一個簡單的問答機器人，可以使用 forever 函數：

```
answer :: String -> String
answer input = case input of
    "Hi."                       -> "Hey."
    "Bye."                      -> "Bye."
    "What's your name?"         -> "Simple Talk Bot."
    "How old are u?"            -> "0."
    _                           -> "Sorry, i don't understand"

main :: IO ()
main = forever $ do
    input <- getLine
    putStrLn $ answer input
```

上面的程式會不停地等待你的輸入並給出輸出。從這個角度來說，forever 有點像 seqeunce_ . repeat，它的型別如下：

```
forever :: Monad m => m a - > m b
```

17.4.5 filterM

filterM 把串列的過濾操作推廣到了單子運算：

```
filterM :: Monad m => (a -> m Bool) -> [a] -> m [a]
```

這個函數可以根據單子運算的結果對串列進行過濾，例如：

```
candies :: [String]
candies = ["coffee", "chocolate", "rio"]

doYouWant :: String -> IO Bool
doYouWant candy = do
    putStrLn $ "Do you want " ++ candy ++ "? yes/no:"
    answer <- getLine
    return $ case answer of
        "yes"  -> True
        _      -> False

main :: IO ()
main = do
    candies' <- filterM doYouWant candies
    putStrLn $ "You want: " ++ show candies'
```

上面的程式根據使用者輸入 yes 或者 no 來過濾一個糖果的串列。過濾之後的串列被包裹在 IO 單子中，我們透過反箭頭把它綁定到 candies' 上，之後就可以按照處理[String]的方法來處理 candies' 了。不難看出，一個值一旦經過 IO 單子處理，就必須透過 >>= 這類連接單子運算的函數才能使用。其實只要是函子，都有類似的特點：

```
fromMaybe :: Maybe a -> a
fromMaybe (Just x) = x
fromMaybe Nothing  = ???
```

如何把一個可能不存在的值取出來呢？實際上，一旦值裝進了函子，就會攜帶額外的資訊，任何從函子中取值的函數或多或少都會拋棄掉這些資訊。例如，從串列中取值有很多種方式：

```
head :: [a] -> a
last :: [a] -> a
(!!) :: [a] -> Int -> a
```

但是沒有一種方式可以提取出全部的串列資訊。只有像 Identity 這種完全不攜帶額外資訊的函子才可以完整提取：

```
runIdentity :: Identity a -> a
```

而對於 IO 函子來說，這個上下文包含的是和外界的互動，我們永遠無法在不和外界互動的情況下得到函子中的值。也就是說，Haskell 中並不存在 IO a -> a 這樣的函數，即使存在，它們也完全拋棄了 IO 函子的計算語義。如果需要用到包含在 IO 函子的值，大部分情況下都需要透過單子來幫忙。不過把所有運算都建構成 a -> IO b 型別放在 do 段落中，不僅寫起來麻煩，實際上也不利於分析。而對於 a -> IO b 型別的函數，我們在給定 a 型別的參數的情況下，也無法預測得出 b，因為 IO 帶來的互動是不確定的。所以，在 Haskell 中，鼓勵儘量把不需要放在單子計算中的函數分離出去。因為像 a -> b 型別的函數，輸入和輸出是一一對應的，不僅編譯器優化起來非常容易，也能為之後的測試和重構帶來很多好處。

17.4.6 foldM/foldM_

最後，來看看把串列的折疊操作推廣到單子運算後得到的函數— foldM 和 foldM_。這兩個函數稍顯複雜，但若能使用得當，可以解決很多遞迴問題，其定義如下：

```
foldM :: (Foldable t, Monad m) => (b -> a -> m b) -> b -> t a -> m b
foldM_ :: (Foldable t, Monad m) => (b -> a -> m b) -> b -> t a -> m ()
```

這裡我們仍然把 Foldable t 中的 t 型別當作串列來理解。下面再提供一個例子：

```
foldM :: Monad m => (b -> a -> m b) -> b -> [a] -> m b
foldM _ acc [] = return acc
foldM f acc (x:xs) = do
    acc' <- f acc x
    foldM f acc' xs

foldM_ :: Monad m => (b -> a -> m b) -> b -> [a] -> m ()
foldM_ f acc xs = foldM f acc xs >> return ()
```

其中 foldM 的遞迴順序決定了 [a] 中的值是從左到右使用的，foldM 依次把 [a] 中的值和累積值 acc 交給 f，然後透過 >>= 獲得新的累積值，直到最後把累積值 return 出來。

foldM 函數可以結合串列單子來解決動態規劃問題。這裡以八皇后問題為例，我們把透過上一步的擺放方案得到新方案的過程總結成下面這樣一個函數：

```
size :: Int
-- 棋盤大小

placeQueen :: [Int] -> Int -> [[Int]]
placeQueen xs _ = [ x:xs | x <- [1..size], safe x xs 1]
```

中間那個 Int 型別的參數是為了讓 placeQueen 的型別滿足 b -> a -> m b。計算最終的擺放方案只需要使用 foldM 擺滿棋盤即可：

```
queensN :: Int -> [[Int]]
queensN n = foldM placeQueen [] [1..n]
  where
    placeQueen :: [Int] -> Int -> [[Int]]
    placeQueen xs _ = [ x:xs | x <- [1..n], safe x xs 1 ]
```

透過 foldM，我們抽象出了遞迴的過程。雖然 [1..n] 在這裡僅僅用來控制遞迴次數，不過在別的情況下，每一步計算也許都需要從串列中取值。仔細對比 foldM 的型別和定義，不難理解為什麼所有可能的擺放都被記錄了下來。

在 Haskell 中，控制結構只是普通的函數，所以可以抽象出很多別的語言中無法抽象的控制結構。在 Hackage 上，也有各種各樣的控制結構函數程式庫，可以實作各類迴圈、分支、跳轉等，有興趣的讀者可查看 IfElse [註1]、monad-loops [註2]、concatenative [註3] 等函數程式庫。透過這些函數程式庫，Haskell 甚至可以模擬一些 stack-based 程式設計語言的控制結構。

註1 IfElse：http://hackage.haskell.org/package/IfElse。

註2 monad-loops：http://hackage.haskell.org/package/monad-loops。

註3 concatenative：http://hackage.haskell.org/package/concatenative。

18

Reader 單子

本章中，我們繼續透過實例來瞭解單子的概念。在前面的章節中，Reader 單子以函子、應用函子的身份多次出現過，它本質上就是 a ->型別。這個型別概括了所有依賴 a 的計算，因此 Reader 單子也是 Haskell 中實作依賴注入的基本手段。在後面的章節中，你還會發現各種各樣的 Reader 單子的變種。下面先看看 Reader 型別是怎麼定義出單子實例的，進而分析 Reader 單子能提供的函子和應用函子所不能實作的操作。

18.1 (->)a 的單子實例宣告

前面提到過，a -> b 型別的函數可以看作裝在函子 (->) a 中的一個 b 型別的值。這個函子的 fmap 十分有趣：

```
fmap :: (b -> c) -> (a -> b) -> (a -> c)
fmap = (.)
```

後來提到 (->) a 也是一個應用函子，這是因為我們可以建構出合適的 <*>：

```
(<*>) :: (a -> b -> c) -> (a -> b) -> (a -> c)
f <*> g x = f x $ g x
```

這個應用函子的計算語義是需要關心的地方。它把 a 型別的參數分別交給 f 和 g，得到 b -> c 型別的函數和 b 型別的值，然後再把函數應用到值上，得到 c 型別的結果，整個組合出來的則是一個 a -> c 型別的函數，恰好滿足應用函子(<*>) :: f (b -> c) -> f b -> f c 的要求。

我們把這個函子叫作「讀取（Reader）函子」，這是因為它會給所有透過 <*> 相連的 a -> ... 型別函數傳遞相同的參數，並把每個子運算的值交給最初被升格的函數，得出最終的結果。

實際上，這個相同的參數起到了其他語言中全域常數的作用。當然，在 Haskell 中也可以做一個全域綁定，例如：

```
config :: String
config = "..."
```

然後在每個用到 config 的地方手動傳遞參數：

```
someComputation = let a = aFunc config
                      b = bFunc config
                      c = cFunc config
                      ...
                  in final a b c
```

透過應用函子改寫，那就是：

```
someComputation = final <$> aFunc <*> bFunc <*> cFunc $ config
```

這相當於我們寫出了一個把參數依次交給子運算的大函數。但是，這麼做有幾個問題，具體如下所示。

◎　在撰寫 final 函數時，必須安排好所有子運算的返回值如何使用，而這些值事先是不知道的。如果出現後面步驟依賴前面步驟的計算結果的情況，final 函數將非常難以撰寫。

◎　如果想在計算中途稍加修改這個 config，然後用這個臨時修改過的「全域常數」去運行若干子運算，這在應用函子的撰寫方式中是無法實作的。因為 <*> 的定義已經固定了。

能否使用單子來解決上面兩方面的問題呢？答案是肯定的，我們先來研究一下 (->) a 單子的實例宣告：

```
instance Monad ((->) a) where
    -- return :: b -> a -> b
    return = pure
    -- return x = \_ -> x

    -- (>>=) :: (a -> b) -> (b -> a -> c) -> (a -> c)
    f >>= g = \x -> g (f x) x
```

根據 >>= 的型別可以看出，參數 f 和 g 的型別分別是 a -> b 和 b -> a -> c，我們直接建構 a -> c 型別的匿名函數作為返回值。在匿名函數內部，我們需要計算出 c 型別的值。注意，f x 是 b 型別的值，我們把 f x 和 x 分別作為 b 型別和 a 型別的兩個參數交給 g，即可計算出結果。這個過程和應用函子的 <*> 的定義很像，不同的地方在於 >>= 右側的參數型別和 <*> 左側的參數型別不大一樣。

18.2 範本渲染

從簡單的例子開始，一步一步理解為何需要抽象出這個單子。假設我們有幾個字串範本，用來渲染一段歡迎詞的不同部分：

```
headT :: String -> String
headT name = "Welcome! " ++ name ++ ".\n"

bodyT :: String -> String
bodyT name = "Welcome to my home, "
    ++ name
    ++ ". This's best home you can ever find on this planet!\n"

footT :: String -> String
footT name = "Now help yourself, " ++ name ++ ".\n"
```

假設想歡迎 Mike 來到我們的家中，那麼使用 "Mike" 來渲染 3 個範本並把它們拼接起來即可：

```
greetingMike :: String
greetingMike = headT "Mike" ++ bodyT "Mike" ++ footT "Mike"
```

為了通用，可以寫一個函數來幫助渲染不同的客人對應的歡迎詞：

```
renderGreeting x = headT x ++ bodyT x ++ footT x
```

這和下面使用自然升格的寫法並無區別：

```
renderGreeting = gather <$> headT <*> bodyT <*> footT
  where
    gather x y z = x ++ y ++ z
```

自然升格的寫法必須抽象出 gather 函數來處理 3 個渲染完的字串，這看起來似乎有些麻煩。而在有些時候，這個處理函數可能已經存在了。例如下面這個例子中，我們希望把歡迎詞保存到資料結構 Greet 中，以便後續處理：

```
data Greet = Greet {
        greetHead :: String
    ,   greetBody :: String
    ,   greetFoot :: String
    } deriving Show

renderGreeting :: String -> Greet
renderGreeting = Greet <$> headT <*> bodyT <*> footT
```

不難看出，自然升格的寫法尤其適合資料的建構，因為建構函數本身就是一個多參數的「處理」函數。

下面我們試著用單子改寫上面的例子。先看看不用 do 語法糖的版本：

```
renderGreeting :: String -> Greet
renderGreeting =
    headT >>= \h ->
        bodyT >>= \b ->
            footT >>= \f ->
                return $ Greet h b f
```

>>= 連接 (a -> b) 和 (b -> a -> c) 型別的兩個函數，所以每次新建匿名函數時，實際上都是在建構 String -> String -> Greet 型別的函數。這也是最後需要使用 return 製造一個和 _ ->　Greet h b f 等價的函數的原因。明白 >>= 連接的版本後，我們來看看使用 do 語法糖的版本：

```
renderGreeting :: String -> Greet
renderGreeting = do
    h <- headT
    b <- bodyT
    f <- footT
    return $ Greet h b f

renderGreeting "Mike"
-- Greet {
--   greetHead = "Welcome! Mike.\n",
--   greetBody = "Welcome to my home, Mike. This's best ...",
--   greetFoot = "Now help yourself, Mike.\n"
-- }
```

透過 do 語法糖，建構匿名函數的過程被隱藏了起來。我們現在不再關心 h、b、f 是哪一個函數的參數，而是把它們理解為從 Reader 函子中提取出來的值，這些值只有在整個 renderGreeting 函數接收到參數後才會被一步一步計算出來。最後，我們使用 return 把建構出來的 Greet 包裹到 Reader 函子之中，得到一個 String -> Greet 型別的函數。

和自然升格的寫法類似，在上面的式子裡你完全看不到那個被傳來傳去的「全域常數」，>>= 在背後已經幫你安排好了所有的事情。仔細感受這個看不見的參數被送進每個子運算的過程，就不難明白 Reader 函子包裹攜帶的上下文的意義。

下面引入兩個輔助函數來協助我們更方便地建構計算：

```
ask :: a -> a
ask = id

local :: (a -> a) -> (a -> r) -> a -> r
local f g = g . f
```

這兩個函數並不複雜，但是由於我們把 (->) a 當作函子，包裹在 (->) a 中的 r 型別的值本質上是一個 a -> r 型別的計算，所以理解起來並不容易。

◎ ask 函數原封不動地把函子包裹的「全域常數」返回，也就是說 ask 製造出一個包裹著這個「全域常數」的包裹。

◎ local 函數接收一個修改「全域常數」的函數 f，然後把接收到的運算變成一個看上去仍然是接收之前「全域常數」的函數，實質上則是接收被 f 修改後的「區域變數」的函數。這意味著被 local 連接的計算都會接收到修改後的「全域常數」。

我們來看看剛剛的例子：

```
data Greet = Greet {
        guestName :: String
    ,   greetHead :: String
    ,   greetBody :: String
    ,   greetFoot :: String
    } deriving Show

renderGreeting :: String -> Greet
renderGreeting = do
    n <- ask
    h <- headT
    b <- bodyT
    f <- local ("Mr. and Mrs. " ++) footT
    return $ Greet n h b f

renderGreeting "Mike"
-- Greet {
--    guestName = "Mike",
--    greetHead = "Welcome! Mike.\n",
--    greetBody = "Welcome to my home, Mike. This's best ...",
--    greetFoot = "Now help yourself, Mr. and Mrs. Mike.\n"
-- }
```

我們現在希望在 Greet 中記錄被歡迎的客人的名稱，使用 ask 函數詢問函子中包裹的「全域常數」，並綁定給 n。local 函數在接收函數 ("Mr. and Mrs. " ++) 之後，會對 footT 傳遞經過就修改的參數，所以相當於透過 local 獲得了一片臨時被修改的環境。我們試著擴大一下被 local 修改的區域：

```
renderGreeting :: String -> Greet
renderGreeting = do
    n <- ask
    h <- headT
    (b, f)  <- local ("Mr. and Mrs. " ++) $ do
        b' <- bodyT
        f' <-  footT
```

```
        return (b', f')
    return $ Greet n h b f

renderGreeting "Mike"
-- Greet {
--   guestName = "Mike",
--   greetHead = "Welcome! Mike.\n",
--   greetBody = "Welcome to my home, Mr. and Mrs. Mike. This's best ...",
--   greetFoot = "Now help yourself, Mr. and Mrs. Mike.\n"
-- }
```

這裡我們把 bodyT 和 footT 放在由 local 建構出來的「臨時區域」，所以它們接收到的參數都加上了 "Mr. and Mrs. " 前置字串。我們把上面的 do 語法糖建構的函數展開成 >>= 連接的寫法：

```
renderGreeting :: String -> Greet
renderGreeting =
    ask >>= \n ->
        headT >>= \h ->
            local ("Mr. and Mrs. " ++) (
                bodyT >>= \b' ->
                    footT >>= \f' ->
                        return (b', f')
            ) >>= \(b, f) ->
                return $ Greet n h b f
```

按照 do 語法的展開規則，我們把所有出現 ... <- 的地方全部換成 >>= \... ->。下面先分析 local 內部的計算：

```
bodyT >>= \b' ->
    footT >>= \f' ->
        return (b', f')

-- 等價於
\env ->                        -- 建構函子包裹
    ( \b' ->                   -- 提取函子中的值
        ( \f' ->               -- 提取函子中的值
            ( \_ ->            -- 捨棄函子中的值
                (b', f')       -- 計算最終結果
            ) $ env            -- 使用 env
        ) . footT $ env        -- 使用 env
    ) . bodyT $ env            -- 使用 env
```

再經過 local 函數連接之後，得到：

```
local ("Mr. and Mrs. " ++) (
    bodyT >>= \b' ->
        footT >>= \f' ->
            return (b', f')
)
```

```
-- 等價於
(\env ->
    ( \b' ->
        ( \f' ->
            ( \_ ->
                (b', f')
            ) $ env
        ) . footT $ env
    ) . bodyT $ env
) . ("Mr. and Mrs. " ++)  -- 臨時修改「全域常數」
```

也就是說，傳遞給內層函數的參數需要先經過 ("Mr. and Mrs. " ++) 處理，這正是 local 的工作原理。而內層的函數經過 >>= 連接後，已經順利地把「全域常數」env 放在合適的參數位置上了。

外側的 >>= 的工作原理類似，感興趣的讀者可以對照 >>= 的定義作類似分析。既然 ask = id，local f g = g . f，那麼我們就來看看用應用函子的寫法是不是可以建構同樣的計算：

```
renderGreeting :: String -> Greet
renderGreeting =
    Greet <$> id
        <*> headT
        <*> bodyT . ("Mr. and Mrs. " ++)
        <*> footT . ("Mr. and Mrs. " ++)

-- 對比單子的寫法
renderGreeting :: String -> Greet
renderGreeting = do
    n <- ask
    h <- headT
    b <- bodyT
    f <- local ("Mr. and Mrs. " ++) footT
    return $ Greet n h b f
```

不難發現，使用單子的寫法取代應用函子後，不僅可以抽象出 local 這樣的幫助函數，而且可讀性提高了。do 語法把函數組合的過程分解開來，讓程式碼讀上去有一種命令式程式設計語言的感覺，但實際上不過是把函子的上下文透過>>=傳遞下去。於是我們現在可以輕易實作應用函子不好實作的功能：

```
data Greet = Greet {
    ,   greetHead :: String
    ,   greetBody :: String
    ,   bodyLength :: Int
    ,   greetFoot :: String
    } deriving Show

renderGreeting :: String -> Greet
renderGreeting = do
```

```
    h <- headT
    b <- bodyT
    let bl = length b
    f <- local ("Mr. and Mrs. " ++) footT
    return $ Greet h b bl f
```

我們希望使用 bodyLength 來記錄渲染出來的歡迎詞正文部分的長度，而這個長度依賴於渲染正文函數的計算結果，這個時候使用應用函子就會遇到和之前試圖使用 guard 函數一樣的問題——無法在計算一開始就拿到子運算的結果：

```
renderGreeting =
    Greet <$> headT <*> bodyT <*> ??? <*> footT . ("Mr. and Mrs. " ++)
```

其中 ??? 代表的長度是無法在開始建構應用函子計算時得到的。

需要注意的是，使用單子並不一定代表建構的計算會被循序執行。例如，上面例子中三部分範本渲染的過程，其實在背後完全可以並行。只有出現下一步運算依賴上一步結果的情況，我們才能保證編譯器不會把運算順序打亂，否則即使存在 >>= 的嵌套順序，在編譯器的優化階段，計算仍然可能被重新排列。另外，在下一個版本的 GHC 中，將會引入 Applicative do 的語法展開。簡單地說，Applicative do 會在可能的情況下，儘量把 do 語法糖翻譯成和單子等價的應用函子形式。因為有些應用函子的實例是平行計算的，所以就算是在 do 段落裡順序撰寫的運算，也不能輕易假定其執行順序。閱讀完下一章的狀態單子，你就會對 Haskell 中如何控制運算順序有更多的瞭解。

18.3 Reader 新型別

實際使用時，我們一般不會直接使用 (->) a 的單子實例，而是把它包裹到新型別裡，用來明確說明 do 裡面的上下文型別。Hackage 上的 mtl 函數程式庫已經幫助我們定義好了常用的單子型別，其中就有 Reader。不過在新的版本裡，大部分單子都是透過後面會講到的單子變換得到的。下面先來看看老版本裡對於 Reader 的定義：

```
newtype Reader r a = Reader { runReader :: r -> a }
```

請留意，這裡的型別變數和之前的寫法顛倒了，用 r 表示讀取的參數型別。Reader r a 和 r -> a 底層表示是相同的，但是由於 newtype 的存在，表面的打包/解包還是要撰寫的：

```
instance Functor (Reader r) where
    fmap f m = Reader $ \r -> f (runReader m r)

instance Applicative (Reader r) where
    pure a = Reader $ \_ -> a
    a <*> b  = Reader $ \r -> runReader a r $ runReader b r

instance Monad (Reader r) where
    return = pure
    m >>= k  = Reader $ \r -> runReader (k (runReader m r)) r
```

這裡函子的實例比較好理解，就是在解包和打包之間應用一次函數 f，下面我們分析一下它的單子實例。

◎ >>= 首先需要透過 runReader m 提取出 m 裡的函數，

◎ 和之前的實例宣告類似，接著透過 runReader m r 得到下一步運算需要的參數，和 r 一起交給 k。

◎ 由於 k 是一個返回 Reader 的函數，所以我們再一次透過 runReader 解包。

◎ 最終被建構出來的函數被 Reader 重新包裹起來。

應用函子的實例的原理與它類似。只要理解了上面 (->) a 的實例，這裡的實例宣告就不難分析了，只是多出來幾次打包/解包過程。試著用新的型別撰寫最開始的例子：

```
headT :: Reader String String
headT = Reader $ \name -> "Welcome! " ++ name ++ ".\n"

bodyT :: Reader String String
```

```
bodyT = Reader $ \name ->
    "Welcome to my home, "
    ++ name
    ++ ". This's best home you can ever find on this planet!\n"

footT :: Reader String String
footT = Reader $ \name -> "Now help yourself, " ++ name ++ ".\n"

data Greet = Greet {
        greetHead :: String
    ,   greetBody :: String
    ,   greetFoot :: String
    } deriving Show

renderGreeting :: Reader String Greet
renderGreeting = do
    h <- headT
    b <- bodyT
    f <- footT
    return $ Greet h b f
```

不難發現，除了幾個函數添加了建構函數 Reader 和適當的型別說明外，do 內部的程式碼和之前的單子版本一模一樣，Reader a b 和 a -> b 是同構的。

由於新版的 mtl 函數程式庫裡單子型別並不是直接定義的，而是使用單子變換得到的，所以建構單子的方法也不再一樣了，這在第 24 章中會詳細介紹，需要試驗的同學把上面 Reader 的型別宣告和實例宣告一起放在程式碼中即可。在使用 Reader a b 型別的值時，別忘了使用 runReader 把裡面的函數提取出來：

```
main :: IO ()
main = print $ runReader renderGreeting "Han"
```

19

State 單子

Haskell 中只有綁定沒有變數帶來了許多好處，但是僅靠函數組合，一些依賴狀態轉換的演算法變得難以撰寫。前面我們遇到依賴狀態轉換的問題時，採取的思考方式都是從演算法角度把問題轉化成無狀態的計算。當然，很多時候這樣可以更加優雅地解決問題，但是並不是所有的狀態都可以透過巧妙的演算法消除，更多的時候消除狀態是以犧牲執行效率為代價的。針對這個問題，Haskell 的做法是提供基於單子的解決方案。閱讀完本章後，你就可以開始在 Haskell 中直接操作狀態了：State 單子就是 Haskell 對依賴狀態轉換的計算的抽象，它透過在單子上下文中直接嵌入狀態量來實作狀態轉換運算的連接。對於解決很多實際問題而言，State 單子是唯一的方案。和 Reader 單子一樣，State 單子也將在後面的章節反覆地以各種形式出現。

19.1 什麼是 State 單子

顧名思義，State 單子正是為了解決狀態問題而誕生的。一般來說，我們可以把狀態轉換的過程抽象成下面這樣的函數：

```
oldState -> (someValue, newState)
```

oldState 對應老的狀態，經過某一個函數的計算，得到了一個計算的結果 someValue 和一個新的狀態 newState。實際上，在其他語言中，狀態對應的是全域變數，每一次對全域變數指定值的過程都可以看作對系統狀態的修改。

在下面的例子中，我們試圖建模一個簡單的紙牌遊戲（除去大小王）。首先，定義出紙牌的資料型別：

```
data Card =
    C_2 | C_3 | C_4 | C_5 | C_6 | C_7 |
    C_8 | C_9 | C_10 | C_J | C_Q | C_K | C_A
  deriving (Eq, Ord, Enum, Show)

type CardStack = [Card]
-- 串列的頭是紙牌堆頂
```

紙牌的建模使用了一個列舉型別，從 2 到 A 分別是 C_2 到 C_A。我們使用型別別名 CardStack 來代表紙牌堆，也就是紙牌的串列，方向是牌堆頂對應串列的頭。接著，引入幾個操作牌堆的函數：

```
-- 數牌
countCards :: CardStack -> Int
countCards = length

-- 整理牌堆
sortCard :: CardStack -> CardStack
sortCard = sort

-- 從牌堆頂取一張牌
popCard :: CardStack -> (Card, CardStack)
popCard cs = (head cs, tail cs)

-- 放一張牌到牌堆頂端
pushCard :: CardStack -> Card -> CardStack
pushCard cs c = c : cs
現在我們來簡單操作一下牌堆：
myCardStack :: CardStack
myCardStack = [C_8, C_J, C_2]

mcs0 = sortCard myCardStack
mcs1 = pushCard mcs0 C_Q
```

```
mcs2 = sortCard mcs1
(mc3, mcs3) = popCard mcs2
...
```

為了記錄每一次操作後的牌堆，我們新建了一堆臨時綁定 mcs0、mcs1…假定真的要寫一個紙牌遊戲，這樣做肯定不行，但是 Haskell 中沒法改變一個綁定的值，那麼如何模擬一個可以變換的牌堆呢？

回到最開始的型別 oldState -> (someValue, newState)。在操作牌堆的例子中，oldState 和 newState 都是 CardStack，而不同的操作對應著不同的 someValue，例如 popCard 對應的是 Card，countCards 對應的是 Int，而 pushCard 和 sortCard 並沒產生額外的結果，我們可以用 () 來表示：

```
-- 數牌
countCards :: CardStack -> (Int, CardStack)
countCards cs = (length cs, cs)

-- 整理牌堆
sortCard :: CardStack -> ((), CardStack)
sortCard cs = ((), sort cs)

-- 從牌堆頂取一張牌
popCard :: CardStack -> (Card, CardStack)
popCard cs = (head cs, tail cs)

-- 放一張牌到牌堆頂
pushCard :: CardStack -> ((), CardStack)
pushCard cs c = ((), c : cs)
```

於是現在的問題變成了，有沒有更好的方法把 CardStack -> (a, CardStack) 這個型別的函數組合在一起？前面說過，單子抽象可以用來連接 a -> m b 型別的運算。這裡我們把 CardStack -> (a, CardStack) 型別的函數抽象成一個單子：

```
newtype State s a = State { runState :: s -> (a, s) }
```

我們把 s -> (a, s) 型別的函數包裹到 State s a 型別的值裡，這裡 a 是被包裝的值。首先，來看它如何成為一個函子：

```
instance Functor (State s) where
    -- fmap :: (a -> b) -> State s a -> State s b
    -- 和下面的型別在底層表示相同
    -- fmap :: (a -> b) -> (s -> (a, s)) -> (s -> (b, s))
    fmap f fs = State $ \s ->
        let (a, s') = runState fs s
        in  (f a, s')
```

這個函子還是相當好理解的。runState fs s 得到了 a 型別的計算結果和新的狀態 s' 後，使用 f 得到想要的 (b, s) 型別的元組，最後整個函數被 State 重新包裝回去，得到了 State s b 型別的值。下面是應用函子的實例：

```
instance Applicative (State s) where
    pure a = State $ \s -> (a, s)

    -- (<*>) :: State s (a -> b) -> State s a -> State s b
    f <*> fa = State $ \s ->
        let (fab, s0) = runState f s
            (a, s1) = runState fa s0
        in (fab a, s1)
```

pure a 把 a 變成一個返回 (a, s) 的函數包進函子裡，這裡的最小上下文指的是不改變原本的狀態 s。<*> 函數則是把函數作用時產生的兩次狀態變化組合起來，最後得到的 s1 是 State s (a -> b) 和 State s a 型別中包含的狀態轉換組合的結果。

最後，我們來看一下 State s 的單子實例：

```
instance Monad (State s) where
    return = pure

    -- (>>=) :: State s a -> (a -> State s b) -> State s b
    fa >>= f = State $ \s ->
        let (a, s') = runState fa s
        in runState (f a) s'
```

>>= 的過程和 <*> 類似。只是由於 f 並不是一個包裹在 State 中的函數，而是一個接收參數後返回 State 的函數，所以得到 a 後，直接交給 f 就可以得到結果。現在可以把上面的紙牌操作重新用單子的方式改寫一下：

```
countCards :: State CardStack Int
countCards = State $ \s -> (length s, s)
-- point-free
countCards = pure . length

-- 整理牌堆
sortCard :: State CardStack ()
sortCard = State $ \s -> ((), sort s)

-- 從牌堆頂取一張牌
popCard :: State CardStack Card
popCard = State $ \s -> (head s, tail s)

-- 放一張牌到牌堆頂
pushCard :: Card -> State CardStack ()
pushCard c = State $ \s -> ((), c : s)

myCardStack :: CardStack
```

```
myCardStack = [C_8, C_J, C_2]

op :: State CardStack Card
op = do
    sortCard
    pushCard C_Q
    sortCard
    popCard

runState op myCardStack
-- (C_2, [C_8, C_J, C_Q])
```

使用 do 語法糖後，狀態傳遞的過程被 >>= 隱藏了起來，剩下的只有一連串順序操作。我們知道 >>= 連接的是 s -> (a, s) 型別的計算，所以最後如果使用 runState 把函數提取出來，作用在最開始的紙牌堆上時，我們會得到一系列操作之後的結果和紙牌堆構成的元組。

基於新的 State 單子抽象，我們可以方便地建構任意複雜的操作，例如：

```
op :: State CardStack Card
op = do
    c <- popCard
    when (c < C_3) $ pushCard c

    c <- popCard
    when (c < C_J) $ pushCard c

    sortCard
    countCards
```

在上面的操作執行完畢後，剩餘牌堆的張數和牌堆會放在元組裡一起返回。值得注意的是，由於有一個牌堆的狀態貫穿整個計算，所以上面的操作一定會被循序執行，因為每一步的操作都依賴上一步返回的牌堆狀態。例如在上面的運算中，sortCard 一定會在 countCards 之前執行，即使它本身並不影響牌堆的張數，但是它改變了牌堆本身，而 countCards 無法知道 sortCard 是否改變了張數。

理解 State 單子的基本運算語義後，我們來提供一些輔助函數，方便建構基於狀態的各種計算：

```
get :: State s s
get = State $ \s -> (s, s)

put :: s -> State s ()
put s = State $ \_ -> ((), s)

modify :: (s -> s) -> State s ()
modify f = State $ \s -> ((), f s)
```

這 3 個函數和 12.3 節提到的 view、set、over 很像，它們的作用分別如下所示。

◎ get 直接把目前的狀態作為計算結果包裹到函子裡，用於方便地取出狀態。

◎ put 接收一個新的狀態 s 來替換之前的狀態，不返回任何計算結果。

◎ modify 接收一個修改狀態的函數 f，把之前的狀態 s 替換成 f s，不返回任何計算結果。

下面仍然以牌堆為例：

```
op :: State CardStack Card
op = do
    put [C_8, C_J, C_2, C_10, C_3, C_4, C_A]
    modify sort

    replicateM_ 3 $ do
        cs <- get
        when (length cs < 10) $
            pushCard C_2

runState op []
-- ((),[C_2,C_2,C_2,C_2,C_3,C_4,C_8,C_10,C_J,C_A])
```

首先使用 put 往牌堆里加幾張牌，之後只要牌堆還不滿 10 張，就繼續向牌堆里加 C_2。由於 replicateM_會捨棄運算結果，所以最後得到的元組的第一個值是 ()，而對狀態的更改保存在單子內部，所以執行完畢後，元組的第二個元素就是最後的牌堆狀態。

實際上，先使用 get 取出狀態再使用函數處理的組合很常見。我們可以再寫一個輔助函數：

```
gets :: (s -> a) -> State s a
gets f = State $ \s -> (f s, s)
```

這樣上面的例子就可以改寫為：

```
op :: State CardStack Card
op = do
    put [C_8, C_J, C_2, C_10, C_3, C_4, C_A]
    modify sort

    replicateM_ 3 $ do
        l <- gets length
        when (l < 10) $
            pushCard C_2
```

其實背後的過程差不多，讀者可以自行分析。

19.2　亂數

在電腦的世界裡，生成一個亂數並不是一件簡單的事情。有的處理器晶片會提供專門的硬體，來提供 RDRAND 或者 RDSEED 這類返回隨機資料的指令，你可以在終端執行 cat /dev/random 或者 cat /dev/urandom 試試看。實際上，由於現代加密演算法的安全建立在亂數產生的不可重複性上，底層硬體和作業系統對於處理亂數這件事情非常認真，遠不止記住關機時間、滑鼠位置或者是熱雜訊這麼簡單。如圖 19-1 是 /dev/random 和 /dev/urandom 的一個大致流程圖。

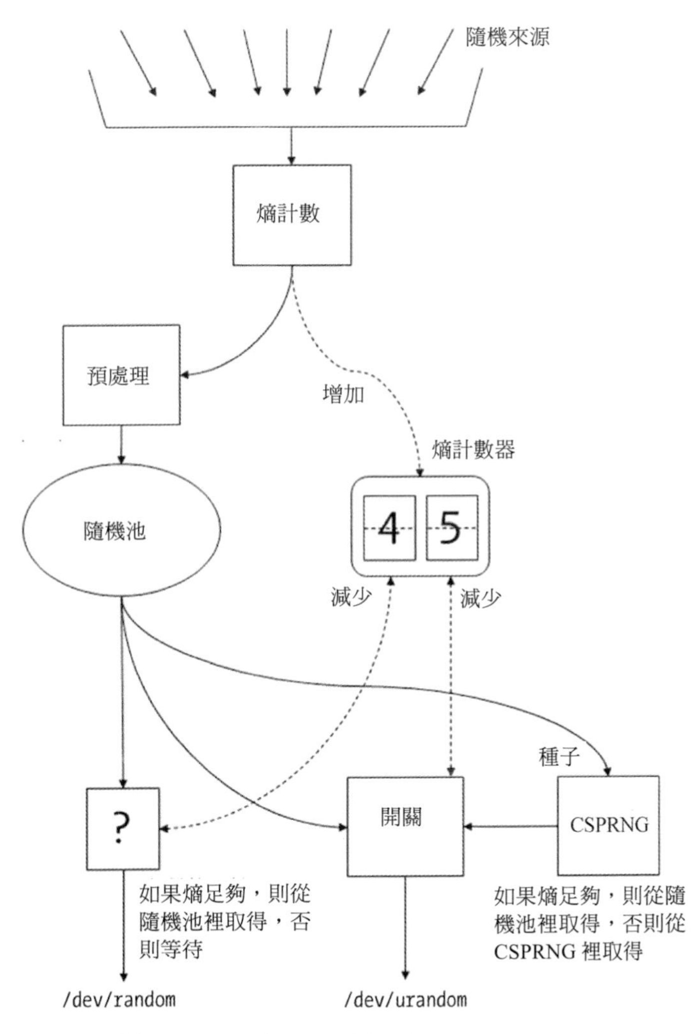

圖 19-1　/dev/random 和/dev/urandom

註1　Myths about /dev/urandom by Thomas H hn：http://www.2uo.de/myths-about-urandom/。

可以看出，這是一個非常複雜的狀態機，計算一個符合加密學安全的真亂數需要消耗的代價是相當可觀的。在有些情況下，例如上頁的圖 19-1 的 /dev/urandom 在硬體提供的熵（entropy）不足的時候，會從一個叫作加密學安全虛擬亂數產生器（CPRNG，cryptographically secure pseudo-random number generator [註1]）的東西裡取值，而不會像 /dev/random 那樣等著系統底層硬體送來新的熵。那麼，什麼是虛擬亂數產生器呢？

我們用紙牌堆打個比方，為了模擬隨機的洗牌過程，可以事先設定一個固定的牌堆狀態，之後每次洗牌的時候，把之前的牌堆對半交換，然後把從最上面數每 5 張抽出來放到牌堆底。這樣一來，一個不會隨機洗牌的機器人按照這個規則，就可以有模有樣地「洗牌」了，而每次「洗牌」得到的牌堆雖然不是很隨機，但在數目不多的連續牌局上，問題可能也不大。當然，如果你覺得還不夠隨機，可以讓這個機器人每次使用更複雜的洗牌規則。

不管多麼複雜的洗牌規則，都有規律可循，而牌堆的順序早晚也會回到一開始設定的組合。但是在那之前，只要能夠支撐起足夠多的牌局，就很難察覺出這是一個按照規則辦事的機器人。其實產生這個牌堆的機器人，就是一個虛擬亂數產生器。在電腦裡，由於任何計算都是確定的，所以為了使用確定的計算得出看上去隨機的結果，我們會在一個開始設定一個值（叫作種子（seed），也就是上面的初始牌堆），然後每次取亂數的時候，按照一定的演算法對這個種子進行計算，得出一個亂數和一個新的種子，下次取的時候會基於上次得出的種子，重複這個過程，就可以在每次取亂數的時候給出一個「虛擬亂數」。

因為牌堆的組合數量是有限的，所以種子遲早會迴圈到初始的值，因此虛擬亂數並不是真正的亂數，但是透過適當的演算法我們可以做到以下兩點。

◎ 保證足夠多的次數之後，亂數列才開始迴圈，例如著名的 Mersenne Twister 法，在經過 2^19937 − 1 次反覆運算後才會回到初始狀態。

◎ 保證生成的數字符合一定的分佈規律，例如均勻分佈和正態分佈等。

加上虛擬亂數的計算速度較快，虛擬亂數在實際應用場合遠比真亂數廣泛。回過頭來，虛擬亂數產生器和 State 單子有什麼關係呢？

[註1] 關於 CPRNG 的內容，請看 https://en.wikipedia.org/wiki/Cryptographically_secure_pseudorandom_number_ generator。

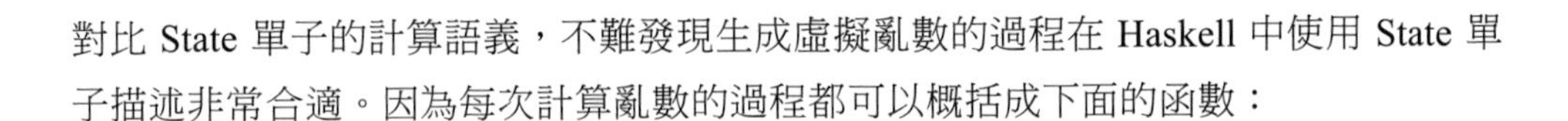

對比 State 單子的計算語義，不難發現生成虛擬亂數的過程在 Haskell 中使用 State 單子描述非常合適。因為每次計算亂數的過程都可以概括成下面的函數：

getRandom :: seed -> (a, seed)

這個函數每次根據上一次的種子，計算出一個亂數和新的種子，這意味著如果需要多次取亂數的話，使用單子能夠避免手動傳遞種子的過程。

在 Hackage 上有兩個非常基本的亂數函數程式庫——random 和 MonadRandom，前者定義能夠支援上面函數的虛擬亂數產生器型別 RandomGen 以及相關的操作，而後者定義支持生成亂數的單子型別類別和一些實例。此外，Hackage 上還有使用更加複雜演算法的虛擬亂數函數程式庫，例如 tf-random、mwc-random 和 mersenne-random 等。不同演算法生成的虛擬亂數迴圈週期不同，計算量也不同。如果有特定需求時，可以根據需求挑選。

要完全搞懂這些函數程式庫裡的函數和型別，還需要瞭解單子轉換的一些知識。這裡我們暫時使用 MonadRandom 即可，因為這套函數程式庫定義了 IO 單子是 MonadRandom 單子的一個實例型別。下面我們來試驗一下，首先使用 cabal 安裝 MonadRandom：

```
cabal install MonadRandom
```

你既可以按照之前的步驟新建沙盒和專案，在專案的沙盒目錄中安裝 MonadRandom，也可以直接在沒有沙盒的地方安裝，相當於安裝到全域的位置。因為這個函數程式庫依賴較少，而且比較常用，所以不會產生什麼問題。安裝完畢後，寫個簡單的程式試一下：

```
module Main where

import Control.Monad
import Control.Monad.Random

main :: IO ()
main = do
    rs <- replicateM 10 (getRandom :: IO Int)
    print rs
    rs <- replicateM 10 (getRandom :: IO Char)
    print rs
    rs <- replicateM 10 (getRandom :: IO Bool)
    print rs
```

執行程式，會得到 3 串不同型別的隨機資料。MonadRandom 的隨機資料型別是以 Random 中的型別類別 Random 為基礎，這個型別類別包括所有可以生成隨機資料的型別，例如 Int、Char 和 Bool 等。全部的實例需要去 Hackage 上查看。需要注意的就是，如果沒有上下文能夠推斷型別的話，使用 getRandom 時記得手動提供資料型別說明，不然編譯器會報錯。

如果上面的程式不使用單子來建構的話，就必須手動傳遞亂數產生器的狀態來達到同樣的效果。你可以使用 Random 函數程式庫試一試：

```
module Main where

import System.Random

main = do
    gen <- getStdGen
    let (a, gen') = random gen
    print (a :: Int)
    let (a, gen'') = random gen'
    print (a :: Char)
    let (a, gen''') = random gen''
    print (a :: Bool)

    let (a, _) = random gen
    -- 和第一次產生的 Int 數值相同
    print (a :: Int)
```

random 函數每次接收一個亂數產生器，然後返回一個新產生器和隨機值的元組。手動傳遞這個產生器，就可以實作虛擬亂數產生的過程。如果兩次計算中給 random 函數傳遞相同的 gen，得到的亂數是完全相同的！實際上，gen、gen'等就是上面說的種子。

這裡 getStdGen :: IO StdGen 透過和外界互動（讀取系統的亂數裝置），初始化了一個新的亂數產生器，所以型別裡帶上了 IO 的包裹。其實，這個過程也可以手動完成。在 Random 程式庫裡，有這樣一個函數：

```
mkStdGen :: Int -> StdGen
```

它用來根據提供的 Int 型別的值產生一個亂數產生器，我們常常也把這個 Int 數字稱為種子。如果兩個生成器的種子相同的話，它們產生出的亂數序列也將完全相同。

綜上，透過使用 State 單子，我們不用再去關心亂數產生的狀態傳遞的問題，只需在使用時取值即可。後面說到單子變換時，會討論亂數產生問題。

19.3 簡易計算器

在 State 單子中，每個運算的型別本質上都是 s -> (a, s)。也就是說，每次運算都可以拿到上次計算出的狀態，這很像其他語言中的全域變數，不同的是這裡狀態的改變並不是透過指定值實作的。當然，底層優化後可能是一樣的操作，但是在 Haskell 中，我們並不會這麼理解狀態轉換的運算。在本章最後，我們來建模一個簡單的計算器，雖然它還不能提供從外界讀取指令的功能，但是對於深入理解 State 單子很有幫助：

```
module Main where

newtype State s a = State { runState :: s -> (a, s) }

instance Functor (State s) where
    fmap f fs = State $ \s ->
        let (a, s') = runState fs s
        in  (f a, s')

instance Applicative (State s) where
    pure a = State $ \s -> (a, s)
    f <*> fa = State $ \s ->
        let (fab, s0) = runState f s
            (a, s1) = runState fa s0
        in (fab a, s1)

instance Monad (State s) where
    return = pure
    fa >>= f = State $ \s ->
        let (a, s') = runState fa s
        in runState (f a) s'

-- 對「全域變數」做加減乘除
(~+) :: Double -> State Double (Double -> Double)
(~+) x = State $ \s -> ((+x), s + x)

(~-) :: Double -> State Double (Double -> Double)
(~-) x = State $ \s -> (((-)x), s - x)

(~*) :: Double -> State Double (Double -> Double)
(~*) x = State $ \s -> ((*x), s * x)

(~/) :: Double -> State Double (Double -> Double)
(~/) x = State $ \s -> ((/x), s / x)

-- 重複某個計算
(~~) :: (Double -> Double) -> State Double (Double -> Double)
(~~) f = State $ \s -> (f, f s)


--
```

```
op :: State Double (Double -> Double)
op = do
    (~+) 10
    (~*) 4
    (~-) 2
    (~/) 10
    >>= (~~)
    >>= (~~)


main :: IO ()
main = do
    let (_, result) = runState op 0
    print result
```

上面的例子是一個完整的程式，其中包含了 State 的型別宣告和實例宣告，以及一個簡單的計算器模擬程式。使用 State 抽象出來的四則運算來撰寫計算過程，就好像每次在簡易計算器上處理上次結果一樣，因為每個運算都會把底層的函數當成狀態轉換中的計算結果，所以透過 >>= 連接到 (~~) 之後，就可以輕鬆重複上次的計算。執行的時候，透過給 runState op 傳遞初始值，即可得到最後的計算結果。

這裡需要再次強調的一個重點是，單子抽象不僅讓問題的解法變得簡潔，更多的是因為這一層次的抽象使得很多通用的結構控制函數成為可能，例如 mapM/mapM_、replicateM/replicateM_、foldM/foldM_、filterM、forever 等，這些函數不僅可以用來在 IO 單子中控制和外界互動的過程，更多的時候它們可以搭配不同的單子型別，把很多複雜的運算流程分解成模組化的函數組合，讓程式變得簡單、易分析。瞭解 State 單子前，關於 Haskell 的一個常見困惑是如何在沒有全域變數的情況下，實作狀態轉換才能實作的演算法。我們相信，這個困惑你現在應該有答案了。在下一章中，我們會深入討論 IO，那時你會發現，其實 IO 正是 State 的一個非常特殊的情況。

20

IO 和它的夥伴們

學習了抽象型別類別後，我們終於來到了 IO 的面前。IO 是允許程式和電腦外部世界互動的單子型別。很多初學者理解 IO 型別之前，對它往往有很多誤解，這是因為很多資料裡為了便於初學者理解，都會對 IO 單子做一些假設和簡化。實質上，IO 單子是一個非常特殊的狀態單子，理解它的關鍵在於理解 Haskell 對於外部世界的建模。在 IO 單子裡的操作實際上是和外部世界的狀態的互動，這是不同於其他任何程式設計語言的建模方式。在其他程式設計語言裡，語句的順序決定了程式的執行過程，隱含在語句之間的先後順序是執行時間上的順序。而在 Haskell 中，IO 操作之間貫穿的是外部世界的狀態轉換，這是一個非常強有力的抽象。結合後面的單子變換，我們可以精確地構造出特定問題所需要的單子型別。

20.1 IO 單子的本質

前面說過，IO 單子的計算語義是保證和外界的互動能夠按照確定的順序發生，而 Haskell 的計算語義是建立在純函數的基礎之上的，我們如何給純函數加上副作用呢？下面我們從頭推導一下這個過程。假設最初有兩個讀取和列印的函數：

```
putStrLn' :: String -> ()
getLine' :: String

foo = putStrLn' getLine'
...
bar = putStrLn' getLine'
```

從終端讀取一行字串的函數 getLine' 的返回值是簡單的 String，而列印函數 putStrLn' 的返回值是簡單的 String -> ()。即使 getLine' 可以使用一些內聯的技巧保證每次都返回不同的值，但在 Haskell 的編譯器看來，兩次執行 putStrLn' 的結果是相等的。所以，編譯器會最佳化掉其中一次執行，此時我們必須讓輸出函數每次也能夠返回一個不同的值：

```
putStrLn' :: String -> Unique
```

每次列印後，都會返回一個 Unique 型別的資料。只要保證每次的資料不同，上面的計算都會執行。但是這裡還有一個問題，那就是 Haskell 中函數的撰寫順序和最後的執行順序沒有關係，編譯器可以隨意安排程式裡函數的執行順序，而我們的程式需要設法讓第二個 getLine' 在第一個 putStrLn' 執行完畢後再執行。那麼，如何實作運算順序的控制呢？不難發現，每次 putStrLn' getLine' 之所以要先讀取，再列印，是因為 putStrLn' 依賴 getLine' 的結果。因此，要想保證第二個 getLine'的執行順序在第一個 putStrLn' 之後，只需要讓第二個 getLine' 函數依賴第一個 putStrLn' 的結果：

```
getLine' = Unique -> String
```

我們把剛剛 putStrLn' 執行返回的 Unique 型別的資料作為 getLine' 的參數，這樣可以將上面的程式改寫為：

```
foo :: Unique
foo = putStrLn' $ getLine' ???
...
bar :: Unique
bar = putStrLn' $ getLine' foo
```

??? 這個位置的 Unique 型別的資料從何而來呢？我們可以規定在一開始執行程式時，給第一個需要 Unique 型別資料的函數傳遞一個值，之後靠這些函數之間繼續傳遞新生成的 Unique 型別資料即可保證函數循序執行。

其實這個過程很像上一章講到的虛擬亂數產生器。第一個 Unique 值是初始種子，之後每次生成的 Unique 是新的種子，我們可以透過這一連串的資料依賴關係來保證函數的執行順序。這其實就是 IO 單子的核心，在 ghc-prim 函數程式庫裡，IO 型別的定義如下：

```
newtype IO a = IO (State# RealWorld -> (# State# RealWorld, a #))
```

先忽略代表底層型別的#標記，State# RealWorld 就是上面的 Unique 型別。我們不妨簡化一下上面的型別說明：

```
newtype IO a = IO (RealWorld -> (RealWorld, a))
```

這樣就更加清楚了，IO 型別裡包裹的是一個 RealWorld -> (RealWorld, a) 型別的運算。這和 s -> (a, s) 型別的函數本質上沒有區別，只是這裡 s 的型別被限制為 RealWorld，每次返回的元組順序也倒了過來。因此，在 base 函數程式庫裡，我們用類似之前 State s a 的方法定義 IO 型別的函子、應用函子和單子實例：

```
instance  Functor IO where
   fmap f x = x >>= (return . f)

instance Applicative IO where
    pure = return
    (<*>) = ap

instance  Monad IO  where
    m >> k     = m >>= \ _ -> k
    return     = returnIO
    (>>=)      = bindIO

returnIO :: a -> IO a
returnIO x = IO $ \ s -> (# s, x #)

bindIO :: IO a -> (a -> IO b) -> IO b
bindIO (IO m) k = IO $ \ s -> case m s of (# new_s, a #) -> unIO (k a) new_s
```

這樣一來，函數程式庫中 putStrLn 和 getLine 的型別也可以理解為：

```
putStrLn :: String -> RealWorld -> (RealWorld, ())
getLine :: RealWorld -> (RealWorld, String)
```

其中 RealWorld 代表的是整個程式之外世界的狀態，所以 getLine 也不是無中生有的一個 String 型別的值，而是從 RealWorld 中讀出的這個字串。從另一個角度來說，如果能給 IO 型別的函數傳遞一個完全一致的世界，它們將會得到完全一樣的結果。這有點像著名的「薛丁格的貓（Schrödinger's Cat）」的比喻。如果能保證兩個平行宇宙中所有的粒子狀態完全相同，那麼你可以肯定盒子裡的貓的狀態也相同，但是宇宙是充滿不確定性的，你不可能保證兩次打開盒子時，整個世界的狀態都一致。同樣，你也不能保證每兩次讀取的時候，使用者會列出完全相同的輸入。

所以，在 Haskell 中一旦運算涉及與外界互動，結果就一定會被包裹到 IO 單子中，這是一個單向的過程。前面有介紹過，函數式程式設計提倡把程式分解為一個個可組合函數模組，所以程式的很多部分都可以放到 IO 之外。有時候，我們會把不需要 RealWorld 的函數稱為純（pure）函數，因為它們的行為容易預測。相比之下，需要 RealWorld 的函數就不那麼「純」了。這並不是因為這個函數每次返回的結果不固定，而是因為它得到的 RealWorld 無法確定。

所有的程式開始都需要一個 RealWorld，這個值由程式的入口 main 函數傳遞：

```
main :: RealWorld -> RealWorld a
```

main 函數由很多子函數組成，給它傳遞一個 RealWorld，這個程式就會按照組合的順序執行起來。這裡你可能會有一個疑問，那就是在 IO 單子的上下文裡傳遞 RealWorld 難道不會消耗機器週期嗎？實際上，RealWorld 是編譯器提供的一個特殊型別，它在編譯階段起到了順序串聯所有運算的作用，經過編譯器最佳化、轉換之後，並不會出現在生成的機器碼中。在最後的執行中，這些值的產生和傳遞過程都會消失。它們只是抽象出來代表外界世界的影子。

20.2 基本 IO 操作

下面介紹一些在 Prelude 中定義的與 IO 相關的常用函數，其中一些函數已經見過很多次了。

常用的輸出函數如下：

```
-- 向控制台輸出一個字元
putChar :: Char -> IO ()

-- 向控制台輸出一個字串
putStr :: String -> IO ()

-- 向控制台輸出一個字串，並在結尾新增換行
putStrLn :: String -> IO ()

-- 向控制台輸出一個可以被轉為字串的值，並在結尾新增換行
-- 等價於 putStrLn . show
-- 在作用到字串型別時和 putStrLn 並不相同
-- 因為會產生多餘的引號
print :: Show a => a -> IO ()
常用的讀取函數如下：
-- 從鍵盤讀取一個字元
getChar :: IO Char

-- 從鍵盤讀取一行字串
getLine :: IO String

-- 從鍵盤讀取一段字串，直到 EOF
getContents :: IO String

-- 使用互動函數處理輸出
interact :: (String -> String) -> IO ()
```

其中 getContents 可以從鍵盤上讀取任意長度的字串，直到遇到 EOF。一般終端裡 EOF 綁定的鍵是 Ctrl+D，但是由於 Haskell 裡的 IO 函數預設是惰性的，所以這個函數的行為可能和你想像的有些出入：

```
main = do
    a <- getContents
    print a
```

上面的程式可能會出現的結果是在程式一開始 print 就輸出了 "，表示 a 是一個字串，之後每一行輸入一次，print 就輸出一行，但是 getContents 和 print 從來都不會結束，這是因為作業系統底層使用了行暫存（line buffer）。其實 getContents 只在讀取的內容被用到的時候，才會把接收到的暫存器內容變成字串輸出，例如下面的程式：

```
main = do
    a <- getContents
    return ()
```

這時程式會直接返回，這是因為讀取的 a 根本沒有用到。對比下面的程式：

```
main = do
    a <- getContents
    print $ length a
```

你可以輸入任意長度的字串，最後按 Ctrl+D 鍵結束，length 函數才會返回長度。

interact 函數接收一個應答函數 String -> String，然後把從標準輸入串流讀進來的字串交給應答函數，並把結果輸出到標準輸出串流。例如，下面這個程式的效果和 tr '[a-z]' '[A-Z]' 是相同的：

```
import Data.Char

main = interact $ map toUpper
```

在 Haskell 中，由於 IO 函數懶惰的特性，我們可以方便地實作其他語言裡串流處理的特性。在 Prelude 中，還有兩個函數用來反序列化讀取的字串：

```
-- 把字串轉換為資料型別 a
readIO :: Read a => String -> IO a

-- 讀入一行字串，並轉換為資料型別 a
readLn :: Read a => IO a
```

readIO 和 readLn 都會根據 a 型別序列化的格式來執行反序列化，如果解析失敗的話，將直接在 IO 中拋出異常。在第 33 章中，我們再講解如何處理 IO 中的異常。不過大部分情況下，還是推薦使用 Text.Read 模組中的函數處理反序列化字串。例如，下面的 readMaybe 函數就是一個不會拋出異常的全函數：

```
readMaybe :: Read a => String -> Maybe a
```

最後，我們來看看 Prelude 中提供的一些操作檔案的函數：

```
type FilePath = String

-- 讀取檔案
readFile :: FilePath -> IO String

-- 寫入檔案
writeFile :: FilePath -> String -> IO ()

-- 向檔案結尾部新增新的資料
appendFile :: FilePath -> String -> IO ()
```

這幾個函數基本上如它們所描述的那樣。需要注意的是，readFile 操作是屬於懶執行（Lazy Execution）的。也就是說，這個函數並不會等待檔案讀取完畢後才返回，它實際上返回了一個任務盒，只有用到被讀取的字串時，這個任務盒才會真正到硬碟上讀取需要的內容。這是 Haskell 中 IO 操作中一個很有意思的地方，那就是這些 IO 操作自動就是**不阻塞**（non-blocking）的，所有的讀寫操作都會交給執行時的 IO 管理器（IO manager）處理，而 IO 管理器會自動幫你完成讀寫事件註冊、進程掛起和恢復等工作，你不需要手動宣告檔讀取完畢後才能執行的程式碼，只需要當作檔案其實已經被讀寫完了就好。來看下面的程式碼：

```
copyFile f1 f2 = do
    c <- readFile f1
    let c' = map toUpper c
    writeFile f2 c
```

在大部分其他語言裡，使用這樣簡單的實作是無法處理很大的文字檔的，因為所有的內容都要被讀取到記憶體中，過大的檔案會導致程式使用過多的記憶體而崩潰。但是 Haskell 中的情況則是檔案會被自動分段讀取（取決於系統的檔案快取機制）。因為所有的函數都是純函數，例如上面的 map toUpper，所以不管是什麼樣的處理，我們不需要知道，也無法知道，每次讀取了多長的字串。上面的函數可以在固定大小的記憶體下處理任意大小的文字檔，背後的檔案讀取過程交給作業系統安排即可。

Haskell 裡 IO 操作的這種特性也被稱為懶 IO（lazy IO）。不過有時候懶 IO 也會遇到問題，最麻煩的就是系統對於一個程式同時能夠打開的檔案數量有限制，這麼做是為了保護底層硬體資源不至於被過分使用。在 Unix 系統上，一般透過設定 ulimit 來實作這個限制。而懶 IO 的後果就是你無法控制一個檔案的關閉。當讀取一個檔時，你不能確定什麼時候讀取的 String 能用完，只有當這個 String 的值被垃圾回收時，底層的 IO 管理器才能放心地關閉檔案。而垃圾回收的過程往往是有延遲的，這會導致像檔案描述符號這類的稀少資源無法得到及時回收。一個解決辦法是使用前面提到的 deepseq 函數程式庫中的 Control.DeepSeq 模組，這個模組裡包含像 deepseq 這類強制求值到常態的函數：

```
...
    c <- readFile 'data.txt'
    -- 強制讀取完 data.txt，關閉檔案描述符號
    c `deepseq` process c
    -- 或者 process $!! c
...
```

另一個辦法就是使用結合嚴格求值的串流處理方案，這類方案既能夠保證資源得到及時釋放，又能夠滿足在限定的記憶體中處理大量資料的要求。不過在處理檔案的數量不多的情況下，懶 IO 可以很好地滿足要求。

20.3 IO 中的變數

因為在 IO 裡存在一個看不見的 RealWorld 狀態傳遞，所以我們可以在這個看不見的狀態中申請真正可以被改變的變數。和其他語言中的引用（reference）類似，Haskell 提供基於 IO 的變數引用。在 Data.IORef 模組裡，定義了操作這些變數的函數：

```
data IORef a = 你看不見的黑魔法

-- 新建一個 IORef，需要提供初始值
newIORef :: a -> IO (IORef a)

-- 讀取 IORef 裡變數的值
readIORef :: IORef a -> IO a

-- 改寫 IORef 裡變數的值
writeIORef :: IORef a -> a -> IO ()

-- 使用函數來改寫 IORef 裡變數的值
modifyIORef :: IORef a -> (a -> a) -> IO ()

-- 使用函數來改寫 IORef 裡變數的值
-- 但是這個函數會被立即執行，而不是保存為一個任務盒
modifyIORef' :: IORef a -> (a -> a) -> IO ()
```

所以說，Haskell 中不存在變數這個說法也是不確切的，Haskell 中不可變的是綁定。實際上，透過把變數當作 RealWorld 的一部分，可以把變數操作包裝起來，這樣既不破壞純函數式系統的引用透明原則，也可以實作真正的指定值操作。我們來試驗一下 IORef：

```
Prelude> import Data.IORef
Prelude Data.IORef> a <- newIORef 2
Prelude Data.IORef> readIORef a
2
Prelude Data.IORef> writeIORef a 4
Prelude Data.IORef> v <- readIORef a
Prelude Data.IORef> v
4
Prelude Data.IORef> :t a
a :: IORef Integer
Prelude Data.IORef> writeIORef a "abc"
```

```
<interactive>:9:14:
    Couldn't match expected type 'Integer' with actual type '[Char]'
    In the second argument of 'writeIORef', namely '"abc"'
    In the expression: writeIORef a "abc"
    In an equation for 'it': it = writeIORef a "abc"
Prelude Data.IORef> a <- newIORef (+1)
Prelude Data.IORef> f <- readIORef a
Prelude Data.IORef> f 1
2
```

Haskell 中的引用仍然在型別系統的限制之下，所以你不能把 IORef Integer 裡的內容變成 String，而且每次新建和讀取的時候都需要使用 <- 反箭頭，因為這個變數的值是 RealWorld 的一部分，即這些操作需要和外界互動才能完成。

20.4　forkIO

Haskell 中的整個世界觀建立在對外部真實世界的建模上，有趣的是對於 IO 的並行處理，它使用的是一種類似平行宇宙的建模方法：

```
forkIO :: IO () -> IO ThreadId
```

forkIO 函數使用 fork#從目前的 RealWorld 中分叉出一個新的平行宇宙傳遞給 IO ()，同時在目前的 IO 中返回 ThreadId，這是用來在目前宇宙中控制分叉出去的平行宇宙的識別字。平行宇宙實際上就是執行緒的概念，只不過 forkIO 底層執行緒的實作並沒有使用作業系統提供的執行緒，而是由 GHC 執行時提供的。這個執行緒非常輕量，一台普通的筆記型電腦併發執行幾十萬個平行宇宙也不會出現問題。forkIO 函數定義在 Control.Concurrent 模組中。下面是一個使用 forkIO 函數的例子：

```
import Control.Concurrent
import Contro.Monad

main = do
    tid1 <- forkIO $ forever $ do
        threadDelay 1000000
        putStrLn "hello"
    threadDelay 500000
    tid2 <- forkIO $ forever $ do
        threadDelay 1000000
        putStrLn "world"

    putStrLn $ "Two worlds are running at " ++
        show tid1 ++ " and " ++ show tid2 ++ "."

    threadDelay 10000000
```

另外，在實際程式設計中，我們往往使用 IORef 記錄系統的狀態，這些狀態如果需要在不同的執行緒裡被讀寫，就會涉及變數訪問的順序問題。為了防止競爭條件（race condition）的發生，Data.IORef 模組裡還引入了執行緒安全的原子操作：

```
atomicModifyIORef :: IORef a -> (a -> (a, b)) -> IO b
atomicModifyIORef' :: IORef a -> (a -> (a, b)) -> IO b
atomicWriteIORef :: IORef a -> a -> IO ()
```

透過上面的操作改寫 IORef 時，不同執行緒之間的讀取/改寫操作不會互相影響。不難看出，其實這些函數封裝的就是一把訪問變數的鎖（lock）。需要注意的是，IORef 的鎖僅僅保護了讀寫過程的原子性，但並不能保證相鄰的多個連續操作的原子性，這和底層的多核心處理器記憶體模型（memory model）有關，所以一個常見的建議是不要在多執行緒的情況下使用 IORef。

這裡暫時先不深入討論並行特性和各種級別的執行緒同步操作，相關內容可以參見第 30 章。

20.5 ST 單子

實際上，IO 單子不僅封裝了外界的狀態、變數的申請、執行緒的建立，還包裝了互動失敗的異常處理，以及各種和底層執行時相關的操作。如果我們只是希望撰寫某些使用變數才能實作的演算法的話，還可以使用一個比 IO 弱一些的單子，它就是 ST：

```
newtype ST s a = ST (STRep s a)
type STRep s a = State# s -> (# State# s, a #)
```

其實上面的型別展開化簡之後等價於下面的型別：

```
newtype ST s a = ST (s -> (s, a))
```

和 IO 差不多，唯一的區別在於我們給它傳遞的狀態 s 可以是任意型別的，而不一定要是 RealWorld。這意味著在這個單子裡我們不能和外界互動，這裡的狀態 s 僅僅是用來記錄單子運算中申請的變數的狀態。我們為 ST 單子引入了下面的操作：

```
newSTRef :: a -> ST s (STRef s a)
readSTRef :: STRef s a -> ST s a
writeSTRef :: STRef s a -> a -> ST s ()
modifySTRef :: STRef s a -> (a -> a) -> ST s ()
modifySTRef' :: STRef s a -> (a -> a) -> ST s ()
```

它們分別對應在 IO 單子中針對 IORef 的操作。同時，還有一個執行 ST 單子運算的函數：

```
runST :: (forall s. ST s a) -> a
```

runST 給 ST 單子提供了一個初始狀態來執行整個運算。在 ST 單子內部，狀態 s 串起了整個運算，保證了運算的前後順序。這個狀態 s 起到了類似執行緒的作用，所以有時 ST 單子又稱為執行緒單子。但這並不是說它可以提供執行緒的操作，而是表示每次 runST 操作都可以看作在一個新的執行緒中執行 ST 中的運算，這些運算不會相互影響，因為它們彼此沒有辦法拿到對方的狀態，這也是 ST 中沒有對應 IO 中 atomicXXX 的原子操作的原因。我們並不需要給 ST 中的變數加鎖，在若干個 ST 中執行的運算之間無法共用 STRef 變數。

值得注意的是，forall s 出現在括弧裡面，這麼做正是為了防止使用者洩露 s 型別的值。考慮下面的程式碼：

```
Prelude Data.STRef Control.Monad.ST> let a = runST (newSTRef (15 :: Int))

<interactive>:8:16:
    Couldn't match type ‘a’ with ‘STRef s Int’
      because type variable ‘s’ would escape its scope
    This (rigid, skolem) type variable is bound by
      a type expected by the context: ST s a
      at <interactive>:8:9-36
    Expected type: ST s a
      Actual type: ST s (STRef s Int)
    Relevant bindings include a :: a (bound at <interactive>:8:5)
    In the first argument of ‘runST’, namely ‘(newSTRef (15 :: Int))’
    In the expression: runST (newSTRef (15 :: Int))
```

這實際上是下面兩個型別無法匹配的緣故：

```
runST :: (forall s. ST s a) -> a
newSTRef (15 :: Int) :: ST s (STRef s Int)
```

runST 的完整撰寫應該是 forall a. ((forall s. ST s a) -> a)，現在型別檢查希望 a 和 STRef s Int 是等價的。但是由於 s 受到 forall s 的限定，即使對於同一個 a 也並不能確定 s 的型別，所以 ST s (STRef s Int) 和 ST s a 不能等價。

換一種方式來理解，runST 函數每次都會給 ST s a 運算傳遞一個任意但卻不同的型別的 s，所以它需要 ST s a 對全部型別的 s 都成立。而一旦 s 試圖透過 runST 逃逸出來，遇到的第一個問題就是它已經無法被別的 runST 使用了。因為這個時候任意一個 runST 函數給它傳遞的 s 型別都不是它想要的。實際上，在括弧裡限定 forall s 產生了一個 2 階（rank 2）的型別，這個在 GHC 中透過打開擴充 RankNTypes 即可支援。這和前面說到的 Lens 型別需要打開的高階型別擴充其實是同一個東西。請讀者仔細思考，在型別內部對某個型別參數變數作 forall 或者 Functor 限制產生的意義。

下面我們列出一個使用 ST 單子建構計算列表最小子串和問題的例子：

```
minSubArray :: (Ord a, Num a) => [a] -> Int -> a
minSubArray xs m = runST $ do
    let initSum = sum initXs
    minSum <- newSTRef initSum
    tempSum <- newSTRef initSum

    forM_ xs' $ \(x', x) -> do
        min <- readSTRef minSum
        temp  <- readSTRef tempSum
        let temp' = temp + x' - x
        writeSTRef tempSum temp'
        when (temp' < min) $ writeSTRef minSum temp'

    readSTRef minSum
  where
   (initXs, shifted) = splitAt m xs
   xs' = zip shifted xs
```

對比之前 JavaScript 的版本，不難看出，只需要把變數初始化換成 newSTRef，把讀寫變數的操作換成 readSTRef/writeSTRef，演算法的其餘部分幾乎相同。在最外層使用 runST 執行包裹在 ST 中的運算即可得到結果，這裡我們雖然使用了更新狀態的操作，但是由於 s 型別的狀態永遠無法逃出 ST 單子，所以最後得到的是一個純函數 [a] -> Int -> a。這正是 ST 單子的價值，即在純函數中提供一個虛擬世界，在這個世界裡你可以使用變數，但是當計算結束時，這個虛擬世界必須銷毀，你永遠無法讓這個虛擬世界中的狀態逃逸出去。

既然 ST s a 在接收到任意型別的狀態 State# s 之後都可以執行，我們同樣可以把一個真實的 RealWorld（嚴格地說是 State# RealWorld）傳遞給它，這樣就得到了 stToIO 函數：

```
stToIO :: ST RealWorld a -> IO a
```

這個函數可以在 IO 中執行一個 ST 運算，這裡給 ST 運算傳遞的是一個真實的世界 RealWorld，其實相當於把 ST 裡面的狀態記錄到了 IO 中。但是因為 IO 函數並沒有提供任何逃逸方法，所以這個狀態被永遠封鎖在了一連串 RealWorld 當中。

20.6 後門函數

就像任何體系都有後門一樣，Haskell 的 IO/ST 體系也有後門讓你隨意操作 RealWorld/ST s。例如，System.IO.Unsafe 模組中定義的這個函數：

```
unsafePerformIO :: IO a -> a
unsafePerformIO = 黑魔法？？？
```

這個函數的型別已經足以讓人震驚了！我們憑空對 IO a 型別的計算傳遞了一個 RealWorld，然後返回計算結果，這個 RealWorld 和 main 裡面的 RealWorld 沒有任何關係，所以我們也不能保證這個函數執行的時機。使用這個函數時，需要非常小心，往往需要配合下一章介紹的 NOINLINE 程式標注。

unsafePerformIO 函數的一個用處是，在程式初始化的時候獲取一個需要副作用才能獲得的全域可用資料。出於不想讓使用者手動初始化的目的，我們可以先透過 unsafePerformIO 把這個資料放進一個 IORef，然後在使用的時候透過 readIORef 讀取，最後帶上的 IO 標記確保了這個資料的安全。例如，在 random 函數程式庫裡定義的全域虛擬亂數發生器：

```
setStdGen :: StdGen -> IO ()
setStdGen sgen = writeIORef theStdGen sgen

getStdGen :: IO StdGen
getStdGen  = readIORef theStdGen

theStdGen :: IORef StdGen
theStdGen  = unsafePerformIO $ do
   rng <- mkStdRNG 0
   newIORef rng
```

這裡 theStdGen 就是一個在程式執行開始的時候就生成的虛擬亂數發生器，使用 unsafePerformIO 避免了使用者手動初始化的步驟。雖然這裡隨意取得了一個 RealWorld，但是由於我們暴露的介面是 getStdGen/setStdGen，而且這個 RealWorld 不會對 main 函數的 RealWorld 產生任何可觀察的影響，因此是安全的。

除了 unsafePerformIO 之外，System.IO.Unsafe 模組中還有其他幾個涉及 RealWorld 操作的後門函數，這些函數在使用的時候需要額外小心，因為它們的型別破壞了 IO 型別的安全。同樣，在 Control.Monad.ST.Unsafe 和 Control.Monad.ST.Lazy.Unsafe 模組裡的函數，也會破壞 ST 型別的型別安全，這些函數一般只在非常極端的情況下才會使用，同時要仔細設計好內建函數和外部函數，以免把不安全的函數暴露出去。

Part 3

高階型別類別和專案實作

接下來我們將討論實際程式設計中遇到的一些問題以及高階型別類別，希望這些內容可以給實際使用 Haskell 的讀者一些參考。另外，隨著 Haskell 在業界的應用越來越廣，社群這幾年也愈來愈活躍，一方面展現在編譯器 GHC 的開發活躍度日漸提高；另一方面展現在社群資源，例如 Hackage、Stackage 等的穩定增加。這部分涉及的一些內容還處於變動階段，希望本書的內容可以給有經驗的讀者一些關於 Haskell 的新思考。

一個有趣的事實是，本身就使用 Haskell 編寫的 GHC 也從側面印證了 Haskell 程式碼的可維護性：一個持續維護了 20 年的開放原始碼專案仍然良好地保持了當初設計時很多優雅的構架，很多新的想法和實驗性想法仍然在不斷加入 GHC，這些都得益於 Haskell 的強型別保證和模組化的設計。

作為一門預設惰性求值的純函數式程式設計語言，在實際的應用中往往遇到性能優化問題，這一部分會介紹一些對求值過程進行控制和分析的方法，以及一些適合高效能要求的函式程式庫來應對常用的程式設計任務。作為一個現代的編譯語言，除了在少數對即時性有較高要求的場合，GHC 在大部分情況下都可以勝任效能方面的要求。

這一部分關注的另一個重點是如何利用單子變換和單子變換的升格操作來操作複雜的單子棧，這些內容對於想要熟練使用 Haskell 程式設計進行實際應用的讀者非常重要。正如在第二部分中看到的，單子抽象是建構複雜運算的基本元素。單子棧從單子的可組合性出發，提供了一套純函數式、模組化、強型別保證的程式設計工具，這套工具能夠保證通過編譯的程式的正確性，同時大大減少了重構程式碼的難度（因為單子棧可以很好地把複雜問題化解成模組化的問題組合）。

Haskell 還是一門十分適合實作 DSL（Domain Specific Language，領域專用語言）的語言，因為單子抽象可以很好地捕捉某個領域的特殊使用場景下的常用典範，這在第 27 章中有所展現。網路伺服器其實就是 Reader 單子和 State 單子的結合體，通過抽象出一些網路相關的操作，我們實質上創造了一套讀取請求和發送響應的 DSL。這和 Haskell 編寫解析器的思考方式十分相似，在這些特殊的應用場景下，使用合適的單子捕捉所需要的上下文，建立一套特定的函式程式庫，是 Haskell 程式設計的最佳實作。

而當遇到語法級別的 DSL 建立問題時，Haskell 提供的範本程式設計工具也能夠很好地勝任。後面的章節會以實作自動生成鏡片組的範本函數為例，為讀者呈現 Haskell 範本程式設計的方方面面。當然，Haskell 中的範本和 LISP 家族的語言相比，還會有很多不同。

◎ 透過 Haskell 範本構造的 AST 需要透過型別檢查，透過 Q 單子的封裝，這樣建構 Haskell 範本的安全性得到了保證。

◎ 手動建構複雜的 AST 結構會帶來一些撰寫上的不便，因此 Haskell 引入了 Quasi Quoter 的概念。

◎ Haskell 允許方便地定義任意格式的 Quoter，來發揮它在解析上的優勢。

當然，對於習慣了 LISP 範本的讀者，初次使用 Haskell 範本可能會覺得限制太多，不過待習慣了之後，你就可以快速上手。

第 31 章詳細介紹了 Haskell 中的高階型別程式設計功能，透過在型別層面展開程式設計，很多執行時的型別問題可以在編譯階段被靜態檢查，從而減少程式 bug。同時裡面介紹的一些型別程式設計技巧，諸如存在型別、型別代理等，也都是很多函式程式庫使用的技巧。

第 32 章透過序列化/ 反序列化的例子，引入了 GHC 提供的泛型程式設計功能，這是一個十分強大的通用資料處理機制，也是以後 Haskell 中主流的資料操作方式。

最後一章的話題聚焦在 Haskell 的異常處理上，包括如何在純函數裡表示錯誤和失敗，以及如何利用執行時提供的異常機制在 IO 單子內處理異常。文中會提供很多函數的應用場景，給讀者提供最佳實作的指導。

受限於本書的篇幅，很多有趣的內容例如 FFI 呼叫、Zipper、FingerTree 等都沒能一一討論。另外，關於並行程式設計和平行程式設計的討論也較為粗淺。不過有了前面的基礎，感興趣的讀者應該有能力自行翻閱相關的文章。

21

語言擴充和程式標注

GHC 編譯器除了實作 Haskell Report 要求的全部語言特性外，還提供了豐富的語言擴充來方便撰寫，這些語言擴充有的已經被納入下一版本的 Haskell 語言標準，有的正處於測試階段。由於 Haskell 本身還在快速發展中，新的語言擴充也在不斷出現。本章選擇一些較為基本的語言擴充，更多內容可參考 GHC 的使用手冊。

此外，本章的另一個關注點是程式標注，它是 GHC 提供的額外控制程式行為的語法，比如可以控制求值過程、記憶體分配等，在實際使用時會經常遇到。

21.1 語言擴充

GHC 擁有龐大的語言擴充（language extension）系統，可透過下面幾種方式打開。

◎ 在原始程式碼的頂部加入 {-# LANGUAGE Extension #-} 來打開某個擴充，它會在該檔案內生效。

◎ 在 GHCi 中使用 :set -XExtension 來打開某個擴充，它在該 session 內有效。

◎ 在專案的 cabal 配置中使用 extension 配置項，指定整個專案所有程式碼都打開的語言擴充。例如，下面的 cabal 配置：

```
...
extension: MultiWayIf, CPP
...
```

就在整個專案中打開了 MultiWayIf 和 CPP 這兩個擴充。這個配置是專案全域有效的，一般用於新增一些很常用的擴充。

下面是一些常用的語言擴充。

◎ TupleSections。可以把表示式 (1,,3,) 解析成 \x y -> (1, x, 3, y)，也就是說，如果撰寫元組的時候省略了一些位置上的值，這個元組會自動變成返回元組的函數，省略的位置會自動被參數按照順序填入。

◎ LambdaCase。這個擴充用來簡化下面的常用形式：

```
\ x -> case x of
  ... -> ...
  ... -> ...
```

打開 LambdaCase 後，上面的表示式可以寫成：

```
{-# LANGUAGE LambdaCase #-}

\case
  ... -> ...
  ... -> ...
```

這個語法常常在單子運算中配合 >>= 使用，例如：

```
do
  someMonadicResult >>= \case
      ... -> ...
```

```
    ... -> ...

-- 等價於下面的寫法

do
  x <- someMonadicResult
  case x of
    ... -> ...
    ... -> ...
```

因為 >>= 總是連接 m a 型別的值和 a -> m b 型別的運算，所以如果需要對 a 型別的結果做模式比對的話，使用 LambdaCase 再合適不過了。

◎ MultiWayIf。這個擴充在前面講過，它可以把下面這樣的表示式：

```
if cond1
 then ...
 else if cond2
        then ...
        else ...
```

改寫成類似 guard 語法的形式：

```
{-# LANGUAGE MultiWayIf #-}

if | cond1     -> ...
   | cond2     -> ...
   | otherwise -> ...
```

注意這和 guard 語法不同的是，MultiWayIf 中的 if 建構的是一個完整的表示式，而 guard 語法只能用在新增綁定的時候。

◎ BinaryLiterals。這是一個看起來很基本的語言擴充，Haskell 預設支援撰寫十六進位和八進位的整數字面量，只要數字分別以 0x/0X 或者 0o/0O 開頭即可。此外，BinaryLiterals 增加了使用 0b/0B 開頭撰寫二進位數字的功能。

◎ BangPattern。這個擴充用來方便撰寫需要對參數進行嚴格求值的函數，例如下面的函數：

```
{-# LANGUAGE BangPattern #-}

someFun (!x, !y) = ...
```

函數 someFun 在比對參數的時候，會把比對到的 x 和 y 都求值到弱常態，這麼做可以避免不必要的任務盒堆積。例如，一個函數在遞迴的過程中會反覆用到參數，但是並沒有立即求值，而是產生了包含參數的任務盒，當遞迴終止的時候一次性展開所有的任務盒。這種情況一般建議使用 BangPattern，在每次遞迴的時候先把參數求值到弱常態，以免隨著遞迴過程的進行，產生過多的任務盒堆積。

◎ Record puns。這是一個對使用記錄語法的資料作模式比對時非常常用的擴充，舉個例子：

```
data Address = Address {
      addrCountry :: String
  ,   addrProvince :: String
  ,   addrCity :: String
  ,   addrStreet :: String
  ,   addrRoomNum :: String
  }

getCityCode :: Address -> Int
getCityCode (Address _ _ addrCity _ _) = lookupCityCode addrCity
-- 或者使用記錄語法
getCityCode (Address {addrCity = addrCity}) = lookupCityCode addrCity
```

在對使用了記錄語法的資料作模式比對時，我們常常透過指定資料項目的名稱來比對想要獲取的資料項目，很多時候我們需要綁定的名稱可能和標籤名相同，這個時候可以不用撰寫 {addrCity = addrCity}，而是使用 NamedFieldPuns 語言擴充：

```
{-# LANGUAGE NamedFieldPuns #-}

getCityCode :: Address -> Int
getCityCode (Address {addrCity}) = lookupCityCode addrCity
```

打開 NamedFieldPuns 語言擴充後，模式中的 {a} 就會自動被展開成 {a = a}，也就是把資料項目中對應的資料綁定到定義資料時的名稱上。另外，這個語法擴充還可以用來方便建立新資料：

```
{-# LANGUAGE NamedFieldPuns #-}

myAddr :: Address

newAddr =
  let addrCity = "xxx" in myAddr{ addrCity }
-- 和下面沒有使用 NamedFieldPuns 的表示式等價
  let addrCity = "xxx" in myAddr{ addrCity = addrCity }
```

◎ RecordWildCards。這同樣是一個處理記錄語法的擴充，主要用來批量引入資料項目的綁定，例如：

```
{-# LANGUAGE RecordWildCards #-}

processAddress :: Address -> XXX
processAddress (Address addrCountry addrProvince addrCity addrStreet addrRoomNum) =
  someProcess ....
-- 使用 RecordWildCards
processAddress (Address {..}) =
  someProcess .... -- 此處 addrCountry、addrProvince 等綁定被自動新增
-- 也可以指定要比對的部分
processAddress (Address {addrCity = "XXX", ..}) =
  someProcess .... -- 除了 addrCity 之外的綁定被自動新增
```

另外，和 NamedFieldPuns 一樣，我們可以使用 RecordWildCards 說明我們建立新的資料：

```
{-# LANGUAGE RecordWildCards #-}

newAddr =
  let addrCountry = "xxx"
      addrProvince = "xxx"
      addrCity = "xxx"
      addrStreet = "xxx"
      addrRoomNum = "xxx"
  in myAddr{..}
```

21.2 嚴格求值資料項目

實際上，上面的 BangPattern 語言擴充來源於一個類似的語法：在 Haskell 中，你可以在 data 宣告中使用!來標注某些資料項目是嚴格求值的（總會被求值到弱常態）。舉個例子：

```
data Vec2 = Vec2 !Double !Double
```

上面宣告的資料型別 Vec2 中註明了建構函數接收到的兩個參數都需要被求值到弱常態，於是保證了下面的情況在記憶體中是不可能發生的：

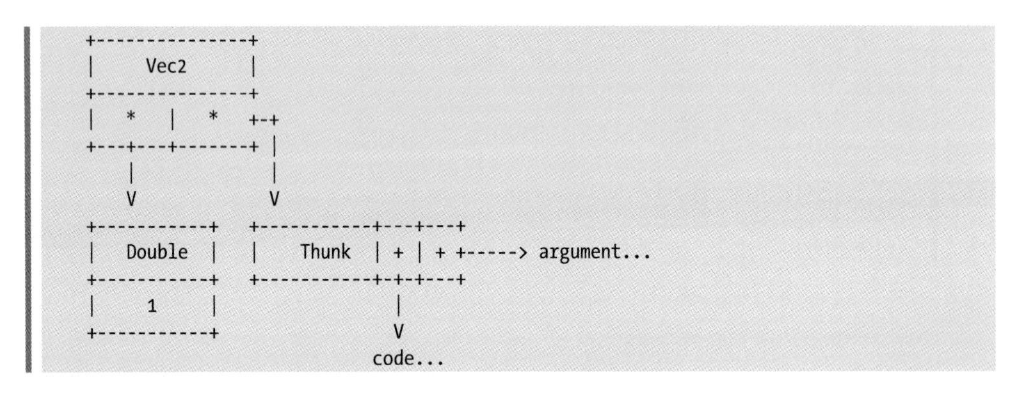

前面說過任務盒的實質是函數應用，並不符合弱常態的定義。這裡 Vec2 定義中的!就是說，每當使用 Vec2 建構一個新的 Vec2 時，把後面兩個 Double 資料項目求值到弱常態。如果有任務盒的話，請即刻展開求值，免得任務盒堆積。這實際上是非常重要的最佳化方法之一，即透過標注資料型別中資料項目的求值策略，來控制建構資料時的求值。此外，我們往往還會配合 GHC 的編譯選項 -funbox-strict-fields 或者下面說到的 UNPACK 程式標注，把上面兩個指向 Double 的內容直接放在 Vec2 的負載裡，這樣可以大大降低存取 Vec2 的資料項目的成本：不會再發生額外的指標跳轉了。

21.3 惰性模式

與上面說的 BangPattern 中的！對應，還有一個相反作用的標注~，稱為惰性模式（lazy pattern），也叫作強制比對模式（irrefutable pattern）。這個模式不需要開啟任何特殊的語言擴充，它的使用方法如下：

```
f :: (a, b) -> Int
f ~(x,y) = 1

-- f (1, 2) == 1
-- f ()     == 1

g :: (a, b) -> a
g ~(x,y) = x

-- g (1, 2) == 1
-- g ()      執行時報錯
```

我們在待比對的模式前面加上~來標注一個模式是強制比對。實際上，這推遲了真正的比對發生的時間，也就是說不管用什麼值去比對這個模式，我們都認為一定可以比對。但是只有當我們需要用到模式比對裡的綁定時，真正的比對才會發生，如果這個時候值和模式無法比對，程式會停止執行並報錯。

因此，惰性模式只有在確定模式比對不會失敗時才使用，它是為了增加某些函數的惰性而設計的。例如，某些函數並不一定會用到比對出來的綁定，如果我們需要使用它來建立一些無限長的資料結構，那麼它的模式比對需要被保存成任務盒而不是立即發生，惰性模式在背後做的事情正是如此：它把一次模式比對包裝在了任務盒裡，整個比對過程並不會有任何求值過程發生。我們也可以說它增加了程式執行的惰性。在 24.4 節介紹 StateT 單子變換時，我們再來討論惰性模式的用處。

21.4 程式標注

語言擴充的語法 {-# .... #-} 實際上是程式標注（pragma）的一種形式。實際上，GHC 擁有非常豐富的程式標注，用來指導編譯器的程式碼最佳化以及機器碼生成。這裡我們列舉一些常用的程式標注。

◎ **展開盒裝資料 UNPACK**。正如上面 Vec2 的例子提到的，我們可以進一步把資料中需要求值的資料項目展開到資料的負載中，例如下面的定義：

```
data Vec3 = Vec3 {-# UNPACK #-} !Double
                 {-# UNPACK #-} !Double
                 {-# UNPACK #-} !Double
```

這裡我們透過新增{-# UNPACK #-}標注，告訴編譯器後面的資料項目需要展開，那麼 Vec3 1 2 3 在記憶體裡可能就會是這個樣子：

```
+------+---+---+---+
| Vec3 | 1 | 2 | 3 |
+------+---+---+---+
```

可以看到，這個時候資料全部出現在 Vec3 型別的盒子裡面，而不需要任何的跳轉，這樣做的好處是顯而易見的。

- 資料變得更加緊湊，更節省空間。
- 資料存取變快。

但是這樣做的缺點也是很明顯的。

- 資料共用變得困難，例如表示式 let Vec3 x _ _ = (Vec3 1 2 3) in (Vec3 x 4 5)，這裡的 x 需要被複製到相應的 Vec3 建構函數的內部，而不能僅僅透過複製指標實作，這在資料項目體積很大的時候同樣很浪費空間和時間。
- 我們無法透過指標指向任務盒的方式建立惰性計算的資料，換句話說，我們無法再利用資料結構實作相應的控制結構了，因為計算任務總會在建立資料結構時執行。

綜合上面的對比，讀者應該在選擇這個程式標注時有一定的判斷了。在 Haskell 中關於資料結構的使用，一個總的原則就是：對於底層的資料型別，出於加速的目的，建議使用嚴格求值策略，如果資料項目不大，建議配合資料項目展開；而對於上層的資料結構，出於共用和抽象的目的，建議保持惰性求值的策略，不要展開。

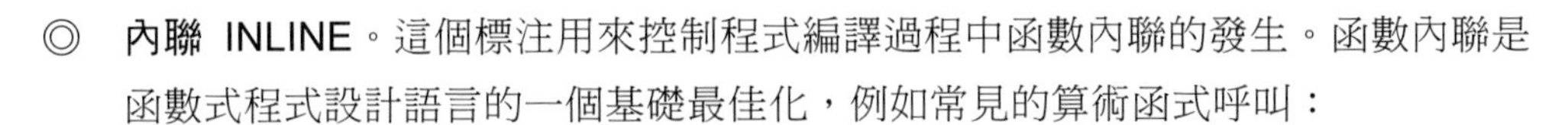

◎ 內聯 INLINE。這個標注用來控制程式編譯過程中函數內聯的發生。函數內聯是函數式程式設計語言的一個基礎最佳化，例如常見的算術函式呼叫：

```
2 + 3
x `mod` y
```

經過最佳化步驟之後，都會直接呼叫函數對應的機器碼，從而避免函式呼叫帶來的堆疊操作。當需要讓 GHC 說明你內聯一個函數時，可以像下面這樣使用 INLINE 標注：

```
pred :: Int -> Bool
{-# INLINE pred #-}
```

這個標注實際上是告訴 GHC 最佳化步驟。pred 函數的計算成本很低，請在能夠內聯它的時候儘量內聯它。假設出現了無法內聯的情況，例如函式呼叫出現在一個遞迴函數內部，GHC 不能無限制地把函式定義展開下去，這時會試著選擇一個不內聯的函數作為斷開內聯迴圈的邊界，而 INLINE 標注只是告訴 GHC 儘量不要選擇這個函數作為不內聯的邊界。假如新增標注的是遞迴函數本身，那麼這個斷開內聯迴圈的邊界只能是它自己，這個時候 INLINE 會被忽略。

◎ INLINABLE/NOINLINE。假設說 INLINE 標注是在對 GHC 說，請盡力內聯該函數，那麼 INLINABLE 就是在對 GHC 說，該函數是可以內聯的，這是一個比 INLINE 要弱一些的標注。NOINLINE 標注就是告訴 GHC，請永遠不要內聯該函數。NOINLINE 往往配合一些 unsafeXXX 函數使用，例如下面的函數：

```
counter :: IORef Integer
counter = unsafePerformIO $ newIORef 0
{-# NOINLINE counter #-}

newUniqueInteger :: IO Integer
newUniqueInteger = do
  x <- readIORef counter
  writeIORef counter (x+1)
  return $ x
```

這裡我們希望提供一個安全的產生唯一整數的介面。和上一章的 theStdGen 的做法類似，我們使用 unsafePerformIO 來產生一個 IORef，如果 counter 函數被內聯的話，每次呼叫 newUniqueInteger 函數，都會執行 newIORef 一次，這樣就違背了使用 counter 的意義了。所以，這裡我們把它標記為 NOINLINE，只要 counter 被求值一次，之後都不會再執行 newIORef 了。

21.5 編譯選項

在使用 GHC 編譯器時，我們可以透過命令列給 GHC 傳遞一些選項來控制編譯過程，例如：

```
ghc -fwarn-incomplete-patterns Main.hs
```

這裡的-fwarn-incomplete-patterns 告訴 GHC 對不完全的模式比對輸出警告。實際上，GHC 的參數有很多，常用的參數如下。

◎ -o filename：設定編譯目的檔案的名稱。

◎ -prof：打開執行分析。

◎ -Ox/O：x 是 0、1 或者 2，代表 GHC 的最佳化等級（optimization level），預設是 0，即不最佳化。大部分情況下，O1/O2 可以改善編譯器的執行效率，但是會增加編譯時間以及編譯出來的檔大小。

◎ -vx/v：x 是資訊輸出的等級，可以是從 0 到 4 的整數，-v2 就是打開第 2 等級的除錯資訊輸出。預設值為 v0，表示會關閉所有不重要的資訊，這個選項用來在編譯過程中獲得額外輸出來幫助我們除錯編譯過程。

◎ -Wall：用來打開全部的警告（warning），包括完備性檢查失敗、缺少型別標注等。這個參數常常用來提高程式碼品質。

◎ -Werror：把所有的警告變成編譯錯誤，用來在自動編譯過程中對程式碼品質做檢查。

◎ -static：告訴連結器（linker）使用靜態函式程式庫連結最終的程式，這個選項會大大增加最終編譯檔的尺寸，但是可以減少編譯結果對執行環境的要求。

◎ -threaded：告訴編譯器使用多執行緒的執行時，用來控制編譯的程式在多核硬體上的執行。

另外，在 cabal 配置裡，我們可以針對每個 executable/library 條目配置控制編譯過程的選項，例如：

```
...
executable XXX
```

```
    ghc-options:  -- 傳遞給 GHC 的選項，例如-O2、-Wall 等
    include-dirs: -- 如果模組呼叫了 C 的函數，這裡需要新增標頭檔目錄
    cc-options:   -- 這是給 C 編譯器傳遞的參數
...
```

這些選項會在 cabal 編譯專案時自動傳遞給 GHC。更多關於 GHC 編譯參數的內容，可以參見 GHC 使用手冊的相關章節[註1]。

21.6　執行分析

上面提到的-prof 是除錯 GHC 編譯的程式時一個很重要的選項，和這個選項配合的一個選項是-fprof-auto，它會給每個沒有新增 INLINE 標注的函數自動新增分析標注（對於內聯函數來說，無法分析該函數的呼叫代價，因為函數體被內聯到了其他函數內部）。這裡我們用 GHC 手冊上的例子：

```
module Main where

main = print (fib 30)
fib n = if n < 2 then 1 else fib (n-1) + fib (n-2)
```

使用下面的命令編譯並執行：

```
$ ghc -prof -fprof-auto -rtsopts Main.hs
$ ./Main +RTS -p
```

你會發現目錄下多了一個 Main.prof 檔，打開這個檔，會發現類似下面的內容：

```
    Mon Mar 28 16:50 2016 Time and Allocation Profiling Report  (Final)

       Main +RTS -p -RTS

    total time  =        0.31 secs   (306 ticks @ 1000 us, 1 processor)
    total alloc = 538,556,904 bytes  (excludes profiling overheads)

COST CENTRE MODULE    %time %alloc

fib         Main      100.0  100.0


                                                 individual     inherited
COST CENTRE  MODULE                   no.     entries  %time %alloc   %time %alloc

MAIN         MAIN                      44           0    0.0    0.0   100.0  100.0
 CAF         Main                      87           0    0.0    0.0   100.0  100.0
```

註1　Flag reference：https://downloads.haskell.org/~ghc/latest/docs/html/users_guide/flag.html。

```
 main       Main                    88        1    0.0    0.0   100.0  100.0
  fib       Main                    89  2692537  100.0  100.0   100.0  100.0
 CAF        GHC.Conc.Signal         83        0    0.0    0.0     0.0    0.0
 CAF        GHC.IO.Encoding         77        0    0.0    0.0     0.0    0.0
 CAF        GHC.IO.Encoding.Iconv   75        0    0.0    0.0     0.0    0.0
 CAF        GHC.IO.Handle.FD        67        0    0.0    0.0     0.0    0.0
 CAF        GHC.IO.Handle.Text      65        0    0.0    0.0     0.0    0.0
```

這裡列出了函式呼叫堆疊裡每個函數的時間消耗。我們看到，fib 函數在這裡消耗了幾乎全部的時間，如果把 fib 函數改成經典的記錄快取暫存（memorized）版本：

```
fib n = let fibs = 0 : 1 : zipWith (+) fibs (tail fibs) in fibs !! n
```

再重新執行一次：

```
    Mon Mar 28 17:04 2016 Time and Allocation Profiling Report  (Final)

       Main +RTS -p -RTS

    total time  =        0.00 secs   (0 ticks @ 1000 us, 1 processor)
    total alloc =      53,296 bytes  (excludes profiling overheads)

COST CENTRE MODULE           %time %alloc

CAF         GHC.IO.Handle.FD   0.0   64.8
CAF         GHC.IO.Encoding    0.0    5.2
CAF         GHC.Conc.Signal    0.0    1.2
main        Main               0.0   19.8
fib.fibs    Main               0.0    6.6


                                                  individual     inherited
COST CENTRE  MODULE                  no.     entries  %time %alloc   %time %alloc

MAIN         MAIN                    45           0    0.0    0.8     0.0  100.0
 CAF         Main                    89           0    0.0    0.6     0.0   27.4
  main       Main                    90           1    0.0   19.8     0.0   26.7
   fib       Main                    91           1    0.0    0.3     0.0    7.0
    fib.fibs Main                    92           1    0.0    6.6     0.0    6.6
 CAF         GHC.Conc.Signal         85           0    0.0    1.2     0.0    1.2
 CAF         GHC.IO.Encoding         79           0    0.0    5.2     0.0    5.2
 CAF         GHC.IO.Encoding.Iconv   77           0    0.0    0.4     0.0    0.4
 CAF         GHC.IO.Handle.FD        69           0    0.0   64.8     0.0   64.8
 CAF         GHC.IO.Handle.Text      67           0    0.0    0.2     0.0    0.2
```

可以發現，執行時間和記憶體消耗都大大降低了，這時 fib 執行的時間只占 7%，大部分時間都消耗在列印結果帶來的系統呼叫上。

在執行的時候，除了使用 RTS -p 來分析時間消耗之外，還可以使用 RTS -h 來分析記憶體花費，這時需要用到 hp2ps 工具。使用 GHC 分析記憶體花費的步驟如下：

```
$ ./Main +RTS -h        # 打開 heap 分析執行程式
$ hp2ps Main.hp         # 使用 hp2ps 把分析結果轉換為.ps 檔案
$ open Main.ps          # 打開.ps 檔（你可能需要安裝.ps 檔案閱讀器）
```

此時得到的分析圖表應該類似圖 21-1。

你可以給 hp2ps 傳遞-c 獲得彩色的圖像。大部分情況下，使用-fprof-auto 自動新增分析標注就足夠了。不過我們也可以使用下面的語法手動新增分析標注：

```
module Main where

main = print ( {-# SCC "fib" #-} fib 30)
fib n = if n < 2 then 1 else fib (n-1) + fib (n-2)
```

上面我們手動給 fib 30 新增了分析標注 fib。關於 GHC 的分析器，還有很多使用細節，感興趣的讀者可參考 GHC 的使用手冊 。

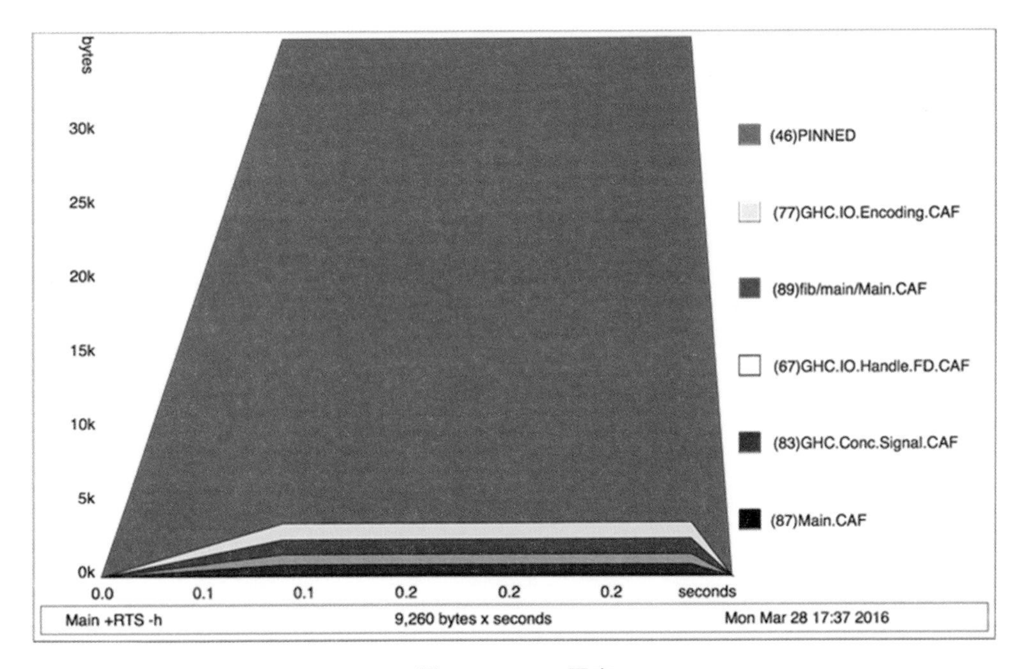

圖 21-1　heap 圖表

22

Foldable 和 Traversable

在前面的章節中，偶爾碰到 Traversable t =>或者 Foldable t =>這樣的型別類別限制時，我們都暫時用串列代替 t 來幫助理解。實際上，這兩個型別類別出現得較晚，並沒有納入 Haskell 2010 Report。但是在 GHC 7.10 版本裡，這兩個型別類別已經被加入 base 函數程式庫，而且 Prelude 裡的很多函數型別也抽象到了這兩個型別類別的範疇，這一章我們就來看看這兩個型別類別和一些常用的實例。

22.1 Foldable

下面是跟隨 GHC 7.10 一起發佈的 base 函數程式庫裡幾個型別類別的層級關係圖：

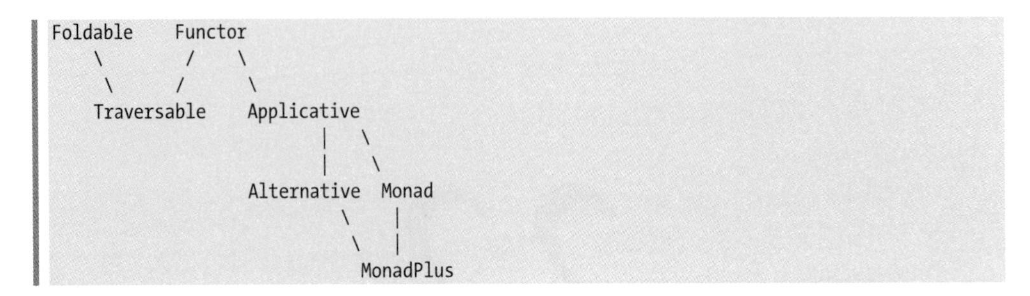

```
Foldable     Functor
    \         /   \
     \       /     \
    Traversable    Applicative
                        |   \
                        |    \
                   Alternative  Monad
                          \      |
                           \     |
                          MonadPlus
```

其中 Foldable 是限制最少的型別類別，它要求提供一個把資料結構折疊成值的函數，這個函數可以看作對串列的折疊操作的推廣。下面我們來看看該型別類別的定義：

```
class Foldable t where
    -- 合併單位半群型別的元素
    fold :: Monoid m => t m -> m
    -- 把每個元素映射為單位半群，然後合併
    foldMap :: Monoid m => (a -> m) -> t a -> m

    -- 從右折疊資料結構
    foldr :: (a -> b -> b) -> b -> t a -> b
    -- foldr 的嚴格求值版本
    foldr' :: (a -> b -> b) -> b -> t a -> b
    -- 從左折疊資料結構
    foldl :: (b -> a -> b) -> b -> t a -> b
    -- foldl 的嚴格求值版本
    foldl' :: (b -> a -> b) -> b -> t a -> b
    -- 使用最右端元素作為折疊初始值
    foldr1 :: (a -> a -> a) -> t a -> a
    -- 使用最左端元素作為折疊初始值
    foldl1 :: (a -> a -> a) -> t a -> a
    -- 把資料結構轉換成一個串列
    toList :: t a -> [a]
    -- 資料結構是否為空
    null :: t a -> Bool
    -- 資料結構的長度
    length :: t a -> Int
    -- 資料結構中是否包含某元素
    elem :: Eq a => a -> t a -> Bool
    -- 資料結構中最大的元素
    maximum :: forall a . Ord a => t a -> a
    -- 資料結構中最小的元素
    minimum :: forall a . Ord a => t a -> a
    -- 資料結構中所有元素的和（sum）
    sum :: Num a => t a -> a
    -- 資料結構中所有元素的積（product）
    product :: Num a => t a -> a
```

Foldable 型別類別在 Data.Foldable 模組中定義，它一口氣定義了 16 個函數。這些函數涵蓋了大部分資料結構的通用操作，不過好在這些函數都提供了預設實作。實際上，你只需要提供 foldMap 或者 foldr 即可完成實例宣告。下面我們以一個自訂的資料結構 BinaryTree 為例來介紹：

```
data BinaryTree a = Nil | Node a (BinaryTree a) (BinaryTree a)
    deriving (Show)

exampleTree =
    Node 2
        ( Node 3
            (Node 4 Nil Nil)
            (Node 5 Nil (Node 9 Nil Nil))
        )
        ( Node 6 Nil (Node 7 Nil Nil) )
```

BinaryTree 代表一個普通的二元樹型別。為簡單起見，我們沒有額外定義葉子節點的建構函數，子節點都是 Nil 的節點就是葉子節點。上面例子裡的 exampleTree 用圖表表示應該是這樣子的：

```
           2
          / \
         /   \
        /     \
       3       6
      / \     / \
     /   \  Nil  \
    /     \       7
   4       5     / \
  / \     / \  Nil Nil
Nil Nil Nil  9
            / \
          Nil Nil
```

我們先來實作 BinaryTree 的函子實例：

```
instance Functor BinaryTree
  where
    fmap f Nil = Nil
    fmap f (Node x left right) = Node (f x) (fmap f left) (fmap f right)
```

以上面的 exampleTree 為例，我們在 GHCi 裡試驗一下函子宣告。這裡需要注意，如果直接在 GHCi 中輸入的話，記得使用之前說過的:{ 和:} 輸入段落。鑒於在 GHCi 中輸入大段程式碼不是很方便，建議把上面的程式碼保存到檔案中，然後使用:l 載入到 GHCi 的會話（session）中：

```
Prelude> fmap (+1) exampleTree
Node 3 (Node 4 (Node 5 Nil Nil) (Node 6 Nil (Node 10 Nil Nil))) (Node 7 Nil (Node 8 Nil Nil))
```

和串列相比，作為容器型別的二元樹也並沒什麼特別的地方。透過模式匹配實作 fmap 的遞迴定義也相當簡單，讀者可以自行驗證一下函子需要滿足的兩個定律，這裡就不重複了。下面我們來實作 BinaryTree 的 Foldable 實例，先來看看使用 foldr 定義的版本：

```
instance Foldable BinaryTree
  where
    -- foldr :: (a -> b -> b) -> b -> BinaryTree a -> b
    foldr f acc Nil = acc
    foldr f acc (Node x left right)
        = (foldr f (f x (foldr f acc right)) left)
```

把 BinaryTree 的 foldr 和串列的 foldr 做一個對比：

```
foldr :: (a -> b -> b) -> b -> [a] -> b
foldr f acc [] = acc
foldr f acc (x:xs)
    = f x (foldr f acc xs)
```

不難發現，這裡的折疊操作本質上都是一樣的，就是把累計值 acc 和資料結構中的值依次透過 f 作用，只不過串列相當於一元樹，所以不需要考慮每個節點的分支。而 BinaryTree 的情況稍稍複雜一些，我們從右往左把兩棵子樹分別折疊。

Foldable 型別類別已經提供了其他函數的預設實作，所以現在你可以直接使用它帶來的其他實例方法了：

```
Prelude> null exampleTree
False
Prelude> length exampleTree
7
Prelude> sum exampleTree
36
Prelude> product exampleTree
45360
Prelude> maximum exampleTree
9
Prelude> minimum exampleTree
2
Prelude> 8 `elem` exampleTree
False
Prelude> 9 `elem` exampleTree
True
Prelude> import Data.Foldable
Prelude Data.Foldable> toList exampleTree
[4,3,5,9,2,6,7]
```

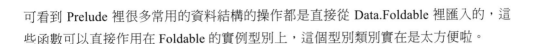

可看到 Prelude 裡很多常用的資料結構的操作都是直接從 Data.Foldable 裡匯入的，這些函數可以直接作用在 Foldable 的實例型別上，這個型別類別實在是太方便啦。

22.2 折疊與單位半群

你可能會好奇為什麼這些函數預設都可以透過 foldr 來實作。之前我們曾經舉例展示過，串列如何使用 foldr 實作 foldl。這裡如果想要深入理解 Foldable，需要先理解 foldMap 函數。

Foldable 的實例宣告最少需要提供 foldr 或者 foldMap，下面試著使用 foldMap 定義 BinaryTree 型別的 Foldable 實例：

```
instance Foldable BinaryTree
  where
    -- foldMap :: Monoid m => (a -> m) -> BinaryTree a -> m
    foldMap f Nil = mempty
    foldMap f (Node x left right)
        = foldMap f left `mappend` f x `mappend` foldMap f right
```

上述宣告主要是根據 foldMap 的型別限制 Monoid m => 來建構的。

◎ 在遇到 Nil 的時候，返回單位半群的單位元 mempty。

◎ 如果節點還存在子節點，則把左子樹折疊的結果、f x，以及右子樹折疊的結果按照順序透過 mappend 連接起來。

不得不說這是一個非常有對稱美感的定義，同時也反映了 Haskell 中資料結構即控制結構的思考方式。去 GHCi 裡試試，看看和剛剛透過 foldr 定義出來的實例是否一致？

```
Prelude Data.Foldable> toList exampleTree
[4,3,5,9,2,6,7]
Prelude Data.Foldable> maximum  exampleTree
9
Prelude Data.Foldable> minimum exampleTree
2
```

請留意 toList 的遍訪順序以及透過 foldr 定義出來的實例都是一致的，這說明不管提供的 fold 函數的順序如何定義，預設實作的 toList 都會保留資料結構的順序。下面我們從一個簡單的函數 sum 來分析 foldMap 中的單位半群限制和折疊操作是怎麼關聯起來的：

```
sum :: Num a => t a -> a
sum = getSum #. foldMap Sum
```

上面的程式碼摘自 Data.Foldable 模組的原始程式碼，其中 #. 是 . 函數的一個特殊版本（見本章結尾），暫時就按照.函數來理解，sum 函數用於對一個可折疊的資料結構求和。首先，需要讀者回憶之前說過的單位半群 Sum：

```
newtype Sum a = Sum { getSum :: a }
instance Num a => Monoid (Sum a) where
    mempty = Sum 0
    Sum x `mappend` Sum y = Sum (x + y)
```

由於對數字來說，存在多種可能的單位半群定義，所以我們使用新型別 Sum a 來代表單位元是 0、二元運算是加法的單位半群，所以建構函數 Sum 本身就是一個把數字包裝成單位半群的函數。根據 foldMap 的定義，foldMap Sum 會把資料結構裡面每一個數字包裹成 Sum 型別的單位半群，每個空節點映射成單位半群對應的 mempty，然後透過 mappend 連接起來，最後得到的和被包裹在 Sum 裡，並透過 getSum 提取出來。

同樣地，我們不難理解為什麼 product、minimum、maximum 等函數都是 foldMap 的一個特例。其實 foldr 的情況也十分相似，同時也是理解為什麼 foldMap 可以定義整個 Foldable 的關鍵。下面我們來看 foldr 的預設實作：

```
foldr :: (a -> b -> b) -> b -> t a -> b
   foldr f z t = appEndo (foldMap (Endo #. f) t) z
```

Endo 是之前說過的一個很特殊的單位半群：

```
newtype Endo = Endo    { appEndo :: a -> a    }

instance Monoid (Endo a) where
    mempty = Endo id
    (Endo f1) `mappend` (Endo f2) = Endo (f1 . f2)
```

其中包裹著一個 a -> a 型別的函數。由於輸入和輸出型別相同，所以可以使用.函數來實作 mappend，產生新的 Endo。下面是 foldMap 實作 foldr 的詳細過程。

(1) f :: a -> b -> b 可以看作一個接收 a 型別參數，同時返回 b -> b 型別函數的函數，於是 Endo . f 的組合就是一個把 a 型別的值變成 Endo b 型別單位半群的函數了。

(2) foldMap 需要接收的函數型別正好是 Monoid m => a -> m，所以在接收 Endo . f 的組合之後，資料結構中的每個值都被包裹到了 Endo 裡。

(3) 在上面的過程中，f 已經接收了 a 型別的參數。換句話說，f 已經部分應用了。

(4) 透過 mappend 把得到的 Endo b 型別的值連接起來時，我們實際上是透過.函數把部分應用得到的 b -> b 型別的函數組合起來。其中 b 是累計值的型別，這個組合函數實際上就是不停地使用 f 去處理累積值的過程，只是 f 需要的第一個參數已經在上一步得到了。

(5) 使用 appEndo 提取出組合出來的函數並將其作用在初始值 z 上，這樣就得到了折疊的結果。由於 Endo 的組合本質上是.函數，而.函數是右結合的，這意味著整個組合出來的函數會把累計值從右向左地和資料中的值依次作用。這個順序正好對應 foldr 從「右」向「左」的順序。

理解了 foldMap 如何實作 foldr 後，再來看看如何使用 foldr 實作 foldMap：

```
foldMap :: Monoid m => (a -> m) -> t a -> m
    foldMap f = foldr (mappend . f) mempty
```

這個過程和剛剛的過程正好相反。由於 f 是一個把元素映射成單位半群的函數，我們只需要使用 mempty 作為初始值，mappend . f 當作為二元操作，就可以輕鬆實作 foldMap 了。

現在各位讀者是否對單位半群和折疊操作的關係有了更深的理解呢？其實有趣的還不止這些，foldl 既然可以使用 foldr 實作，當然也可以透過 foldMap 實作：

```
foldl :: (b -> a -> b) -> b -> t a -> b
foldl f z t =
    appEndo (getDual (foldMap (Dual . Endo . flip f) t)) z
```

不要被一大堆函數組合嚇到，這裡我們用到了 Dual 這個單位半群。回憶一下 Dual 的定義和它對應的 Monoid 實例宣告：

```
newtype Dual = Dual { getDual :: a }

instance Monoid a => Monoid (Dual a) where
        mempty = Dual mempty
        Dual x `mappend` Dual y = Dual (y `mappend` x)
```

如果 Dual 裡面包裹一個單位半群型別 a 的話，那麼 Dual a 這個型別本身也一定是單位半群，它的 mempty 就是在 a 的 mempty 外面包一層 Dual，而它的 mappend 可以看作把之前 a 的 mappend 調一個順序。現在我們來分析一下透過 foldMap 實作的 foldl。

(1) 對於 foldl :: b -> a -> b 來說，累積值出現在第一個參數的位置，這是折疊順序決定的， 所以我們使用 flip f 來得到 a -> b -> b 型別的函數。

(2) 在這個時候我們使用和上面實作 foldr 一樣的技巧，把部分應用的 flip f 包裹到 Endo 裡面。

(3) 顛倒順序最關鍵的步驟是把得到的 Endo 包裹到 Dual 裡得到新的單位半群，然後再交給 foldMap。上面說過，Endo 的 mappend 本質上就是.組合函數，而 Dual 把這個組合的順序逆轉了過來。這個時候整個組合函數的計算順序就變成了從最外層的 Endo 開始，也正好對應 foldl 從「左」往「右」的順序了。

(4) 最後的步驟就比較簡單了，得到組合起來的函數後，先透過 getDual 提取出 Endo，再透過 appEndo 提取出函數，最後作用到初始值 z 上。

上面介紹了一些常用函數是如何透過 foldMap 定義的，其他函數（例如 maximum 和 length 等）也都可以透過選擇合適的單位半群來實作。這也是 foldMap 的型別中存在 Monoid m => 限制的原因。當然，透過 foldr 也同樣可以提供這些函數的預設實作。不過在大部分情況下，foldMap 撰寫起來比 foldr 更直觀、方便。

另外，雖然 GHC 有很先進的簡化機制，但有時候對於 Foldable 中定義的一些方法，也可能存在效率更高的實作方式，這時候可以手動撰寫出定義來代替預設的實作來加速程式執行。

22.3 Traversable

和提供折疊操作相關的一個型別類別是提供遍訪操作的 Traversable，它在 Data.Traversable 中的定義如下：

```
class (Functor t, Foldable t) => Traversable t where
    -- 使用函數處理資料結構中的每一個元素，併合並函子包裹
    traverse :: Applicative f => (a -> f b) -> t a -> f (t b)
    -- 遍訪資料結構，合併函子包裹
    sequenceA :: Applicative f => t (f a) -> f (t a)

    -- traverse 的單子版本
    mapM :: Monad m => (a -> m b) -> t a -> m (t b)
    -- sequenceA 的單子版本
    sequence :: Monad m => t (m a) -> m (t a)
```

這個型別類別定義的函數並不多，而且其中 mapM 和 sequence 的預設定義也只是把 Applicative f 的限制上升到 Monad m 的綁定而已：

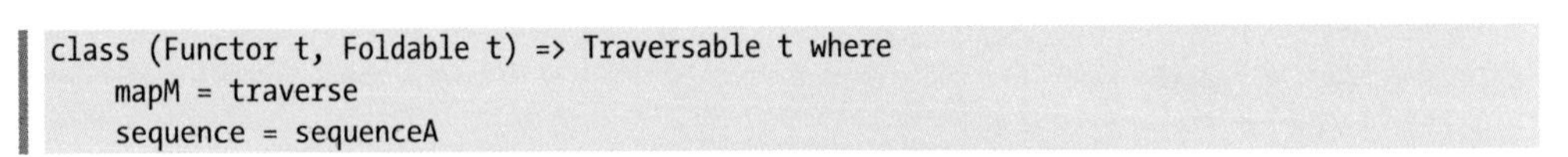

```
class (Functor t, Foldable t) => Traversable t where
    mapM = traverse
    sequence = sequenceA
```

實際上，要宣告 Traversable 實例，需要提供的函數是 traverse 或者 sequenceA。下面我們繼續以 BinaryTree 為例，先來推導 traverse 定義的版本：

```
instance Traversable BinaryTree where
    -- traverse :: Applicative f => (a -> f b) -> t a -> f (t b)
    traverse f Nil = pure Nil
    traverse f (Node x left right) =
        Node <$> f x <*> traverse f left <*> traverse f right
```

這裡有趣的地方是對 Applicative f => 限制的使用。我們透過遞迴得到了一個 f b 型別的值，以及兩棵子樹遍訪之後產生的 f (BinaryTree b) 型別的值，那麼如何把這三個值組合成一個包裹在 f 中得到 BinaryTree b 呢？這裡使用自然升格的寫法，先透過 <$> 把建構函數 Node 升格到函子型別 f 的範疇上，然後依次把包裹在 f 裡的值交給升格後的建構函數即可。

不難發現，對 Traversable 型別類別來說，遍訪資料結構的操作已在實作 traverse 的時候透過遞迴實作了，不過對於剛剛接觸 Traversable 的讀者，可能會有這樣一個疑問需要解答，那就是為什麼我們需要抽象出 traverse/mapM、sequence/sequenceA 這樣的函數？畢竟函子型別類別提供的 fmap 函數也能夠遍訪容器內部處理資料，不是嗎？

要回答這個問題，我們需要看看 Traversable 在實際程式設計問題中的應用。首先，前面講單子的控制結構時，我們說 mapM 和 sequence 可以讓我們執行一個串列的單子運算，這個過程無法透過普通的 fmap 來實作。這是因為我們不僅僅需要遍訪串列中的每一個元素，還需要從每一個元素中提取被函子包裹的值，而整個遍訪的結果產生的新的函子包裹也是透過合併每一個函子包裹得到的。例如，我們有下面幾個函數：

```
foo1 :: Int -> Maybe Int
foo1 x
    | x >= 0      = Just $ x ** 0.5
    | otherwise   = Nothing

foo2 :: Int -> Maybe Int
foo2 x
    | x == 0      = Nothing
    | otherwise   = Just $ 1 / x


bar1 :: Int -> [Int]
bar1 x = [ x - 1, x + 1 ]
```

```
bar2 :: Int -> ZipList Int
bar2 x = ZipList [ x - 1, x + 1 ]
```

下面讓我們在 GHCi 中試驗一下吧！需要注意的是，在 GHCi 中輸入 guard 可以寫成一行，也可以使用 :{ 和 :} 寫成多行：

```
Prelude> let exampleTree = Node 0 (Node 1 Nil Nil) (Node 2 Nil Nil)
Prelude> let foo1 x | x >= 0 = Just $ x ** 0.5 | otherwise = Nothing
Prelude> traverse foo1 exampleTree
Just (Node 0.0 (Node 1.0 Nil Nil) (Node 1.4142135623730951 Nil Nil))
Prelude> let foo2 x | x == 0 = Nothing | otherwise = Just $ 1 / x
Prelude> traverse foo2 exampleTree
Nothing
Prelude> let bar x = [ x - 1, x + 1 ]
Prelude> traverse bar exampleTree
[ Node (-1) (Node 0 Nil Nil) (Node 1 Nil Nil)
, Node (-1) (Node 0 Nil Nil) (Node 3 Nil Nil)
, Node (-1) (Node 2 Nil Nil) (Node 1 Nil Nil)
, Node (-1) (Node 2 Nil Nil) (Node 3 Nil Nil)
, Node 1 (Node 0 Nil Nil) (Node 1 Nil Nil)
, Node 1 (Node 0 Nil Nil) (Node 3 Nil Nil)
, Node 1 (Node 2 Nil Nil) (Node 1 Nil Nil)
, Node 1 (Node 2 Nil Nil) (Node 3 Nil Nil) ]
Prelude> import Control.Applicative
Prelude Control.Applicative> let bar x = ZipList $ [ x - 1, x + 1 ]
Prelude Control.Applicative> traverse bar exampleTree
ZipList { getZipList = [
        Node (-1) (Node 0 Nil Nil) (Node 1 Nil Nil)
    ,   Node 1 (Node 2 Nil Nil) (Node 3 Nil Nil)
    ]}
```

foo1/foo2 都是有可能失敗的計算，當使用這兩個函數遍訪的時候，我們並不希望得到一個包含 Maybe 型別節點的二元樹，而是希望整個遍訪結果是包裹在 Just 中的二元樹，或者整個是一個 Nothing。同理，當一個運算可能返回多個結果時，我們把每個節點產生的多種結果的每一種排列方式都記錄下來。換句話說，我們把遍訪時資料結構內的元素計算出的函子包裹合併，並提到了結果的外面。

這是 fmap 無法完成的操作，因為函子包裹的額外資訊的存在，traverse 的結果也包含了各種各樣的語義。實際上，我們可以透過選擇 Identity 函子來實作 fmap，這也是為什麼說 Traversable 是對遍訪操作的一次推廣。只要參與計算的函子型別（注意，並不是結果的資料型別）能夠提供 Applicative 的實例，我們就可以根據 pure 和 <*> 來組合出最終的上下文和結果。

這裡包含了一個容易被忽略的問題，那就是為什麼 Functor 是 Traversable 的父型別類別。在上面的實例宣告中，我們像似僅僅使用了參與計算的函子型別 f 的 pure、<$>

和 <*>，並沒有使用 Binary 的函子實例提供的 fmap。但是實際上，觀察對比下面兩個函數，我們不難發現相似點：

```
fmap :: (a -> b) -> BinaryTree a -> BinaryTree b
fmap f Nil = Nil
fmap f (Node x left right) =
    Node (f x) (fmap f left) (fmap f right)

traverse :: (Applicative f) => (a -> f b) -> BinaryTree a -> f (BinaryTree b)
traverse f Nil = pure Nil
traverse f (Node x left right) =
    Node <$> f x <*> traverse f left <*> traverse f right
```

這兩個函數的遞迴過程其實一致。我們可以透過下面兩個函數讓 traverse 和 fmap 互相實作:

```
fmap :: (a -> b) -> BinaryTree a -> BinaryTree b
fmap f = runIdentity . traverse . Identity

traverse :: (Applicative f) => (a -> f b) -> BinaryTree a -> f (BinaryTree b)
traverse f t = moveFunctorOutside (fmap f t)
  where
    moveFunctorOutside Nil = pure Nil
    moveFunctorOutside (Node x left right) =
        Node <$> x <*> moveFunctorOutside left <*> moveFunctorOutside right
```

這意味著每一個 Traversable 的實例型別也一定是 Functor 的實例型別，所以 Functor 是 Traversable 的父型別類別。

使用 fmap 實作的 traverse 相當於遍訪了資料結構兩遍，第一遍的時候把每個元素映射成包裹在函子裡的值，第二遍的時候透過函數 moveFunctorOutside 把函子包裹轉移到了最外層，得到了包裹在函子中的二元樹。這裡需要注意 moveFunctorOutside 函數的型別：

```
moveFunctorOutside :: BinaryTree (f b) -> f (BinaryTree b)
```

這正好是 Traversable 實例方法 sequenceA :: t (f a) -> f (t a)的 BinaryTree 的實例版本，所以我們也可以透過定義 sequenceA 來宣告 BinaryTree 的 Traversable 實例，因為 traverse 可以透過 sequenceA 定義：

```
instance Traversable BinaryTree where
    -- sequenceA :: (Applicative f) => t (f a) -> f (t a)
    sequenceA Nil = pure Nil
    sequenceA (Node x left right) =
        Node <$> x <*> sequenceA left <*> sequenceA right
```

下面是 traverse 和 sequenceA 的預設實作：

```
class (Functor t, Foldable t) => Traversable t where
    -- traverse :: Applicative f => (a -> f b) -> t a -> f (t b)
    traverse = sequenceA . fmap
    -- sequenceA :: Applicative f => t (f a) -> f (t a)
    sequenceA = traverse id
```

不難發現，在遍訪的過程中，應用函子 Applicative 的限制是合併計算上下文的關鍵。而 Traversable 型別類別的實質是，對不改變資料結構「形狀」的操作的抽象。

在翻閱 Data.Traversable 模組的程式碼時，你會發現基於 sequenceA 函數可以得到之前說過的 forM 等結構控制函數，但是 forM_/mapM_ 等不需要產生結果的結構控制函數卻沒有出現在 Data. Traversable 模組中，而是出現在 Data.Foldable 模組裡，這是因為這些函數不需要保持原資料結構的「形狀」，使用 Foldable 限制已經足以提供相應的函數了。下面以 mapM_ 為例來介紹：

```
mapM_ :: (Foldable t, Monad m) => (a -> m b) -> t a -> m ()
mapM_ f= foldr ((>>) . f) (return ())
```

由於並不需要把最後的 b 型別的結果拼裝回去，所以使用 foldr 折疊一遍就可以得到對應的計算上下文了，這時候把 () 放進去即可。這裡需要讀者思考的是，使用 foldr 是否會影響函數 f 執行的順序？這個順序是否是我們想要得到的呢？

22.4 推導規則

現在是見證魔法的時刻了，GHC 7.10 是可以自動推導 Foldable 和 Traversable 的實例的。既然能推導，自然也不用手動撰寫，不過在使用自動推導功能之前需要打開相應的 GHC 擴充：DeriveFunctor/DeriveFoldable/DeriveTraversable。我們可以在 GHCi 裡驗證推導的實例：

```
Prelude> :set -XDeriveFunctor -XDeriveFoldable -XDeriveTraversable
Prelude> :{
Prelude| data BinaryTree a = Nil | Node a (BinaryTree a) (BinaryTree a)
Prelude|     deriving (Show, Eq, Functor, Foldable, Traversable)
Prelude| :}
Prelude> let exampleTree = Node 2 (Node 3 Nil Nil) (Node 4 Nil Nil)
Prelude> fmap (+2) exampleTree
Node 4 (Node 5 Nil Nil) (Node 6 Nil Nil)
Prelude> maximum exampleTree
4
Prelude> traverse print exampleTree
2
3
4
```

```
Node () (Node () Nil Nil) (Node () Nil Nil)
Prelude> import Control.Applicative
Prelude Control.Applicative> traverse (\x -> ZipList [x*2, x*3]) exampleTree
ZipList {getZipList =
    [ Node 4 (Node 6 Nil Nil) (Node 8 Nil Nil),
      Node 6 (Node 9 Nil Nil) (Node 12 Nil Nil) ]}
```

請注意，這 3 個自動推導的實例要求被推導的資料型別一定是「容器型別」。也就是說，data 宣告出的型別需要含有型別變數，其中最右側的型別變數會被當作「容器」中的元素型別，其他部分則被當作容器的「上下文」：

```
Prelude> :set -XDeriveFunctor
Prelude> data Foo a b = Foo a deriving (Show,Functor)
Prelude> fmap (+1) (Foo 'a')
Foo 'a'
Prelude> data Foo a b c = Foo c a b deriving (Show,Functor)
Prelude> fmap (+1) (Foo 3 'a' 'b')
Foo 4 'a' 'b'
Prelude> data List a = Nil | a :>> List a deriving (Show,Functor)
Prelude> fmap (+1) (1 :>> Nil)
2 :>> Nil
```

透過上面的例子不難看出自動推導的規則。對於容器型別來說，能夠提供函子和 Foldable/ Traversable 實例是非常方便的事情，這也是 Haskell 的強型別系統帶來的好處之一，你不用機械式地為每個自訂的資料結構提供相似的一套函數，這些事情交給編譯器完成就好。至於為什麼這些推導能夠自動完成，需要讀者瞭解關於遞迴型別的一些知識，這裡就不再介紹了。

22.5 Data.Coerce

本章提到了#.函數，它的定義如下：

```
(#.) :: Coercible b c => (b -> c) -> (a -> b) -> (a -> c)
(#.) f = coerce
```

從型別上看，這似乎是一個作用在 Coercible b c 限制下的.組合函數，我們在上面使用 foldMap 定義 foldr 的時候用到了它。而它的實作是 coerce 函數，這又是什麼意思呢？

由於 Haskell 是一個強型別語言，隱式型別轉換是不存在的。例如，你並不能把 Int 型別的資料直接當作 Bool 來使用。實際上，在 Haskell 中，能夠互相轉換的型別只有透過 newtype 定義的、底層表示相同的型別，例如 Sum 和 Num a => a，Reader r a 和 r -> a。這個轉換過程被定義到 Coercible 型別類別裡：

```
-- a 和 b 的底層表示相同
class Coercible a b
-- 轉化兩個底層表示相同的型別
coerce :: Coercible * a b => a -> b
```

值得注意的是，Coercible 的實例不需要也不允許使用者手動添加，編譯器會自動分析出哪些型別的底層表示相同，哪些不同，從而自動宣告 Coercible 的實例。下面是幾個顯而易見的實例：

```
-- 自身是自身的 Coercible 實例
instance Coercible a a

-- A 是根據 B 宣告的 newtype
newtype A = A B
newtype A = A { getB :: B }
instance Coercible A B

-- A 是根據 B 宣告的 newtype 幻影型別
newtype A a = A B
instance Coercible (A a) B

-- NT 是根據 T 宣告的 newtype
instance Coercible a T => Coercible a NT
instance Coercible T b => Coercible NT b
```

為了系統推導 Coercible，GHC 引入了主（nominal）、表象（representational）和幻影（phantom）的型別地位（role）的概念[註1]。對於下面的例子中：

註1　Safe Zero-cost Coercions for Haskell：http://www.cis.upenn.edu/~eir/papers/2014/coercible/coercible.pdf。

```
instance Coercible b b' => Coercible (D a b c) (D a b' c')
```

a 是一個主型別變數，b 是一個表像型別變數，c 是一個幻影型別變數，那麼推導成立的條件是：

◎ a 對應的型別變數 a 必須是相同的；

◎ b 對應的型別變數 b' 本身和 b 必須是 Coercible 的實例，體現在型別限制 Coercible b b' 中。

◎ c 對應的型別 c' 可以是任意型別。

乍看貌似很複雜，其實大部分情況下我們不需要關心這個過程。這些只是在型別檢查階段自動生成的輔助型別類別實例。明白了最核心的原理，就不難搞懂哪些型別可以互相轉換了，然後在需要使用型別轉換的時候使用 coerce 即可。如果需要手動更改一個型別變數的型別地位，可以用下面的語法：

```
date Set a = ...
type role Set nominal

-- 下面的函數不存在，因為`Set T`和`Set NT`不再構成`Coercible`的實例
coerce :: Set T -> Set NT
```

關於型別地位的話題，後面遇到再聊，這裡只是簡單介紹一下這個概念。回到最開始的問題，我們手動宣告 #. 的目的，就是利用 coerce 來直接把 a -> T 的函數和 NT 的建構函數組合成 a -> NT 的函數，這樣可以避免 GHC 優化失效時產生額外的操作。由於 T 和 NT 的底層表示一致，所以我們可以放心地讓它們互相轉換。

23

串列、陣列和散列

在很多程式設計語言中，陣列和散列常常當作標準的資料結構被廣泛使用。而在 Haskell 中，由於資料是很多抽象的核心，所以很多函數程式庫提供了大量不同特性的資料結構。總的來說，這些資料結構可以劃分為不可變的（immutable）資料結構和可變的（mutable）資料結構，它們提供了許多設計選擇，用來適應不同的應用場景。瞭解一下它們的時間和空間特性[註1]，對於選擇合適的資料結構很重要。

[註1] 常見資料結構的空間佔用：https://wiki.haskell.org/GHC/Memory_Footprint。

23.1 串列

串列（List）是我們很熟悉的一個資料結構，在 Haskell 中常當作迴圈控制結構而被廣泛使用，底層的表示是一元樹/單連結串列。由於串列是惰性的，而且每個元素都是盒裝的上層型別，所以我們往往也說串列是盒子堆砌的。而每個盒子由於含有標籤和指標，所以串列的每個元素大約有 3 個字（word）的附加空間佔用。如果串列中的值佔用的空間都比較少的話，這非常浪費。例如，Prelude 中預設的字串型別 String 其實就不適合常見的字串處理。不過串列提供了一些其他資料結構所沒有的特性。

◎ O(1) 的 : 操作，可以快速向串列前端插入新的元素來建構新的串列。

◎ O(1) 的 tail 操作和 O(m) 的 splitAt 操作，可以快速分割串列。

◎ 惰性串列使得共用變得很容易，新的串列往往可以和之前的串列共用元素。例如，下面的表示式：

```
oldList = [1,2,3,4,5]
newList = 0 : drop 2 oldList
```

其中 oldList 和 newList 共用後半段的 [3,4,5]，這可以從 drop 的定義看出。不過初學者也需要注意一些性能上的問題。下面列出的是一些你可能不知道的串列操作的時間複雜度。

◎ O(n) 的 length 操作，這可能是最讓人沮喪的地方了。由於串列沒有做任何狀態記錄（book-keeping），取串列的長度需要遍訪整個串列，這個過程反映在了下面的遞迴定義上：

```
length :: [a] -> Int
length [] = 0
length (x:xs) = 1 + length xs
```

◎ O(m) 的++操作，m 是左側串列的長度，這從 ++ 的定義中可以看出原因：

```
(++) :: [a] -> [a] -> [a]
[] ++ ys = ys
(x:xs) ++ ys = x : (xs ++ ys)
```

◎ O(m) 的 !!操作，這是和陣列最大的不同。因為陣列可以直接根據足標存取對應的記憶體位址，而對於單連結串列來說，每次存取第 m 個元素，都需要遍訪前 m 個節點。在 Haskell 中，這同樣透過遞迴定義實作：

```
(!!) :: [a] -> Int -> a
(x:xs) !! 0 = x
(x:xs) !! n = xs !! (n-1)
```

◎　O(m) 的更新操作，m 是被更新的元素的足標。這個操作在 Prelude 裡並沒有提供，不過可以透過下面的函數實作：

```
replaceNth n newVal (x:xs)
    | n == 0 = newVal:xs
    | otherwise = x:replaceNth (n-1) newVal xs
```

由於串列是不可變的資料結構，所以這裡的更新操作並不是真正的「更新」。大部分需要更新才能實作的演算法，在 Haskell 中透過 map/filter/fold 都可以得到對應的解法。這裡需要注意的是，不要在需要隨機存取和大量拼接的場合使用串列，以避免遍訪串列帶來的時間消耗。操作串列的說明文件在 base 函數程式庫的 Data.List 模組裡，讀者在使用時可以去 Hackage 上查閱。這裡列舉一些之前沒遇到的但也相當常用的函數：

```
-- 在串列中每兩個元素之間插入新的元素
intersperse :: a -> [a] -> [a]
-- intersperse ',' "abcde" == "a,b,c,d,e"

-- 在每兩個串列之間插入新的串列
intercalate :: [a] -> [[a]] -> [a]
-- intercalate ["abc", "de"] == "abc::de"

-- 生成一個串列的全部子串列
subsequences :: [a] -> [[a]]
-- subsequences "abc" == ["","a","b","ab","c","ac","bc","abc"]

-- 生成一個串列的排列組合
permutations :: [a] -> [[a]]
-- permutations "abc" == ["abc","bac","cba","bca","cab","acb"]

-- 轉置一個矩陣，即交換行和列
transpose :: [[a]] -> [[a]]

-- 使用函數處理每個元素，並把得到的串列相連
concatMap :: Foldable t => (a -> [b]) -> t a -> [b]

-- 同時進行折疊和映射操作
-- 每次除了計算下一次的累計值之外，還會額外計算一個映射值，並保存到結果中
mapAccumL :: Traversable t => (a -> b -> (a, c)) -> a -> t b -> (a, t c)

-- 同上，但是方向是從右向左
mapAccumR :: Traversable t => (a -> b -> (a, c)) -> a -> t b -> (a, t c)

-- 根據函數和初始值重複計算，生成一個無限長串列
iterate :: (a -> a) -> a -> [a]
-- iterate (^2) 3 == [3,9,81,6561,43046721...
```

```
-- 迴圈一個串列來獲得一個無限長串列
cycle :: [a] -> [a]

-- 只要判斷函數返回 True，就一直取元素
takeWhile :: (a -> Bool) -> [a] -> [a]
-- takeWhile (<1000) (iterate (^2) 2) == [2,4,16,256]

-- 和上面類似，只要判斷函數返回 True，就一直捨棄元素
dropWhile :: (a -> Bool) -> [a] -> [a]

-- 和上面類似，只是捨棄的方向是從末尾開始
dropWhileEnd :: (a -> Bool) -> [a] -> [a]

-- 綜合 takeWhile 和 dropWhile 的操作，遇到第一個判斷失敗的元素時分割串列
span :: (a -> Bool) -> [a] -> ([a], [a])

-- break p ≌ span (not . p)
break :: (a -> Bool) -> [a] -> ([a], [a])

-- 去除串列的首碼，如果首碼不存在，則返回 Nothing
stripPrefix :: Eq a => [a] -> [a] -> Maybe [a]

-- 把串列中相同的元素放到子串列中
group :: Eq a => [a] -> [[a]]

-- 取一個串列全部的開始串列
inits :: [a] -> [[a]]
-- inits "abcde" == ["","a","ab","abc","abcd","abcde"]

-- 取一個串列全部的結束串列
tails :: [a] -> [[a]]
-- tails "abcde" ==  ["abcde","bcde","cde","de","e",""]

-- 根據二元組的第一個元素，從一個二元組串列中找到元組對應的第二個元素
lookup :: Eq a => a -> [(a, b)] -> Maybe b

-- 根據判斷函數把串列分成滿足條件和不滿足條件的元素構成的兩個串列
partition :: (a -> Bool) -> [a] -> ([a], [a])
值得一提的是，base 中分割串列的操作比較基本，split 函數程式庫彌補了這方面的不足。
Data.List.Split 模組定義了下面這些常見的分割串列的函數：
-- 把子串作為邊界分割串列
splitOn :: Eq a => [a] -> [a] -> [[a]]
-- splitOn "," "a,b,c,d,e" == ["a","b","c","d","e"]

-- 使用串列中任意一個元素作為邊界分割串列
splitOneOf :: Eq a => [a] -> [a] -> [[a]]
-- splitOneOf ",-" "a-b-c,d-e" == ["a","b","c","d","e"]

-- 使用函數來判斷是否分割
splitWhen :: (a -> Bool) -> [a] -> [[a]]
```

更加複雜的分割操作可以透過建構 Splitter a 型別的分割策略來實作，有興趣的讀者可以去 Hackage 上查閱相關說明文件。

除了提供各種實用的操作之外，串列提供的單子實例也非常有用。在很多不確定性計算的問題上，使用串列也很合適。這在第 17 章中已經提過，那裡我們使用串列歸納優雅地解決了八皇后問題。實際上，串列在 Haskell 中更多是作為一種控制結構存在的。

23.2 陣列

陣列（array）是電腦科學中非常重要的資料結構，但是由於程式設計模型的不同，函數式程式設計中對於陣列的使用並不像其他過程式語言那麼廣泛。一般來說，陣列只是被用作存放資料的一個連續記憶體容器。Haskell Report 中規定了一些基本的陣列型別和相關操作，Hackage 上的 array 函數程式庫就是對官方語言標準中陣列部分的實作。陣列的一個最重要的功能是根據足標實作 O(1) 時間的索引。array 提供了不可變的陣列型別類別 IArray 和可變的 MArray 型別類別，其中 IArray 為盒裝陣列 Array 和非盒裝陣列 UArray 提供了共同的介面，而 MArray 為 ST 單子和 IO 單子中的可變陣列提供了共同的介面。另外，array 還提供了 Ix 型別類別，用來實作不同的足標型別。

由於這個函數程式庫是 Haskell 標準實作的一部分，所以很多其他的基礎函數程式庫，例如 containers、parallel、stm 等都依賴它。當需要編寫核心函數程式庫時，出於減少依賴的考慮，array 往往是首選的陣列函數程式庫，所以熟悉 array 中的型別是很重要的。

首先，需要瞭解的是定義在 Data.Ix 模組中的 Ix 型別類別，這個型別類別定義了可以用來當作陣列足標的型別：

```
class (Ord a) => Ix a where
    # 最小完整定義 range, (index | unsafeIndex), inRange

    -- 生成一個範圍內的連續串列
    range               :: (a,a) -> [a]
    -- 找到值在範圍中的位置，若不在範圍內，請使用 indexError 報告異常
    index               :: (a,a) -> a -> Int
    -- 同 index，但不檢查是否在範圍內
    unsafeIndex         :: (a,a) -> a -> Int
    -- 判斷值是否在範圍內
    inRange             :: (a,a) -> a -> Bool
    -- 計算範圍的長度
    rangeSize           :: (a,a) -> Int
    -- 同 rangeSize，但不驗證範圍的合法性
```

```
    unsafeRangeSize     :: (a,a) -> Int
```

其中 unsafeIndex 和 unsafeRangeSize 並沒有被 Data.Ix 模組匯出，只在定義實例時才會有用。下面我們來看看 Ix 型別類別的實例型別：

```
Ix Bool
Ix Char
Ix Int
Ix Int8
Ix Int16
Ix Int32
Ix Int64
Ix Integer
Ix Ordering
Ix Word
Ix Word8
Ix Word16
Ix Word32
Ix Word64
Ix ()
Ix GeneralCategory
Ix SeekMode
Ix IOMode
Ix Natural
Ix Void
(Ix a, Ix b) => Ix (a, b)
Ix (Proxy k s)
(Ix a1, Ix a2, Ix a3) => Ix (a1, a2, a3)
(Ix a1, Ix a2, Ix a3, Ix a4) => Ix (a1, a2, a3, a4)
(Ix a1, Ix a2, Ix a3, Ix a4, Ix a5) => Ix (a1, a2, a3, a4, a5)
```

值得注意的是，如果元組的元素都是 Ix 的實例型別的話，元組本身也是 Ix 的實例。這是 array 中表示多維陣列的方式，即使用元組作為陣列足標：

```
Prelude> import Data.Ix
Prelude Data.Ix> range ((1,1),(3,5))
[(1,1),(1,2),(1,3),(1,4),(1,5),(2,1),(2,2),(2,3),(2,4),(2,5),(3,1),(3,2),(3,3),(3,4),(3,5)]
```

這裡我們設定足標的起點是 (1,1)，終點是 (3,5)，range 返回了這個範圍內的所有足標構成的串列，每個足標對應了二維陣列中的一個元素。類似地，我們也可以使用多元組來表示任意維度的足標，並且足標也不一定都是數字型別：

```
Prelude Data.Ix> range ((1,'a'),(3,'d'))
[(1,'a'),(1,'b'),(1,'c'),(1,'d'),(2,'a'),(2,'b'),(2,'c'),(2,'d'),(3,'a'),(3,'b'),
➥(3,'c'),(3,'d')]
```

所以 Ix 型別類別的本質就是把一個連續範圍內的值映射到對應整數上。這其實正暗示著陣列這個資料結構的本質：一片連續的一維記憶體區域。

瞭解了 Ix 型別類別之後，我們再來看看 array 函數程式庫中的陣列操作。Data.Array 模組中定義了幾種建立陣列的方法：

```
array :: Ix i
=> (i, i)         -- 陣列足標的上下限
-> [(i, e)]       -- 足標和值的元組構成的串列
-> Array i e

listArray :: Ix i
=> (i, i)         -- 陣列足標的上下限
-> [e]            -- 對應每個足標的元素串列
-> Array i e

accumArray :: Ix i
=> (e -> a -> e)  -- 根據初始值和對應的串列元素計算陣列元素的函數 f
-> e              -- 陣列元素的初始值
-> (i, i)         -- 陣列足標的上下限
-> [(i, a)]       -- 每個足標對應的元素串列
                  -- 當相同足標出現多次時，函數 f 會被多次應用以產生最終的陣列元素
-> Array i e      -- 最終的計算值構成的陣列
```

需要注意的是，Data.Array 模組中提供的陣列是盒裝的。也就是說，每個元素本身既可以是裝在盒子裡的值，也可以是未被求值的任務盒。這樣的話，我們可以保證惰性的語義，即陣列中的元素如果沒有使用的話，求值將不會發生。

這樣做的代價就是每個元素的存取需要額外的一次指標跳轉，所以在性能上無法和 C 語言的連續記憶體存取相比。array 函數程式庫還提供了沒有裝盒（unboxed）的底層型別組成的陣列，在 Data.Array.Unboxed 模組中定義的 UArray 就是對陣列中每個元素都嚴格求值的一個資料結構。不過需要注意的是，array 提供的 UArray 型別只包含了常見的底層型別，例如：

```
IArray UArray Bool
IArray UArray Char
IArray UArray Double
IArray UArray Float
IArray UArray Int
IArray UArray Int8
...
IArray UArray Word
IArray UArray Word8
...
IArray UArray (StablePtr a)
IArray UArray (Ptr a)
IArray UArray (FunPtr a)
```

這些型別已經非常接近機器底層的記憶體操作了，要注意選擇合適的字（word）的大小，以免出現溢出等執行階段錯誤。IArray 是在 Data.Array.IArray 模組中定義的一

個型別類別，這個型別類別提供了統一 Array/UArray 陣列的操作，一般推薦匯入 Data.Array.IArray 模組來獲得操作不可變陣列的函數。在需要切換陣列底層表示的時候，只需要選擇使用 Array 或者 UArray 型別即可。下面讓我們來看看 IArray 都提供了哪些操作：

```
-- 返回陣列中指定足標的元素，時間複雜度為O(1)
(!) :: (IArray a e, Ix i) => a i e -> i -> e

-- 返回陣列的全部足標構成的串列
indices :: (IArray a e, Ix i) => a i e -> [i]

-- 返回陣列的全部元素構成的串列
elems :: (IArray a e, Ix i) => a i e -> [e]

-- 返回陣列足標和元素構成的二元組串列
assocs :: (IArray a e, Ix i) => a i e -> [(i, e)]

-- 根據一個二元組串列，更新陣列中對應足標的元素，並返回一個全新的陣列
-- 注意，該操作的時間複雜度為O(n)，因為會複製陣列的其他元素
(//) :: (IArray a e, Ix i) => a i e -> [(i, e)] -> a i e

-- 參考建構串列的 accumArray 函數
accum :: (IArray a e, Ix i) => (e -> e' -> e) -> a i e -> [(i, e')] -> a i e

-- 對陣列元素做映射，返回新的陣列
amap :: (IArray a e', IArray a e, Ix i) => (e' -> e) -> a i e' -> a i e

-- 對陣列足標做映射，返回新的陣列
ixmap :: (IArray a e, Ix i, Ix j) => (i, i) -> (i -> j) -> a j e -> a i e
```

上面介紹的 Array/UArray 都是不可變陣列，所以很多操作的時間複雜度都不理想，特別是 (//) 操作需要花費 O(n) 的時間。在需要原地更新（in-place update）的場合，我們應該使用 Data.Array. MArray 模組中定義的可變陣列：

```
class Monad m => MArray a e m where
    -- 獲取陣列的上下限
    getBounds :: Ix i => a i e -> m (i, i)
    -- 新建陣列，並使用指定元素填充整個陣列
    newArray :: Ix i => (i, i) -> e -> m (a i e)
    -- 新建陣列，並使用 0 填充整個陣列
    newArray_ :: Ix i => (i, i) -> m (a i e)
```

有一定電腦背景知識的讀者可能已經看出，newArray 和 newArray_ 提供了類似 C 語言中 malloc 的實作，即向執行時申請一片連續記憶體，建立一個大小固定的陣列並填充相同元素。MArray 的實例型別都是真正可變的陣列，由於涉及改變 RealWorld 的操作，可變陣列的操作必須被安排在 IO 或 ST 單子中。MArray 的實例有 IOArray/IOUArray 和 STArray/STUArray，分別對應 IO 單子和 ST 單子中的盒裝陣列

和非盒裝陣列。除去型別類別中規定的 newArray/newArray_ 方法可以用來建立陣列之外，Data.Array.MArray 模組中還有一個函數可以用來從串列建立可變陣列：

```
newListArray :: (MArray a e m, Ix i) => (i, i) -> [e] -> m (a i e)
```

透過 newArray/newArray_/newListArray 在相應的單子運算中獲取陣列的綁定之後，我們便可以使用該綁定進行操作。Data.Array.MArray 模組裡有如下的陣列操作：

```
-- 讀取對應足標的元素，時間複雜度為O(1)
readArray :: (MArray a e m, Ix i) => a i e -> i -> m e

-- 更改對應足標的元素，時間複雜度為O(1)
writeArray :: (MArray a e m, Ix i) => a i e -> i -> e -> m ()

-- 對陣列元素做映射，返回新的陣列
mapArray :: (MArray a e' m, MArray a e m, Ix i) => (e' -> e) -> a i e' -> m (a i e)

-- 對陣列足標做映射，返回新的陣列
mapIndices :: (MArray a e m, Ix i, Ix j) => (i, i) -> (i -> j) -> a j e -> m (a i e)

-- 返回陣列的全部元素構成的串列
getElems :: (MArray a e m, Ix i) => a i e -> m [e]

-- 返回陣列足標和元素構成的二元組串列
getAssocs :: (MArray a e m, Ix i) => a i e -> m [(i, e)]
```

下面的例子使用 STUArray 來實作經典的空間複雜度是 O(logn) 的快速排序演算法，這基本上就是 C 語言的快速排序的一個直接翻譯：

```
import Data.Array.ST
import Control.Monad.ST
import Control.Monad

qsortSTU :: STUArray s Int Int -> ST s ()
qsortSTU arr = do
    (lb, ub) <- getBounds arr
    qsortBound arr lb ub
  where
    qsortBound arr lb ub
        | lb < ub = do
            p <- partition arr lb ub
            qsortBound arr lb (p-1)
            qsortBound arr (p+1) ub
        | otherwise = return ()

    partition arr l h = do
        pivot <- readArray arr h
        let go store index = if index == h
            then do
                swap arr store h
                return store
```

```
            else do
                x <- readArray arr index
                if x < pivot
                    then do
                        swap arr store index
                        go (store+1) (index+1)
                    else go store (index+1)
        go l l

    swap arr j k = unless (j==k) $ do
        u <- readArray arr j
        v <- readArray arr k
        writeArray arr j v
        writeArray arr k u

main :: IO ()
main = do
    let sortedArr = runSTUArray $ do
        arr <- newListArray (0,10) [1,26,1,54,34,12,6,14,89,34,25]
        qsortSTU arr
        return arr
    print sortedArr
    -- array (0,10) [(0,1),(1,1),(2,6),(3,12),(4,14),(5,25),(6,26),(7,34),(8,34),(9,54),(10,89)]
```

由於陣列的操作全部封裝在單子運算中，所以可以使用之前的結構控制函數來實作迴圈、條件等操作。試著使用可變陣列的讀者應該已經發現，Haskell 的型別系統限制了我們無法隨意共用可變資料，必須透過某些介面把可變陣列封裝起來。在上面的例子中，runSTUArray 就是這樣一個函數，它由 Data.Array.ST 提供：

```
runSTUArray :: Ix i => (forall s. ST s (STUArray s i e)) -> UArray i e
```

這個函數會執行包裹在 ST 中的運算並把結果陣列返回成一個不可變的 UArray 型別的陣列 sortedArr。由於 UArray 是不可變的，所以 sortedArr 可以被之後的運算任意共用使用。實際上，在 Haskell 中，所有的可變操作都包裹在 IO/ST 單子中，你沒有辦法在其他地方使用這些封裝起來的可變資料。當試圖在單子計算之外引用這些可變資料結構時，系統的型別檢查會立刻阻止你，從而保證了程式的引用透明原則。

當然，如果需要轉換不可變陣列和可變陣列的話，也有相應的方法：

```
-- 把可變陣列轉換為不可變陣列，而被改變的 RealWorld 記錄在單子型別 m 上
-- 需要複製整個陣列，時間複雜度為 O(n)
freeze :: (Ix i, MArray a e m, IArray b e) => a i e -> m (b i e)

-- 把不可變陣列轉換為可變陣列，從而在 m 單子中繼續操作
-- 需要複製整個陣列，時間複雜度為 O(n)
thaw :: (Ix i, IArray a e, MArray b e m) => a i e -> m (b i e)
```

freeze（冰封）和 thaw（解凍）這兩個函數十分形象，它們可以安全地完成可共用的不可變陣列與不可以共用的可變陣列的轉換。由於兩個陣列之間不應該互相影響，所以必須透過建立一個備份來隔離可變操作對不可變資料的影響。實際上，在 Data.Array.Unsafe 模組中，還提供了底層操作的後門，即不需要考慮不可變陣列的安全的情況下，我們可以直接透過黑魔法把底層的記憶體從一個陣列型別映射成另一個：

```
unsafeFreeze :: (Ix i, MArray a e m, IArray b e) => a i e -> m (b i e)
unsafeThaw :: (Ix i, IArray a e, MArray b e m) => a i e -> m (b i e)
```

上面的函數名也暗示了使用時需要格外小心！除非你能夠保證程式其他部分的程式碼沒有操作相同區域的記憶體，否則多段程式碼同時操作同一片記憶體會帶來不可預測的後果。由於這個函數不需要複製任何資料，僅僅是把記憶體標記更換一下，所以時間複雜度是 O(1)。實際上，runSTUArray 這個函數就是使用 unsafeFreeze 實作的，但是因為 runSTUArray 函數把封印在 ST 的上下文一起隱藏了起來，所以這個函數是安全的。這也是推薦使用可變陣列的方式。

關於陣列，最後還需要提到的是，對於盒裝不可變陣列型別 Array 來說，它是 Functor、Foldable 和 Traversable 的實例型別，所以你可以使用 Prelude、Data.Traversable 和 Data.Foldable 中的函數處理它。

除了 array 函數程式庫，Hackage 上還有許多其他提供連續記憶體存儲的資料結構。下面是一些常見的函數程式庫的介紹，希望你能夠對 Haskell 的資料結構有一個大致的瞭解。

◎ vector。vector 函數程式庫是使用了融合（fusion）框架的陣列函數程式庫，它提供的許多函數在經過組合之後，仍然能夠在一次遍訪陣列的情況下得出計算結果。除了提供比 array 更加靈活的操作之外，對應的 vector-algorithms 函數程式庫還提供了若干種現代排序演算法，包括堆疊排序、歸併排序、快速排序、tim 排序等。

  和 array 類似，vector 提供了可變/不可變以及盒裝/非盒裝的陣列型別，其中 Data.Vector. Unboxed 模組中的非盒裝陣列透過 Haskell 中的型別家族（type family）定義了許多實用的非盒裝型別，這些型別的陣列對於實作高性能的程式碼非常重要。vector 是高性能程式設計任務中推薦使用的陣列函數程式庫。

◎ repa。建立在 vector 函數程式庫之上，repa 函數程式庫透過利用 GHC 執行時的高並行處理能力，實作隱式並行處理。也就是說，函數程式庫中的很多函數會自動並行執行，只需要在編譯時提供--thread 選項即可。另外，repa 提供了多維度的陣列處理能力，適合用在影像處理等方面。對應的 repa-algorithms 函數程式庫包含了很多常用的資料處理模組，包括 FFT、摺積（Convolution）等，不過該函數程式庫目前仍然處於試驗階段。

◎ accelerate。這是使用 array 編寫的面向 GPU 並行處理的陣列函數程式庫，提供 accelerate-cuda 和 accelerate-opencl 兩個後端程式庫，需要電腦有對應的硬體支援，目前也處於試驗階段。

此外，還有各式各樣滿足特殊需求的陣列函數程式庫，例如 carray、bit-array 等，讀者可以根據需要選擇最合適的陣列資料結構。

23.3 散列

散列（Hash，或釋為雜湊）的實作同樣有可變和不可變兩類，其中不可變散列主要由 unordered-containers 函數程式庫提供，底層實作是 hash-trie，包括盒裝的惰性求值版本和非盒裝的嚴格求值版本。一般來說，我們並不需要向散列裡插入未求值的任務盒，所以嚴格求值的版本較為常用。而對於散列來說，每次插入操作需要提供一個鍵（key）和一個值（value）。對於鍵來說，更加沒必要推遲求值，所以這兩個版本對於鍵值都會求值到弱常態。下面我們以 Data.HashMap.Strict 模組中嚴格求值版本的散列為例，看一下常見的操作：

```
-- 建立空的散列
empty :: HashMap k v
-- 建立一個單元素的散列
singleton :: Hashable k => k -> v -> HashMap k v

-- 向散列插入鍵值對
-- 時間複雜度為 O(logn)
insert :: (Eq k, Hashable k) => k -> v -> HashMap k v -> HashMap k v

-- 使用提供的函數，修改散列中指定鍵對應的值
-- 時間複雜度為 O(logn)
adjust :: (Eq k, Hashable k) => (v -> v) -> k -> HashMap k v -> HashMap k v

-- 使用提供的函數和值，更新散列中指定鍵對應的值
-- 時間複雜度為 O(logn)
insertWith :: (Eq k, Hashable k) => (v -> v -> v) -> k -> v -> HashMap k v -> HashMap k v
```

```
-- 刪除對應的鍵值
-- 時間複雜度為 O(logn)
delete :: (Eq k, Hashable k) => k -> HashMap k v -> HashMap k v

-- 根據鍵找到對應的值
-- 時間複雜度為 O(logn)
lookup :: (Eq k, Hashable k) => k -> HashMap k v -> Maybe v

-- 同上，但在鍵不存在的時候使用提供的值作為預設值
lookupDefault :: (Eq k, Hashable k)     => v -> k -> HashMap k v -> v

-- 同上，但在鍵不存在的時候拋出執行階段錯誤
(!) :: (Eq k, Hashable k) => HashMap k v -> k -> v

-- 判斷散列是否為空？
-- 時間複雜度為 O(1)
null :: HashMap k v -> Bool

-- 散列鍵值對個數
-- 時間複雜度為 O(n)
size :: HashMap k v -> Int

-- 散列中是否存在對應的鍵？
-- 時間複雜度為 O(logn)
member :: (Eq k, Hashable k) => k -> HashMap k a -> Bool
```

由於不可變散列的底層實作是 hash-trie，很多操作的時間複雜度並不是 O(1)，而是 O(logn)，而且每次更新操作都會返回一個新的散列，所以使用的場合可能和其他語言中的散列並不相同。另外，由於 Haskell 中自訂資料結構較為方便，很多別的語言中需要使用散列的地方，在 Haskell 中可以透過建構合適的資料型別來代替。

這裡需要注意的是，散列的鍵的型別必須是能夠經過散列演算法求出對應的散列值（否則就不叫散列了），這也是 Hashable 型別類別的限制存在的原因。Hashable 型別類別在 hashable 函數程式庫中定義，該函數程式庫提供的實例保證了常見的型別基本上都可以經過散列演算法求出對應的散列值：

```
Hashable Bool
Hashable Char
Hashable Double
Hashable Float
Hashable Int
Hashable Int8
...
Hashable Integer
Hashable Ordering
Hashable Word
Hashable Word8
...
Hashable ()
```

```
Hashable ByteString
Hashable ByteString
Hashable ShortByteString
Hashable Text
Hashable Text
Hashable a => Hashable [a]
(Integral a, Hashable a) => Hashable (Ratio a)
...
Hashable a => Hashable (Maybe a)
(Hashable a, Hashable b) => Hashable (Either a b)
(Hashable a1, Hashable a2) => Hashable (a1, a2)
(Hashable a1, Hashable a2, Hashable a3) => Hashable (a1, a2, a3)
```

接著介紹同樣使用了 Hashable 的可變散列。hashtables 函數程式庫提供了 ST 單子中的傳統可變散列實作，包括 Basic、Cuckoo [註1]和 Linear [註2]三種不同演算法的散列實作。Data.HashTable.Class 模組定義了不同演算法的散列的共同介面：

```
class HashTable h where

    -- 建立一個預設大小的散列，時間複雜度為O(1)
    -- 預設值很小，而且每次散列擴容都需要時間，所以建議使用 newSized 函數
    new :: ST s (h s k v)

    -- 建立一個指定大小的散列，時間複雜度為O(n)
    newSized :: Int -> ST s (h s k v)

    -- 插入鍵值對，最差時間複雜度（擴容時）為O(n)，平均時間複雜度為O(1)
    insert :: (Eq k, Hashable k) => h s k v -> k -> v -> ST s ()


    -- 刪除對應鍵值對，最差時間複雜度（釋放記憶體時）為O(n)，平均時間複雜度為O(1)
    delete :: (Eq k, Hashable k) => h s k v -> k -> ST s ()

    -- 查找鍵對應的值，最差時間複雜度為O(n)（cuckoo hash 是O(1)），平均時間複雜度為O(1)
    lookup :: (Eq k, Hashable k) => h s k v -> k -> ST s (Maybe v)

    -- 折疊散列，不保證被折疊的鍵值對的順序
    foldM :: (a -> (k, v) -> ST s a) -> a -> h s k v -> ST s a

    -- 遍訪散列，執行單子運算
    mapM_ :: ((k, v) -> ST s b) -> h s k v -> ST s ()

    -- 計算操作的附加時間，用於除錯
    computeOverhead :: h s k v -> ST s Double
```

如果需要在 IO 單子中使用可變的散列，可以使用 Data.HashTable.IO 模組中提供的封裝函數，感興趣的讀者可以自行去 Hackage 查閱說明文件。

[註1] Cuckoo hashing：http://en.wikipedia.org/wiki/Cuckoo_hashing。

[註2] Linear hashing：http://en.wikipedia.org/wiki/Linear_hashing。

24

單子變換

在繼續後面的程式設計實作之前，我們還需要瞭解如何去組合各種運算上下文，這在大多數語言中並不會成為一個課題，因為帶有副作用的程式碼和表示式可以任意交錯。而在 Haskell 中，包括副作用在內，所有包含上下文的運算都需要透過型別系統顯式地標記出來，所以我們需要一個組合這些運算語義的方式。這就是單子變換要解決的核心問題：如何組合不同的單子上下文來獲得新的單子實例。

24.1 Kleisli 範疇

我們先來聊聊單子在範疇論中的理論基礎。首先，單子在範疇論裡可以建構起一個屬於自己的範疇，數學上的術語叫作 Kleisli 範疇，如圖 24-1 所示。

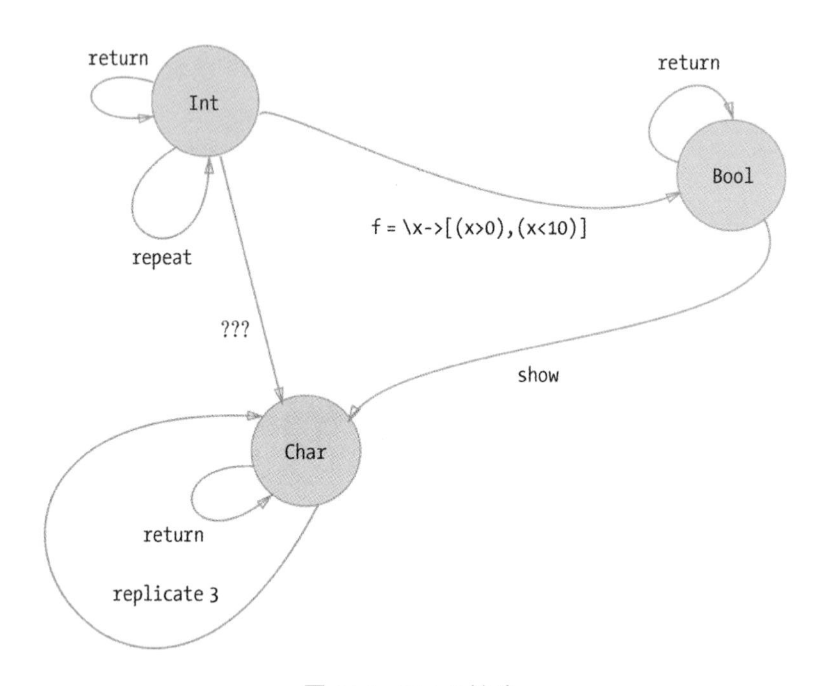

圖 24-1　Kleisli 範疇

在圖 24-1 中，這個範疇有一個特點，那就是每個從物體 a 到物體 b 的態射，都會把 a 型別的值映射成 b 型別的值的串列，即滿足 a -> [b]。對於這樣一個範疇來說，每個物體自身到自身都有一個單位態射 return x = [x]，但是它的態射組合是如何發生的呢？這裡我們引入一個用來連接單子運算的函數來作為組合規則：

```
(>=>) :: (a -> [b]) -> (b -> [c]) -> a -> [c]
f >=> g = \x -> concatMap g (f x)
```

這樣圖上???處的組合就可以用 f >=> show 表示了。實際上，我們把使用 return 作為單位態射、>=> 作為組合規則的範疇稱為 Kleisli 範疇。每一個單子型別都可以得到一個對應的 Kleisli 範疇。如果把上面的串列單子型別抽象出來作為一個型別變數，就可以把單位態射和組合規則推廣到所有單子型別上：

```haskell
return :: a -> m a
return = pure

(>=>) :: Monad m => (a -> m b) -> (b -> m c) -> (a -> m c)
f >=> g = \x -> f x >>= g

(<=<) :: Monad m => (b -> m c) -> (a -> m b) -> (a -> m c)
(<=<) = flip (>=>)
```

就得到了可以作用在所有單子型別上的單位態射和組合規則。

24.2 ReaderT

我們用一個之前熟悉的例子—Reader 單子，它的一個作用是給單子運算增加一個「全域常數」，這常常用在依賴注入等場合。現在我們希望能夠給一個封裝在其他單子中的運算增加一個上下文。為了實作這個效果，我們定義了一個新型別：

```haskell
newtype ReaderT r m a = ReaderT { runReaderT :: r -> m a }
```

回顧一下之前 Reader 新型別的定義：

```haskell
newtype Reader r a = Reader { runReader :: r -> a }
```

這裡 ReaderT 和 Reader 的區別在於，ReaderT 封裝的不再是一個簡單的 r -> a 的運算，而是一個 r -> m a 型別的單子運算，m 單子型別出現在建構 ReaderT 型別的型別變數中。透過 ReaderT 建構，我們仍然能夠得到一個單子型別。下面我們來實作 ReaderT r m 的單子實例：

```haskell
instance (Functor m) => Functor (ReaderT r m) where
    -- fmap :: (a -> b) -> ReaderT r m a -> ReaderT r m b
    fmap f m = ReaderT $ \ r -> fmap f (runReaderT m r)

instance (Applicative m) => Applicative (ReaderT r m) where
    -- pure :: a -> ReaderT r m a
    pure r  = ReaderT $ \ _ -> pure r

    -- (<*>) :: Reader r m (a -> b) -> ReaderT r m a -> ReaderT r m b
    f <*> v = ReaderT $ \ r -> runReaderT f r <*> runReaderT v r

instance (Monad m) => Monad (ReaderT r m) where
    -- return :: a -> ReaderT r m a
    return = pure

    -- (>>=) :: ReaderT r m a -> (a -> ReaderT r m b) -> ReaderT r m b
    m >>= k  = ReaderT $ \ r -> do
        a <- runReaderT m r
        runReaderT (k a) r
```

定義 Functor 實例的 fmap 函數時，我們用到了底層單子 m 的 fmap 函數，所以這並不是一個遞迴定義，而是因為 fmap 函數是透過型別類別重載的。同樣地，在定義 pure 和>>=的時候，我們都用到了底層單子 m 的對應實作，這也是為什麼每個實例宣告前面都會帶上對底層型別 m 的型別限制 Monad m =>。和 Reader r 類似，ReaderT r m 的單子實例可以理解為提供了 r 型別的「全域常數」的單子運算，只不過這個單子運算裡每次傳遞的值包裹在單子 m 中。下面的例子展示了如何建構基於 ReaderT 的運算，透過把 m 的型別設定為 IO，我們還可以在單子運算中使用 IO 操作：

```
printEnv :: ReaderT String IO ()
printEnv = do
    ReaderT $ \ env ->  putStrLn ("Here's " ++ env)

main :: IO ()
main = runReaderT printEnv "env1"
```

上面的程式會輸出如下字串：

```
Here's env1
```

透過建構 ReaderT $ \ env -> ... 的表示式，我們在...的區域裡回到了底層單子 m 的上下文中，上例裡我們回到了 IO 的單子上下文，並使用 putStrLn 函數來執行列印操作。由於...處在函數體的位置，綁定 env 出現在了...的作用域裡，這正是透過 ReaderT 注入的「全域常數」。在 ReaderT 的區域內部，你可以方便地得到這個「全域常數」。實際上，ReaderT $ \ env -> ... 這個操作把 m a 型別的單子運算升格到了 ReaderT r m a 範疇上。這是一個連接不同 Kleisli 範疇的操作，用一個函數來表示，就是：

```
liftReaderT :: m a -> ReaderT r m a
liftReaderT m = ReaderT $ \ r -> m
-- point-free
liftReaderT m = ReaderT (const m)
```

經過 liftReaderT 升格之後的單子從 m 型別變成 ReaderT r m 型別，可以繼續和其他 ReaderT r m 型別的運算組合。和 Reader 一樣，我們還需要補充幾個在 ReaderT r m a 下和「全域常數」相關的操作：

```
ask :: Monad m => ReaderT r m r
ask = ReaderT return

local
    :: (r -> r)          -- 修改環境常數的函數
    -> ReaderT r m a     -- 在修改後的臨時區域中允許的單子運算
    -> ReaderT r m a
local f m = ReaderT $ \ r -> runReaderT m (f r)
```

使用 ask、local、liftReaderT 來撰寫 ReaderT 運算的例子如下：

```
printEnv :: ReaderT String IO ()
printEnv = do
    env <- ask
    liftReaderT $ putStrLn ("Here's " ++ env)
    local (const "local env") $ do
        env' <- ask
        liftReaderT $ putStrLn ("Here's " ++ env')
```

執行後，會得到下面的輸出：

```
Here's env1
Here's local env
```

實際上，ask 和 local 這些函數的含義和之前 Reader 例子中的相同，ask 直接把 r 型別的全域常數放到單子包裹裡，local 建構一個被修改的臨時區域用於執行單子運算。對比 Reader 單子的 ask 函式定義：

```
-- 使用 newtype 的 Reader 版本
newtype Reader r a = Reader { runReader :: r -> a }

ask :: Reader r a
ask = Reader id
```

不難發現，就像在 Hask 範疇中 id 是物體的單位函數一樣，在 Kleisli 範疇中，return 對應單子變換的單位函數。

24.3 Identity 和 IdentityT

之前講述函子的時候，曾經提到一個很特殊的函子—Identity 型別，這個函子不攜帶任何上下文資訊，它和被包裹的值是同構的。實際上，它也是最簡單的一個單子型別：

```
newtype Identity a = Identity { runIdentity :: a }

instance Functor Identity where
    fmap      = coerce

instance Applicative Identity where
    pure      = Identity
    (<*>)     = coerce

instance Monad Identity where
    return    = Identity
    m >>= k   = k (runIdentity m)
```

這個單子在單子變換中可以作為底層單子型別 m，從而把一個單子變換變成另一個實例單子。若用上面的 ReaderT 來舉例的話，ReaderT r Identity 就相當於 Reader r，因為 Identity 本身並不攜帶任何上下文資訊。這裡使用 ReaderT 和 Identity 來實作之前渲染歡迎詞範本的例子：

```
headT :: ReaderT String Identity String
headT = do
    name <- ask
    return $ "Welcome! " ++ name ++ ".\n"

bodyT :: ReaderT String Identity String
bodyT = do
    name <- ask
    return $
        "Welcome to my home, "
        ++ name
        ++ ". This's best home you can ever find on this planet!\n"

footT :: ReaderT String Identity String
footT = do
    name <- ask
    return $ "Now help yourself, " ++ name ++ ".\n"

renderGreeting :: ReaderT String Identity String
renderGreeting = do
    h <- headT
    b <- bodyT
    f <- local ("Mr. and Mrs. " ++) footT
    return $ h ++ b ++ f
```

```
greet :: String
greet = runIdentity $ runReaderT renderGreeting "Mike"

-- Welcome! Mike.
-- Welcome to my home, Mike. This's best home you can ever find on this planet!
-- Now help yourself, Mr. and Mrs. Mike.
```

不難看出，其實 ReaderT String Identity String 和 Reader String String 是同構的。實際上，在 transformers 函式程式庫中，實例單子型別都是透過對應的單子變換作用到 Identity 單子上獲得的，這也是讓很多初學者困惑的地方之一。這些單子實例看起來充滿了各種拆包和打包，理解了單子變換的原理後，再去看 transformers 的原始程式碼，就會清晰很多。

和 Identity 單子類似，還有一個 IdentityT 單子變換，它是用來把任意的 m 單子型別包裹成 IdentityT m 單子型別。當然，這個型別使用的地方不是很多，一般用在需要使用單子變換的型別限制的地方：

```
newtype IdentityT f a = IdentityT { runIdentityT :: f a }

-- 簡單的拆包、函數應用、打包
mapIdentityT :: (m a -> n b) -> IdentityT m a -> IdentityT n b
mapIdentityT f = IdentityT . f . runIdentityT

instance (Functor m) => Functor (IdentityT m) where
    fmap f = mapIdentityT (fmap f)

instance (Applicative m) => Applicative (IdentityT m) where
    pure x = IdentityT (pure x)
    (<*>) = lift2IdentityT (<*>)

instance (Monad m) => Monad (IdentityT m) where
    return = IdentityT . return
    m >>= k = IdentityT $ runIdentityT . k =<< runIdentityT m
```

24.4 StateT

現在我們來解決一個實際的問題：如何在IO中傳遞狀態？第一個思路是使用IORef，這是最簡單、直接的方式。同樣地，我們可以在IO運算中透過runST嵌入ST型別的計算。但是我們還可以使用另外的思考方式：透過單子變換把IO單子變換成State單子，從而獲得對應的get/put操作。先回憶之前關於State單子的定義：

```
newtype State s a = State { runState :: s -> (a, s) }

instance Monad (State s) where
    fa >>= f = State $ \s ->
        let (a, s') = runState fa s
        in runState (f a) s'
```

State單子包裹了s -> (a, s)型別的計算，其中a是每次計算得出的結果型別，s是貫徹整個計算的狀態型別。State 單子中的每次計算除了產生 a 型別的結果外，還會返回被修改的狀態。現在類比 State 來實作一個 StateT，注意這時被包裹的運算裝在單子m中：

```
-- 注意這裡每一步返回的是m (a, s)!
newtype StateT s m a = StateT { runStateT :: s -> m (a, s) }

instance (Functor m) => Functor (StateT s m) where
    fmap f m = StateT $ \ s ->
        fmap (\ (a, s') -> (f a, s')) $ runStateT m s

instance (Monad m) => Applicative (StateT s m) where
    pure a = StateT $ \ s -> return (a, s)
    StateT mf <*> StateT mx = StateT $ \ s -> do
        (f, s') <- mf s
        (x, s'') <- mx s'
        return (f x, s'')

instance (Monad m) => Monad (StateT s m) where
    m >>= k  = StateT $ \ s -> do
        (a, s') <- runStateT m s
        runStateT (k a) s'
```

這裡do的使用技巧和上面的ReaderT類似。在do中，單子上下文是m，所以<-解掉的也是m的包裹。在建構出s -> m (a, s)型別的函數後，我們把這個函數包裹到StateT中完成打包。注意狀態 s 被修改為 s'的過程，這是狀態「變數」貫穿運算的關鍵。和ReaderT類似，我們有一個把底層m運算升格到State s m的函數：

```
liftState :: Monad m => m a -> StateT s m a
liftState m = StateT $ \ s -> do
```

```
        a <- m
        return (a, s)
```

這裡 liftState 只是簡單地把底層的 m 運算結果取出來，和 s 型別的狀態一起返回，並不對狀態做任何修改。這也反映了單子變換的一個特點：**單子變換可以隔離不同層次的操作，底層的單子上下文和外層的可以互相隔離**。

和上面的 liftReaderT 對比，不難看出，lift...的型別都是 Monad m => m a -> ... m a，這其實對應所有單子變換都需要實作的一個操作，即升格底層 m 型別的運算到變換後的單子，而 MonadTrans 型別類別就是為了統一這個升格操作而誕生的：

```
class MonadTrans t where
    lift :: Monad m => m a -> t m a
```

這個型別類別規定了一個通用的操作 lift，用來把 m 型別的單子運算升格至 t m a（即變換後的單子型別），型別宣告中沒有規定單子變換的具體型別，不同的單子變換透過實例宣告提供 lift 的不同實作。對於 StateT s 來說，實例宣告非常簡單：

```
instance MonadTrans (StateT s) where
    lift m = liftState
```

上面這段程式碼定義在 Control.Monad.Trans.State.Strict 模組中。同時，該模組還提供了操作狀態 s 的函數：

```
-- 把 State 型別的 s -> (a, s)包裝成 StateT 型別的 s -> m (a, s)
state :: (Monad m)
      => (s -> (a, s))  -- ^pure state transformer
      -> StateT s m a   -- ^equivalent state-passing computation
state f = StateT (return . f)

-- 獲取目前的狀態變數
get :: (Monad m) => StateT s m s
get = state $ \ s -> (s, s)

-- 改變目前的狀態變數
put :: (Monad m) => s -> StateT s m ()
put s = state $ \ _ -> ((), s)

-- 使用函數 f 修改目前的狀態變數
modify :: (Monad m) => (s -> s) -> StateT s m ()
modify f = state $ \ s -> ((), f s)
```

下面我們來看一個使用 StateT 實作的簡單計算器。這裡的程式碼需要依賴 transformers 函式程式庫，請參考第 10 章安裝依賴，或者執行 cabal install transformers 安裝：

```
import Control.Monad.Trans.State.Strict
import Control.Monad.Trans.Class
import Control.Monad

calculator :: StateT Double IO ()
calculator = do
    result <- get
    lift $ print result
    (op:input) <- lift getLine
    let opFn = case op of
            '+' -> sAdd
            '-' -> sMinus
            '*' -> sTime
            '/' -> sDivide
            _ -> const $ return ()
    opFn $ read input
  where
    sAdd x = modify (+ x)
    sMinus x = modify (\y -> y - x)
    sTime x = modify (* x)
    sDivide x = modify (/ x)

main :: IO (a, Double)
main = runStateT (forever calculator) 0
```

執行上面的程式，可以得到一個簡單的可以接受 +10 和 *2.5 這類指令的計算器。這裡我們並沒有使用任何變數，計算器的目前結果被封裝在 StateT Double 的上下文裡。每當需要使用這個「變數」時，我們會使用 get 或者 modify 來完成相應的操作。這和 IORef 的使用方法十分類似，唯一的區別在於：IORef 中的變數是 IO 單子上下文，也就是 RealWorld 的一部分，而這裡這個看不見的變數對應著 StateT 的第一個型別變數參數 Double，而所有用到這個「變數」的計算都需要顯式新增 StateT Double 的型別宣告。

StateT 還有兩個執行方法，用於提取不同的執行結果：

```
-- 執行 StateT，忽略狀態 s 並返回結果 a
evalStateT :: (Monad m) => StateT s m a -> s -> m a
evalStateT m s = do
    (a, _) <- runStateT m s
    return a

-- 執行 StateT，忽略結果 a 並返回狀態 s
execStateT :: (Monad m) => StateT s m a -> s -> m s
execStateT m s = do
    (_, s') <- runStateT m s
    return s'
所以，上面的例子中 main 也可以這麼寫：
main :: IO ()
main = evalStateT (forever calculator) 0
```

這裡需要仔細理解單子變換中升格函數 lift 的作用。一個單子變換能夠成為單子變換 MonadTrans 的條件就是提供合理的 lift 操作。而這裡的合理，指的是單子變換提供的 lift 操作必須滿足下面這些條件：

```
lift . return ≡ return
lift (m >>= f) ≡ lift m >>= (lift . f)
```

這些條件保證了變換之後的單子的合法性，以及升格後底層單子的計算語義不變。

24.5 RandT

正如前面提到的，生成偽亂數的過程也是一個狀態轉換的過程。在前面的章節中，我們利用 IO 是 MonadRandom 的一個實例，在 IO 運算中使用 MonadRandom 的方法 getRandom 獲取了偽亂數：

```
getRandom :: Random a => m a
```

實際上，那時候我們利用 IO 單子的 IORef 建立了一個全域的隨機來源，並在 IO 中傳遞這個上下文。理解 StateT 之後，再來看一下 MonadRandom 的單子變換 RandT。和 StateT 類似，RandT 封裝的實際上也是一個狀態量，這個狀態量反映了偽亂數產生器的狀態：

```
newtype RandT g m a = RandT (StateT g m a)

evalRandT :: Monad m => RandT g m a -> g -> m a
evalRandT (RandT x) g = evalStateT x g
```

從定義不難看出，RandT 封裝的是 g 型別的狀態量。和 data 宣告一樣，我們沒有在定義新型別的時候新增型別限制。但是如果想在 RandT g m 單子中使用 MonadRandom 的介面獲取偽亂數，我們必須讓 RandT g m 成為一個 MonadRandom：

```
(Monad m, RandomGen g) => MonadRandom (RandT g m)
```

如果想讓 RandT g m 成為 MonadRandom，g 還必須滿足型別限制 RandomGen。也就是說，g 必須代表一個偽亂數產生器。在使用 evalRandT 函數執行 RandT x 的時候，我們把生成器 g 傳遞給 evalStateT 作為貫穿 RandT g m 的上下文。

在 MonadRandom 模組中提供了 StdGen 的 RandomGen 實例宣告，這是一個來自 random 函式程式庫的簡單偽亂數發生器。透過 RandomGen 型別類別和 RandT g 單子變換，我們實作了一個通用的偽亂數產生器介面，透過這個介面，可以建構出不依賴具體偽亂數產生器型別的通用隨機計算。除了 MonadRandom 自帶的 StdGen 之外，我們還可以使用 tf-random 函式程式庫提供的 TFGen。這些偽亂數產生器使用的演算法不用，得到的偽亂數品質和時間消耗也不同。

下面我們來使用 RandT 來實作一個猜數字的遊戲，遊戲規則如下。

◎ 玩家 A 想出一個四位數，每個數字不重複，然後讓玩家 B 猜。

◎ 玩家 B 隨意猜一個四位數，然後玩家 A 根據玩家 B 的猜測給出回饋。

◎ 如果玩家 B 的猜測中某個數字位置和數字都正確，則記為一個 A，如果數字正確但位置不正確，則記為一個 B。

◎ 玩家 B 根據 A 的回饋調整自己的猜測，直到四位數字都正確（即 4A0B）。

這裡有趣的地方在於，我們讓使用者來扮演玩家 A，而讓電腦扮演玩家 B，希望電腦能夠根據使用者的回饋，一步一步猜出使用者心裡想的數字！

首先，導入需要用到的模組：

```
module Main where

import           Control.Monad.Trans.Class
import           Control.Monad.Random
import           Data.List
import           System.Random
```

接著定義型別別名 Perm，用來代表一個數字組合。然後定義用來從 IO 中讀取陣列的說明函數，如果需要，也可以在這裡做輸入校驗：

```
type Perm = [Int]

readInt :: IO Int
readInt = getLine >>= return . read
```

perms 函數是用來生成所有可能的排列組合的函數，參數 n 是生成的組合的長度，注意到組合中數字不重複這個條件，透過陣列歸納不難拿到所有可能的排列組合：

```
perms :: Int -> [Perm]
perms n = go n [[]]
  where
    ns = [0..9]
    go 0 ps = ps
    go n ps = go (n - 1) [ x:p | x <- ns, p <- ps, x `notElem` p ]
```

猜出玩家心裡數字的關鍵在於，先隨機生成一個答案，然後透過玩家的回饋，去劃掉不可能的數字排列。例如，玩家心裡選擇的數字是 1234，電腦隨機出的數字是 3954，那麼玩家給出的回饋會是 1A1B，我們能夠透過這個回饋排除掉所有和 3954 對比不是 1A1B 的可能性。不斷重複上述過程，就可以過濾出正確答案。仔細分析這個猜數字的過程。

◎　需要維繫一個全域的遊戲狀態：剩餘所有可能的排列組合。

◎　需要方便地獲取偽亂數，也就是獲取偽亂數發生器的狀態。

◎　需要能夠和使用者互動，即獲取 RealWorld。

綜合上面的要求，我們有幾個選擇。

◎　在 IO 單子中，使用 IORef 維繫遊戲狀態，同時使用 IO 單子的偽亂數產生器。

◎　使用 StateT [Perm] IO 單子，在 StateT 層面上維護遊戲狀態。

不過，這裡我們來使用另一種思考方式。

◎　使用一個遞迴參數代表每次猜測前所有可能的排列。

◎　使用 RandT g IO 單子，在 RandT 層面維繫偽亂數產生器的狀態。

相關程式碼如下：

```
guess :: (RandomGen g) => [Perm] -> RandT g IO [Perm]
guess xs
    | length xs <= 1 = return xs
    | otherwise = do
        g <- uniform xs
        (a, b)  <- lift $ do
            putStrLn . concat $ map show g
            putStrLn "A?"
            a <- readInt
            putStrLn "B?"
            b <- readInt
            return (a, b)

        let allMark = mark xs g
        let allZipped = filter (\z -> snd z == (a, b)) $ zip xs allMark
        guess $ map fst allZipped
```

上面的 mark 函數用來對目前的排列組合做 A 和 B 的標記。uniform 是 Control.Monad.Random 模組中定義的函數，用來從一個串列中均勻隨機取一個元素。當使用 uniform

函數隨機從 xs 中取出 g 後，我們先把 g 展示給使用者，然後使用 g 的使用者回饋去過濾剩餘可能的 xs 的 A 和 B，然後繼續遞迴。過濾的標準就是看符不符合使用者回饋。我們用下面這個函數計算串列中的組合和組合 g 的 AB 值：

```
mark :: [Perm] -> Perm -> [(Int, Int)]
mark []     _ = []
mark (x:xs) p = (markA x p, markB x p - markA x p) : mark xs p
  where
    markA x p = sum $ zipWith (\x y -> if x == y then 1 else 0) x p
    markB x p = sum $ map (\x -> if x `elem` p then 1 else 0) x
```

最後，實作一個可以猜測長度 1 到 9 的程式，就非常簡單直觀了：

```
main = do
    putStrLn "how many numebrs in a permutation(1~9)?"
    n <- readInt
    if n < 0 || n > 9
        then putStrLn "well.."
        else do
            g <- getStdGen
            evalRandT (guess (perms n) >>= lift . print) g
```

25

單子變換的升格操作

上一章介紹了單子變換的基本概念，簡單地說，單子變換就是一類建構函數，用來把單子 m 包裹成單子 t m，同時宣告在這種情況下對應的單子實例。但是這裡涉及到一個問題：如果你處在一個多層單子的上下文裡，每當使用底層單子的方法時，就要使用 lift 來把對應的操作升格到目前的層級。例如，上一章「猜數字」的例子：

```
guess :: (RandomGen g) => [Perm] -> RandT g IO [Perm]
guess xs
    | length xs <= 1 = return xs
    | otherwise = do
        g <- uniform xs
        (a, b)  <- lift $ do
            putStrLn . concat $ map show g
            putStrLn "A?"
            a <- readInt
            putStrLn "B?"
            b <- readInt
            return (a, b)
        ...
```

注意上面例子中的 lift 函數。在 RandT g IO 的上下文中，要呼叫 IO 的方法，於是我們把整塊 IO 運算透過 lift 升格到了 RandT g IO。這裡 lift 的具體型別簽名如下：

```
lift :: (RandomGen g) => IO (Int, Int) -> RandT g IO (Int, Int)
```

而在實際程式設計中，我們常常遇到多個單子變換疊加的情況。例如，在猜數字的例子中，我們也可以顯式地把目前剩餘的排列當成一個狀態量，此時可以得到下面的實作：

```
guessT :: (RandomGen g) => StateT [Perm] (RandT g IO) ()
guessT = do
    xs <- get
    if (length xs <= 1)
        then put xs
        else do
            g <- lift $ uniform xs
            (a, b)  <- lift . lift $ do
                putStrLn . concat $ map show g
                putStrLn "A?"
                a <- readInt
                putStrLn "B?"
                b <- readInt
                return (a, b)

            let allMark = mark xs g
            let allZipped = filter (\z -> snd z == (a, b)) $ zip xs allMark
            put $ map fst allZipped
            guessT
```

這裡狀態量從參數轉移到 StateT [Perm]的上下文中，我們在需要使用目前排列的地方使用 get/put 即可。注意，程式碼中多次出現的 lift 的具體型別分別是：

◎ lift :: (RandomGen g) => RandT g IO Perm -> StateT [Perm] (RandT g IO) Perm

◎ lift . lift :: IO (Int, Int) -> StateT [Perm] (RandT g IO) (Int, Int)

不要被單子變換之後的這些複雜型別嚇到，我們把外層的型別分解來看，其實是很簡單的：

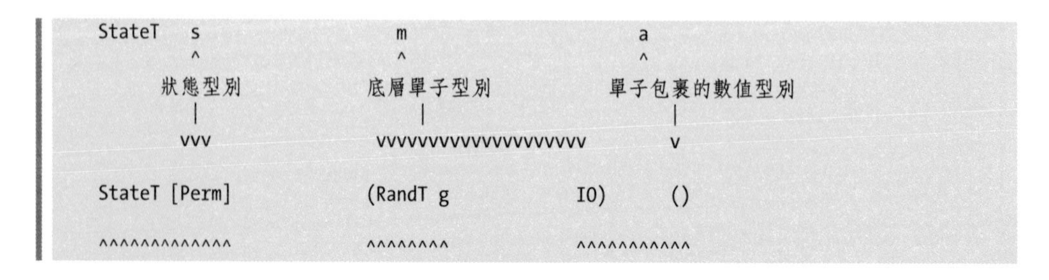

```
    狀態型別為[Perm]     使用 g 型別偽亂數         包含空元組的 IO 操作
    的狀態單子變換       生成器的隨機單子變換
```

分析單子變換的型別時，按照順序來看就行了。先搞清楚每個單子變換攜帶的型別參數的含義，再去理解單子最終包含的上下文。我們把透過疊加單子變換得到的單子叫作單子堆疊（monad stack），因為最終的單子是透過單子變換一層一層疊加上去的。關於單子堆疊，一個直觀的理解是：單子堆疊就像一個洋蔥，每一層都是一個函子包裹，攜帶著不同的上下文。

這裡我們遇到的問題是，當單子變換的層級變深時，lift 操作開始變得麻煩，而在程式碼中隨處可見的 lift 也成為影響程式碼重構的因素：當我們增加/刪除單子變換型別的時候，所有的 lift 都要做相對應的改變。有沒有更好的辦法呢？

在 MonadRandom 模組裡，除了 RandT g m 是 MonadRandom 之外，還宣告了下面的實例：

```
instance (MonadRandom m) => MonadRandom (IdentityT m) where
    getRandom = lift getRandom
    getRandomR = lift . getRandomR
    getRandoms = lift getRandoms
    getRandomRs = lift . getRandomRs

instance (MonadRandom m) => MonadRandom (StateT s m) where
    getRandom = lift getRandom
    getRandomR = lift . getRandomR
    getRandoms = lift getRandoms
    getRandomRs = lift . getRandomRs
...
```

同樣地，還有 MonadRandom m => ReaderT r m 的 MonadRandom 實例宣告。這裡的定義都是一樣的，這麼做的目的只有一個，那就是讓任意一個包含 MonadRandom 型別單子 m 的單子堆疊都成為 MonadRandom 的實例，這樣就不用再去手動撰寫 lift 了。而且由於單子實例的傳導性，不管我們的 MonadRandom m 出現在任何一個層級上，都可以讓最終得到的單子堆疊自動變成 MonadRandom 的一個實例。

所以，在上面的 StateT [Perm] RandT g IO 中，我們不需要手動為 uniform 函數新增 lift。因為 StateT [Perm] RandT g IO 本身也是一個 MonadRandom 的實例，可以直接使用 uniform 方法。

25.1 MonadIO

類似 MonadRandom，transformers 函數程式庫提供了 MonadIO 型別類別來自動升格 IO 操作，但是因為 IO 操作非常多，我們並沒有重新定義每一個 IO 操作，而是統一提供了 liftIO 函數：

```
class Monad m => MonadIO m where
    liftIO :: IO a -> m a

instance MonadIO IO where
    liftIO = id

instance (MonadIO m) => MonadIO (StateT s m) where
    liftIO = lift . liftIO

instance (MonadIO m) => MonadIO (ReaderT r m) where
    liftIO = lift . liftIO

...
```

liftIO 函數用來把 IO 操作升格到 MonadIO 範疇。對於 IO 本身來說，id 函數就可以完成這個任務。而在其他的情況下，我們使用底層的 MonadIO 的 liftIO 來實作外層 MonadIO 的 liftIO 操作。這樣一來，只要單子堆疊中任意一個地方出現 MonadIO 的單子型別，整個單子都會是 MonadIO 的實例，我們可以用 liftIO 來取代任意個 lift 組合，直接把 IO 操作升格到目前的單子上下文中。由於常見的單子堆疊內層的單子型別往往都是 IO。透過 MonadIO 的抽象，使用 liftIO 大大方便了進入底層 IO 的操作。

25.2 MonadState 和 MonadReader

和 MonadRandom 對應，在 mtl 函數程式庫中，每一個單子變換都會有對應的型別類別來方便使用：

```
-- Control.Monad.Reader.Class 模組

class Monad m => MonadReader r m | m -> r where
    ask :: m r
    local :: (r -> r) -> m a -> m a
    reader :: (r -> a) -> m a

class Monad m => MonadState s m | m -> s where
    get :: m s
    put :: s -> m ()
    state :: (s -> (a, s)) -> m a
```

MonadReader 和 MonadState 用來定義對應單子型別的一些通用操作。當然，我們需要解決的還是如何讓單子堆疊自動成為 MonadReader 或者 MonadState 的實例。這裡 mtl 函數程式庫使用型別依賴來解決這個問題，class Monad m => MonadState s m | m -> s 這個型別類別宣告可以這麼解讀。

◎ Monad m => 限制了 MonadState 的實例型別中的型別變數 m 必須是一個單子。

◎ |後面的 m -> s 表示 MonadState s m 的實例型別中，型別變數 s 取決於型別變數 m，我們說 m -> s 定義了一個型別依賴。

這裡由於 MonadState s m 包含了兩個型別變數，所以 MonadState 定義的是兩個型別變數 m 和 s 之間的關係。使用這種型別類別宣告時，需要打開 GHC 的語言擴充 MultiParamTypeClasses，此擴充一般會結合上面的型別依賴擴充 FunctionalDependencies 一起使用，用來精確描述型別之間的關係。下面以一個簡單的MonadReader實例來解釋這些概念：

```
instance MonadReader r ((->) r) where
    ask       = id
    local f m = m . f
    reader    = id
```

我們說 (->) r 可以看作一個函子，前面把它稱為 Reader 函子，它的單子實例的計算語義是，給子運算傳遞一個 r 型別的全域常數。所以說，(->) r 是 Monad 的實例。而如果想要成為 MonadReader，(->) r 中的環境型別 r 必須和 MonadReader r ((->) r) 中的一致。因為 MonadReader r m 中的 r 代表升格之後的環境型別，而它的底層實作也只是簡單地把 (->) r 的單子實例方法複製一遍而已，所以我們說 r 的型別取決於 m，也就是這裡的 (->) r。

這和前一章 MonadRandom 的例子不一樣，因為 MonadRandom 型別類別只有一個型別參數 m，用來代表底層的單子型別，它封裝的偽亂數產生器並不需要出現在型別限制中，自動推導的 MonadRandom 實例一般會使用 lift 從而拿到需要的生成器。而對於 RandT g m 這樣需要自己實作 MonadRandom 介面的型別，只需要提供 MonadRandom 對應的實作即可。

現在回到 MonadReader r m 上，來看下如果單子堆疊中出現了 MonadReader r m 的實例型別時，整個單子堆疊如何自動滿足 MonadReader r m 型別類別的要求。下面以外層單子型別是 StateT s m 為例：

```
instance MonadReader r m => MonadReader r (StateT s m) where
    ask    = lift ask
    local = mapStateT . local
    reader = lift . reader
```

這裡 mapStateT 是來自 StateT 的說明函數，用來直接把狀態轉移函數作用到 StateT s m 上：

```
mapStateT :: (m (a, s) -> n (b, s)) -> State s m a -> State s n b
mapStateT f ma = StateT $ \ s -> f (runStateT ma s)

-- point-free
mapStateT f ma = StateT $ f . runStateT ma
```

我們看到，如果外層是 StateT s m 的單子堆疊中包含 MonadReader 的話，例如 StateT s (ReaderT r IO) a，那麼這個型別也自動滿足 ReaderT r m 的條件限制，同時全域常數的型別 r 被自動推導為 ReaderT r IO 中的 r，這樣就可以繼續在 StateT s (ReaderT r IO) 的上下文中使用 ask/local/reader 而不需要新增任何的升格操作了。同樣地，單子堆疊中只要出現過滿足 MonadState 限制的單子，整個單子堆疊也會自動成為 MonadState 的實例，同時外層單子堆疊的 MonadState 實例中的狀態變數型別 s 取決於底層的 MonadState。

25.3 型別家族

型別依賴並不是唯一能夠描述上面的型別關係的工具，還有一個用來描述型別限制的工具：型別家族（type family）。使用這個工具，需要打開擴充 TypeFamilies。

首先來分析一下，如果沒有型別依賴，會出現什麼問題。對於下面的型別類別宣告：

```
class Monad m => MonadReader r m where
```

我們認為任意一個單子 m 都可能成為 MonadReader，只要能夠提供合適的實例宣告。那麼，下面的程式碼中：

```
printEvn :: MyEnvT r1 (ReaderT r2 IO) a
printEvn = do
    env <- ask
    lift $ print env
```

env 應該是什麼型別呢？有兩種可能性：

```
-- 使用 MyEnvT 裡的 r1 型別作為環境型別
instance Monad m => MonadReader MyEnvT r1 m where
    ask = ...

-- 使用底層的 MonadReader 的環境型別
instance MonadReader r m => MonadReader MyEnvT r1 m where
    ask = ...
```

而編譯器並不知道你需要的是哪一個實例。這裡的問題在於，其實兩個實例都是合理的，mtl 的做法是捨棄第一種可能性（如果你提供的話，編譯器會報錯），然後直接根據底層的 MonadReader 來推導外層的 MonadReader 型別限制，這就是上面的型別依賴 m -> r 的含義。

下面來看看型別家族的用法。顧名思義，型別家族定義了一個滿足某些條件的型別的集合。這需要在型別類別宣告和實例宣告這兩個地方新增說明：

```
class (Monad m) => MonadReader m where
    type EnvType m
    ask :: m (EnvType m)
    local :: (EnvType m -> EnvType m) -> m a -> m a

instance MonadReader ((->) r) where
    type EnvType ((->) r) = r
    ask       = id
    local f m = m . f
```

```
instance (MonadReader m) => MonadReader (IdentityT m) where
    type EnvType (IdentityT m) = EnvType m
    ask   = lift ask
    local = mapIdentityT . local

instance (MonadReader m) => MonadReader (StateT s m) where
    type EnvType (StateT s m) = EnvType m
    ask   = lift ask
    local = mapStateT . local
...
```

宣告 MonadReader 的時候，我們使用 type 關鍵字宣告了一個型別別名 EnvType，它的類別是 * -> *，這使得 EnvType 有效地成為了一個型別函數，這裡實際上就是單子型別 m 到環境變數型別的型別函數了。之後在宣告實例的時候，除了要提供要求的實例方法外，還需要提供型別函數的具體實作。例如對於 (->) r 來說，環境常數的型別就是 r，所以：

```
...
    type EnvType ((->) r) = r
```

但是對於 IdentityT m 和 StateT s m 這類透過單子變換得到的單子，如果想成為 MonadReader 的實例，那麼環境常數的型別就取決於底層的 m 包含的環境常數的型別：

```
...
    type EnvType (IdentityT m) = EnvType m

...
    type EnvType (StateT s m) = EnvType m
```

這時環境常數的型別取決於 EnvType m 的結果。當遇到底層是 MonadReader 的情況時，底層的 MonadReader 的環境常數型別 r 就被自動提升到了外層的 MonadRandom 實例中，從而可以在最外層的單子環境下使用 ask/local 等函數而不需要使用 lift。最後，我們需要在遇到 ReaderT 的時候停下來：

```
instance (Monad m) => MonadReader (ReaderT r m) where
    type EnvType (ReaderT r m) = r
    ask = ReaderT.ask
    local = ReaderT.local
```

這裡因為 ReaderT r m 就是需要升格的 MonadReader，所以直接使用 ReaderT 模組的 ask/local 函數即可。

上面介紹的語法其實只是型別家族語法的一種，即在宣告型別類別時提供型別類別方法定義需要的型別別名，因此也被叫作關聯型別別名（型別別名和型別類別相關聯），後面你還會看到使用 type family 關鍵字在頂層定義的型別家族，這些語法的目的其實都一樣，就是提供一個型別函數的定義，把不同的型別聯繫起來。在 Hackage 上，有使用型別家族撰寫的單子變換函數程式庫 monads-tf，這也是 transformers 的作者 Ross Paterson 維護的一套函數程式庫，它和 mtl 一樣，是使用單子變換非常好的選擇。

25.4　Lazy StateT 和 Strict StateT

這裡簡單提一下 transformers 函數程式庫中模組 Control.Monad.Trans.State.Lazy 和 Control.Monad.Trans. State.Strict 的區別，這兩個模組匯出的 StateT 單子變換常常被稱為 Lazy StateT 和 Strict StateT，原因在於它們的單子實例宣告有一些微妙的差別。下面是它們的實例宣告對比：

```
module Control.Monad.Trans.State.Lazy

...

instance (Monad m) => Monad (StateT s m) where
    ...
    m >>= k  = StateT $ \ s -> do
        ~(a, s') <- runStateT m s
        runStateT (k a) s'
    ...
module Control.Monad.Trans.State.Strict

...

instance (Monad m) => Monad (StateT s m) where
    ...
    m >>= k  = StateT $ \ s -> do
        (a, s') <- runStateT m s
        runStateT (k a) s'
    ...
```

注意，在執行 m 中包裹的狀態轉移運算時，我們使用的模式比對並不相同：

```
-- Lazy
~(a, s') <- runStateT m s
-- Strict
(a, s') <- runStateT m s
```

~(a, s') 是前面提到的惰性模式，這個模式比對並不會對元組強迫求值，所以 runStateT m s 包含的狀態轉移運算並不會立刻發生，而是被保存到任務盒裡，這個細微的差別導致下面的程式在不同的 StateT 單子變換中的結果不同：

```
import Control.Monad.Trans.State.Lazy

squareGen :: State Integer [Integer]
-- squareGen :: StateT Integer Identity [Integer]
squareGen = sequence $ repeat $ do
    n <- get
    put (n*n)
    return n

print $ take 4 $ evalState squareGen 2
-- [2,4,16,256]
```

如果把上面的 Lazy State 換成 Strict State，sequence 函數將陷入無限長的運算中，這個問題發生在每一次 Strict State 中 >>= 的模式比對上。

25.5 Writer 單子

最後，補充介紹一個富有啟發性的單子—Writer 單子，這個單子經常用來建構連續的資料，在很多其他需要產生輸出的單子裡都可以看到它的影子。先來看看不使用單子變換的版本：

```
newtype Writer w a = Writer { runWriter :: (a, w) }

instance (Monoid w) => Monad (Writer w) where
    return x = Writer (x, mempty)
    (Writer (x,w)) >>= f =
        let (Writer (y, w')) = f x
        in Writer (y, w `mappend` w')
```

Writer w a 是(a, w) 的新型別，如果想讓 Writer w 成為單子的話，需要限定 Monoid w，即 w 型別是一個單位半群。因為在實作 >>= 的時候，我們使用 mappend 來連接之前單子中的 w 和單子運算產生的 w'。這個單子的用法也十分簡單，例如希望能夠生成一些符合一定格式的日誌：

```
tell :: w -> Writer w ()
tell w = Writer ((), w)

logInt :: Int -> Writer String ()
logInt x = do
    tell "Logging an Int: "
```

```
    tell $ show x
    tell "\n"

logFloat :: Float -> Writer String ()
logFloat x = do
    tell "Logging a Float: "
    tell $ show x
    tell "\n"

logging :: Writer w ()
logging = do
    logInt 100
    logInt 200
    logFloat 3.14

execWriter :: Writer w a -> w
execWriter w = let (_, v) = runWriter w in v

execWriter logging
-- Logging an Int: 100
-- Logging an Int: 200
-- Logging an Float: 3.14
```

實際上，Writer w () 是個很常用的型別，因為很多情況下我們只需要用到上下文能夠自動連接 w 型別的單位半群來實作格式輸出的功能。例如，常用的 blaze-html 函數程式庫就是利用自訂的 MarkupM 單子實作了使用 do 語法撰寫範本的目的：

```
page1 :: Markup
page1 = html $ do
    head $ do
        title "Introduction page."
        link ! rel "stylesheet" ! type_ "text/css" ! href "screen.css"
    body $ do
        div ! id "header" $ "Syntax"
        p "This is an example of BlazeMarkup syntax."
        ul $ mapM_ (li . toMarkup . show) [1, 2, 3]
```

上面的例子摘自 blaze-html 的官方說明文件，其中 Markup 就是 MarkupM () 的型別別名，整個單子都不需要用到包裹裡面的值，每個函數只是在操作 MarkupM 上下文中包含的範本資料。透過把 MarkupM 變成單子，我們可以輕鬆複用像 mapM_/when 這樣的控制結構，實作範本裡的迴圈/條件輸出。

有時候，我們需要對已有的運算新增上 Writer 的功能，這時候可以使用 Writer 單子變換 WriterT，這個型別在 transformers 函數程式庫裡也有定義：

```
newtype WriterT w m a = WriterT { runWriterT :: m (a, w) }

instance (Monoid w, Monad m) => Monad (WriterT w m) where
    return a = writer (a, mempty)
```

```haskell
    m >>= k  = WriterT $ do
        (a, w)  <- runWriterT m
        (b, w') <- runWriterT (k a)
        return (b, w `mappend` w')
```

這個定義和 Writer 類似，同樣是在上下文裡透過 mappend 累積一個單位半群。我們試著給之前的計算器新增一個列印日誌的功能：

```haskell
{-# LANGUAGE FlexibleContexts #-}

import Control.Monad.State.Strict
import Control.Monad.Writer.Strict
import Control.Monad.Trans
import Control.Monad
import Text.Read (readMaybe)

calculator :: WriterT String (StateT Double IO) ()
calculator = do
    result <- get
    liftIO $ print result
    (op:input) <- liftIO getLine
    let opFn = case op of
            '+' -> sAdd
            '-' -> sMinus
            '*' -> sTime
            '/' -> sDivide
            _ -> const $ return ()
    case readMaybe input of
        Just x -> opFn x >> calculator
        Nothing -> tell "Illegal input.\n"
  where
    sAdd x = do
        tell $ "Add: " ++ (show x) ++ "\n"
        modify (+ x)
    sMinus x = do
        tell $ "Minus: " ++ (show x) ++ "\n"
        modify (\y -> y - x)
    sTime x = do
        tell $ "Time: " ++ (show x) ++ "\n"
        modify (* x)
    sDivide x = do
        tell $ "Divide: " ++ (show x) ++ "\n"
        modify (/ x)

main :: IO ()
main = (flip evalStateT) 0 $ do
        log <- execWriterT calculator
        liftIO $ do
            putStr "Calculator log:\n"
            putStr log
```

當遇到非法輸入的時候，終止遞迴。在 evalStateT 內部，透過 execWriterT 得到日誌並輸出。注意，這裡使用的單子變換函數程式庫是 mtl，所以我們沒有在使用 modify 函數時新增 lift，同時 liftIO 直接把 IO 操作升格到了最外層的單子。打開語言擴充 FlexibleContexts，是為了方便 GHC 推斷 sAdd/sMinus/sTime/sDivide 的型別，因為符合要求的型別有很多種（在單子變換層中，包含 StateT 和 WriterT 的都可以）。執行上面的程式試試看：

```
0.0
+1
1.0
*2
2.0
/11
0.18181818181818182
-23
-22.818181818181817
wrongInput
Calculator log:
Add: 1.0
Time: 2.0
Divide: 11.0
Minus: 23.0
Illegal input.
```

值得一提的是，WriterT 單子對於每次的 mappend 操作，本身並不會求值，而是將其封裝在任務盒裡，這是因為每次返回的元組 (a, w) 對於 w 並不求值。所以，最後執行 WriterT 得到的是一連串 mappend 的任務盒。針對不同的情況，這個行為可能是必須的，也可能是不理想的。不過總的來說，如果希望每次實作 >>= 的時候，發生求值以避免任務盒堆積，建議使用 Strict StateT，因為 Strict StateT 對於狀態變數的求值是嚴格的。

26

高效率的字串處理

前面曾經多次提到，在 base 程式庫中 String 是[Char]的型別別名，底層實作是單連結串列，這導致很多初學者認為 Haskell 字串的處理效率低下。事實上，String 並不是 Haskell 中唯一的字串型別，在 Hackage 上也有很多滿足不同需求的字串處理函數程式庫。在這一章中，我們瞭解一下兩個常用的字串函數程式庫 bytestring 和 text，它們分別用來處理 ASCII 和 Unicode 字串。

需要注意的是，bytestring處理的是二進位資料，在其他語言裡叫作buffer、bytes等。由於沒有涉及編碼操作，所以用 bytestring 處理文字字串是不合適的，這裡只是沿用 C 語言的叫法，把二進位資料也叫成了「字串」。

26.1 bytestring 函數程式庫

在 C 語言裡，經常用到的表示字串的型別是 [Char]，因為 ASCII 字元型別 Char 正好是 1Byte/8bit，而 Byte 也是電腦記憶體的基本存取單位，所以處理二進位資料時往往會使用這個型別，以便於單個位元組的操作。在 Haskell 中，我們可以使用 Vector 來表示這樣的型別，但是由於 Haskell 中 Char 預設表示 Unicode 編碼的字元，所以使用 Word8 來代替 C 語言裡面的 Char：

```
-- Data.Vector.Mutable
IOVector Word8
-- Data.Vector.Unboxed
Vector Word8
-- Data.Vector
Vector Word8
```

上面的型別適合大量的連續資料處理，例如訊號分析、影像處理等。而在 Hackage 上的 bytestring 函數程式庫，也是處理連續 8bit 資料的一個函數程式庫，裡面定義的 ByteString 型別和上面的型別十分相似，只是 bytestring 函數程式庫更加面向字串處理，它提供了大量尋找、拼接、替換、分割等函數，這樣它比 vector 函數程式庫更加適合操作 ASCII 字串和二進位資料流。

Data.ByteString 模組中定義的 ByteString 常常也被稱作 Strict ByteString，因為這個模組提供的 ByteString 實際上都是沒有裝盒的陣列，任何對元素的操作都是嚴格求值的。一般情況下，使用下面的冠名匯入語法可以避免衝突：

```
import           Data.ByteString (ByteString)
import qualified Data.ByteString as BS
```

其中 ByteString 資料型別的定義如下：

```
data ByteString = PS {-# UNPACK #-} !(ForeignPtr Word8) -- 內容的位址
                     {-# UNPACK #-} !Int                -- 起始位置偏移量
                     {-# UNPACK #-} !Int                -- 長度
```

根據定義可以看到，ByteString 內部包含一個指向 Word 陣列的指標、一個偏移量和一個長度。實際上，你會發現這個 ForeignPtr 是一個可以方便地讓外部 C 語言呼叫的指標型別，因為它指向的區域不會被垃圾回收器移動，也就是說這個記憶體位址是固定的。偏移量和長度的資料可以用來實作快速的字串分割等操作。下述操作的時間複雜度都是 O(1)：

```
take :: Int -> ByteString -> ByteString
drop :: Int -> ByteString -> ByteString
splitAt :: Int -> ByteString -> (ByteString, ByteString)
head :: ByteString -> Word8
tail :: ByteString -> ByteString
init :: ByteString -> ByteString
last :: ByteString -> Word8
null :: ByteString -> Bool
length :: ByteString -> Int
```

此外，ByteString 還提供了 head/tail 和 init/last 的安全版本：

```
-- 返回 ByteString 的 head 和 tail，如果 ByteString 為空，返回 Nothing
uncons :: ByteString -> Maybe (Word8, ByteString)
-- 返回 ByteString 的 init 和 last，如果 ByteString 為空，返回 Nothing
unsnoc :: ByteString -> Maybe (ByteString, Word8)
```

和 Data.List 模組中提供的各種操作類似，ByteString 中也有類似的遍訪折疊操作：

```
map :: (Word8 -> Word8) -> ByteString -> ByteString
foldl :: (a -> Word8 -> a) -> a -> ByteString -> a
foldl' :: (a -> Word8 -> a) -> a -> ByteString -> a
foldr :: (Word8 -> a -> a) -> a -> ByteString -> a
foldr' :: (Word8 -> a -> a) -> a -> ByteString -> a
```

此外，還有很多方便的字串操作函數：

```
-- 顛倒 ByteString
reverse :: ByteString -> ByteString

-- 把一個 Word8 字元插入到字串的每個字元之間
intersperse :: Word8 -> ByteString -> ByteString

-- 把一個 ByteString 插到一組 ByteString 之間
intercalate :: ByteString -> [ByteString] -> ByteString

-- 把連續且相同的 Word8 分組
group :: ByteString -> [ByteString]
```

26.1.1 Lazy ByteString

使用連續記憶體區域保存資料的一個問題在於，當拼接操作發生的時候，有可能出現申請記憶體失敗而不得不把整個陣列複製到新區域的可能。而在 Haskell 中，由於存在對資料不可變性的要求，所以每次拼接 ByteString 的操作都會複製整個陣列的資料，這導致拼接操作的效率變低。另一方面，連結串列的資料結構是分散在記憶體中的，不存在申請記憶體的問題，同時拼接操作只是一些指標的操作，所以效率很高。但是每次存取一個元素都需要從連結串列頭部向尾部依次遍訪，所以每次讀操作都會額外新增一次跳轉，這導致存取效能變低。

有沒有一種資料結構能夠結合上面兩種資料結構的優點呢？Data.ByteString.Lazy 模組提供的 ByteString 就是這樣一個資料型別，我們常常把它叫作 Lazy ByteString。它的基本思路是分段表示一個字串，每一個子段內部是 Strict ByteString，子段和子段之間透過指標相連。這類似 Prelude 裡面 [] 型別的脊架結構，只是每個葉子節點上是一小段 Strict ByteString。下面是它的定義：

```
import qualified Data.ByteString as S

data ByteString = Empty | Chunk {-# UNPACK #-} !S.ByteString ByteString
```

我們看到，Lazy ByteString 和串列相似，有可能是 Empty 的空 ByteString，也可能是一個 Chunk 分段，每個分段包含一個 S.ByteString 和下一個相連的 Lazy ByteString 的指標。

這個資料結構的設計使得下面這些操作的時間複雜度得到了改善：

```
cons :: Word8 -> ByteString -> ByteString
append :: ByteString -> ByteString -> ByteString
splitAt :: Int64 -> ByteString -> (ByteString, ByteString)
take :: Int64 -> ByteString -> ByteString
drop :: Int64 -> ByteString -> ByteString
...
```

同時由於大部分資料仍然還是在記憶體中連續存放的，其他一些操作也不會比 Strict ByteString 慢太多，一般速度相差在 10% 以內。Lazy ByteString 同樣應該使用冠名匯入語法避免衝突：

```
import qualified Data.ByteString.Lazy as BL
```

除了提供更加高效率的拼接操作外，Lazy ByteString 還適合做串流處理（streaming）。因為每次可以從外界一個 Chunk 一個 Chunk 地讀取資料，然後分別處理每個 Chunk，再把最後的結構拼裝起來。這樣在整個處理過程中，就不用一次性地把所有資料全部載入記憶體，從而實作恆定記憶體消耗處理大量資料的目的，感興趣的讀者可以查看 streaming-bytestring 函數程式庫。Data.ByteString.Streaming 模組裡提供了類似下面這樣的 ByteString 定義：

```
data ByteString m r = Empty r | Chunk Strict.ByteString (ByteString m r) | Go (m (ByteString m r))
```

這裡的 ByteString 型別包含一個運行在單子 m 中的計算結果 r，Go 建構函數封裝了 ByteString m r 被包裹到 m 單子的情況。

26.1.2 ByteString Builder

由於現代電腦 CPU 的工作原理，常常會有區域性最佳化的概念。這是因為 CPU 在高速存取記憶體資料時，常常把被存取位址周圍整個區域的內容全部載入 CPU 內部的快取記憶體，當接下來的 CPU 指令需要存取附近的位址時，CPU 將直接從內部的快取記憶體讀取資料，從而避免多次從 CPU 和記憶體之間的匯流排交換資料的需求。這大大降低了陣列的存取成本，所以我們也可以認為，現代電腦的架構是為了陣列做了最佳化的。

這樣一來，對於連結串列這樣每次存取都需要跳轉的資料結構相當不公平。區域性最佳化就是指透過改造程式使用的資料結構，使之充分利用 CPU 快取記憶體實作加速。上面的 Lazy ByteString 就是一個需要注意區域性最佳化的資料結構，具體原因如下。

◎ 如果每個 Chunk 太短，那麼整個資料結構過於鬆散，會導致存取時記憶體的跳轉次數過多從而導致存取性能下降。

◎ 如果每個 Chunk 太長，那麼每次拼接需要複製的 Chunk 也隨之變長，這樣就失去了 Lazy 的意義，同時過長的 Chunk 也不可能被一次性裝進 CPU 的快取。

所以針對這樣一個問題，底層提供了一些檔案讀取函數，例如：

```
hGetContents :: Handle -> IO ByteString
readFile :: FilePath -> IO ByteString
...
```

都會預設返回 Chunk 尺寸是 32KB 大小的 Lazy ByteString，這個尺寸在絕大多數情況下都可以很好地利用區域性最佳化加速程式執行。當然，這個尺寸的選擇也和主流 CPU 的快取設計密切相關。

現在考慮這樣一個情況，當想要透過渲染範本生成一個 HTML 說明文件，或者把數值資料渲染成 CSV 格式的表格檔案時，我們需要進行大量的字串編碼和拼接操作，此時會有一個問題，那就是這些場合下會生成很多很短的字串。

◎ 按照 Lazy ByteString 的思考方式，讓這些小段的計算結果都變成一個 Chunk，然後把它們首尾相連，那麼整個 Lazy ByteString 的平均 Chunk 尺寸會過小，這導致後續處理過程中的存取速度過慢。

◎ 如果每次都把這些小字串拼接起來成為一個 Strict ByteString，當尺寸很小的時候，由於區域性最佳化，速度上可能仍然很快，但是當整個 Strict ByteString 的尺寸超過 CPU 緩存的上限後，每次拼接都會變成一次實質的記憶體讀寫，處理速度會迅速下降。

所以這裡需要提供一種自我調整方法，當拼接的字串還沒有到達一個尺寸限制時，使用記憶體複製的方式進行拼接，而當尺寸超過上限後，自動轉換為使用指針相連。

Data.ByteString.Builder 模組提供的 Builder 型別就是為了滿足上述操作設計的。現在來看它的內部定義：

```
-- BufferRange 用來表示記憶體的連續範圍
data BufferRange = BufferRange {-# UNPACK #-} !(Ptr Word8)  -- 頭地址
                               {-# UNPACK #-} !(Ptr Word8)  -- 尾地址

-- Buffer 是表示正在裝填資料內容的緩存
data Buffer = Buffer {-# UNPACK #-} !(ForeignPtr Word8)   -- 起始位址
                     {-# UNPACK #-} !BufferRange          -- 記憶體中的範圍


-- BuildSignal a 表示的是每一次裝填操作之後，被裝填 Buffer 的狀態
data BuildSignal a =
    Done {-# UNPACK #-} !(Ptr Word8) a     -- 狀態完成

  | BufferFull                             -- Buffer 被填滿了
      {-# UNPACK #-} !Int
      {-# UNPACK #-} !(Ptr Word8)
                     (BuildStep a)

  | InsertChunk                            -- 插入一個 Chunk
      {-# UNPACK #-} !(Ptr Word8)
                     S.ByteString
                     (BuildStep a)

-- BuildStep 型別別名，用來代表每次裝填操作
type BuildStep a = BufferRange -> IO (BuildSignal a)

-- Builder 的定義，使用函數組合實作累計裝填操作
newtype Builder = Builder (forall r. BuildStep r -> BuildStep r)
```

這些資料結構會給你一個大致的印象，那就是現在不再直接控制字串的拼接什麼時候發生，使用什麼方式，而是使用 Builder 的組合，由 Builder 內部每次 BuildStep 返回的 BuildSignal 來決定是複製 Chunk，還是新增指標。Builder 是一個 newtype 資料型別，所以需要把之前的每一小段字串都封裝在 Builder 型別裡。Data.ByteString.Builder 模組提供了這些函數：

```
-- 根據 Strict ByteString/Lazy ByteString 建立 Builder
byteString :: ByteString -> Builder
lazyByteString :: ByteString -> Builder

-- 把有符號的一個位元組變成 Builer
int8 :: Int8 -> Builder
-- 把無符號的一個位元組變成 Builder
word8 :: Word8 -> Builder

-- 按照 big-endian 格式把資料變成 Builder
int16BE :: Int16 -> Builder
int32BE :: Int32 -> Builder
int64BE :: Int64 -> Builder
word16BE :: Word16 -> Builder
word32BE :: Word32 -> Builder
word64BE :: Word64 -> Builder
floatBE :: Float -> Builder
doubleBE :: Double -> Builder

-- 按照 little-endian 格式把資料變成 Builder
int16LE :: Int16 -> Builder
int32LE :: Int32 -> Builder
int64LE :: Int64 -> Builder
word16LE :: Word16 -> Builder
word32LE :: Word32 -> Builder
word64LE :: Word64 -> Builder
floatLE :: Float -> Builder
doubleLE :: Double -> Builder

-- 根據 ASCII/UTF8 Char 建立 Builder
char7 :: Char -> Builder
char8 :: Char -> Builder
string8 :: String -> Builder
charUtf8 :: Char -> Builder
stringUtf8 :: String -> Builder

-- 按照十進位把數字轉出 ASCII 字串的 Builder
int8Dec :: Int8 -> Builder
int16Dec :: Int16 -> Builder
int64Dec :: Int64 -> Builder
intDec :: Int -> Builder
integerDec :: Integer -> Builder
word8Dec :: Word8 -> Builder
word16Dec :: Word16 -> Builder
word32Dec :: Word32 -> Builder
word64Dec :: Word64 -> Builder
wordDec :: Word -> Builder
floatDec :: Float -> Builder
doubleDec :: Double -> Builder
```

此外，還有按照十六進位轉換數字到 ASCII 字串 Builder 的函數。上面的函數用來把資料序列化成 Builder，然後使用 Builder 進行拼接操作的時候，Builder 內部就會自動完成 Buffer 的管理，實作高效率的 ByteString 建立，所以 Builder 提供了 Monoid 的實例宣告：

```
-- 一個什麼都不做的 Builder
empty :: Builder
empty = Builder (\cont -> (\range -> cont range))

-- Builder 的拼接是透過組合 BuildStep 實作的
append :: Builder -> Builder -> Builder
append (Builder b1) (Builder b2) = Builder $ b1 . b2

instance Monoid Builder where
  mempty = empty
  mappend = append
  mconcat = foldr mappend mempty
```

我們使用 Data.Monoid 模組的<>中綴函數來拼接 Builder 即可。最後完成輸出工作的最關鍵函數是下面這個：

```
toLazyByteString :: Builder -> ByteString
```

這個函數把最後合成出來的Builder變成了Lazy ByteString，每個Chunk的尺寸在4KB到32KB之間，得到的資料在使用的時候將會因為CPU的區域性最佳化而得到加速。除了提供輸出 Lazy ByteString 的函數之外，你也可以直接把 Builder 輸出到檔案或者裝置中：

```
hPutBuilder :: Handle -> Builder -> IO ()
```

隨著 Builder 的 BuildStep 進行下去，產生的 Chunk 會被直接寫入 Handle，而之前產生的 Chunk 會被當作垃圾及時回收掉。

26.2　text 和 utf8-string 函數程式庫

ByteString 適合處理二進位/ASCII 字串，它包含的固定指標也便於呼叫底層程式碼時與 C 語言交換資料。但是如果現在要處理的內容是 Unicode 編碼的字串，ByteString 提供的很多基於 Word8 的函數就顯得比較單一了，這裡涉及 Unicode 字元的編碼方式問題。

◎　UTF8 編碼的每個字元的長度可能是 1～4 個位元組，由於壓縮比較高，處理的額外計算也最多。

◎　UTF16 編碼的每個字元長度是 2～4 個位元組，佔據的空間比 UTF8 多，但是編解碼的計算量也少些。

◎　UTF32 編碼的每個字元固定 4 個位元組，佔據空間最多，但是定長字元處理起來十分方便。

所以大部分儲存的文字出於節省空間的考慮，都會使用 UTF8 編碼。而程式中為了處理的效率，往往會使用 UTF16 或者 UTF32 編碼，Haskell 中預設的 Char 型別就是使用的 UTF32 編碼。

在 Hackage 上還有一套和 ByteString 類似，但是是基於 UTF16 編碼的函數程式庫：text。顧名思義，text 函數程式庫適合用來處理文字，它的型別實際上是：

```
data Text = Text
    {-# UNPACK #-} !A.Array             -- Word16 陣列
    {-# UNPACK #-} !Int                 -- 偏移量（以 Word16 為單位）
    {-# UNPACK #-} !Int                 -- 長度（以 Word16 為單位）
```

雖然 Text 的底層表示是 Word16 的陣列，但是函數程式庫使用了融合的計算框架來實作多函數操作的融合，在整個融合框架裡使用的是 UTF32 編碼的 Char，所以提供的大部分函數都是基於 base 函數程式庫的 Data.Char 模組裡的 Char 型別，我們在處理 Text 型別字串時，透過組合基於 Char 的操作，在底層操作時 text 函數程式庫會自動完成 UTF16 和 UTF32 的轉換。

text 函數程式庫的模組結構和 bytestring 很類似。

◎　Data.Text 模組：提供了 Strict Text，即底層是一個 Word16 連續陣列的 Text。

◎ Data.Text.Lazy 模組：提供 Lazy Text，即透過脊架相連的 Strict Text 片段，適合做串流處理。

◎ Data.Text.Lazy.Builder 模組：提供了高效率生成 Lazy Text 的 Builder 型別，以及建構 Builder 的方法。

此外，text 還提供了額外用來處理字串的專用模組。

◎ Data.Text.Encoding 模組：用來完成不同 UTF 編碼的二進位 ByteString 和 Text 之間的相互轉換。

◎ Data.Text.Read 模組：用來從 Text 型別的字串中解析出不同進制的數字。

◎ Data.Text.IO 模組：用來使用 Text 型別的值讀寫檔。

此外，如果希望利用融合框架來編寫一些自訂的字串操作，也可以參考 Data.Text.Internal.Fusion 模組和它的子模組，但是這些都屬於 text 函數程式庫的內部模組，可能會在不同的版本之間任意更改，使用時要小心。整個 text 函數程式庫一般使用下面的冠名匯入：

```
import qualified Data.Text as T
import qualified Data.Text.Encoding as T
import qualified Data.Text.Lazy as TL
```

如果希望處理 UTF8 編碼的字串，但又不需要 UTF16 型別的 Text 的龐大工具庫，你也可以使用 utf8-string 函數程式庫，這個函數程式庫使用 UTF8 編碼的 ByteString 作為處理的型別，提供的函數同樣以基於 Char 型別為主，同時長度的單位也都是 Unicode 字元的個數。例如，下面這兩個函數：

```
Data.ByteString.splitAt :: Int -> ByteString -> (ByteString, ByteString)
Data.ByteString.UTF8.splitAt :: Int -> ByteString -> (ByteString, ByteString)
```

雖然同樣都是在指定的位置把 ByteString 分段，但是 Data.ByteString 模組提供的 splitAt 的單位是位元組，所以如果使用它去處理 UTF8 字串的話，有可能把一個連續的 UTF8 編碼的字元分成兩半，而 Data.ByteString.UTF8 中的 splitAt 函數就不存在這個問題，它提供的操作都是基於 UTF8 編碼的 Unicode 字元的。

上面函數程式庫中提供的 Strict ByteString、Lazy ByteString、Strict Text、Lazy Text 都是這樣一個型別類別的實例：

```
class IsString a where
    fromString :: String -> a
```

這個型別類別實際上定義了如何從預設的 String 型別得到其他字串型別。對於 ByteString 來說，它的實例宣告如下：

```
c2w :: Char -> Word8
c2w = fromIntegral . ord

unsafePackLenChars :: Int -> [Char] -> ByteString
unsafePackLenChars len cs0 =
    unsafeCreate len $ \p -> go p cs0
  where
    go !_ []     = return ()
    go !p (c:cs) = poke p (c2w c) >> go (p `plusPtr` 1) cs

packChars :: [Char] -> ByteString
packChars cs = unsafePackLenChars (List.length cs) cs


instance IsString ByteString where
    fromString = packChars
```

這段程式碼和核心在於 c2w 函數，即如何從 Char 得到 Word8 型別的每個元素。實際上，這裡僅僅是透過 Prelude 中的 fromIntegral 函數把對應的 UTF32 編碼的四位元組 Char 截斷成一位元組！這意味著下面的轉換得到的 ByteString 沒有經過任何 Unicode 的編碼：

```
fromString "這是一段中文字元" :: ByteString
-- "\217/\NUL\181-\135W&" :: ByteString
```

得到的"\217/\NUL\181-\135W&"僅僅是"這是一段中文字元"的每個字元的低八位資料，實際上不能用來做任何的後續處理，這也是使用 ByteString 的 IsString 型別需要注意的地方。如果需要使用字串來新建 ByteString，請避免使用 Unicode 字元。例如，下面的 ASCII 字元的低八位資料就是可以使用的：

```
fromString "a-z!?~" :: ByteString
-- "a-z!?~" :: ByteString
```

注意，這裡我們使用了 "a-z!?~" :: ByteString 這樣的寫法。就像 String 是 [Char] 的語法糖一樣，在 Haskell 中"a-z"是 ['a', '-', 'z'] 的語法糖，被雙引號包圍的字串預設是 [Char] 型別的，如果想要使用雙引號來撰寫其他字串型別的字面量，可以使用語言擴充 OverloadedStrings，這個擴充底層利用的就是 IsString 型別類別提供的 fromString 方法：

```
{-# LANGUAGE OverloadedStrings #-}

"a-z!?~" :: ByteString
-- "a-z!?~" == fromString "a-z!?~"
```

編譯器底層會在每個 [Char] 型別的字面量前面自動插入 fromString 函數，使得字面量可以自動適配對應多種字串型別。

類似 ByteString，Text 型別也提供 IsString 的型別類別實例宣告：

```
instance IsString Text where
    fromString = pack
```

這裡的 pack 函數是按照 Unicode 編碼把[Char]轉換成 Text 型別的編碼函數。由於進行了適當的編碼處理，Text 配合使用 OverloadedStrings 擴充可以完全取代低效率的 String 型別，這也是大部分情況下 Haskell 中推薦的字串處理方式。

另外，在 Data.Text.Lazy.Builder 模組中定義的 Builder 型別也是 IsString 型別類別的實例型別，這在拼裝生成 Text 的時候十分方便：

```
toLazyText :: Builer -> Text

toLazyText $ "abc" <> "中文"
-- "abc\20013\25991" :: Text
26.3  mono-traversable 函數程式庫
```

好奇的讀者一定在想，這些不同的型別能否抽象出一個通用的介面，使得程式碼不依賴於具體的資料型別呢？首先想到 Functor/Foldable/Traversable，但是這些型別類別都要求提供容器型別，而 ByteString/Text 不只是容器型別，它們把內部元素的型別 Word8/Word16 也固定了，這樣就無法滿足這些型別類別需要的抽象要求，所以也沒有辦法提供通用的 fmap/fold/traverse 操作了。

mono-traversable 函數程式庫就是為了彌補這一個層次抽象的不足而建立的函數程式庫。在 mono-traversable 的 Data.MonoTraversable 模組中，定義了若干個型別家族 MonoFunctor/MonoFoldable/ MonoTraversable，它們就是容器元素型別固定時的容器型別。這些型別家族提供的方法都以 o 開頭，基本上和 Functor/Foldable/Traversable 相同：

```
class MonoFunctor mono where
    omap :: (Element mono -> Element mono) -> mono -> mono


class MonoFoldable mono where
```

```
    ofoldMap :: Monoid m => (Element mono -> m) -> mono -> m
    ofoldr :: (Element mono -> b -> b) -> b -> mono -> b
    ofoldl' :: (a -> Element mono -> a) -> a -> mono -> a
    otoList :: mono -> [Element mono]
    ...

class (MonoFunctor mono, MonoFoldable mono) => MonoTraversable mono where
    otraverse :: Applicative f => (Element mono -> f (Element mono)) -> mono -> f mono
    omapM :: Monad m => (Element mono -> m (Element mono)) -> mono -> m mono
```

其中 Element 是一個型別家族，它透過 type family 關鍵字顯示宣告：

```
type family Element mono
```

型別家族 Element 用來關聯 mono 和另一個型別家族的實例型別，實際上也就是把容器型別和容器內的物體型別關聯在一起：

```
type instance Element S.ByteString = Word8
type instance Element L.ByteString = Word8
type instance Element T.Text = Char
type instance Element TL.Text = Char
type instance Element [a] = a
...
```

可以看到，透過 Element 型別函數，不同的容器型別和其中的元素型別一一對應起來，因此這些型別可以提供滿足條件的 MonoFunctor/MonoFoldable/MonoTraversable 定義。這些實例包括大部分常見的資料型別：ByteString、Text、[a]、Vector a、Seq a、DList a 等。這個模組還提供了一些全函數來代替容易出錯的部分函數，例如：

```
headMay :: MonoFoldable mono => mono -> Maybe (Element mono)
lastMay :: MonoFoldable mono => mono -> Maybe (Element mono)

maximumMay :: MonoFoldableOrd mono => mono -> Maybe (Element mono)
minimumMay :: MonoFoldableOrd mono => mono -> Maybe (Element mono)
```

總的來說，推薦使用這個模組去處理一些和底層資料型別無關的計算模組，使得編寫的演算法和底層容器資料型別無關。

27

網路程式設計

Haskell 在網路程式設計方面提供的函數程式庫也非常多，並且在 GHC 7.8 之後，得益於 GHC 的執行時對於 IO 的最佳化處理 ，編譯的程式碼能夠自動最佳化 IO 相關的系統呼叫，從而獲得非常優異的效能，所以 Haskell 十分適合網路程式設計。下面是幾個主流 HTTP 框架的對比。

◎ snap。這是一個簡潔的 HTTP 框架。snap-core 函數程式庫提供了核心的 Snap 單子和對應的方法，snap-server 函數程式庫提供了執行 Snap 單子運算的伺服器執行時，預設支援 HTTP/HTTPS，snap 以及 snap-extra 提供許多中介軟體和輔助函數。另外，snap 的開發者還維護著 heist 範本函數程式庫，用來實作 HTML 的範本功能。

◎ happstack。這是一個全面的 HTTP 框架，大部分函數和型別都定義在 happstack-server 函數程式庫裡。此外，還有 happstack-foundation 函數程式庫，用來提供額外的輔助方法，包括路由、範本、持久化等功能。happstack 的開發者同時在維護 acid-state 函數程式庫，這是一個支援持久化的 Haskell 記憶體中資料庫。HTTPS 的支援透過 happstack-server-tls 函數程式庫實作，底層基於 OpenSSL。

◎ yesod。它主要由核心函數程式庫 wai 和執行時 warp 構成。和 happstack 一樣，它也提供全面的解決方案。yesod 的範本系統 shakespeare 提供了針對 HTML、JavaScript 以及 CSS 等不同型別的封裝，是一個較為重量級的解決方案。

其中 wai/warp 的組合提供了建構底層 HTTP 服務所需要的方法和執行時，warp-tls 提供了必要的 HTTPS 支援。因為 wai/warp 具有介面簡單和效能高等特點，所以 Haskell 生態圈裡誕生了一批建立在 wai/warp 之上的 HTTP 框架，諸如 spock、scotty、apiary 等。下面先從 wai/warp 入手，瞭解使用 Haskell 建構 HTTP 服務的基本做法。

27.1 wai/warp

在 warp 中，定義了執行 HTTP 應用的方法：

```
run :: Port -> Application -> IO ()
```

給定埠後，再把應用本身傳遞給 run，服務就執行起來了。Application 型別是經過 CPS 變換之後的型別，它在 wai 中的定義如下：

```
type Application = Request -> (Response -> IO ResponseReceived) -> IO ResponseReceived
```

作為應用開發者，我們並不關心怎麼獲得第一個參數 Request 和第二個參數 Response -> IO ResponseReceived，這兩個參數會由 run 函數傳遞給我們。我們只需根據獲得的 Request 產生對應的 Response，並把 Response 傳遞給第二個參數即可。例如，下面的程式就是一個簡單的會一直返回 "Hello World" 的應用：

```
{-# LANGUAGE OverloadedStrings #-}

import Network.Wai
import Network.Wai.Handler.Warp
import Network.HTTP.Types.Status

helloApp :: Application
helloApp req respond =
    respond $ responseLBS status200 [] "Hello world"

main :: IO ()
main = run 8080 helloApp
```

其中 responseLBS 是在 Network.Wai 裡定義的函數，用來把 Lazy ByteString 轉為回應：

```
responseLBS :: Status -> ResponseHeaders -> ByteString -> Response
```

status200 是定義在 Network.HTTP.Types.Status 模組裡的狀態碼，這個模組由 http-types 函數程式庫提供。所以，在 cabal 檔裡，除了新增 wai 和 warp 外，還需要新增 http-types 才能完整地執行上面的程式。使用 cabal run 執行測試程式，然後使用瀏覽器存取 http://localhost:8080，就可以看到返回的回應了。

Request 型別的參數是 warp 解析後傳遞給我們的請求，它定義在 wai 的 Network.Wai 模組裡。下面讓我們來分析一下：

```
data Request = Request {
    -- HTTP 方法（GET、POST、DELETE...）
    requestMethod          :: H.Method
    -- HTTP 版本（1.1、2.0...）
  , httpVersion            :: H.HttpVersion
    -- 請求的路徑資訊
  , rawPathInfo            :: B.ByteString
    -- 請求中 Query 的部分（不包括開始的?字元）
  , rawQueryString         :: B.ByteString
    -- 請求中的 Header 串列
  , requestHeaders         :: H.RequestHeaders
    -- 當前的存取是否使用 SSL 加密
  , isSecure               :: Bool
    -- 用戶端的 HOST 訊息
  , remoteHost             :: SockAddr
    -- 處理好的路徑串列（按照/分開）
  , pathInfo               :: [Text]
    -- 處理好的 Query 串列（按照&分開）
  , queryString            :: H.Query
    -- 請求的 Body 部分，這是一個 IO 動作。
    -- 每次執行會返回之前未消費的 Body，
    -- 消費完畢後返回空資料
  , requestBody            :: IO B.ByteString
    -- 存儲資料的 Vault
  , vault                   :: Vault
    -- 請求 Body 部分的長度，在 Chunked 傳輸時這個值是未知的
  , requestBodyLength       :: RequestBodyLength
    -- 下面是一些常用的 Header（Host、Range、Referer、User-Agent）
  , requestHeaderHost       :: Maybe B.ByteString
  , requestHeaderRange    :: Maybe B.ByteString
  , requestHeaderReferer    :: Maybe B.ByteString
  , requestHeaderUserAgent :: Maybe B.ByteString
  }
```

這個資料型別完整地表示一個伺服器接收到的請求資訊。下面根據請求來返回不同的回應。例如，把剛剛例子中 helloApp 改成下面的定義：

```haskell
helloApp :: Application
helloApp req respond =
    if (pathInfo req) == ["greet"]
        then respond $ responseLBS status200 [] "Hello world"
        else respond $ responseLBS status404 [] ""
```

我們判斷請求中的路徑資訊，當存取路徑是 "/greet" 時，才返回 "Hello world"，否則返回狀態碼 404 和一個空頁面。實際上，這裡我們做了一個最簡易的路由。

我們不會手動判斷路徑資訊來實作路由，很多建立在 wai 之上的 HTTP 框架都會提供更方便、更安全的方式來建構路由表。wai 函數程式庫裡提供的都是一些最基本的 HTTP 型別和操作。此外，wai 中還定義了一類特殊的函數 Middleware，用來給 Application 新增額外的功能，也就是中介軟體的概念。這個型別透過 Haskell 表示出來，也非常直觀：

```haskell
type Middleware = Application -> Application
```

其實就是一個處理 Application 的函數。Middleware 函數可以做的事情主要有：

◎ 對接收到的請求進行處理，例如 cookie 的提取、上傳檔案的提取、路徑的過濾等。

◎ 對原 Application 的輸出進行一些處理，比如 gzip 壓縮、新增額外的 Header 等。

◎ 維繫一些狀態，例如伺服器端的 session。

◎ 輸出一些統計資訊，例如日誌。

例如，一個簡單的記錄請求的日誌中介軟體可以這樣做：

```haskell
logReqMW :: Middleware
logReqMW app req res = print req >> app req res
```

你可以直接把它疊加到 helloApp 上，然後執行 main = run 8080 (logReqMW helloApp)。伴隨每次存取，你可以從標準輸出串流上看到請求的日誌。當然，實際的日誌輸出還需要考慮格式、緩衝等方面的問題，不過上例應該足以幫助讀者編寫自己的 Middleware 了。

27.2 wai-extra

wai-extra 函數程式庫是 wai 作者維護的一套函數合集，裡面提供了很多常用的中介軟體，例如：

```
-- Network.Wai.Middleware.Gzip
-- 使用 gzip 壓縮回應
gzip :: GzipSettings -> Middleware

-- Network.Wai.Middleware.Jsonp
-- 自動解析參數中的 callback 參數，並新增相對應的修補套件
-- 提供型別是"text/javascript"的回應
jsonp :: Middleware

-- Network.Wai.Middleware.ForceSSL
-- 如果請求的不是 https，自動跳轉到 https
forceSSL :: Middleware

-- Network.Wai.Middleware.RequestLogger
-- 自動記錄請求日誌到 stdout
logStdout :: Middleware
```

此外，還有很多其他型別的中介軟體，使用時只需要新增到 Application 前面即可。wai-extra 函數程式庫還定義了一些解析 HTTP 請求的常用函數，這些函數都在 Network.Wai.Parse 模組下面，用來從 HTTP 請求體裡提取參數或者檔案：

```
import qualified Data.ByteString as S
import qualified Data.ByteString.Lazy as L

-- 定義了請求體的兩種型別——url-encoded 和 multi-part，
-- 分別對應提交的表單的兩種編碼方式，詳見 W3C 規範：
-- https://www.w3.org/TR/html401/interact/forms.html。
-- 其中 Multipart 的參數是 multi-part 編碼定義的 boundary
data RequestBodyType = UrlEncoded | Multipart S.ByteString

-- 解析請求體的格式
-- "application/x-www-form-urlencoded"對應 UrlEncoded
-- "multipart/form-data"對應 Multipart
-- 否則，返回 Nothing
getRequestBodyType :: Request -> Maybe RequestBodyType

-- 定義普通參數型別和檔案參數型別
type Param = (ByteString, ByteString)
type File y = (ByteString, FileInfo y)

data FileInfo c = FileInfo
    { fileName :: S.ByteString
    , fileContentType :: S.ByteString
    , fileContent :: c
    }
```

```
    deriving (Eq, Show)

-- 解析請求體，之所以返回的參數和檔案在 IO 單子中，
-- 是因為解析檔案的過程中有可能保存到暫存檔案，其中涉及 IO 操作
parseRequestBody :: BackEnd y -> Request -> IO ([Param], [File y])

-- BackEnd 代表檔案上傳的處理函數，
-- 這個函數分別會得到檔案參數名、檔案資訊和檔案的所有 Chunk
type BackEnd a = ByteString    -> FileInfo () -> IO ByteString -> IO a

-- 一個把待上傳檔案保存為 Lazy ByteString 的處理函數
-- 這裡直接忽略了檔案參數名和附加的檔案資訊
lbsBackEnd :: Monad m => ignored1 -> ignored2 -> m ByteString -> m ByteString
-- lbsBackEnd :: BackEnd ByteString

-- 一個執行在 ResourceT 中的處理函數
-- 把文件保存到暫存檔案裡，並返回暫存檔案的 FilePath
tempFileBackEnd :: InternalState -> ignored1 -> ignored2 -> IO ByteString -> IO FilePath
-- tempFileBackEnd :: InternalState -> BackEnd FilePath
```

保存暫存檔案的函數 tempFileBackEnd 使用了 resourcet 函數程式庫裡定義的型別 InternalState，用來方便安全地進行檔案操作（及時關閉不用的檔案），它需要配合 Control.Monad.Trans.Resource 模組裡的 ResourceT 和 withInternalState 使用。在第 33 章中，我們還會提到 ResourceT。

27.3 HTTP 的單子抽象

Hackage 上有很多基於 wai/warp 的 HTTP 框架，這些框架的基本思考方式都差不多：提供一個 HTTP 單子，這個單子提供一個 Reader 環境，可以讀取請求的資訊，同時提供一些 Writer 操作，用來產生 HTTP 回應。例如，apiary 函數程式庫提供的 ActionT 單子變換就是這樣一個 HTTP 單子型別。同時，它還提供 ApiaryT 單子來生成路由資訊。下面是使用它來撰寫 HTTP 程式的一個例子：

```
{-# LANGUAGE OverloadedStrings #-}
{-# LANGUAGE QuasiQuotes #-}
{-# LANGUAGE DataKinds #-}

import Web.Apiary
import Network.Wai.Handler.Warp

main :: IO ()
main = runApiary (run 8080) def $ do
    root . ([key|hello|] =: pByteString) . action $ do
        contentType "text/plain"
        hello <- param [key|hello|]
        bytes hello
```

想要理解上面的函數型別，你還需要閱讀第 29 章和第 31 章的內容，這裡簡單解釋一下。

◎ root 函數是一個最簡單的路由，用來比對根路徑的存取。

◎ [key|hello|] =: pByteString 使用範本程式設計的技巧，生成了比對參數中包含 hello 欄位的路由。

◎ action 函數在給定的 ApiaryT 上下文中執行 ActionT，它是連接路由和對應動作的函數。

◎ 在 action 內部，使用 param 函數拿到了 hello 欄位對應的參數。bytes 函數把參數當成回應原封不動地返回到用戶端。

在其他框架（比如 yesod、Spock 等）中，這個過程也都類似，感興趣的讀者可以透過 Hackage 上的說明文件瞭解更多 HTTP 程式設計技巧。

27.4 WebSocket 程式設計

WebSocket 是和瀏覽器進行即時資料傳輸的一種常見手段。websockets 是 Haskell 中 WebSocket 程式設計首選的函數程式庫，它提供了編寫 WebSocket 伺服器或者 WebSocket 用戶端的全部功能。下面來看一個伺服端的例子：

```
{-# LANGUAGE OverloadedStrings #-}
{-# LANGUAGE ScopedTypeVariables #-}

import Data.Text (Text)
import qualified Network.WebSockets as WS

main :: IO ()
main = WS.runServer "0.0.0.0" 9160 application

application :: WS.ServerApp
application pending = do
    conn <- WS.acceptRequest pending
    WS.forkPingThread conn 30
    msg :: Text <- WS.receiveData conn
    case msg of
        "hello" -> WS.sendTextData conn ("world" :: Text)
        _       -> WS.sendTextData conn ("yap" :: Text)
```

執行上面的程式後，你可以打開 WebSocket 協定的官網提供的測試頁面 http://www.websocket.org/echo.html，連接你的本機 WebSocket 位址 ws://127.0.0.1:9160/，然後你的訊息就會得到回應。使用 websockets 時，需要了解的幾個型別如下：

```
-- 用來表示 WebSocket 長連接的資料型別
data PendingConnection
data Connection

-- 接收用戶端的連接請求，得到 Connection
acceptRequest :: PendingConnection -> IO Connection

-- 伺服端 App 型別，就是一個拿到長連接之後的 IO 操作
type ServerApp = PendingConnection -> IO ()

-- 給定位址、連接埠，執行 ServerApp
runServer :: String -> Int -> ServerApp -> IO ()

-- WebSocket 訊息型別：控制訊息、資料訊息
data Message
    = ControlMessage ControlMessage
    | DataMessage DataMessage
    deriving (Eq, Show)

-- 控制訊息的型別：關閉、PING、PONG
data ControlMessage
    = Close Word16 BL.ByteString
    | Ping BL.ByteString
    | Pong BL.ByteString
    deriving (Eq, Show)

-- 資料訊息的型別：文字、二進位
data DataMessage
    = Text BL.ByteString
    | Binary BL.ByteString
    deriving (Eq, Show)

-- 從連接中讀取訊息
receive :: Connection -> IO Message
-- 從連接中讀取資料訊息，同時自動回應控制訊息
receiveDataMessage :: Connection -> IO DataMessage

-- 傳送訊息
send :: Connection -> Message -> IO ()
sendDataMessage :: Connection -> DataMessage -> IO ()
此外，websockets 還定義了以下操作方便我們發送資料：
-- 用來自動轉換編碼的型別類別
class WebSocketsData a where

-- 把資料按照文字方式發送，如果你用這種方式發送 ByteString，
-- 請確保 ByteString 的內容可以被 UTF-8 解碼
sendTextData :: WebSocketsData a => Connection -> a -> IO ()

-- 按照二進位方式發送，如果是文字，則經過 UTF-8 編碼後發送
```

```
sendBinaryData :: WebSocketsData a => Connection -> a -> IO ()

-- 發送關閉訊息
sendClose :: WebSocketsData a => Connection -> a -> IO ()

-- 發送 PING 訊息
sendPing :: WebSocketsData a => Connection -> a -> IO ()
```

websockets 提供的函數 forkPingThread，用來建立一個單獨的執行緒維護和用戶端的心跳連接（定時 PING/PONG）。一般來說，編寫 WebSocket 程式都需要用到 GHC 提供的併發程式設計工具（forkIO 等），這些內容將在第 30 章中介紹。

一個常見的業務場景是 HTTP 伺服器同時肩負 WebSocket 伺服器的任務，在瀏覽器發出 WebSocket 連接請求後自動升級到 ws 協定。wai-websockets 函數程式庫提供了在 wai 服務框架下嵌入 WebSocket 服務的方法。例如，Network.Wai.Handler.WebSockets 模組提供的 websocketsOr 函數：

```
websocketsOr
:: ConnectionOptions -- websockets 函數程式庫裡定義的 Connection 選項
-> ServerApp         -- 要執行的 WebSocket 服務
-> Application       -- 要在同樣路徑下執行的 wai 服務
-> Application       -- 合併之後的服務
```

使用這個函數把 WebSocket 和 HTTP 服務合併成一個服務，然後使用 warp 提供的 run 函數，就可以實作 HTTP 協定和 ws 協定自動切換了。

27.5 Socket 程式設計

如果你是做架構的，可能會接觸到更多底層的通訊協定，例如常用的傳輸層協定 TCP/UDP。傳輸層協定一般由作業系統提供。大部分情況下，也把傳輸層上的程式設計叫作 Socket 程式設計。在 Haskell 中，你可以使用 network 函數程式庫來編寫傳輸層上的應用程式。network 函數程式庫統一了不同作業系統下網路傳輸層的差別，它提供的函數和傳輸層中的概念也都是一一對應的：

```
-- 打開或者關閉的 Socket 資訊
data Socket

-- 埠編號
data PortID =
          Service String                    -- 服務名稱
        | PortNumber PortNumber             -- 埠號
        | UnixSocket String                 -- Unix 下連接埠在檔案系統中的路徑
        deriving (Show, Eq)

-- 輔助型別
data PortNumber
type HostName = String
Socket 連接的打開、關閉操作如下：
listenOn :: PortID -> IO Socket
sClose :: Socket -> IO ()
```

有了 Socket 之後，傳輸層通用的操作就是發送和接收了。你可以使用下面這對函數進行發送和接收：

```
sendTo :: HostName -> PortID -> String -> IO ()
recvFrom :: HostName -> PortID -> IO String
```

一般來說，你需要發送和接收的是二進位 ByteString 資料。在 Network.Socket.ByteString 模組裡，提供了更適合二進位的操作：

```
-- 發送一串二進位資料，並返回已發送的長度
send :: Socket -> ByteString -> IO Int

-- 發送一串二進位資料，自動發送直至發送完畢
sendAll :: Socket -> ByteString -> IO ()

-- 和 send/sendAll 類似，但是如果 Socket 已經關閉，
-- 則嘗試使用 SockAddr 打開新的連接
sendTo :: Socket -> ByteString -> SockAddr -> IO Int
sendAllTo :: Socket -> ByteString -> SockAddr -> IO ()

-- 從打開的 Socket 中讀取指定長度的資料
recv :: Socket -> Int -> IO ByteString
```

```
-- 同 recv，但是如果 Socket 已經關閉，則嘗試打開。返回對應的 SockAddr
recvFrom :: Socket -> Int -> IO (ByteString, SockAddr)
```

Network.Socket.ByteString.Lazy 模組提供了基於 Lazy ByteString 的上述操作，用來更方便地實作串流式處理。和應用層協定（HTTP、FTP 等）不同的是，在傳輸層，資料的發送和接收沒有開始和結束，你需要自己編寫協定來同步伺服端和用戶端，讓彼此能夠解析出對方發送的資料包裹。常見的做法是自訂一個傳輸的包裹協定，在包裹的開頭加上包裹長度的欄位，當程式讀出這個長度之後，繼續按照這個長度讀取整個包裹。另外，你可能會考慮使用現成的序列化/反序列格式來處理資料的打包和解包。

network 函數程式庫還提供了使用檔案控制程式碼 Handle 的方式來處理 Socket 連接的函數：

```
accept :: Socket -> IO (Handle, HostName, PortNumber)
connectTo :: HostName -> PortID -> IO Handle
```

獲取到 Handle 之後，你可以使用 GHC.IO.Handle 模組提供的函數繼續進行常見的操作：寫入、讀取。根據 Handle 是否使用緩衝，你可能還需要手動控制更新緩衝的操作（Flush）。

network 遵循 Unix 標準，透過把 Socket 設定到 Datagram 模式來實作 UDP 協定層的傳輸。雖然 UDP 協定並不保證資料包的先後順序，但是對於大部分 Unix 實作來說，不管是否使用 Datagram，Socket 都會維護訊息傳輸的先後順序。下面是一個使用 Datagram 型別的 Socket 進行廣播的例子：

```
import Network.Socket
import Network.Multicast
main = withSocketsDo $ do
    (sock, addr) <- multicastSender "224.0.0.99" 9999
    let loop = do
        sendTo sock "Hello, world" addr
        loop
    in loop
```

這裡我們新建了一個 Socket，並向整個子網廣播訊息 "Hello world"。此外，我們還使用 network-multicast 函數程式庫的 multicastSender 函數簡化了建立 Datagram 的過程，該函數的定義如下：

```
multicastSender :: HostName -> PortNumber -> IO (Socket, SockAddr)
multicastSender host port = do
    addr  <- fmap (SockAddrInet port) (inet_addr host)
```

```
    proto <- getProtocolNumber "udp"
    sock  <- socket AF_INET Datagram proto
    return (sock, addr)
```

同樣地，在 224.0.0.99 閘道之內的機器可以執行下面的程式碼來接收廣播：

```
import Network.Socket
import Network.Multicast

main = withSocketsDo $ do
    sock <- multicastReceiver "224.0.0.99" 9999
    let loop = do
        (msg, _, addr) <- recvFrom sock 1024
        print (msg, addr) in loop
```

如果你發現 TCP 交握影響了程式的效能，也可以考慮使用 UDP 來代替 TCP 傳輸資料。不過 UDP 沒有 TCP 可靠，雖然 UDP 包也會做校驗，但是丟包率等受到網路情況的影響較大，適用於可以容忍一定丟包率的情況。

28

Haskell 與資料庫

資料庫操作是網路程式設計中非常重要的一個主題，Haskell 生態中也不乏許多資料庫的抽象。目前，主流的資料庫操作框架有下面幾個。

◎ HDBC。這是一個出現較早的資料庫抽象層，目前仍然在維護，其中對 ODBC 驅動程式的支援較為完整。relational-query/relational-query-HDBC 函數程式庫提供了進階的資料庫操作抽象，它們和 HDBC 是很不錯的組合。

◎ postgresql-simple、mysql-simple 和 sqlite-simple。這幾個函數程式庫提供了常見的資料庫操作的封裝，介面設計較簡單，但沒有提供更進階的型別安全操作。

◎ persistent。這是從 yesod 框架中獨立出來的資料庫抽象層，對應的驅動程式建立在 postgresql-simple 和 mysql-simple 等函數程式庫之上，是一個可以操作 PostgreSQL、MySQL、SQLite、MongoDB、Redis 甚至 ZooKeeper 等多種資料來源的統一框架。這個函數程式庫使用範本程式設計方便了資料格式的定義和遷移，是一個功能全面的資料庫抽象。

◎ groundhog。和 persistent 類似，它提供對 PostgreSQL、MySQL、SQLite 的支援，也透過使用範本程式設計來方便定義資料格式，提供比 persistent 豐富的查詢功能。

◎ esqueleto。這是一個建立在 persistent 定義的資料格式之上的 SQL 查詢生成庫，支援靈活地建構 SQL 查詢的功能，同時使用型別限制杜絕大部分不合法的 SQL。這個函數程式庫主要用來彌補 persistent 在處理 SQL 查詢上的不足。

◎ opaleye。這是一個主要面向 PostgreSQL 資料庫的 SQL 查詢生成庫。和 esqueleto 不同的地方在於，它大量使用 Arrow 來建構 SQL 查詢，提供了更強的型別安全保證。

本章會透過實例介紹目前非常流行的兩個資料庫操作函數程式庫：persistent 和 esqueleto。這兩個函數程式庫解決了資料庫操作中遇到的兩類問題：一是如何把 Haskell 中的資料型別和資料庫中的資料表關聯起來，這類似其他語言裡 ORM 的作用；二是如何靈活、安全地生成 SQL 查詢，這在其他語言裡往往透過手動拼接字串來實作，Haskell 在這方面顯然可以做得更好。

28.1 persistent

persistent 是一個相對來說較為進階的資料庫抽象，它封裝了資料庫操作的許多細節，包括資料的序列化和反序列化、SQL 查詢的生成，以及簡單的資料移轉過程。下面我們以 MySQL 為例，假設在本機上已經安裝了 MySQL 的服務。首先，建立一個測試用的資料庫：

```
mysql> CREATE DATABASE test;
```

接下來不用手動建立資料表，因為 persistent 可以幫助我們完成這件事情。在 cabal 設定檔裡，新增下面幾個函數程式庫的依賴：

◎ persistent

◎ persistent-mysql

◎ persistent-template

在安裝過程中，可能需要本機的一些 C 語言的開發檔，例如 libpcre 等，如果提示安裝失敗，先去安裝對應的 C 開發檔即可（具體安裝步驟因作業系統的不同而不同）。由於這幾個函數程式庫的依賴比較多，請務必在沙盒環境下操作，以免污染了 GHC 全域的函數程式庫環境（在執行 cabal install --only-dependencies 之前，執行 cabal sandbox init 初始化一個沙盒環境即可）。下面的示例改自 persistent 的一篇官方示例，執行這個示例，還需要新增 transformers 和 monad-logger 函數程式庫作為依賴。另外，注意替換資料庫連接的使用者名稱和密碼：

```
{-# LANGUAGE EmptyDataDecls                #-}
{-# LANGUAGE FlexibleContexts              #-}
{-# LANGUAGE GADTs                         #-}
{-# LANGUAGE GeneralizedNewtypeDeriving #-}
{-# LANGUAGE MultiParamTypeClasses      #-}
{-# LANGUAGE OverloadedStrings          #-}
{-# LANGUAGE QuasiQuotes                #-}
{-# LANGUAGE TemplateHaskell            #-}
{-# LANGUAGE TypeFamilies               #-}

import           Control.Monad.IO.Class  (liftIO)
import           Control.Monad.Trans.Reader
import           Database.Persist
import           Database.Persist.MySQL
import           Database.Persist.TH
import           Control.Monad.Logger

share [mkPersist sqlSettings, mkMigrate "migrateAll"] [persistLowerCase|
Person
    name String
    age Int Maybe
    deriving Show
BlogPost
    title String
    authorId PersonId
    deriving Show
|]

conInfo :: ConnectInfo
conInfo = ConnectInfo {
        connectHost = "localhost" -- 資料庫位址
    ,   connectPort = 3306 -- 資料庫埠
    ,   connectUser = "root" -- 資料庫使用者名稱
    ,   connectPassword = "xxxxx" -- 資料庫密碼
    ,   connectDatabase = "test" -- 資料庫名稱
    ,   connectOptions = [] -- 連接相關選項
    ,   connectPath = "" -- socket 路徑
    ,   connectSSL = Nothing -- SSL 加密訊息
    }


main :: IO ()
```

```
main = runStdoutLoggingT . withMySQLPool conInfo 10 . runSqlPool $ do
    runMigration migrateAll

    johnId <- insert $ Person "John Doe" (Just 35)
    janeId <- insert $ Person "Jane Doe" Nothing

    insert $ BlogPost "My fr1st post" johnId
    insert $ BlogPost "One more for good measure" johnId

    oneJohnPost <- selectList [BlogPostAuthorId ==. johnId] [LimitTo 1]
    liftIO $ print (oneJohnPost :: [Entity BlogPost])

    john <- get johnId
    liftIO $ print (john :: Maybe Person)

    delete janeId
    deleteWhere [BlogPostAuthorId ==. johnId]
```

我們先從 main 函數說起，withMySQLPool 是自動獲取/銷毀 MySQL 連接池的函數，它的型別是：

```
withMySQLPool
    :: (MonadIO m, MonadLogger m, MonadBaseControl IO m)
    => ConnectInfo          -- 打開連接需要的配置資訊
    -> Int                  -- 連接池最大連接數
    -> (ConnectionPool -> m a)   -- 獲取連接池之後的回呼函數
    -> m a                       -- 回呼函數的執行結果
```

為了簡化手動管理連接池，withMySQLPool 封裝了連接池的建立、管理和銷毀等全部過程，我們只需要提供拿到連接池之後的回呼函數 ConnectionPool -> m a 即可。其中 MonadLogger m 的類別限制來自函數程式庫 monad-logger，它的定義如下：

```
class Monad m => MonadLogger m where
    monadLoggerLog :: ToLogStr msg => Loc -> LogSource -> LogLevel -> msg -> m ()

instance Monad m => MonadLogger (NoLoggingT m) where
    monadLoggerLog _ _ _ _ = return ()

instance MonadIO m => MonadLogger (LoggingT m) where
    monadLoggerLog a b c d = LoggingT $ \f -> liftIO $ f a b c (toLogStr d)
```

其中最主要的兩個實例是 NoLoggingT m 和 LoggingT m，分別對應關閉日誌和輸出日誌的單子變換，最外層的函數 runStdoutLoggingT 用來執行日誌單子。如果執行上面的程式，你會得到下面的日誌輸出：

```
Migrating: CREATe TABLE `person`(`id` BIGINT NOT NULL
➥AUTO_INCREMENT PRIMARY KEY,`name` TEXT CHARACTER
➥SET utf8 NOT NULL,`age` BIGINT NULL)
[Debug#SQL] CREATe TABLE `person`(`id` BIGINT NOT NULL
➥AUTO_INCREMENT PRIMARY KEY,`name` TEXT CHARACTER
```

```
➥SET utf8 NOT NULL,`age` BIGINT NULL); []
Migrating: CREATe TABLE `blog_post`(`id` BIGINT NOT NULL
➥AUTO_INCREMENT PRIMARY KEY,`title` TEXT CHARACTER SET
➥utf8 NOT NULL,`author_id` BIGINT NOT NULL REFERENCES `person`)
[Debug#SQL] CREATe TABLE `blog_post`(`id` BIGINT NOT NULL
➥AUTO_INCREMENT PRIMARY KEY,`title` TEXT CHARACTER SET
➥utf8 NOT NULL,`author_id` BIGINT NOT NULL REFERENCES `person`); []
Migrating: ALTER TABLE `blog_post` ADD CONSTRAINT
➥`blog_post_author_id_fkey` FOREIGN KEY(`author_id`)
➥REFERENCES `person`(`id`)
[Debug#SQL] ALTER TABLE `blog_post` ADD CONSTRAINT
➥`blog_post_author_id_fkey` FOREIGN KEY(`author_id`)
➥REFERENCES `person`(`id`); []
[Debug#SQL] INSERT INTO `person`(`name`,`age`) VALUES(?,?);
➥[PersistText "John Doe",PersistInt64 35]
[Debug#SQL] SELECT LAST_INSERT_ID(); []
[Debug#SQL] INSERT INTO `person`(`name`,`age`) VALUES(?,?);
➥[PersistText "Jane Doe",PersistNull]
[Debug#SQL] SELECT LAST_INSERT_ID(); []
[Debug#SQL] INSERT INTO `blog_post`(`title`,`author_id`)
➥VALUES(?,?); [PersistText "My fr1st post",PersistInt64 1]
[Debug#SQL] SELECT LAST_INSERT_ID(); []
[Debug#SQL] INSERT INTO `blog_post`(`title`,`author_id`)
➥VALUES(?,?); [PersistText "One more for good measure",PersistInt64 1]
[Debug#SQL] SELECT LAST_INSERT_ID(); []
[Debug#SQL] SELECT `id`, `title`, `author_id` FROM `blog_post`
➥WHERE (`author_id`=?) LIMIT 1; [PersistInt64 1]
[Entity {entityKey = BlogPostKey {unBlogPostKey = SqlBackendKey
➥{unSqlBackendKey = 1}}, entityVal = BlogPost {blogPostTitle =
➥"My fr1st post", blogPostAuthorId = PersonKey {unPersonKey =
➥SqlBackendKey {unSqlBackendKey = 1}}}}]
[Debug#SQL] SELECT `name`,`age` FROM `person` WHERE `id`=? ;
➥[PersistInt64 1]
Just (Person {personName = "John Doe", personAge = Just 35})
[Debug#SQL] DELETE FROM `person` WHERE `id`=? ; [PersistInt64 2]
[Debug#SQL] DELETE FROM `blog_post` WHERE (`author_id`=?);
➥[PersistInt64 1]
```

你可以把 runStdoutLoggingT 替換成 runNoLoggingT 來關閉日誌，得到的輸出將會是如下所示：

```
[Entity {entityKey = BlogPostKey {unBlogPostKey = SqlBackendKey {unSqlBackendKey = 5}},
entityVal = BlogPost {blogPostTitle = "My fr1st post", blogPostAuthorId = PersonKey
{unPersonKey = SqlBackendKey {unSqlBackendKey = 5}}}}]
Just (Person {personName = "John Doe", personAge = Just 35})
```

也就是在程式裡透過 liftIO 輸出的兩個資料。執行上面的程式後，在 MySQL 裡可以查詢資料是否寫入了：

```
mysql> select name, age from person;
+----------+------+
| name     | age  |
+----------+------+
```

```
| John Doe |   35 |
+----------+------+
1 rows in set (0.00 sec)
mysql> select * from blog_post;
Empty set (0.00 sec)
```

這裡的表名稱和一開始我們宣告的資料型別是一一對應的：

```
share [mkPersist sqlSettings, mkMigrate "migrateAll"] [persistLowerCase|
Person
    name String
    age Int Maybe
    deriving Show
BlogPost
    title String
    authorId PersonId
    deriving Show
|]
```

persistLowerCase 實際上是一個 quoter，用來解析使用縮排定義的資料格式，它的解析規則是把名為 FooBar 的資料型別對應到名為 foo_bar 的資料表上。和 persistLower Case 類似，Database.Persist.TH 裡面還有一個 persistUpperCase 函數，它會直接把名為 FooBar 的資料型別對應到 FooBar 的資料表上。persistLowerCase/ persistUpperCase 會返回自動生成的 [EntityDef]，也就是資料定義，然後 share 函數會把 mkPersist 和 mkMigrate 都作用到 [EntityDef]，生成對應的資料型別宣告和資料庫遷移的程式碼。這裡涉及下一章要介紹的範本程式設計的知識，這裡先不用著急理解這些函數的工作細節。

上面的程式碼會在編譯的時候展開。自動定義如下的資料型別：

```
data Person = Person { personName :: !String, age :: !Maybe Int}
    deriving (Eq, Ord, Read, Show)
data BlogPost = BlogPost { title :: !String, authorId :: !Key Person}
    deriving (Eq, Ord, Read, Show)
```

同時宣告下面幾個型別類別的實例，用來實作 SQL 操作：

```
instance ToBackendKey SqlBackend Person
instance PersistField Person
instance PersistField (Key Person)
instance PersistEntity Person
instance PersistFieldSql Person
instance PersistFieldSql (Key Person)

instance ToBackendKey SqlBackend BlogPost
instance PersistField BlogPost
instance PersistField (Key BlogPost)
instance PersistEntity BlogPost
```

```
instance PersistFieldSql BlogPost
instance PersistFieldSql (Key BlogPost)
```

由於這些都是自動完成的，所以我們並不需要關心其實作細節。這些型別類別所包含的 SQL 操作都定義在 Database.Persist.Class，例如：

```
-- 根據 key 從資料庫裡讀取一列
get :: (MonadIO m, backend ~ PersistEntityBackend val, PersistEntity val) =>
    Key val -> ReaderT backend m (Maybe val)

-- 向資料庫插入一列資料
insert :: (MonadIO m, backend ~ PersistEntityBackend val, PersistEntity val) =>
    val -> ReaderT backend m (Key val)
```

這些方法會自動根據 PersistEntity 的型別找到對應的資料表，所以我們在程式裡並不需要關心底層資料庫的結構，只需要把它當作一個代數型別的存放裝置即可。ReaderT backend m (Key val) 給整個運算提供了資料庫的後端 backend，所以一旦進入 ReaderT，就不用關心資料庫連接的問題了。在進入 ReaderT 之前，我們需要給整個 ReaderT 運算提供一個全域常數 backend，這是由 runSqlPool 函數完成的：

```
-- SqlPersistT 是 persistent 的主單子型別，因為大部分操作都需要一個 SqlBackend
type SqlPersistT = ReaderT SqlBackend

-- 從連接池裡拿出一個連接，作為 SqlBackend 傳遞給 SqlPersistT
runSqlPool :: MonadBaseControl IO m => SqlPersistT m a -> Pool SqlBackend -> m a
```

下面就是整個 SqlPersistT 單子環境的建立過程：

```
-- withMySQLPool conInfo 10 打開連接池
-- runSqlPool 連接連接池和 SqlPersistT 運算
-- runStdoutLoggingT 執行日誌單子

main :: IO ()
main = runStdoutLoggingT . withMySQLPool conInfo 10 . runSqlPool $ do
    -- 從這裡開始，上下文中攜帶有特定的 SQL 連接以及輸出日誌的權限
```

之後的程式碼你應該能自行理解：

```
...
    -- 執行自動資料庫遷移
    runMigration migrateAll

    -- 向 Person 對應的資料表插入兩列資料
    johnId <- insert $ Person "John Doe" (Just 35)
    janeId <- insert $ Person "Jane Doe" Nothing

    -- 向 BlogPost 對應的資料表插入兩列資料
    insert $ BlogPost "My fr1st post" johnId
    insert $ BlogPost "One more for good measure" johnId
```

```
    -- 選擇特定的 BlogPost
    oneJohnPost <- selectList [BlogPostAuthorId ==. johnId] [LimitTo 1]
    liftIO $ print (oneJohnPost :: [Entity BlogPost])

    -- 根據 Key 選擇特定的 Person
    john <- get johnId
    liftIO $ print (john :: Maybe Person)

    -- 刪除和條件刪除
    delete janeId
    deleteWhere [BlogPostAuthorId ==. johnId]
```

在 persistent 中，所有底層的 SELECT、DELETE 和 INSERT 等 SQL 操作細節都被封裝了起來，而每個操作都被賦予了對應的型別限制，這樣在編譯的時候可以直接杜絕不合法的 SQL 操作，這也是 persistent 提供的強型別安全保證，同時由於不再需要手動撰寫 SQL 語句，也避免了拼裝 SQL 時容易發生的各種問題。

28.2 esqueleto

persistent 提供的查詢函數雖然有強型別安全的保證，能滿足大部分情況下的要求，但是有些 SQL 操作還是沒有辦法被合理地抽象成函數，例如從全部資料中選擇其中幾欄，或者對兩個資料表做連接（join）查詢。groundhog 函數程式庫提供了投影（projection）的概念來處理這些情況，而 persistent 選擇了另外一個方式：提供一個建立在 persistent 之上的 SQL 查詢生成函數程式庫 esqueleto。

esqueleto 建立了一套使用函數組合來撰寫 SQL 的 DSL，它的主要特點是貼近 SQL 語法，同時提供一定程度的型別安全保證。我們繼續使用上面的資料型別定義。下面是一個使用 esqueleto 配合 SQLite 的示例，你需要安裝 persistent-sqlite 函數程式庫來獲取 Database.Persist.Sqlite 模組：

```
{-# LANGUAGE EmptyDataDecls             #-}
{-# LANGUAGE FlexibleContexts           #-}
{-# LANGUAGE GADTs                      #-}
{-# LANGUAGE GeneralizedNewtypeDeriving #-}
{-# LANGUAGE MultiParamTypeClasses      #-}
{-# LANGUAGE OverloadedStrings          #-}
{-# LANGUAGE QuasiQuotes                #-}
{-# LANGUAGE TemplateHaskell            #-}
{-# LANGUAGE TypeFamilies               #-}

import           Control.Monad.IO.Class  (liftIO)
import           Control.Monad.Trans.Reader
import           Database.Persist
```

```
import          Database.Persist.Sqlite
import          Database.Persist.TH
import          Control.Monad.Logger
import          Database.Esqueleto as E

share [mkPersist sqlSettings, mkMigrate "migrateAll"] [persistLowerCase|
Person
    name String
    age Int Maybe
    deriving Show
BlogPost
    title String
    authorId PersonId
    deriving Show
|]

main :: IO ()
main = runNoLoggingT . withSqlitePool "test.db" 10 . runSqlPool $ do
    runMigration migrateAll

    johnId <- insert $ Person "John" (Just 18)
    johnId <- insert $ Person "Peter" (Just 20)
    johnId <- insert $ Person "Mary" (Just 30)
    johnId <- insert $ Person "Jane" (Just 14)

    people <- E.select $ E.from $ \person -> return person
    liftIO $ mapM_ (putStrLn . personName . entityVal) people

    people <-
        E.select $
        E.from $ \p -> do
        where_ (p E.^. PersonAge E.>. just (val 18))
        return p

    liftIO $ putStrLn "People older than 18 are:"
    liftIO $ mapM_ (putStrLn . personName . entityVal) people
```

對於 SQLite 來說，連接資訊都包含在了一個字串上。"test.db"會在本地打開一個同名檔作為資料庫儲存的位置，這對於小型專案來說這很方便，因為不需要部署任何額外的程式或者服務。我們使用 esqueleto 建構的查詢語句如下：

```
...
    -- SELECT * FROM Person
    people <- E.select $ E.from $ \person -> return person
...
    -- SELECT * FROM Person Where Person.age > 18
    people <-
        E.select $
        E.from $ \p -> do
        where_ (p E.^. PersonAge E.>. just (val 18))
        return p
...
```

可以看到，使用 DSL 撰寫的查詢語句已經儘量貼近 SQL 了，但是你可能會困惑，為什麼這些函數知道我們要查的是哪一張資料表？畢竟在整個查詢裡，從來沒有出現過 Person 的影子，這裡關鍵的資訊來自 person 的型別。我們在程式的下面透過 mapM_ (putStrLn . personName . entityVal) people，把選擇出來的每一列資料都列印了出來。而 personName 的型別是：

```
personName :: Person -> String
```

透過型別推斷，我們知道 people 的型別一定是[Person]，從而推斷出 person :: Person。至此，E.from 函數已經可以順利地找到正確的表單了。此外，透過型別檢查，很多錯誤的 SQL 也會被拒絕。上面的第二個例子涉及構成 DSL 的函數：

```
-- 從一列值裡找到某一欄來構成 SQL
(^.) :: (PersistEntity val, PersistField typ) => expr (Entity val) -> EntityField val typ ->
expr (Value typ)

-- 生成 SQL 中的大於比較判斷
(>.) :: PersistField typ => expr (Value typ) -> expr (Value typ) -> expr (Value Bool)
```

這裡為了讓 DSL 簡潔一些，函數的型別看上去並不是那麼有意義，基本上 esqueleto 把 SQL 裡用得到的運算子都重新定義了一遍：

```
(==.) :: PersistField typ => expr (Value typ) -> expr (Value typ) -> expr (Value Bool)
(<=.) :: PersistField typ => expr (Value typ) -> expr (Value typ) -> expr (Value Bool)
(<.) :: PersistField typ => expr (Value typ) -> expr (Value typ) -> expr (Value Bool)
...

(&&.) :: expr (Value Bool) -> expr (Value Bool) -> expr (Value Bool)
(||.) :: expr (Value Bool) -> expr (Value Bool) -> expr (Value Bool)
not_ :: expr (Value Bool) -> expr (Value Bool)

(+.) :: PersistField a => expr (Value a) -> expr (Value a) -> expr (Value a)
(-.) :: PersistField a => expr (Value a) -> expr (Value a) -> expr (Value a)
(/.) :: PersistField a => expr (Value a) -> expr (Value a) -> expr (Value a)
(*.) :: PersistField a => expr (Value a) -> expr (Value a) -> expr (Value a)

random_ :: (PersistField a, Num a) => expr (Value a)
round_ :: (PersistField a, Num a, PersistField b, Num b) => expr (Value a) -> expr (Value b)
...

like :: SqlString s => expr (Value s) -> expr (Value s) -> expr (Value Bool)
...
```

這些函數很多會和 persistent 的衝突，所以在引入 esqueleto 的時候，要注意使用 qualified。下面再舉幾個 esqueleto 撰寫 SQL 的例子：

```
-- 簡單的連接可以直接返回一個元組，等同於內部連接（inner join）
select $
from $ \(b, p) -> do
where_ (b ^. BlogPostAuthorId ==. p ^. PersonId)
orderBy [asc (b ^. BlogPostTitle)]
return (b, p)

-- SELECT BlogPost.*, Person.*
-- FROM BlogPost, Person
-- WHERE BlogPost.authorId = Person.id
-- ORDER BY BlogPost.title ASC


-- 左連接（left join），即使右側的值不存在，左側的值也會被保留
select $
from $ \(p `LeftOuterJoin` mb) -> do
on (just (p ^. PersonId) ==. mb ?. BlogPostAuthorId)
orderBy [asc (p ^. PersonName), asc (mb ?. BlogPostTitle)]
return (p, mb)

-- SELECT Person.*, BlogPost.*
-- FROM Person LEFT OUTER JOIN BlogPost
-- ON Person.id = BlogPost.authorId
-- ORDER BY Person.name ASC, BlogPost.title ASC


-- groupBy 按照指定欄分組
select $
from \(foo `InnerJoin` bar) -> do
on (foo ^. FooBarId ==. bar ^. BarId)
groupBy (bar ^. BarId, bar ^. BarName)
return (bar ^. BarId, bar ^. BarName, countRows)

-- SELECT Bar.id, Bar.name, COUNT(*)
-- FROM Foo INNER JOIN Bar
-- ON Foo.id = Bar.name
-- GROUP BY Bar.id, Bar.name
```

其實在理解了 esqueleto 的工作原理之後，再去使用對應的 DSL 撰寫 SQL 就會非常自然了。由於 Haskell 的型別推斷十分強大，我們不僅不需要給這些 SQL 函數新增型別說明，編譯器反而會透過型別檢查發現 SQL 撰寫上的錯誤，這也是使用 DSL 撰寫 SQL 最大的好處。相比字串拼接 SQL 的方法，一個強型別的 DSL 可以杜絕大部分錯誤的 SQL 組合。

除了 esqueleto，Haskell 中用來撰寫 SQL 的 DSL 還有很多，推薦感興趣的讀者可以去閱讀 opaleye 函數程式庫的相關說明文件，其中關於 Arrow 的使用非常巧妙。另外，在對性能要求較高的場合下，可以使用 hasql 配合 PostgreSQL，這是一個針對效能做過最佳化的函數程式庫。

29

範本程式設計

在前面的章節中，我們已經見過一些範本程式設計工具了，例如自動生成鏡片組的函數 makeLenses，以及自動完成 SQL 資料型別定義的 persistLowerCase/persistUpperCase 等，這些函數的一個共同特點就是它們會在編譯之前執行，動態產生程式碼。這個過程相當於利用程式來撰寫程式碼，往往適用於一些需要重複撰寫的程式碼片段，或者建構一種適合特定問題的 DSL。本章我們就來詳細介紹 Haskell 中的範本程式設計。

29.1 什麼是範本

我們先回憶一下前面的章節裡說到自動生成鏡片組的時候提到的函數 makeLenses：

```
import Control.Lens.TH

data Position = Position { posX :: Double, , posY :: Double }
makeLenses ''Positon
```

上面的 makeLenses ''Positon 就是一個範本函數的呼叫，它等同於向程式碼中插入了如下片段：

```
posX :: (Functor f) => (Double -> Position) -> f Double -> f Position
posX f (Position a b) = (\a' -> Position a' b) <$> f a

posY :: (Functor f) => (Double -> Position) -> f Double -> f Position
posY f (Position a b) = (\b' -> Position a  b') <$> f b
```

那麼，它是怎麼實作這樣的操作的呢？首先，我們需要理解抽象語法樹（AST，Abstract Syntax Tree）這個概念。對於 GHC 來說，每一個程式都需要被解析成一定的資料結構才能繼續處理。例如，一個表示式的資料結構可以這樣表示：

```
data Exp
    = VarE Name     -- 普通綁定
    | ConE Name     -- 建構函數
    | AppE Exp Exp -- 函數應用
    | InfixE (Maybe Exp) Exp (Maybe Exp) -- 中綴函數應用/Section 語法
    | LitE Lit      -- 字面量
    ...
```

對於表示式 fmap (+1) xs，我們可以這樣表示（省略一些建構的細節）：

```
AppE
    (AppE
        (VarE fmap)
        (InfixE Nothing (VarE +) (LitE 1))
    )
    (VarE xs)
```

上面例子中的資料結構就是 AST 的一個例子。由於 Haskell 的函數都是單參數函數，這裡兩次使用了 AppE。而 Haskell 中的範本程式設計，指的就是撰寫生成 AST 的程式，然後在編譯階段執行並生成 AST，接著由編譯器繼續編譯生成的 AST 的過程。這裡需要用到的函式程式庫是 template-haskell。在 Language.Haskell.TH.Syntax 模組中，定義了所有手動生成 AST 的工具。例如，生成一個 Name 的程式碼如下：

```
mkName :: String -> Name
```

這裡涉及一個語法細節，那就是在打開 TemplateHaskell 語言擴充之後，你可以使用兩個特殊語法引用目前作用域裡的 Name。

◎ 在普通的綁定前加上'，會得到這個綁定對應的 Name，例如 'fmap 得到的就是 fmap :: Name。

◎ 在型別或者型別類別前面加上''，也會得到對應的 Name，例如 ''Positon 會得到 Positon :: Name。

除了 Exp 之外，Haskell 中還有若干語法需要定義對應的資料結構，建構這些資料結構的函數在 Language.Haskell.TH.Syntax 模組中都有定義，具體如下所示。

◎ 型別：

```
data Type
  = ForallT [TyVarBndr] Cxt Type    -- forall ...
  | AppT Type Type                  -- T a b
  | VarT Name                       -- a
  | ConT Name                       -- T
  | ArrowT                          -- ->
  | ListT                           -- []
  ...
```

◎ 模式：

```
data Pat
  = VarP Name                      -- x
  | ConP Name [Pat]                -- Position x y
  | InfixP Pat Name Pat            -- x : xs
  | WildP                          -- _
  | LitP Lit                       -- "hello"
  | TupP [Pat]                     -- (p1, p2)
  | ListP [Pat]                    -- [x,y,z]
  ...
```

◎ 宣告：

```
data Dec
  = FunD Name [Clause]                              -- 函數
  | ValD Pat Body [Dec]                             -- 綁定
  | DataD Cxt Name [TyVarBndr] [Con] [Name]         -- data 宣告
  | NewtypeD Cxt Name [TyVarBndr] Con [Name]        -- newtype 宣告
  | TySynD Name [TyVarBndr] Type                    -- type 宣告
  | ClassD Cxt Name [TyVarBndr] [FunDep] [Dec]      -- class 宣告
  | InstanceD Cxt Type [Dec]                        -- instance 宣告
  | SigD Name Type                                  -- 型別宣告
```

```
...
```

下面舉例說明如何使用這些 AST 建構函數。假定現在想使用範本生成下面這個函數：

```
length :: [a] -> Int
length []     = 0
length (x:xs) = 1 + length xs
```

此時需要生成一個型別宣告和兩個函數體宣告。函數體宣告用到的型別 Clause 的建構方法如下：

```
data Clause = Clause [Pat] Body [Dec]
data Body = GuardedB [(Guard, Exp)] | NormalB Exp
```

這裡暫時我們沒有用到 Guard，上面的 length 函數的範本版本 lengthTH 就是：

```
{-# LANGUAGE TemplateHaskell #-}

module Main where

import Language.Haskell.TH

makeLengthTH :: [Dec]
makeLengthTH = [typeSig, FunD lengthTH [eq1, eq2]]
  where
    -- 函數名稱
    lengthTH = mkName "lengthTH"
    -- 型別宣告
    typeSig = SigD lengthTH
        (ForallT
            [PlainTV (mkName "a")]
            []
            (ArrowT `AppT` (AppT ListT (VarT $ mkName "a")) `AppT` (ConT ''Int))
        )
    -- 等式 1
    eq1 = Clause
        -- 參數模式
        [ConP '[] []]
        -- 沒有 Guard
        (NormalB (LitE $ IntegerL 0))
        -- 沒有"where"
        []

    -- 等式 2
    eq2 = Clause
        [InfixP (VarP $ mkName "x") '(:) (VarP $ mkName "xs")]
        (NormalB (
            InfixE
                (Just (LitE $ IntegerL 1))
                (VarE '(+))
                (Just $ (VarE lengthTH) `AppE` (VarE $ mkName "xs"))
```

```
        )
    )
    []
```

怎麼測試 makeLengthTH 函數呢？你可以使用 Language.Haskell.TH 模組的 pprint 函數，這個函數可以把 AST 列印成格式化好的程式碼字串。我們在 GHCi 中載入上面的程式碼試試看，打開 cabal repl：

```
*Main> import Language.Haskell.TH
[1 of 1] Compiling Main             ( Main.hs, interpreted )
Ok, modules loaded: Main.
*Main Language.Haskell.TH> putStrLn $ pprint makeLengthTH
lengthTH :: forall a . [a] -> GHC.Types.Int
lengthTH (GHC.Types.[]) = 0
lengthTH (x GHC.Types.: xs) = 1 GHC.Num.+ lengthTH xs
*Main Language.Haskell.TH> :set -XTemplateHaskell
*Main Language.Haskell.TH> data X; return makeLengthTH
*Main Language.Haskell.TH> :t lengthTH
lengthTH :: [a] -> Int
*Main Language.Haskell.TH> lengthTH []
0
*Main Language.Haskell.TH> lengthTH [0..3]
4
```

上面的 data X; 是之前說過的在 GHCi 中執行範本的特殊語法，經過 pprint 格式化後，我們的程式碼變成了：

```
lengthTH :: forall a . [a] -> GHC.Types.Int
lengthTH (GHC.Types.[]) = 0
lengthTH (x GHC.Types.: xs) = 1 GHC.Num.+ lengthTH xs
```

這裡所有使用'和"引入的 Name 都被加上了模組的首碼，例如 GHC.Types.Int、GHC.Types.[] 和 GHC.Types.:，以保證 Name 永遠能夠指向正確的位置。注意，當需要執行範本時，我們使用了 return makeLengthTH。這裡需要使用 return 的原因是，所有範本在插入到程式碼之前，必須包裹在 Q 單子中。

29.2 Q 單子

當查看 makeLenses 的型別時，會發現它的型別實際上是：

```
type DecsQ = Q [Dec]
makeLenses :: Name -> DecsQ
```

也就是說，makeLenses 會返回一個在 Q 單子中的宣告串列。實際上，當 GHC 遇到 Q 型別的運算時，它會在編譯階段直接執行這些運算（下面提到拼接時再詳細解釋），並把產生的 AST 當成程式碼的一部分繼續編譯，這也是上面為什麼需要在 makeLengthTH 前面加上 return 來新增 Q 單子的包裹。那麼，什麼是 Q 單子呢？

Q 單子在 Haskell 中代表 Quasi 或者 Quote，是一個專門用來生成範本程式碼的單子，透過這個單子，可以提供幾大特別的功能。

◎ 產生唯一的 Name 從而不會影響 Q 之外的程式碼：newName :: String -> Q Name。

◎ 獲取 Name 所在的程式碼的資訊，例如一個型別的建構函數等：reify :: Name -> Q Info。

◎ 獲取目前範本程式所在的程式碼位置：location :: Q Loc。

◎ 報告範本程式設計遇到的錯誤並將其作為編譯錯誤列印給使用者：reportError :: String -> Q () Source、reportWarning :: String -> Q ()。

◎ 在 Q 單子內執行 IO 操作，例如在編譯階段讀取檔案配置：runIO :: IO a -> Q a。

除此之外，因為 Q 是單子，所以它還可以複用所有單子相關的迴圈判斷等結構控制函數。我們不得不說，Q 單子是一個 Haskell 中十分巧妙的設計。不過在進一步瞭解 Q 單子之前，先介紹一下生成 AST 的一些其他方法。實際上，上面 makeLengthTH 的例子對於一個用過 LISP 語言家族的人來說，簡直無法忍受。因為 Haskell 的 AST 型別很複雜，手動透過函數建構 AST 對於任何稍顯複雜的範本程式設計任務來說幾乎都是不可能的。好在可以動用編譯器幫助我們做一些事情。

◎ [|...|]在打開範本程式設計之後就帶有特殊的含義了，它也被稱為牛津括弧（Oxford bracket）。你可以在它內部撰寫程式碼，不過所有經過 [|...|] 包裹後的程式碼對於編譯器來說都不再是字串了，而是以程式碼的 AST 表示。

◎　[|...|]、[e|...|] 會把括弧裡的程式碼按照表示式來解析，並返回 Q Exp。

◎　[t|...|] 會把括弧裡的程式碼按照型別來解析，並返回 Q Type。

◎　[p|...|] 會把括弧裡的程式碼按照模式來解析，並返回 Q Pat。

◎　[d|...|] 會把括弧裡的程式碼按照宣告來解析，並返回 Q Dec。

除了使用上述幾種牛津括弧來幫助你生成 AST 之外，GHC 還透過語言擴充 QuasiQuotes 支援使用任意的函數來解析括弧裡的程式碼字串，具體的語法就是使用 [parser|...|] 來呼叫函數 parser 解析括弧裡的程式碼，我們可以透過這個方式設計括弧裡程式碼的格式來解決特定的問題。例如，前面在 persistent 的例子中遇到的函數 persistLowerCase：

```
persistLowerCase :: QuasiQuoter
```

其中 QuasiQuoter 是個特殊的型別，建構這個型別需要你提供根據程式碼字串產生 AST 的函數：

```
data QuasiQuoter = QuasiQuoter {
        quoteExp  :: String -> Q Exp,
    ,   quotePat  :: String -> Q Pat,
    ,   quoteType :: String -> Q Type,
    ,   quoteDec  :: String -> Q [Dec]
    }
```

這 4 個函數分別對應生成 Exp、Pat、Type 和 [Dec] 的情況。一般來說，根據需要定義即可。GHC 會自動呼叫 QuasiQuoter 裡定義了的函數。

所以對於像上面 lengthTH 這樣簡單的範本函數，我們也可以直接使用 [d|...|]：

```
Prelude> data X; [d|lengthTH :: [a] -> Int; lengthTH [] = 0;
➥lengthTH (x:xs) = 1 + lengthTH xs|]
Prelude> lengthTH []
0
Prelude> lengthTH [0..3]
4
```

你可能會問，這麼寫和直接撰寫函式宣告有什麼區別？答案是對於這個情況，確實沒有區別。下面以 makeLenses 為例，說說什麼樣的問題範本程式設計可以解決，而手動撰寫程式碼不能解決。這裡需要用到一個關鍵的函數 reify：

```
Prelude Language.Haskell.TH> data Position = Position {_posX :: Double,
➥_posY :: Double} deriving Show
```

```
Prelude Language.Haskell.TH> :t reify
reify :: Name -> Q Info
Prelude Language.Haskell.TH> runQ $ reify ''Position
Template Haskell error: Can't do `reify' in the IO monad
*** Exception: user error (Template Haskell failure)
```

上面的錯誤是因為 reify 是一個非常特殊的函數，這個函數是用來查詢一個 Name 在編譯階段對應的資訊，而不是執行時的資訊，所以你不能在 IO 單子裡執行它（GHCi 預設在執行的運算就是一個 IO 運算），而是需要在 GHC 編譯這段程式碼的時候執行它，也就是在 Q 單子內部執行它。在這之前讓我們先接觸一個概念：拼接（splice）。

29.3 拼接

當 TemplateHaskell 開啟後，我們使用語法結構 $...和 $(...) 來拼接一段程式碼：

```
Prelude Language.Haskell.TH> :t litE
litE :: Lit -> ExpQ
Prelude Language.Haskell.TH> :t $(litE (integerL 1))
$(litE (integerL 1)) :: Num a => a
Prelude Language.Haskell.TH> let x = $(litE (integerL 1))
Prelude Language.Haskell.TH> x
1
Prelude Language.Haskell.TH> :t varP
varP :: Name -> PatQ
Prelude Language.Haskell.TH> let p = varP $ mkName "x"
Prelude Language.Haskell.TH> let f $p = x * x
Prelude Language.Haskell.TH> f 2
4
```

這裡 ExpQ 和 PatQ 分別是 Q Exp 和 Q Pat 的型別別名。類似的還有：

```
type InfoQ          = Q Info
type DecQ           = Q Dec
type DecsQ          = Q [Dec]
type ConQ           = Q Con
type TypeQ          = Q Type
...
```

varP、litE、integerL 是在 Language.Haskell.TH.Lib 模組裡定義的輔助函數：

```
varP :: Name -> PatQ
litE :: Lit -> ExpQ
integerL :: Integer -> Lit  -- 等同於 IntegerL
```

而 $...和 $(...) 做的事情就是把 Q 單子裡的 AST 直接插入到程式碼裡，但是實際上這是一個很容易產生問題的過程，因為在 Haskell 中並不是所有的語法結構都可以出現在任意位置，好在 Haskell 的型別檢查會及時阻止你做過於離譜的事情。一般說來，你可以做如下事情。

◎ 在需要表示式的地方拼接 ExpQ，在需要型別的地方拼接 TypeQ，在需要模式的地方拼接 PatQ。

◎ 在程式碼頂層拼接 DecsQ，而且 GHC 允許你在這個時候省略 $(...) 和 $...。這也是上面的例子裡不需要給 return makeLengthTH 再新增 $(...) 的原因，頂層的 Q [Dec] 會被自動拼接到程式碼中。

在一個拼接內部，你可以引用作用域內的 Name，它們會在編譯階段和對應的 AST 關聯起來。而在 [|...|] 內部，你可以繼續使用 $ 來輔助我們把程式生成的 AST 拼接到一段待解析的程式碼內部，但是這時你需要注意的是出現在 [|...|] 內部的拼接不同於其他位置的拼接。

◎ 你不可以在 [|...|] 裡拼接 DecQ 或著 DecsQ。實際上，除了在程式碼頂層可以拼接 DecsQ 之外，其他位置都不可以拼接。

◎ 在 [|...|] 中拼接的 PatQ 不能新增綁定：

```
Prelude Language.Haskell.TH> let addTH $([p|(a, b)|]) = a + b
Prelude Language.Haskell.TH> addTH (2, 3)
5
Prelude Language.Haskell.TH> data X; [d| addTH $([p|(a, b)|]) = a + b |]

<interactive>:72:36:
  Not in scope: 'a'
  In the Template Haskell quotation
    [d| addTH $([p| (a, b) |]) = a + b |]

<interactive>:72:40:
  Not in scope: 'b'
  In the Template Haskell quotation
    [d| addTH $([p| (a, b) |]) = a + b |]
```

一個初學者常常犯的錯誤就是試圖直接拼接 Name：

```
*Main> data X; [d| $(mkName "x") =  1|]

<interactive>:52:15:
  Couldn't match type 'Name' with 'Q Pat'
  Expected type: PatQ
    Actual type: Name
  In the expression: mkName "x"
  In the expression:
```

```
    [d| $(mkName "x") = 1 |]
    pending(rn) [<splice, mkName "x">]
```

實際上，在 AST 中 Name 不會直接出現，你需要把它包裹在 Q 對應的語法結構中：

```
*Main> data X; [d| $(varP $ mkName "x") =  1|]
*Main> x
1
```

29.4 reify

理解拼接後，我們再來看看 reify 究竟都看見了什麼：

```
Prelude Language.Haskell.TH> putStrLn $ $(reify ''Position >>= stringE . pprint)
data GHCi14.Position
    = GHCi14.Position {GHCi14._posX :: GHC.Types.Double,
                       GHCi14._posY :: GHC.Types.Double}
Prelude Language.Haskell.TH> putStrLn $ $(reify ''Functor >>= stringE . pprint)
class GHC.Base.Functor (f_0 :: * -> *)
    where GHC.Base.fmap :: forall (f_0 :: * ->
                                          *) . GHC.Base.Functor f_0 =>
                                               forall (a_1 :: *) (b_2 :: *) . (a_1 -> b_2) ->
                                                                              f_0 a_1 -> f_0 b_2
          (GHC.Base.<$) :: forall (f_0 :: * -> *) . GHC.Base.Functor f_0 =>
                                                     forall (a_3 :: *) (b_4 :: *) . a_3 ->
                                                                                    f_0 b_4 ->
                                                                                    f_0 a_3
instance GHC.Arr.Ix i_5 => GHC.Base.Functor (GHC.Arr.Array i_5)
instance GHC.Base.Functor (Data.Either.Either a_6)
instance GHC.Base.Functor (Data.Proxy.Proxy :: * -> *)
instance GHC.Base.Functor Language.Haskell.TH.Syntax.Q
instance GHC.Base.Functor GHC.GHCi.NoIO
instance GHC.Base.Functor []
instance GHC.Base.Functor GHC.Base.Maybe
instance GHC.Base.Functor GHC.Types.IO
instance GHC.Base.Functor (GHC.Prim.(->) r_7)
instance GHC.Base.Functor ((,) a_8)
Prelude Language.Haskell.TH> putStrLn $ $(reify 'True >>= stringE . pprint)
Constructor from GHC.Types.Bool: GHC.Types.True :: GHC.Types.Bool
Prelude Language.Haskell.TH> putStrLn $ $(reify 'id >>= stringE . pprint)
GHC.Base.id :: forall (a_0 :: *) . a_0 -> a_0
```

reify 返回的 InfoQ，包含了 Name 在編譯時的資訊。可以看到，不管是型別/型別類別，還是普通的建構函數/函數，我們都可以拿到關於這個 Name 的定義。這也是為什麼 makeLenses 可以根據資料型別的 Name 把每一項的透鏡都生成出來。

下面把這些知識整理一下，來看一個簡單版本的 makeLenses 是如何實作的：

```haskell
{-# LANGUAGE TemplateHaskell #-}

module Main where

import Language.Haskell.TH
import Control.Monad

-- 輔助函數，用來生成一個 Name 對應的 Pat 和 Exp
mkVars :: String -> Q (PatQ, ExpQ)
mkVars name = do
    x <- newName name
    return (varP x, varE x)

makeLenses :: Name -> DecsQ
makeLenses typeName = do
    -- 獲取建構函數
    TyConI (DataD _ _ [] cons _) <- reify typeName

    -- 獲取建構函數對應的資料項目資訊
    -- 假設記錄只有一個建構函數
    [RecC conName fields] <- return cons

    -- 遍訪每一個資料項目生成透鏡
    fmap concat $
        forM fields $ \(fieldName, _, fieldType) ->
            case nameBase fieldName of
                -- 只對'_'開頭的資料項目生成透鏡
                ('_':rest) ->
                    makeLens typeName conName (mkName rest) fieldName fieldType
                _ -> return []

makeLens
    :: Name    -- 資料型別 Name
    -> Name    -- 建構函數 Name
    -> Name    -- 透鏡 Name
    -> Name    -- 資料項目 Name
    -> Type    -- 資料項目型別
    -> DecsQ
makeLens typeName conName lensName fieldName fieldType = do

    -- (a -> f a) -> b -> f b
    let bT = conT typeName
        aT = return fieldType
        lensT = [t|(Functor f) => ($aT -> f $aT) -> $bT -> f $bT|]

    sig <- sigD lensName lensT

    -- 新建 Name 及其對應的 Pat、Exp
    (fP, fE) <- mkVars "f"
    (bP, bE) <- mkVars "b"
    (xP, xE) <- mkVars "x"
    xE' <- xE

    let -- \x -> (\y b -> b { field = y }) x p
        lam  = [| \ $xP ->  $(recUpdE bE [return (fieldName, xE')]) |]
```

```
        pats = [fP, bP]
        rhs  = [|fmap $lam ($fE ($(varE fieldName) $bE))|]
    body <- funD lensName [clause pats (normalB rhs) []]

    -- 返回[Dec]
    return [sig, body]
```

另外，對於除錯範本來說，編譯器選項 -ddump-splices 是一個很重要的工具，它會把拼接的程式碼直接輸出到 stdout 裡。我們試一下上面的例子：

```
*Main> :set -ddump-splices
*Main> :set -XTemplateHaskell
*Main> data Position = Position {_posX :: Double, _posY :: Double} deriving Show
*Main> data X; makeLenses ''Position
<interactive>:6:9-29: Splicing declarations
    makeLenses ''Position
  ======>
    posX ::
      forall f_a4T5. Functor f_a4T5 =>
      (Double -> f_a4T5 Double) -> Position -> f_a4T5 Position
    posX f_a4T6 b_a4T7
      = fmap
          (\ x_a4T8 -> b_a4T7 {_posX = x_a4T8}) (f_a4T6 (_posX b_a4T7))
    posY ::
      forall f_a4T9. Functor f_a4T9 =>
      (Double -> f_a4T9 Double) -> Position -> f_a4T9 Position
    posY f_a4Ta b_a4Tb
      = fmap
          (\ x_a4Tc -> b_a4Tb {_posY = x_a4Tc}) (f_a4Ta (_posY b_a4Tb))
*Main> :t posX
posX
  :: Functor f0 => (Double -> f0 Double) -> Position -> f0 Position
*Main> posX (\x -> Just $ x * 2) $ Position 3 4
Just (Position {_posX = 6.0, _posY = 4.0})
*Main> posY (\x -> Just $ x * 2) $ Position 3 4
Just (Position {_posX = 3.0, _posY = 8.0})
```

打開 -ddump-splices 之後，可以直接看到 GHCi 中拼接的程式碼：

```
posX ::
  forall f_a4T5. Functor f_a4T5 =>
  (Double -> f_a4T5 Double) -> Position -> f_a4T5 Position
posX f_a4T6 b_a4T7
  = fmap
      (\ x_a4T8 -> b_a4T7 {_posX = x_a4T8}) (f_a4T6 (_posX b_a4T7))
posY ::
  forall f_a4T9. Functor f_a4T9 =>
  (Double -> f_a4T9 Double) -> Position -> f_a4T9 Position
posY f_a4Ta b_a4Tb
  = fmap
      (\ x_a4Tc -> b_a4Tb {_posY = x_a4Tc}) (f_a4Ta (_posY b_a4Tb))
```

注意透過 mkName 製造出來的 Name 在實際程式碼中都是獨立唯一的，這也是使用 Q 單子的一個原因：不要污染被拼接的程式碼。在範本程式設計的時候，你可以不受詞法作用域的限制，任意建構新的宣告，但是對 Name 的操作一定要小心。實際上，即使在大量使用範本的 LISP 語言家族中，範本程式設計也是件相當危險的事情。而在 Haskell 中，得益於強型別的 AST 建構函數、Q 單子以及編譯時的型別檢查，範本程式設計的安全性也大幅提高。

30

並行和平行程式設計

並行（concurrency ）和平行（parallelism）程式設計是非常重要的程式設計問題，在 Haskell 中這兩個概念歸納為下面兩類問題。

◎ 並行指的是程式同時處理多個任務的抽象能力，例如 HTTP 伺服器同時回應多個使用者的請求，或者 GUI 程式同時回應多個事件等。

◎ 平行指的是程式把工作任務分配給多個計算單元，來達到加速運算過程的目的，例如多核心 CPU 協同處理運算。

一般來說，並行並不意味著平行，例如很多基於單執行緒事件迴圈的框架也具備同時回應多個請求的能力。在 Haskell 中，執行時具備平行執行在多個 CPU 上的能力，你可以透過執行時參數選擇是否自動平行執行程式。

當然，撰寫大型平行程式是複雜的，這涉及對底層硬體資源的調度，常常引發各種競爭情況。GHC 提供了建立在執行時基礎上的控制函數程式庫，提供了豐富的函數來應對各種並行和平行情況，使得撰寫並行和平行程式變得簡單，不過讀者仍然要充分理解可能會遇到的問題，以及不同的方案適用的情況。本章中，我們簡要介紹一些基本工具，更多內容讀者可參考 Simon Marlow 編著的《Haskell 平行與並行程式設計》（Parallel and Concurrent Programming in Haskell）。

30.1 執行時工作原理

一般來說，使用一個語言並不需要去理解這個語言的實作，因為這違背了抽象封裝的原則。但是在現實中，出於對性能的考慮等原因，理解執行時工作原理往往可以幫助我們在面臨問題時做出更好的選擇。在繼續並行和平行的話題之前，我們需要先瞭解一下 GHC 的工作原理。下面是一個 Haskell 程式碼如何變成最終可執行檔的示意圖：

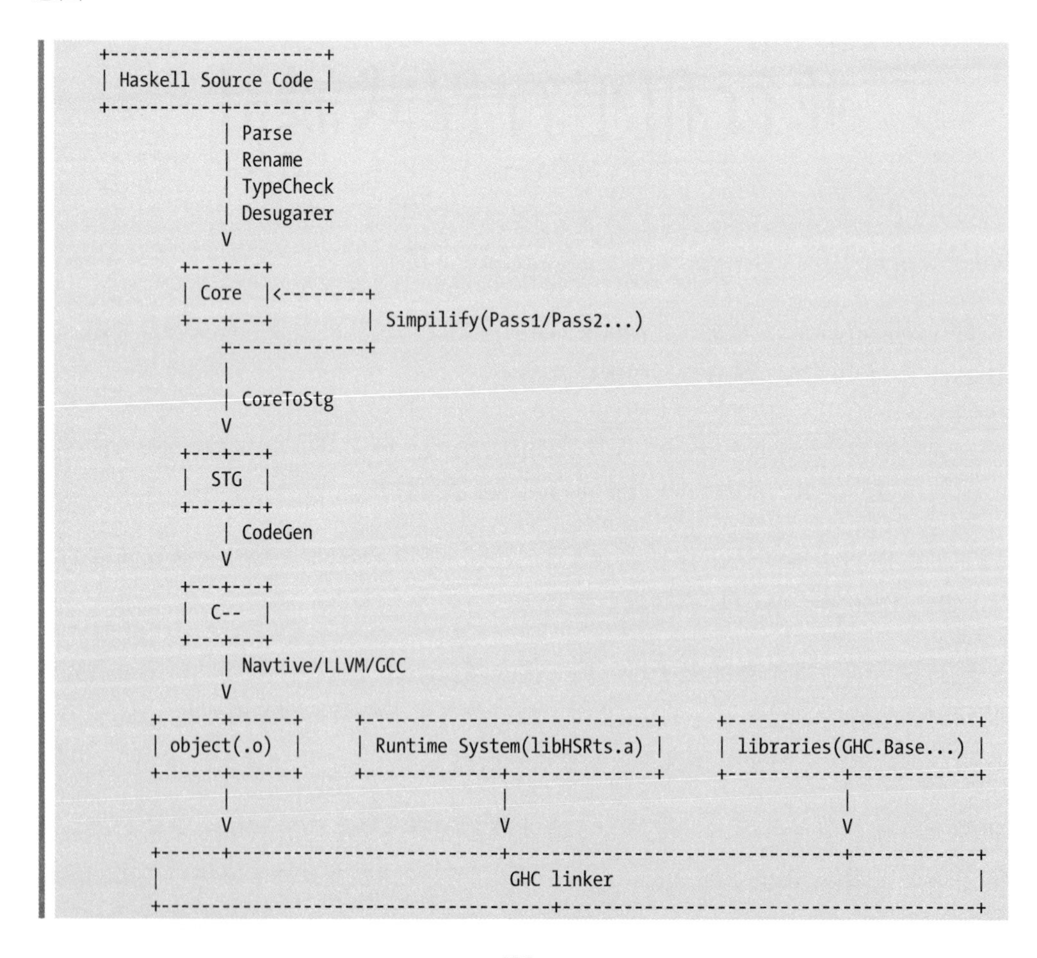

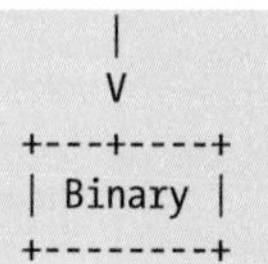

```
        |
        V
   +---+----+
   | Binary |
   +--------+
```

程式碼經過解析、型別檢查、化簡、程式碼生成等步驟後，最終變成了包含 Symbol 的目的檔案，然後透過連結器和執行時連結在一起。在類似 GHC.Base 這樣的模組裡，定義的就是封裝執行時的函數。Haskell 的執行時主要包含下面幾個部分。

◎ 記憶體管理：包括管理資料在堆積和堆疊上的儲存分佈，記憶體區域的申請，以及垃圾回收。

◎ 執行緒調度：用來調度 GHC 執行緒。值得注意的是，不同於系統執行緒，建立 GHC 執行緒的代價極低，一台普通的筆記型電腦可以輕鬆執行上萬個 GHC 執行緒。

◎ IO 管理：包括自動安排 IO 操作的並行執行、註冊系統回呼等，以給使用者提供同步的存取介面，避免使用者手動管理回檔。

◎ 軟事務儲存：這裡的軟主要是和硬體提供的事務儲存相對而言的，用來提供原子性的連續記憶體操作。

◎ 執行分析：用來搜集執行相關的資料以便於最佳化分析。

除此之外，GHCi 還包含一個位元組碼解譯器（byte-code interpreter），用來解釋執行在 GHCi 裡的程式。除了這個之外，其他的統統被包含在一個不到 2MB 的目的檔裡，被靜態連結到最終的可執行檔中。當程式開始執行時，執行時會先啟動，然後才開始調度執行我們編寫的內容。在執行程式時，你可以透過下面的方式給執行時傳遞參數：

```
yourBinary +RTS [...] -RTS otherArgs
```

+RTS 和-RTS 之間的部分就是你對執行時傳遞的參數了，例如-s 參數會在程式結束時顯示類似下面這種格式的程式執行的消耗資訊：

```
  36,169,392 bytes allocated in the heap
     4,057,632 bytes copied during GC
     1,065,272 bytes maximum residency (2 sample(s))
        54,312 bytes maximum slop
             3 MB total memory in use (0 MB lost due to fragmentation)
```

```
Generation 0:    67 collections,     0 parallel,  0.04s,  0.03s elapsed
Generation 1:     2 collections,     0 parallel,  0.03s,  0.04s elapsed

SPARKS: 359207 (557 converted, 149591 pruned)

INIT  time    0.00s  (  0.00s elapsed)
MUT   time    0.01s  (  0.02s elapsed)
GC    time    0.07s  (  0.07s elapsed)
EXIT  time    0.00s  (  0.00s elapsed)
Total time    0.08s  (  0.09s elapsed)

%GC time      89.5%  (75.3% elapsed)

Alloc rate    4,520,608,923 bytes per MUT second

Productivity  10.5% of total user, 9.1% of total elapsed
```

和前面章節裡提到的 GHC 分析類似，你可以從這裡看到諸如各種資源消耗的資料，這些資料由執行時搜集並整理，是最佳化程式不可缺少的一手資料。實際上，GHC 執行時有很多可以控制的參數，常見的參數如下。

◎ -Asize。用來指定申請新記憶體區域時的初始大小。對於一些記憶體消耗較大的程式，增加這個參數可以減少記憶體區域擴大的次數，從而提高效能，預設值為 512KB。

◎ -G<n>。指定分代的數目，一般不超過 4，預設值為 2。

◎ -ksize。指定分配給每個執行緒的初始堆疊空間，這個值越大，新建每個執行緒的消耗也越大，預設值為 1KB。

◎ -hT。這個執行時選項需要你使用-prof 參數編譯器，用來生成程式執行過程中記憶體池的分析報告（prog.hp）。

◎ -N[x]。這是控制平行執行最重要的參數之一，需要編譯的時候新增編譯參數-threaded，用來選擇平行執行時。這個參數控制程式執行在幾個系統執行緒上，例如對於一個雙核心的機器來說，使用+RTS -N2 -RTS 即可。如果省略該參數，執行時將會根據硬體情況自行選擇。

其他執行時參數的用法可以從 GHC 的使用手冊上獲得。在後面的內容中，所有的實驗程式預設都會加上編譯參數 -threaded。

30.2 平行程式設計

因為 Haskell 預設使用惰性求值的策略，所以要想實作平行計算，就需要手動控制求值順序。parallel 函數程式庫就是為了這個目的而誕生的，這是由 GHC 官方維護的提供構建平行運算的函數程式庫，它的核心建立在 Eval 單子之上：

```
data Eval a
instance Functor Eval
instance Applicative Eval
instance Monad Eval

runEval :: Eval a -> a
```

這個單子透過底層的求值控制函數來控制 a 型別的計算過程，而求值的策略被封裝在單子的上下文中。當需要單子裡的結果時，需要使用 runEval 函數進行求值，同時求值過程會自動遵循單子上下文裡包含的求值策略。下面是兩個建立基本求值策略的函數：

```
type Strategy a = a -> Eval a

-- 平行計算參數
rpar :: Strategy a

-- 串行計算參數
rseq :: Strategy a
```

其中 rpar 函數透過建立執行時對應的 Spark 來完成平行計算。這兩個函數都應該接收一個任務盒，同時它們都會把任務盒求值到弱常態。如果傳遞給它們的參數都已經被求值，那麼什麼計算都不會發生，也就沒有控制計算策略的必要了。

下面的例子摘自《Haskell 平行與並行程式設計》，用來說明 Eval 單子的用法：

```
runEval $ do
    a <- rpar (f x)
    b <- rpar (f y)
    return (a,b)
這裡我們透過 rpar 安排了對 f x 和 f y 平行求值，對應的時序如下：
        |------------ 時間 -------->
        |
        |====== f x ======>
        |
        |===== f y ====>
        |
    runEval
    return
```

需要注意的是，return 並沒有等待 f x 和 f y 就立刻返回了。在 (a, b) 中，包含的仍然還是兩個指向任務盒的指標，但是系統已經安排了相對應的計算資源去計算任務盒了。我們再看一個例子：

```
runEval $ do
    a <- rpar (f x)
    b <- rseq (f y)
    return (a,b)
```

這裡透過 rseq 讓整個單子的求值停在了對 f y 求值的過程上，對應的計算時序如下：

```
      |------------ 時間 -------->
      |
      |====== f x ======>
      |
      |===== f y ====>|
      |               |
    runEval         return
```

如果希望等待兩個計算的結果，可以在 return 前面加上對 a 的等待，對應的程式碼和時序如下：

```
runEval $ do
    a <- rpar (f x)
    b <- rseq (f y)
    rseq a
    return (a,b)
      |------------ 時間 -------->
      |
      |====== f x ======>|
      |                  |
      |===== f y ====>   |
      |                  |
    runEval            return
```

當然，下面這段程式碼和上面的效果相同：

```
runEval $ do
    a <- rpar (f x)
    b <- rpar (f y)
    rseq a
    rseq b
    return (a,b)
```

這裡我們使用 rseq 等待兩個平行計算的結果。一般來說，程式設計師很難知道哪個計算任務耗時更久，所以選擇求值策略往往傾向於要嘛並行要嘛串行的極端。但是 GHC 還提供了自動的 Spark 任務分配，所以不用太在意程式設計層面是否真的能夠充分利用硬體，你只需要盡可能多地建立 Spark。至於 Spark 的分配問題，這是執行時應該關心的事情。

30.3 並行程式設計

在實際程式設計的過程中，會遇到更多如何解決大量並行的問題，GHC 提供了羽量級的執行緒來解決這類問題。後面凡是提到執行緒的地方，若無特殊說明，都是指 GHC 提供的輕量執行緒，而非作業系統提供的執行緒。使用執行緒最核心的函數是 Control.Concurrent 模組裡定義的 forkIO：

```
forkIO :: IO () -> IO ThreadId
```

這個函數的參數是 IO ()型別的運算，forkIO 將建立一個新的執行緒執行它，並在 IO 中返回新建立的執行緒 id ThreadId。下面是使用 forkIO 的一個簡單例子：

```
import Control.Concurrent
import Control.Monad
import System.IO

main = do
    hSetBuffering stdout NoBuffering
    forkIO (forever (putStr "Hello"))
    forkIO (forever (putStr "World"))
    threadDelay 3000
```

這裡我們使用 forkIO 建立了兩個新的執行緒。從輸出可以看出，這兩個執行緒來回切換執行的情況：

```
HelloWoHrelldloWoHrelldloWoHrelldloWoHrelldloWoHrelldloWo
➥HrelldloWoHrelldloWoHrelldloWoHrelldloWoHrelldloWoHrelldlo
➥WoHrelldloWoHrelldloWoHrelldloWoHrelldloWoHrelldloWo
➥HrelldloWoHrelldloWoHrelldloWoHrelldloWoHrelldloWoHrelldlo
➥WoHrelldloWoHrelldloWoHrelldloWoHrelldloWoHrelldloWo
➥HrelldloWoHrelldloWoHrelldloWoHrelldloWoHrelldloWo
➥HrelldloWoHrelldloWoHrelldloWoHrelldloWoHrelldloWoHrelldlo
➥WoHrelldloWoHrelldloWoHrelldloWoHrelldloWoHrelldloWo
➥HrelldloWoHrelldloWoHrelldloWoHrelldloWoHrelldloWoHrelldlo
➥WoHrelldloWoHrelldloWoHrelldloWoHrelldloWoHrelldloWo
➥HrelldloWoHrelldloWoHrelldloWoHrelldloWoHrelldloWoHrelldlo
➥WoHrelldloWoHre%
```

對於 GHC 來說，預設的 main 函數同樣執行在一個執行緒上，這個執行緒被稱為主執行緒。當主執行緒停止執行的時候，所有在主執行緒裡建立的執行緒都會被強制結束。但是對於其他執行緒來說，並沒有這樣的限制。你可以在 forkIO 建立的執行緒裡繼續執行 forkIO 操作，新的執行緒和之前的執行緒是完全獨立的。不同的是有了 ThreadId 之後，你可以透過一些函數控制這個執行緒。例如，使用下面這個函數結束一個執行緒：

```
killThread :: ThreadId -> IO ()
```

這裡實際上涉及 GHC 中異常處理的方式。因為 killThread 實際上向目標執行緒發送了一個 ThreadKilled 的異常，這對於 forkIO 產生的執行緒來說，會有一個預設的對 ThreadKilled 的處理，那就是終止執行緒執行。你還可以使用 throwTo 函數給執行緒發送異常控制：

```
throwTo :: Exception e => ThreadId -> e -> IO ()
```

這類異常在 Haskell 中被稱為非同步異常，這在第 33 章中會介紹。

以上就是 Haskell 中並行的基本抽象了。在執行時中，Haskell 執行緒透過執行緒狀態物件（TSO, Thread State Object）表示，這個物件包含執行緒的全部狀態，包括指向堆疊空間和堆積空間的指標，以及恢復執行緒執行的入口指令等。有趣的是，TSO 的表示和其他的物件（閉包、盒子……）類似，也是被保存在堆積空間上的，這是一個非常有意思的設計：我們可以利用現成的垃圾回收機制回收不再使用的執行緒物件。同時，TSO 被設計成為一個非常輕量的執行緒表示，執行緒之間切換的代價非常小。

30.3.1 MVar

在 IO 單子中，我們可以新建 IORef 來保存真正的變數。在多執行緒的情況下，IORef 還可以用來在不同執行緒裡共用資料：

```
import Control.Concurrent
import Control.Monad
import System.IO
import Data.IORef

main = do
    counter <- newIORef 0
    forkIO $ forever $ do
        c <- readIORef counter
        atomicWriteIORef counter (c+1)
        threadDelay 1000

    forever $ do
        c <- readIORef counter
```

```
        print c
        threadDelay 1000
```

在上面的例子裡，我們在一個執行緒裡使用 atomicWriteIORef 累加計數器，在另一個執行緒裡讀取並印出。在多執行緒的情況下，使用 atomicWriteIORef 可以避免對同一個記憶體位址操作發生鎖死。IORef 雖然能夠提供資料上的通訊，但是無法提供時間上的同步，執行緒之間並不能夠知道彼此在什麼時候完成的操作。例如，我們想平行讀取幾個檔案，並在這幾個檔案都讀取完成後繼續下一步操作，這時你需要使用含有執行緒同步功能的資料結構，Control.Concurrent.MVar 模組中提供的 MVar，就是為了解決這個問題而誕生的。不同於 IORef，MVar 在任何一個時刻都可能處於兩種狀態：有值或者空。MVar 的基本操作有：

```
-- 建立一個有值的 MVar
newMVar :: a -> IO (MVar a)

-- 建立一個空的 MVar
newEmptyMVar :: IO (MVar a)

-- 從 MVar 裡取值，如果 MVar 有值則立即返回，同時清空 MVar
-- 如果 MVar 為空，則等待 MVar 有值再返回
takeMVar :: MVar a -> IO a

-- 向 MVar 裡寫值，把空 MVar 變為有值的 MVar
-- 如果 MVar 已經有值，那麼等待 MVar 清空
putMVar :: MVar a -> a -> IO ()

-- 相當於 takeMVar 和 putMVar 結合，讀取 MVar 但不更改 MVar 的狀態
readMVar :: MVar a -> IO a

-- 寫入一個新值，並把之前的值返回出來
swapMVar :: MVar a -> a -> IO a
```

MVar 能夠起到同步的原理在於它可以讓一個執行緒進入等候狀態，等到別的執行緒操作 MVar 使得它滿足某些狀態時，被掛起的執行緒才能夠繼續執行。類似其他語言裡自旋鎖（spinlock）的作用，GHC 的執行時是怎麼實作這個功能的呢？實際上，每個 MVar 不僅保存它的狀態和值，還保存一個佇列，其中記錄了所有被阻塞在這個 MVar 上的 TSO。當 MVar 的狀態發生改變時，透過佇列的出列操作，依次解鎖之前被阻塞在 MVar 上的執行緒。

所以 MVar 具有如下的同步特性：當多個執行緒被同一個 MVar 掛起後，如果某個時刻 MVar 滿足了恢復條件（變空或者有值了），只有一個被掛起的執行緒會得到恢復，其他執行緒繼續按照先進先出（FIFO）的順序等待。關於 MVar 的使用方法，基本上有以下 3 類。

◎ 一個用於讀寫同步的共用變數。

◎ 一個沒有緩存的通訊通道，使用 takeMVar 和 putMVar 分別用來接收和發送。

◎ 一個只有 0 和 1 的訊號量 MVar ()，使用 takeMVar 和 putMVar 分別充當等待和放行。

使用 MVar 的代價比 IORef 略高一點，因為 MVar 提供了多執行緒同步的特性，它也是 Haskell 中構建更進階的執行緒通訊機制的基礎。下面是使用 MVar 的例子：

```
main = do
    fa <- newEmptyMVar
    fb <- newEmptyMVar
    forkIO $ readFile "FileA" >>= putMVar fa
    forkIO $ readFile "FileB" >>= putMVar fb
    a <- readMVar fa
    b <- readMVar fb
    putStr $ a ++ b
```

上面的程式碼會在兩個執行緒中平行地讀取檔案"FileA"和"FileB"，然後把兩個檔案的內容一起印出來。

Control.Concurrent.Chan 模組中提供了基於 MVar 實作的執行緒通訊通道 Chan，這是一個簡單的非同步通道：

```
-- 建立通道
newChan :: IO (Chan a)

-- 向通道裡寫入值
writeChan :: Chan a -> a -> IO ()

-- 從通道裡讀取值
readChan :: Chan a -> IO a

-- 複製通道，新的通道初始狀態為空
-- 之後向兩個通道任意一個寫入值，在兩個通道裡都可以讀取
-- 常用來實作執行緒間的廣播機制
dupChan :: Chan a -> IO (Chan a)
```

這個通道的容量沒有上限，底層實作使用了兩個 MVar 來保存通道的讀取端和寫入端。但是實際使用時，需要保證讀取的速度大於寫入的速度，否則未被花費的寫入資料累積起來會把記憶體占滿。這適用於低寫入高消耗的情況。

Control.Concurrent.QSem 和 Control.Concurrent.QSemN 模組提供了基於 MVar 的訊號量 QSem 和 QSemN，用來實作量化的同步訊號：

```
-- 數值訊號量
data QSem
-- 新建一個數值訊號量（必須大於 0）
newQSem :: Int -> IO QSem
-- 等待一個單位的訊號（等不到則阻塞）
waitQSem :: QSem -> IO ()
-- 向 QSem 中加入一個單位的訊號
signalQSem :: QSem -> IO ()

-- 類似 QSem，支援多個單位的操作
data QSemN
-- 新建一個數值訊號量（必須大於 0）
newQSemN :: Int -> IO QSemN
-- 等待 x 個單位的訊號（等不到則阻塞）
waitQSemN :: QSemN -> Int -> IO ()
-- 向 QSem 中加入 x 個單位的訊號
signalQSemN :: QSemN -> Int -> IO ()
```

使用 MVar 或者基於 MVar 的通道、訊號量同步執行緒時，需要注意可能會發生的鎖死情況。例如，執行緒 A 等待中的執行緒 B 寫入 mVar1，然後寫入 mVar2，而執行緒 B 等待中的執行緒 A 寫入 mVar2 之後再寫入 mVar1，這時兩個執行緒都被阻塞在 takeMVar 的操作上。GHC 的執行時提供了一個簡單的方式來告訴你發生的情況：只要執行緒還有可能寫入/讀取 MVar，它一定會包含有這個 MVar 的引用，當這個 MVar 不再被任何執行緒引用，但它仍然阻塞其他進程時，這組被它阻塞的進程不可能繼續執行，執行時會判斷這組執行緒發生了鎖死，同時向這組執行緒中的每一個拋出異常 BlockedIndefinitelyOnMVar。如果你的程式執行時接收到了這個異常，可以肯定你的資源調度邏輯出現了漏洞。不過反過來，沒有 BlockedIndefinitelyOnMVar 異常並不能代表程式沒有發生鎖死，因為你永遠不可能知道一個握著 MVar 引用的執行緒下一秒會不會操作這個 MVar（等同於停機問題）。BlockedIndefinitelyOnMVar 只是提供了一個常見的鎖死判斷和提醒。

30.3.2　STM

MVar 提供的執行緒同步抽象非常有效，但是多個執行緒操作共用記憶體的時候，我們往往還需要原子性的保證。STM（Software Transactional Memory）是 Haskell 執行時提供的進階並行存取工具。透過引入事務這一資料庫操作的概念，STM 提供了保護關鍵資料操作原子性的能力。在 stm 函數程式庫裡，我們定義了若干相關的資料型別和操作，其中最核心的是 STM 單子型別：

```
data STM a :: * -> *

instance Functor STM
```

```
instance Applicative STM
instance Alternative STM
instance Monad STM
instance MonadPlus STM

atomically :: STM a -> IO a
```

這個單子型別有點像之前說到資料庫操作時的 SqlPersistT 單子型別。我們提供了 atomically 函數來把封裝在 STM 單子中的記憶體操作當成一個原子操作執行，這個操作要麼整個成功，要麼整個失敗，不會出現操作進行到一半停止的狀況。stm 函數程式庫提供了類似 IORef 的 TVar 和類似 MVar 的 TMVar：

```
data TVar a :: * -> *
newTVar :: a -> STM (TVar a)
readTVar :: TVar a -> STM a
writeTVar :: TVar a -> a -> STM ()
modifyTVar :: TVar a -> (a -> a) -> STM ()
...

newTMVar :: a -> STM (TMVar a)
newEmptyTMVar :: STM (TMVar a)
takeTMVar :: TMVar a -> STM a
putTMVar :: TMVar a -> a -> STM ()
readTMVar :: TMVar a -> STM a
...
```

TVar 和 TMVar 的執行成本比對應的 IORef 和 MVar 要高，因為在 STM 單子上下文中進行的記憶體操作都要透過執行時專門負責執行 STM 的部分執行。一般只有對組合起來的連續讀寫操作有原子性要求時，才會使用 STM，例如在操作帳戶資料的時候：

```
atomically $
    a <- readTVar accountA
    when (a > 10000) $ do
        modifyTVar' accountA ((-) 10000)
        modifyTVar' accountB ((+) 10000)
```

上面例子裡的 atomically 函數保證它內部的一連串操作不會執行一半之後失敗。如果寫入 accountB 的操作失敗（例如，另一個執行緒在操作 accountB），寫入 accountA 的操作會被自動回滾，然後整個操作會自動重新執行。

函數 retry :: STM a 是一個很有意思的操作，用來手動重試整個原子操作，它不同於提交 STM 操作失敗時的自動重試。舉個例子：上例中，當我們發現 accountA 餘額不足時，就自動結束操作了。假如希望轉帳操作能夠在 accountA 餘額恢復正常時繼續，可以使用 retry：

```
atomically $
    a <- readTVar accountA
    if (a > 10000)
    then do
        modifyTVar' accountA ((-) 10000)
        modifyTVar' accountB ((+) 10000)
    else retry
```

這裡 retry 並不會不停地嘗試這個操作。只有當操作依賴的一個或多個 TVar 發生變化時，retry 才會重試整個操作。

基於 STM 建立的資料結構還有很多，例如 TArray、TChan、TQueue 等，這些資料結構提供了比 Chan 更好的原子性保證，能夠很好地避免鎖死，在並行程式中應用廣泛。

30.3.3　aysnc

Hackage 上的 aysnc 函數程式庫對執行緒和異常處理進行了封裝，是用來執行平行 IO 操作更好的選擇。如果使用 async 函數程式庫，並行讀取檔案的例子還可以這樣寫：

```
main = do
    fa <- async (readFile "FileA")
    fb <- async (readFile "FileB")
    a <- wait fa
    b <- wait fb
    putStr $ a ++ b
```

async 函數的型別是 IO a -> IO (Async a)，用來把 IO 操作的結果包裝到 Async 函子裡。async 函數程式庫提供了很多操作 Async 型別的函數：

```
-- 等待第一個 Async 的結果
waitAny :: [Async a] -> IO (Async a, a)
-- 等待第一個 Async 的結果，如果發生異常，則返回 Left
waitAnyCatch :: [Async a] -> IO (Async a, Either SomeException a)
-- 等待兩個 Async 的結果
waitBoth :: Async a -> Async b -> IO (a, b)
...
```

上面這些操作基於 STM 版本的對應函數—waitAnySTM/waitAnyCatchSTM/waitBothSTM 等，它們的實作都基於 STM 提供的無鎖死多執行緒並行存取。

async/wait 函數構成了 Haskell 中撰寫並行 IO 操作的一個常見模式，以至於很多別的語言裡也借鑒了類似的設計。async 函數程式庫還提供了使用應用函子來組合並行運算的型別 Concurrently。下面的例子就是使用 Concurrently 來組合多個 IO 運算的一個例子：

```
-- 並行存取 3 個網址
(page1, page2, page3)
    <- runConcurrently $ (,,)
    <$> Concurrently (getURL "url1")
    <*> Concurrently (getURL "url2")
    <*> Concurrently (getURL "url3")`
...
```

這裡你可能會遇到異常處理的問題，詳情可參考第 33 章。

31

高階型別程式設計

靜態語言有個常常被人詬病的缺點，是無法方便地操作不同型別的資料集合，例如異質串列（heterogeneous list），即一些不同型別元素組成的串列。在 JavaScript 中，你可以方便地向散列表中插入任意型別的資料（甚至可以向陣列中插入任意型別的資料）。當遍訪這個異質串列時，你可以使用 typeof/instanceof 這類反射機制，來獲取單個元素的型別資訊，進而進行處理。

在 Haskell 中，這類問題也有對應的解決方法。假設我們知道要建構的異質串列裡都有哪些型別，可以透過建構一個新的資料型別來把這些型別打上標籤。例如想建構一個可以包含 Int、Char 和 String 的列表，我們可以建構資料型別 data Foo = FooInt Int | FooString String | FooChar Char，於是 [FooInt 3, FooString "abc", FooChar 'x'] 的型別被統一成 [Foo]。當遍訪這個串列時，可以透過模式匹配來判斷某個元素屬於哪個具體型別，進而繼續處理。

其實除了上面的處理方法外，還有一些更高階的方法適用不同的使用場景。本章將詳細介紹這些型別程式設計的技巧，它們不僅僅在建構異質串列時有用，還可以解決更複雜的型別問題。

31.1 Typeable 和 Dynamic

JavaScript 的異質串列的一個特點在於，元素自身攜帶型別資訊，我們可以在程式執行的過程中透過 typeof/instanceof 動態獲得需要的型別資訊。而 Haskell 中我們同樣可以這麼做，這是透過 GHC 提供的一個特殊型別類別 Typeable 實作的。這個型別類別的實例必須透過編譯器推導（在 GHC 7.8 之前的版本裡需要打開語言擴充 DeriveDataTypeable），它的實例可以透過 Data.Typeable 模組裡提供的方法在執行時查詢型別。下面是一個簡單的例子：

```
*Data.Typeable> data T a = T a deriving (Typeable, Show)
*Data.Typeable> typeOf (T 3)
T Integer
```

typeOf 就是 Data.Typeable 模組提供的獲取型別資訊的方法，它的型別是 typeOf :: Typeable a => a -> TypeRep。TypeRep 就是我們在執行時查詢到的型別表示（type representation），它還是 Eq、Ord 和 Show 的實例，這也意味著我們可以比較兩個 TypeRep 是否相等（這也是獲取到型別表示之後的主要操作）。和 TypeRep 相關的資料型別和函數還有：

```
-- 包含資料型別建構函數的相關資訊
data TyCon :: *

-- 獲取建構函數所在函數程式庫的名稱
tyConPackage :: TyCon -> String

-- 獲取建構函數所在模組的名稱
tyConModule :: TyCon -> String

-- 獲取建構函數的名稱
tyConName :: TyCon -> String

-- 從型別表示裡獲取建構函數的資訊
typeRepTyCon :: TypeRep -> TyCon

-- GHC 中為每個型別分配的指紋簽名
data Fingerprint

-- 從型別表示中獲取型別的指紋簽名
typeRepFingerprint :: TypeRep -> Fingerprint
```

GHC 的靜態型別系統在編譯階段就能夠確定這些型別的資料。實際上，嘗試手動定義 Typeable 的實例會報錯。此外，Data.Typeable 模組還提供了 typeRep :: forall proxy a. Typeable a => proxy a -> TypeRep 方法，這個方法需要配合 Proxy 資料型別使用。使用 Proxy 是 Haskell 中常見的型別程式設計技巧之一。下面來看 Proxy 的定義：

```
-- 一個用來「代理」型別的資料型別
data Proxy a = Proxy
```

Proxy a 中的 a 型別變數是一個幻影型別，它並沒有出現在資料定義的右側。也就是說，不管是 Proxy Int 還是 Proxy Char，它們都只對應一個建構函數 Proxy。這樣的設計結合 typeRep 函數，提供了一個很奇妙的可能性：當需要獲取一個型別的型別表示時，並不需要建構出對應這個型別的值，可以使用 Proxy 作為值，透過指定 Proxy 的型別來代理目標型別。我們來看例子：

```
Prelude Data.Typeable> typeRep (Proxy :: Proxy Int)
Int
Prelude Data.Typeable> typeRep (Proxy :: Proxy (Bool -> Bool))
Bool -> Bool
Prelude Data.Typeable> typeRep Proxy
<interactive>:10:1:
    No instance for (Typeable a0) arising from a use of ‘typeRep’
    In the expression: typeRep Proxy
    In an equation for ‘it’: it = typeRep Proxy
```

可以看到，當需要拿到 Int 的型別表示時，我們只需要建構出 Proxy :: Proxy Int 這樣一個值即可。Proxy 型別存在就是為了能夠方便地代理型別資訊，這些資訊在型別檢查階段會被 GHC 使用，但在執行時並不存在。這在我們需要提取目標型別時非常有用。

有了 Typeable 的基礎，我們可以進一步理解 Data.Dynamic 模組提供的 Dynamic 型別了。這個型別提供了型別安全的執行時型別轉換：

```
-- 動態資料型別
data Dynamic

-- 把可以獲取型別表示的值變成動態型別
toDyn :: Typeable a => a -> Dynamic

-- 試圖把動態型別轉換成目標型別，轉換不一定成功
fromDynamic :: Typeable a => Dynamic -> Maybe a

-- 同 fromDynamic，但是在轉換失敗時返回提供的預設值
fromDyn :: Typeable a => Dynamic -> a -> a

-- 獲取 Dynamic 型別包含的型別表示
```

```
dynTypeRep :: Dynamic -> TypeRep
```

Dynamic 型別完成了一個開放世界設定（open world），但凡實作了 Typeable 型別類別的型別，都可以和 Dynamic 相互轉換。因此，一開始建構異質串列的例子也可以這麼做：

```
{-# LANGUAGE MultiWayIf #-}

import Data.Dynamic

heteroList :: [Dynamic]
heteroList = [toDyn (3 :: Int), toDyn "abc", toDyn 'x']

processHetero :: Dynamic -> String
processHetero x =
    let xRep = dynTypeRep x in
    if | xRep == intRep -> show (fromDyn x (0 :: Int))
       | xRep == strRep -> show (fromDyn x "")
       | xRep == chrRep -> show (fromDyn x '?')
       | otherwise      -> ""

intRep = typeRep (Proxy :: Proxy Int)
strRep = typeRep (Proxy :: Proxy String)
chrRep = typeRep (Proxy :: Proxy Char)
```

這裡 processHetero 函數根據接收到的參數的 TypeRep 的不同而選擇了不同的處理。map processHetero heteroList 會返回 ["3","\"abc\"","'x'"]。Dynamic 型別透過封裝資料的值和型別，可以在執行時安全地被轉換。

從 GHC 7.10 開始，語言擴充 AutoDeriveTypeable 會自動打開，你不用再手動新增 deriving Typeable 來宣告 Typeable 實例了，這也意味著所有的資料型別（除編譯器提供的原始型別外）都是 Typeable 的實例型別。你可能會有一個問題：為什麼 Typeable 不設計成一個內建功能呢？就像其他的動態語言那樣，所有的型別都可以使用類似 typeof 或者 instanceof 的操作獲取對應的型別資訊，這樣難道不會更加方便嗎？

這裡的問題在於，Typeable **的存在，消除了任何隱式以型別為基礎的操作**。例如，函數 id :: a -> a，因為沒有 Typeable a 的限制，所以這個函數只可能有一個實作。但是一旦借助 Typeable 的魔力，可以做的事情就很多了。例如，下面這個 id'函數：

```
import Data.Typeable
import Data.Dynamic

id' :: Typeable a => a -> a
id' a = if (typeOf a == typeRep (Proxy :: Proxy Int))
    then
        let Just a' = fromDynamic $ dynApp (toDyn (+ (1 :: Int))) (toDyn a)
```

```
        in a'
    else a

id' (1 :: Int)  -- 2
id' "hello"     -- "hello"
```

dynApp :: Dynamic -> Dynamic -> Dynamic 用來把函數應用在 Dynamic 型別的值上。上面的函數 id'做的事情就是判斷參數 a 是不是 Int 型別，如果是則加 1，否則不做任何處理。注意，因為我們知道加 1 之後的 Dynamic 轉化成 Int 一定會成功，所以使用 let Just a' = ... 來直接提取轉化之後的 Int。這就是一個典型的必須顯式使用 Typeable 的案例，如果 Typeable 成為了內建功能，就會導致 id' 和 id 函數型別無法區分，很多類似的函數都會失去型別和實作一一對應的特性。

31.2 存在型別

一個和 Dynamic 相關的概念是存在型別（existential type ）。仔細分析 Dynamic 的作用，會發現它把原型別「隱藏」了起來，在 Dynamic 型別裡不包含任何原來的型別資訊，這說明我們成功地透過了型別檢查。而在定義新的資料型別時，透過省略型別變數也可以達到這個效果。我們來試一下：

```
data Dyn = Dyn a
```

但是上面的資料定義並不能透過編譯，原因是右側的型別變數必須出現在左側。如何繞開這個限制呢？你需要打開語言擴充 ExistentialQuantification，同時顯式指明型別變數 a 的來源：

```
{-# LANGUAGE ExistentialQuantification #-}

data Dyn = forall a. Dyn a
```

上面的定義順利透過了編譯。注意，句號前面的部分 forall a 指明了建構函數 Dyn 可以接收任何型別 a，你其實還可以在 forall a 引入型別變數 a 之後進一步限制 a：

```
data Dyn = forall a. Show a => Dyn a

instance Show Dyn where
    show (Dyn a) = "Dyn: " ++ show a

show (Dyn 3)  -- "Dyn: 3"
```

我們把上面這樣在資料型別定義的右側，顯式地引入型別變數的型別叫作存在型別（existential type ）。上面的定義裡，我們要求建構函數 Dyn 接收的參數 a 必須滿足型別限制 Show a。由於有了 Show a 的型別限制，我們順利地利用 show a 定義出了 Dyn 的 Show 實例。

回到異質串列的例子，使用存在型別 Dyn 可以輕鬆解決：

```
heteroList :: [Dyn]
heteroList = [Dyn 3, Dyn "abc", Dyn 'x']

map show heteroList                      -- ["Dyn: 3","Dyn: \"abc\"","Dyn: 'x'"]
map (\ (Dyn x) -> show x) heteroList  --  ["3","\"abc\"","'x'"]
```

這裡值得一提的是，在 GHC 中，透過型別類別實作的多態函數大部分都是靜態配置（static dispatch）的，即在編譯階段，我們可以根據參數的具體型別，確定一個多態函數使用的具體實作。這個過程是透過內聯型別類別詞典（dictionary）實作的。例如，對於 Eq 型別類別，GHC 會生成類似下面的詞典：

```
type EqDictionary a = (a -> a -> Bool, a -> a -> Bool)
```

這個詞典包含了==和/=兩個函數的實作。對於一個具體型別，例如 Int 來說，它的詞典就是：

```
intEqDict :: EqDictionary Int
intEqDict = ( intEq, intNotEq )
```

當撰寫多態函數時，每一個型別類別的限制會被轉化成一個詞典參數，例如下面的函數：

```
eqlist :: (eq a) => [a] -> [a] -> [bool]
eqlist = map (==)

-- 會變成
eqlist :: EqDictionary a -> [a] -> [a] -> [bool]
eqlist eqDict = map (fst eqDict)
```

當 eqlist 被呼叫時，編譯器會自動根據 a 的型別插入合適的 EqDictionary a。當 (fst eqDict) 函數被內聯時，函數的具體實作就被靜態配置了。

而存在型別實際上保存了資料型別的值和它對應型別類別的詞典，所以我們往往使用它來模擬物件導向語言提供的動態分配（dynamic dispatch）機制，即在執行時動態選擇一個方法的具體實作。一個經典的例子是 Control.Exception 模組提供的 SomeException 型別，這個型別在第 33 章中會講到。

31.3　型別家族、資料家族和 GADT

Haskell 的型別系統有個很強大的地方在於，我們可以把很多執行時才能解決的型別問題轉移到編譯階段（例如上面的異質串列問題）。這需要借助一些型別程式設計技巧來指導 GHC 進行型別推斷，甚至在型別層面展開程式設計。下面介紹一些程式師必須熟練掌握的型別程式設計技巧：型別家族、資料家族和 GADT，它們可以看作對 type、data/newtype 這些語法的擴充。

31.3.1　型別家族

type 定義的型別別名也可以看成是處理型別的函數，在編譯階段由編譯器執行並驗證結果。例如，type Foo a = (Int, a) 就把型別變數 a 映射成型別 (Int, a)。型別家族是對 type 關鍵字的增強，GHC 透過打開語言擴充 TypeFamilies 支援型別家族。下面的 type 定義是使用型別家族的一個例子：

```
{-# LANGUAGE TypeFamilies #-}
type family Item a :: *

type instance Item String     = Char
type instance Item ByteString = Word8
type instance Item (Vector a) = a
...
```

其中 Item 定義了一個型別函數來獲取 String/ByteString/Vector a 等的元素型別。和 type 關鍵字一樣，我們定義的型別函數在型別檢查時都會被執行，所以在編譯器看來，Item String 和 Char 會是同一個型別。上例中的 * 是類別，即 Haskell 中型別的型別，在指明了類別後，型別函數可以接收的型別參數也就隨之固定了。只要滿足類別的限制，其他模組可以繼續補充 Item 的型別家族實例。我們把這種可以繼續新增實例的型別家族叫作開放型別家族。由於類別的限制，下面的型別家族實例宣告都是錯誤的：

```
type instance Item String String = ...      -- 參數數量不對
type instance Item []            = ...      -- 參數類別錯誤，[]的類別是* -> *
```

如果把型別家族從開放世界移植到封閉世界的話，只需要在定義型別家族的同時提供所有可能的型別函數即可：

```
type family Item a where
    Item String = Char
```

```
    Item ByteString = Word8
    Item (Vector a) = a
    ...
```

這種方式定義出來的型別函數無法被其他模組擴充，所以稱為封閉型別家族。這種撰寫方式可以讓函數程式庫的作者控制型別家族的成員，避免不必要的抽象洩露。

在前面介紹 mtl 函數程式庫時，我們曾經說過可以使用型別家族來定義滿足某些關係的一系列型別，即在 class 定義的時候，使用 type 語法抽象出型別別名，然後在定義實例時提供型別別名的具體實作：

```
class ... where
    type ...
    -- 繼續使用型別別名限制型別類別方法
    ...

instance ... where
    type ... = ...
    ...
```

這種定義方式實際上等同於定義了一個頂層的型別家族和型別類別，同時每個型別家族實例也都對應一個型別類別實例，所以也叫作關聯型別別名。使用這種定義方式的一個要求是：型別家族裡接收的型別變數，一定都要出現在型別類別的限制範圍內。比如，下面這樣的關聯型別別名是非法的：

```
class C a b c
    where { data T a a :: * }      -- 型別變數 a 只應出現一次
    ...
class D a
    where { data T a x :: * }      -- 型別變數 x 沒有出現 D 的限制範圍裡
    ...
```

當然，也可以分開定義型別家族和型別類別實例。mono-traversable 函數程式庫使用的就是這樣的技巧：

```
module Data.MonoTraversable where

import qualified Data.ByteString      as S
import qualified Data.ByteString.Lazy as L
import qualified Data.Text            as T
import qualified Data.Text.Lazy       as TL

-- 型別家族定義
type family Element mono

-- 型別家族實例定義
type instance Element S.ByteString = Word8
type instance Element L.ByteString = Word8
```

```
type instance Element T.Text = Char
type instance Element TL.Text = Char
...

-- 型別類別定義
class MonoFunctor mono where
    omap :: (Element mono -> Element mono) -> mono -> mono
    omap = fmap

-- 型別類別實例定義
instance MonoFunctor S.ByteString where
    omap = S.map
instance MonoFunctor L.ByteString where
    omap = L.map
instance MonoFunctor T.Text where
    omap = T.map
instance MonoFunctor TL.Text where
    omap = TL.map
...
```

另外，我們可以使用~顯式指定兩個型別是相同的。例如，撰寫一個比較 MonoFoldable（一個類似 MonoFunctor 的型別類別，用來給固定元素型別的容器提供 fold 抽象）的函數時，我們希望保證兩個 MonoFoldable 的元素型別都相同，可以這樣撰寫這個型別限制：

```
compareMonoFunctor :: (MonoFoldable m1, MonoFoldable m2, Eq (Element m1), Element m1 ~ Element
m2) => m1 -> m2 -> Bool
compareMonoFunctor m1 m2 =
    if olength m1 == olength m2
        then all (uncurry (==)) $ zip (otoList m1) (otoList m2)
        else Falsolengthe
```

限制 Element m1 ~ Element m2 保證了兩個容器 m1 和 m2 裡的元素型別一定是相等的，所以 Eq 限制加在其中一個元素型別上即可。

31.3.2　資料家族

type 關鍵字僅僅在型別層面定義新的型別函數，而 data 關鍵字可以定義新的型別以及對應的建構函數。和 type family 類似，資料家族的語法 data family 就是對 data 的一個增強。當我們把 data 關鍵字推廣到開放世界之後，會得到開放資料家族（data family）的語法：

```
{-# LANGUAGE TypeFamilies #-}
-- 定義資料家族
data family T a

-- 宣告資料家族的實例
```

```
data    instance T Int  = T1 Int | T2 Bool
newtype instance T Char = TC Bool
```

資料家族同樣透過打開 TypeFamilies 語言擴充來使用。上面的例子定義了一個資料家族 T，它的具體建構函數在定義時並沒有提供，但是其他模組可以使用普通的 data/newtype 語法宣告新的建構函數，同時顯式地寫出建構函數對應的返回數值型別。我們可以在 GHCi 中驗證這些型別能否通過型別檢查：

```
> :t TC True
TC True :: T Char
> :t TC 3
<interactive>:1:4:
    No instance for (Num Bool) arising from the literal '3'
    In the first argument of 'TC', namely '3'
    In the expression: TC 3
```

由於別的模組可以繼續補充 T a 的建構函數，所以處理 T a 型別的時候，想依靠模式匹配覆蓋所有的情況就不現實了。實際上，如果撰寫下面這樣的函數編譯器，則會報錯：

```
foo :: T a -> Int
foo T1 x = 1
foo TC x = 2
```

報錯的原因在於我們試圖透過型別變數 a 匹配 Int 和 Char，這在 Haskell 的型別系統裡是不允許的。資料家族的「介面」必須配合型別類別撰寫，用來給提供資料家族的資料型別提供統一的操作介面，例如：

```
class Foo a where
  foo :: T a -> Int
instance Foo Int where
  foo (T1 x) = 1
  foo (T2 x) = 2
instance Foo Char where
  foo (TC x) = 3
```

其中 foo 是 Foo 的型別類別方法，它的型別是 foo :: Foo a => T a -> Int，Foo a 的型別限制在編譯時也會被替換成相對應的詞典。和型別家族類似，在定義資料家族時，除了使用型別變數外，還可以顯式指明型別家族的類別。例如，上例中的 T，它接收一個型別 a，返回一個型別 T a，所以我們還可以這樣定義：

```
data T :: * -> *
```

另外，和關聯型別別名類似，我們也有關聯資料型別的語法，即在定義型別類別的同時定義資料家族。例如，下面的例子：

```
class GMapKey k where
    data GMap k :: * -> *
    empty       :: GMap k v
    lookup      :: k -> GMap k v -> Maybe v
    insert      :: k -> v -> GMap k v -> GMap k v
```

data 關鍵字出現在 class 內部的時候，family 關鍵字就可以省略了。上例定義了一類支援可變型別作為鍵和值的資料型別 GMap，同時提供了這些型別的 GMap 的通用操作介面 empty、lookup 和 insert。GMapKey 型別類別限制了可以用作鍵的型別範圍，用戶可以透過提供 GMapKey 的實例來支援具體型別的鍵。

31.3.3　GADT

你現在可能在想，和封閉型別家族對應的封閉資料家族是什麼樣呢？從理論上來說，可以在定義資料家族的同時定義好所有的建構函數，這樣就完成了封閉世界的設定。基本的思考方式整理如下：

```
data T ... where
    C1 ... :: T ...
    C2 ... :: T ...
    ...
```

上面的語法在 GHC 中被稱作通用代數型別（GADT，Generalised Algebraic Datatype，詳情可參見第 32 章）。這裡我們來解釋一下「通用」的含義。對於傳統的 data 資料定義來說，你需要透過型別變數來控制建構函數和最終的資料型別的關係，例如 Either a b = Left a | Right b。實際上，這裡定義了兩個建構函數，它們的型別分別是：

```
Left  :: a -> Either a b
Right :: b -> Either a b
```

而 GADT 允許你分別撰寫每一個建構函數和對應的型別（和資料家族類似），不過這些建構函數都必須在定義資料型別時完整地定義出來。使用 GADT 來撰寫 Either 的定義如下：

```
data MyEither a b where
    MyLeft  :: a -> MyEither a b
    MyRight :: b -> MyEither a b

-- 使用模式匹配處理 MyEither
isLeft :: MyEither a b -> Bool
isLeft (MyLeft  _) = True
isLeft (MyRight _) = False
```

在簡單的情況下，GADT 和普通的 data 定義並沒太大的區別。不過在複雜的情況下，我們可以在定義資料型別時指定建構函數需要的具體型別。下面看一個有趣的例子：

```
data Expr = I Int
          | B Bool
          | Add Expr Expr
          | Mul Expr Expr
          | Eq  Expr Expr
```

上面的資料型別定義了一門簡單的運算語言的 AST，支援數字和邏輯數值型別的表示式，但是上面的資料型別並沒有辦法阻止 Add (I 3) (B True) 這樣的表示式通過編譯。究其原因，是因為 Expr 沒有攜帶型別參數來描述自身是哪一種表示式，我們可以透過新增型別變數來增強 Expr：

```
data Expr a = I Int
            | B Bool
            | Add (Expr a) (Expr a)
            | Mul (Expr a) (Expr a)
            | Eq  (Expr a) (Expr a)

-- 不匯出建構函數 I、B...
-- 定義型別安全的操作代替它們
i :: Int -> Expr Int
i = I

b :: Bool -> Expr Bool
b = B

add :: Expr Int -> Expr Int -> Expr Int
add = Add
...
```

透過定義 i、b、add 新增型別標注的 Expr，問題得到了解決。因為 i 3 和 b True 現在分別是 Expr Int 和 Expr Bool，所以 add (i 3) (b True) 這樣的表示式無法透過型別檢查，這也是幻影型別的又一個應用。但是當我們想寫出這個語言的解譯器時：

```
eval :: Expr a -> a
eval (B x) = x
...

--  Couldn't match expected type ‘a’ with actual type ‘Bool’
--    ‘a’ is a rigid type variable bound by
--        the type signature for eval :: Expr a -> a
```

我們發現編譯器拒絕分配 a 的型別。因為對於編譯器來說，Expr a 中的 a 是幻影型別，所以就算遇到 B True :: Expr String 也都是合法的。看來，我們需要一種更好的方式指導編譯器進行型別檢查。GADT 恰好解決了這個問題：

```
data Expr a where
    I   :: Int  -> Expr Int
    B   :: Bool -> Expr Bool
    Add :: Expr Int -> Expr Int -> Expr Int
    Mul :: Expr Int -> Expr Int -> Expr Int
    Eq  :: Expr Int -> Expr Int -> Expr Bool
```

由於 GADT 允許我們顯式地限制建構函數接收參數型別和返回的資料型別，所以上面的例子裡，很容易確保 Add (B True) (I 3) 這樣的表示式無法透過編譯器的型別檢查，同時還可以很方便地建構出如下的解譯器：

```
eval :: Expr a -> a
eval (B x)          = x
eval (I x)          = x
eval (Add e1 e2)    = eval e1 + eval e2
eval (Mul e1 e2)    = eval e1 * eval e2
eval (Eq e1 e2)     = eval e1 == eval e2

eval $ Add (I 3) (I 4)      -- 7
```

另外，和型別家族/資料家族類似，你可以在定義 GADT 的時候打開 KindSignatures，使用類別簽名代替型別變數：

```
data T :: * -> * -> * where
    C1 a b = ...
    C2 a   = ...
    ...
```

只要你提供的建構函數類別匹配得上，GHC 都會接收並編譯對應的資料型別。

31.4 資料類別 DataKinds

Haskell 中大部分型別的類別都是*，不過透過語言擴充 DataKinds，GHC 支援我們把 data/newtype 定義的資料型別提升（promote）成類別。而之前透過 data/newtype 定義的建構函數，將變成型別層面的型別建構函數。舉個簡單的例子：

```
{-# LANGUAGE DataKinds, GADTs, KindSignatures #-}

data Nat = Z | S Nat

data NList :: * -> Nat -> * where
    Nil  :: NList a 'Z
    Cons :: a -> NList a n -> NList a ('S n)
```

上面的例子裡，我們定義了 Nat 資料型別，用來記錄數字，Z 對應 0，S Z 對應 1，S (S Z) 對應 2 等，這種標記法叫作皮亞諾數（Peano number），在 Church 編碼裡也叫 Church 數。我們並不打算直接建構 Nat 型別的值來使用它，而是透過打開 DataKinds，把 Nat 提升成為一個類別，這個類別包含的型別就是 Z、S Z、S (S Z) 等表示長度的皮亞諾數。所以上面的 NList 定義直接在型別裡記錄了 NList 的長度。注意 Z 和 S 前面的'，這是資料類別的特殊語法，在建構函數前面加上'表示把建構函數提升成型別。上例裡也可以省略'，因為不會造成歧義，但是遇到型別和建構函數重名的情況，就一定要在前面加上'。現在在 GHCi 裡試驗一下：

```
*Main> :t Nil
Nil :: NList a 'Z
*Main> :t  (Cons True (Cons False Nil))
(Cons True (Cons False Nil)) :: NList Bool ('S ('S 'Z))
*Main> type NListT = NList Bool Char
<interactive>:10:26:
    The second argument of ‘NList’ should have kind ‘Nat’,
      but ‘Char’ has kind ‘*’
    In the type ‘NList Bool Char’
    In the type declaration for ‘NListT’
```

我們看到，在型別檢查之後，編譯器自動幫我們計算出了 Cons True (Cons False Nil) 的長度是 'S ('S 'Z)，而 NList Bool Char 這樣的型別被編譯器拒絕，因為 Char 的類別是 * 而不是 Nat。

Haskell 自帶的資料型別和建構函數也可以被提升成類別和對應的型別，一個常用的技巧是把列表提升到型別層面：

```
{-# LANGUAGE DataKinds, GADTs, KindSignatures, TypeOperators #-}
```

```
data HList :: [*] -> * where
    HNil  :: HList '[]
    HCons :: x -> HList xs -> HList (x ': xs)
```

HList 是 Haskell 中建構異質串列的常見方式，我們把串列型別 [a] 提升成新的類別 [*]，建構函數[]和:分別被提升成型別 '[] 和型別函數 ': (: 被提升成了中綴型別函數，需要打開語言擴充 TypeOperators 來支援)。有了上述定義，所有的異質串列在 Haskell 中都可以進行靜態型別檢查了。例如：

```
hlistA :: HList [Int, String, Bool]
hlistA = HCons 2 $ HCons "hello" $ HCons True HNil

hlistB :: HList [Char, Int, String, Bool]
hlistB = HCons 'x' hlistA
```

下面我們來展示如何透過資料型別家族和資料類別實作通用的異質串列的操作：

```
{-# LANGUAGE DataKinds #-}
{-# LANGUAGE GADTs #-}
{-# LANGUAGE KindSignatures #-}
{-# LANGUAGE TypeOperators #-}
{-# LANGUAGE MultiParamTypeClasses #-}
{-# LANGUAGE FlexibleInstances #-}

data HList :: [*] -> * where
    HNil  :: HList '[]
    HCons :: x -> HList xs -> HList (x ': xs)

class GetByType a xs where
    getByType :: HList xs -> a

instance {-# OVERLAPPING #-} GetByType a (a ': xs) where
    getByType (HCons x _) = x

instance GetByType a xs => GetByType a (b ': xs) where
    getByType (HCons _ xs) = getByType xs
```

{-# OVERLAPPING #-} 是 GHC 7.10 之後新增重疊實例的標注，在 GHC 7.10 之前需要打開語言擴充 OverlappingInstances。在上面的例子裡，我們透過遞迴推導的方式定義出了所有符合 GetByType a xs 限制的 a 和 xs，同時型別類別 GetByType 提供了按照型別取值的操作 getByType。我們在 GHCi 裡試驗一下：

```
*Main> let hlist = HCons (2 :: Int) $ HCons "hello" $ HCons True HNil
*Main> getByType hlist :: Int
2
*Main> getByType hlist :: String
"hello"
*Main> getByType hlist :: Char
```

```
<interactive>:36:1:
    No instance for (GetByType Char '[])
      arising from a use of 'getByType'
    In the expression:
```

當試圖從 HList [Int, String, Bool]裡提取 Char 時，編譯器阻止了我們，因為它無法找到合適的的 GetByType 實例。基於 GetByType 實例，我們可以撰寫出非常通用的異質串列處理函數。例如，限制 GetByType Bool xs => ... 可以保證 HList xs 中必須含有 Bool 型別的元素，程式才可以透過編譯。

這裡你可能會說，如果遇到含有多個相同型別的異質串列，該怎麼辦呢？一種方式是使用幻影型別給相同的型別打上不同的標籤，這種方法配合 GHC.TypeLits 模組提供的 Symbol 類別（字串提升到型別層面的類別）十分好用。另一種簡單的方式就是禁止向異質串列裡新增已經存在的型別，我們可以使用 DataKinds 配合型別家族來實作這個程式設計技巧：

```
{-# LANGUAGE DataKinds #-}
{-# LANGUAGE GADTs #-}
{-# LANGUAGE KindSignatures #-}
{-# LANGUAGE TypeOperators #-}
{-# LANGUAGE TypeFamilies #-}
{-# LANGUAGE ConstraintKinds #-}
{-# LANGUAGE MultiParamTypeClasses #-}
{-# LANGUAGE FlexibleInstances #-}

import Data.Typeable (Proxy(..))

data HList :: [*] -> * where
    HNil  :: HList '[]
    HCons :: x -> HList xs -> HList (x ': xs)

data SearchResult = Has | NotHas

type family SearchType a (xs :: [*]) where
    SearchType a '[]        = NotHas
    SearchType a (a ': xs)  = Has
    SearchType a (b ': xs)  = SearchType a xs

type NotHasType a xs = SearchType a xs ~ NotHas

infixr 6 +:
(+:) :: (NotHasType a xs) => a -> HList xs -> HList (a ': xs)
x +: xs = HCons x xs
```

SearchType 型別家族的工作原理和上面的 GetByType 類似，也是透過遞迴來尋找 xs 中是否包含 a。我們定義的 SearchResult 資料型別完全就是為了當作提升後的型別使用，type NotHasType a xs = SearchType a xs ~ NotHas 是整個限制的核心。我們透過手動要求型別 SearchType a xs 和 NotHas 相同，來證明 a 在 xs 中不存在，語言擴充 ConstraintKinds 用來支援我們把這個條件定義成型別限制。現在只需要在匯出時隱藏 HCons 建構函數，讓使用者使用+:來建構異質串列就可以了。在 GHCi 中嘗試一下：

```
*Main> :t (3::Int) +: True +: "hello" +: HNil
(3::Int) +: True +: "hello" +: HNil :: HList '[Int, Bool, [Char]]
*Main> :t (3::Int) +: True +: False +: HNil
<interactive>:1:18:
    Couldn't match type ‘'Has’ with ‘'NotHas’
    Expected type: 'NotHas
      Actual type: SearchType Bool '[Bool]
    In the second argument of ‘(+:)’, namely ‘True +: False +: HNil’
    In the expression: (3 :: Int) +: True +: False +: HNil
*Main>
```

可以看到，當試圖插入兩個 Bool 時，型別檢查告訴我們無法統一 Has 和 NotHas 兩個型別，這就是 NotHasType 型別限制的作用。

32

序列化/反序列化與泛型程式設計

序列化是把記憶體的「活」資料變成可以傳輸/儲存的資料格式的過程，反序列化則是把傳輸的位元組序列變成記憶體中的資料。資料服務常用的序列化格式有 JSON、MessagePack、Protobuf 等，這些序列化格式有的是以傳輸/儲存的高效率為設計目標，有的則兼顧人工的可讀性，所以它們的使用場合也大不相同。本章以一些具體的函數程式庫為例，為讀者提供序列化/反序列化的參考。

但凡使用過 Java/Go 的讀者都會有這樣一個體驗：在撰寫序列化/反序列化程式碼的過程中，很多手工撰寫的程式碼都是機械式地重複。這在 Haskell 中一般透過兩種方法來解決。

◎ 使用之前介紹的範本程式設計，用程式來撰寫序列化/反序列化的程式碼。

◎ 使用 GHC 提供的泛型程式設計工具來抽象資料操作。

範本程式設計的技術之前已經介紹過了，這裡就不重複了。本章後半部分將重點介紹 GHC 提供的泛型程式設計技術，這是一種相對來說更為通用的程式設計技巧。

32.1 aeson 函數程式庫

aeson 是 Haskell 中處理 JSON 格式的首選函數程式庫，支援使用單子撰寫自訂的序列化格式，同時提供了基於範本程式設計的自動序列化/反序列化實例生產工具。aeson 提供的核心型別可以歸結為如下兩個型別類別：

```
class FromJSON a where
    parseJSON :: Value -> Parser a

class ToJSON a where
    toJSON :: a -> Value
    toEncoding :: a -> Encoding
```

FromJSON 定義了可以從 JSON 字串裡反序列化的型別，ToJSON 則定義了如何把一個型別 a 的值變成 JSON 的過程。這裡的 Value 是 aeson 對於 JSON 格式的抽象，它的定義如下：

```
-- JSON 物件用散列表示
type Object = HashMap Text Value

-- JSON 陣列用 Vector 表示
type Array = Vector Value

-- JSON 的值可能的型別：物件、陣列、字串、數字、布林以及 null
data Value = Object !Object
           | Array !Array
           | String !Text
           | Number !Scientific
           | Bool !Bool
           | Null
         deriving (Eq, Read, Show, Typeable, Data)
```

而 Encoding 是為了快速拼接 JSON 字串（這裡指的是 ByteString）設計的型別，其實就是把第 26 章裡的 Builder 做了一個包裝。對於 Haskell 的值來說，序列化/反序列化到 JSON 字串的過程可以概括為下圖：

```
        +------------------+
        |   Haskell Type   |
        +--+-+-----------+--+
           ^ |           |
  parseJSON| |toJSON     |toEncoding
           | V           V
        +--+-+--+   +----+-----+
        | Value +-->+ Encoding |
        +---+---+   +----+-----+
            ^            |
            |parse       |fromEncoding
            |            V
         +--+-----------+--+
         | JSON(ByteString) |
         +-----------------+
```

一個 Haskell 型別的值如果想被轉換成 JSON 字串，可以先透過實例裡定義的 toJSON 方法變成 Value，再做轉換，或者直接變成 Encoding，然後變成 JSON 字串。因為第二種方法省去了中間步驟，效率會比第一種高，所以建議在定義 ToJSON 實例時，儘量提供 toEncoding 方法。從 JSON 字串中反序列化，則必須經過建構 Value 的中間步驟。首先 aeson 提供了方法把 JSON 字串中的物件、陣列、字串等解析成對應的 Value，然後使用 FromJSON 實例定義的 parseJSON 繼續解析出具體型別的資料。下面是手動撰寫 FromJSON/ToJSON 實例的一個例子：

```
{-# LANGUAGE OverloadedStrings #-}

module Main where

import Data.Aeson
import Data.Text (Text)
import Data.Monoid ((<>))

data Greet = Greet { greeting :: Text , name  :: Text } deriving Show

instance ToJSON Greet where
    toJSON     (Greet g n) = object ["greeting" .= g,    "name" .= n]
    toEncoding (Greet g n) = pairs  ("greeting" .= g <> "name" .= n)

instance FromJSON Greet where
    -- 使用自然升格的寫法
    parseJSON (Object v) = Greet <$> v .: "greeting" <*> v .: "name"

    -- 也可以使用 do 語法撰寫
    -- parseJSON (Object v) = do
    --     g <- v .: "greeting"
    --     n <- v .: "name"
    --     return (Greet g n)

    -- 如果遇到不是 JSON 物件的情況，則提供錯誤資訊
    parseJSON _          = fail "需要 Greet 是一個 JSON 物件"
```

在上面的例子裡，我們手動定義了如何序列化/反序列化一個簡單的記錄語法資料型別 Greet。這裡需要注意，我們是如何使用應用函子/單子來建構 Parser Greet。下面在 GHCi 中試驗一下我們撰寫的實例程式碼是否能運作：

```
Prelude> :l Main.hs
[1 of 1] Compiling Main             ( Main.hs, interpreted )
*Main> :set -XOverloadedStrings
*Main> encode (Greet "hello" "world")
"{\"greeting\":\"hello\",\"name\":\"world\"}"
*Main> decode "{\"greeting\":\"hello\",\"name\":\"world\"}" :: Maybe Greet
Just (Greet {greeting = "hello", name = "world"})
```

上面執行的 encode/decode 是 aeson 提供的編碼/解碼函數。aeson 提供的常用編解碼函數有：

```
decode :: FromJSON a => ByteString -> Maybe a

-- 和 decode 不同的是，解析過程是嚴格求值的
decode' :: FromJSON a => ByteString -> Maybe a

-- 返回 Either 型別，包含可能的錯誤資訊
eitherDecode :: FromJSON a => ByteString -> Either String a

-- 嚴格求值版本的 eitherDecode
eitherDecode' :: FromJSON a => ByteString -> Either String a A

-- 把資料型別編碼成 Lazy ByteString
encode :: ToJSON a => a -> ByteString
```

上面函數中使用的 ByteString 都是 Lazy ByteString。下面的函數是對應 Strict ByteString 的版本：

```
decodeStrict :: FromJSON a => ByteString -> Maybe a
decodeStrict' :: FromJSON a => ByteString -> Maybe a
eitherDecodeStrict :: FromJSON a => ByteString -> Either String a
eitherDecodeStrict' :: FromJSON a => ByteString -> Either String a
```

上面就是 aeson 提供的核心功能，其中包括兩個分別對應序列化和反序列化的型別類別—ToJSON/FromJSON，JSON 資料型別的抽象類別型 Value，以及一些編解碼輔助函數。

32.1.1　使用範本程式設計自動生成 ToJSON/FromJSON 實例

其實上面例子中撰寫的序列化/反序列化程式碼十分顯而易見。對於記錄語法來說，只要每個資料項目可以被序列化/反序列化，那麼使用資料項目的標籤作為 JSON 物件的欄位，就可以定義出新的實例。我們可以使用 aeson 提供的範本程式設計工具輔助我們完成這個重複的過程：

```
{-# LANGUAGE TemplateHaskell #-}

module Main where

import Data.Aeson.TH
import Data.Text (Text)

data Greet = Greet { greeting :: Text , name  :: Text } deriving Show

deriveJSON defaultOptions ''Greet
```

這裡 deriveJSON defaultOptions ''Greet 一句話就完成了剛剛手動撰寫的好幾行程式碼。你可以在 GHCi 裡驗證自動生成的程式碼是否符合你的預期，也可以打開 -ddump-splices 研究範本生成的程式碼是什麼樣的。下面就是 GHC 為你自動產生的序列化/反序列化程式碼：

```
Main.hs:11:1-33: Splicing declarations
    deriveJSON defaultOptions ''Greet
  ======>
    instance aeson-0.11.2.0:Data.Aeson.Types.Class.ToJSON Greet where
      aeson-0.11.2.0:Data.Aeson.Types.Class.toJSON
        = \ value_a6PG
            -> case value_a6PG of {
                 Greet arg1_a6PH arg2_a6PI
                   -> aeson-0.11.2.0:Data.Aeson.Types.Internal.object
                        [((Data.Text.pack "greeting")
                           aeson-0.11.2.0:Data.Aeson.Types.Class..= arg1_a6PH),
                         ((Data.Text.pack "name")
                           aeson-0.11.2.0:Data.Aeson.Types.Class..= arg2_a6PI)] }
      aeson-0.11.2.0:Data.Aeson.Types.Class.toEncoding
        = \ value_a6PJ
            -> case value_a6PJ of {
                 Greet arg1_a6PK arg2_a6PL
                   -> aeson-0.11.2.0:Data.Aeson.Types.Internal.Encoding
                        ((Data.ByteString.Builder.char7 '{')
                         <>
                           ((mconcat
                               (base-4.8.2.0:Data.OldList.intersperse
                                  (Data.ByteString.Builder.char7 ',')
                                  [((aeson-0.11.2.0:Data.Aeson.Encode.Builder.text
```

```
                                        (Data.Text.pack "greeting"))
                                     <>
                                       ((Data.ByteString.Builder.char7 ':')
                                        <>
                                         (aeson-0.11.2.0:Data.Aeson.Encode.Functions.builder
                                            arg1_a6PK))),
                                   ((aeson-0.11.2.0:Data.Aeson.Encode.Builder.text
                                      (Data.Text.pack "name"))
                                     <>
                                       ((Data.ByteString.Builder.char7 ':')
                                        <>
                                         (aeson-0.11.2.0:Data.Aeson.Encode.Functions.builder
                                            arg2_a6PL)))]))
                            <> (Data.ByteString.Builder.char7 '}'))) }
instance aeson-0.11.2.0:Data.Aeson.Types.Class.FromJSON Greet where
  aeson-0.11.2.0:Data.Aeson.Types.Class.parseJSON
    = \ value_a6PM
        -> case value_a6PM of {
             aeson-0.11.2.0:Data.Aeson.Types.Internal.Object recObj_a6PN
               -> ((Greet
                      <$>
                        (Data.Aeson.TH.lookupField
                           "Main.Greet" "Greet" recObj_a6PN (Data.Text.pack "greeting")))
                     <*>
                       (Data.Aeson.TH.lookupField
                          "Main.Greet" "Greet" recObj_a6PN (Data.Text.pack "name")))
             other_a6PO
               -> Data.Aeson.TH.parseTypeMismatch'
                    "Greet"
                    "Main.Greet"
                    "Object"
                    (Data.Aeson.TH.valueConName other_a6PO) }
```

可以看出，範本程式設計生成的程式碼和手寫的區別並不大。實際上，範本程式設計還提供了很多選項，讓你能更容易控制自動生成實例的過程。對於上面的例子來說，defaultOptions 就是把記錄的名稱和 JSON 物件的欄位一一對應，你可以手動覆蓋這個對應過程：

```
import Data.Char

deriveJSON (defaultOptions {fieldLabelModifier = map toUpper}) ''Greet
```

這裡我們透過修改 fieldLabelModifier，讓生成的 JSON 物件裡的欄位名稱都變成了大寫。你還可以使用 casing 函數程式庫裡的函數，完成更加複雜的轉換，諸如 camelCase 到 kebab-case 或者 quiet_snake_case 等。

感興趣的讀者可以研究一下 Data.Aeson.TH 模組提供的 Options 型別。除了 fieldLabelModifier 外，它還允許你自訂很多序列化/反序列化時的選項，諸如 Either 這樣的多建構函數型別如何表示等。

32.1.2 使用泛型提供的 ToJSON/FromJSON

從 GHC 7.2 起，GHC 提供了對泛型程式設計的支援。不過不同於其他程式設計語言中對泛型的定義，GHC 提供的泛型是一種在代數型別的抽象層次下操作資料的工具，而其他語言中的泛型、範本等在 Haskell 中不過是普通的型別類別。我們先介紹 GHC 的泛型的使用方法。下面以 aeson 函數程式庫為例，你只需要撰寫如下的程式碼：

```
{-# LANGUAGE DeriveGeneric #-}

module Main where

import Data.Aeson
import Data.Text (Text)
import GHC.Generics (Generic)

data Greet = Greet { greeting :: Text , name  :: Text } deriving (Show, Generic)

instance ToJSON Greet
instance FromJSON Greet
```

你會發現 Greet 已經可以被正常序列化/反序列化了，可是 instance ToJSON Greet/instance FromJSON Greet 的實例宣告裡什麼都沒寫，GHC 是如何做到自動序列化/反序列化的呢？如果你打開 DeriveAnyClass 的語言擴充，甚至可以直接這樣撰寫：

```
{-# LANGUAGE DeriveGeneric, DeriveAnyClass #-}

data Greet = Greet { greeting :: Text , name  :: Text } deriving (Show, Generic, ToJSON,
FromJSON)
```

這一切的秘密都在於泛型是如何對資料進行操作的。下面讓我們來認識 GHC 中的泛型。

32.2 泛型

在介紹泛型之前，我們先介紹一下代數型別這個概念。在範疇論裡，你常常會遇到加總的和型別（sum type）與乘積型別（product type）的概念。直接給出這兩個概念的數學定義過於抽象，這裡透過具體的例子來說明。

對於 data Either a b = Left a | Right b 這樣的定義來說，假如 a 有兩種可能——Int 和 Double，b 有 3 種可能—String、Text 和 ByteString，那麼 Either a b 一共有如下 5 種可能：

◎ Left Int

◎ Left Double

◎ Right String

◎ Right Text

◎ Right ByteString

也就是說，由於任何一個 Either a b 型別的值，只可能處於 Left a 或者 Right b 兩種情況中的一種，所以整個型別的可能性等於 a 的可能性加上 b 的可能性，我們把這種透過選擇關係組合起來的資料型別叫作和型別。上例中，Either a b 是 a 與 b 的和。

而對於 data (,) a b = (a, b) 這樣的定義來說，同樣假定 a 有兩種可能——Int 和 Double，b 有 3 種可能—String、Text 和 ByteString，那麼 (,) a b 一共有如下 6 種可能性：

◎ (Int, String)

◎ (Int, Text)

◎ (Int, ByteString)

◎ (Double, String)

◎ (Double, Text)

◎ (Double, ByteString)

很容易看出，(,) a b 的可能性等於 a 的可能性乘以 b 的可能性，我們把這樣透過排列組合關係組合起來的資料型別叫作積型別。上例中，(,) a b 是 a 與 b 的積。

代數型別就是指透過和、積和遞迴定義出來的資料型別。例如，Haskell 中的列表 data [a] = [] | a : [a]，就可以看作是 [] 和 a : [a] 的和。GHC 提供的泛型程式設計，就是從這樣一個觀點入手，即 Haskell 中的資料型別都可以看作是由和、積或者遞迴構成的，只要我們能夠提供一個通用的代數型別表示方法，那麼所有的資料型別都可以被一致地表示出來。GHC.Generics 模組裡就提供了這樣的通用表示方法：

```
-- 表示無參數建構函數
data U1 p = U1

-- 表示固定型別、型別參數，以及類別是*的遞迴型別：K1 R
newtype K1 i c p = K1 { unK1 :: c }

-- 資料型別的一些中繼資料
-- 資料定義資訊：M1 D
-- 記錄語法資料項目資訊：M1 S
-- 建構函數資訊：M1 C
newtype M1 i c f p = M1 { unM1 :: f p }

-- 表示和型別的資料型別
-- 多個和被表示為樹狀結構：... :+: ... :+: ... :+: ...
data (f :+: g) p = L1 (f p) | R1 (g p)

-- 表示積型別的資料型別
-- 多個積被表示為樹狀結構：... :*: ... :*: ... :*: ...
data (f :*: g) p = (f p) :*: (g p)
```

舉個例子，對於資料型別 data Tree a = Leaf a | Node (Tree a) (Tree a)來說，我們可以把它看成是下面的代數型別表示：

```
(K1 R a) :+: (K1 R (Tree a) :*: K1 R (Tree a))
```

實際上，編譯器生成的型別表示會複雜一些，因為包含了很多描述 Tree a 的中繼資料資訊：

```
D1 ('MetaData "Tree" "Main" "package-name" 'False)
    (
        C1 ('MetaCons "Leaf" 'PrefixI 'False)
            (S1 '(MetaSel 'Nothing 'NoSourceUnpackedness 'NoSourceStrictness 'DecidedLazy)
                (Rec0 a))
    :+:

        C1 ('MetaCons "Node" 'PrefixI 'False)
            (
                S1 ('MetaSel 'Nothing 'NoSourceUnpackedness 'NoSourceStrictness 'DecidedLazy)
                    (Rec0 (Tree a))
```

```
                :*:

              S1 ('MetaSel 'Nothing 'NoSourceUnpackedness 'NoSourceStrictness 'DecidedLazy)
                 (Rec0 (Tree a))
           )

    ) x
```

上面就是 GHC 自動為我們定義的 Tree a 型別生成的泛型表示的一個輪廓。type D1 = M1 D、type C1 = M1 C 這些都是在 GHC.Generics 模組裡定義的型別別名，最後的 x 對應 Tree a 中的型別變數 a。透過打開語言擴充 DeriveGeneric，並在資料定義後面加上 deriving Generic 來讓編譯器自動推導 Generic 型別類別。Generic 型別類別是獲取泛型表示的關鍵：

```
class Generic a where
    type Rep a :: * -> *
    from :: a -> Rep a x
    to :: Rep a x -> a
```

GHC.Generics 模組裡定義了關聯型別別名 Rep 和對應的 Generic 型別類別，這個型別類別的實例由編譯器協助我們自動推導。from :: a -> Rep a x 函數用來從資料中獲取泛型表示。我們在 GHCi 中試驗一下：

```
Prelude> :m + GHC.Generics
Prelude GHC.Generics> :set -XDeriveGeneric
Prelude GHC.Generics> data Tree a = Leaf a | Node (Tree a) (Tree a) deriving (Show, Generic)
Prelude GHC.Generics> let t = Node (Leaf 1) (Node (Leaf 2) (Leaf 3)) :: Tree Int
Prelude GHC.Generics> from t
M1 {unM1 = R1 (M1 {unM1 = M1 {unM1 = K1 {unK1 = Leaf 1}} :*:
➥M1 {unM1 = K1 {unK1 = Node (Leaf 2) (Leaf 3)}}}})}
Prelude GHC.Generics> :t from t
from t
  :: D1
       D1Tree
       (C1 C1_0Tree (S1 NoSelector (Rec0 Int))
        :+: C1
              C1_1Tree
              (S1 NoSelector (Rec0 (Tree Int))
               :*: S1 NoSelector (Rec0 (Tree Int))))
       x
Prelude GHC.Generics> let l = Leaf 1 :: Tree Int
Prelude GHC.Generics> from l
M1 {unM1 = L1 (M1 {unM1 = M1 {unM1 = K1 {unK1 = 1}}})}
Prelude GHC.Generics> :t from l
from l
  :: D1
       D1Tree
       (C1 C1_0Tree (S1 NoSelector (Rec0 Int))
        :+: C1
              C1_1Tree
```

```
            (S1 NoSelector (Rec0 (Tree Int))
             :*: S1 NoSelector (Rec0 (Tree Int))))
    x
```

我們並不用太關心泛型表示的型別，這些型別大量使用了資料類別的程式設計技巧來記錄資料型別的中繼資料。我們主要關心的是泛型表示的值。現在把上面的 from t、from l 的值美化一下：

```
-- Node (Leaf 1) (Node (Leaf 2) (Leaf 3))
M1 $
    R1 $
        M1 $
            M1 (K1 (Leaf 1)) :*: M1 (K1 (Node (Leaf 2) (Leaf 3)))

-- Leaf 1
M1 $
    L1 $
        M1 $
            M1 $ K1 1
```

上面的值是透過 L1/R1 和:*:組合出代數型別的值，而所有的關於 Tree 資料型別以及建構函數的資訊都被記錄在型別裡，而沒有出現在值裡。所以，如果現在撰寫能夠處理/生成上述值的函數，那麼配合 from/to 函數，就可以得到處理/生成任意代數型別的函數。這個過程在 Haskell 中可以透過添加輔助型別類別實作。現在用一個簡單的序列化/反序列化的例子來演示這個過程：

```
data Bit = O | I deriving (Show, Eq, Ord)

class GSerialize f where
  gput :: f a -> [Bit]
  gget :: [Bit] -> (f a, [Bit])
```

上面的程式碼裡定義了一個基於泛型的序列化/反序列化型別類別：gput 可以把泛型型別的值序列化成[Bit]，gget 可以把[Bit]反序列化成值，同時返回剩下的[Bit]。下面是需要提供所有泛型型別的型別類別實例：

```
-- 無參數的建構函數序列化時，不產生任何輸出
-- 反序列化時直接輸出 U1，具體建構函數的資訊存在型別裡
instance GSerialize U1 where
    gput U1 = []
    gget xs = (U1, xs)

-- 乘積的序列化/反序列化基於兩個部分的拼接
instance (GSerialize a, GSerialize b) => GSerialize (a :*: b) where
    gput (x :*: y) = gput x ++ gput y
    gget xs = (a :*: b, xs'')
      where (a, xs') = gget xs
            (b, xs'') = gget xs'
```

```
-- 和的序列化/反序列化基於 L1/R1 的選擇
instance (GSerialize a, GSerialize b) => GSerialize (a :+: b) where
    gput (L1 x) = O : gput x
    gput (R1 x) = I : gput x
    gget (O:xs) = (L1 x, xs')
      where (x, xs') = gget xs
    gget (I:xs) = (R1 x, xs')
      where (x, xs') = gget xs

-- 遇到資料節點時，繼續遞迴序列化/反序列化
instance (GSerialize a) => GSerialize (M1 i c a) where
    gput (M1 x) = gput x
    gget xs = (M1 x, xs')
      where (x, xs') = gget xs

-- 遇到具體的資料節點時，則需要使用合適的 get 函數
instance (Serialize a) => GSerialize (K1 i a) where
    gput (K1 x) = put x
    gget xs = (K1 x, xs')
      where (x, xs') = get xs
```

這就是透過泛型程式設計來節省冗餘碼的關鍵：我們撰寫了代數型別各種情況下序列化/反序列化的實作。當然，最後遞迴到資料節點後，還需要提供對應的 get/put 函數，所以現在需要定義一個利用 GSerialize 的型別類別。這個型別類別透過預設語言擴充 DefaultSignatures 來提供泛型型別的預設實作，同時提供具體型別資料節點的序列化/反序列化函數：

```
{-# LANGUAGE DefaultSignatures #-}

class Serialize a where
    put :: a -> [Bit]
    get :: [Bit] -> (a, [Bit])

    -- 提供泛型的預設實作
    default put :: (Generic a, GSerialize (Rep a)) => a -> [Bit]
    put a = gput (from a)

    default get :: (Generic a, GSerialize (Rep a)) => [Bit] -> (a, [Bit])
    get xs = (to x, xs')
      where (x, xs') = gget xs

-- 提供 Bool 型別的具體實作
instance Serialize Bool where
  put True = [I]
  put False = [O]
  get (I:xs) = (True, xs)
  get (O:xs) = (False, xs)

-- 繼續提供其他具體型別的實例
instance Serialize ... where
...
```

default put/default get 就是使用泛型實例的關鍵了。當一個型別提供了 Generics 實例時，它的 Serialize 實例會預設使用 GSerialize 型別類別提供的 gput/gget 方法。接下來，我們去 GHCi 中驗證一下：

```
*Main GHC.Generics> :set -XFlexibleInstances
*Main GHC.Generics> gput $ from (Leaf False)
[0,0]
*Main GHC.Generics> instance Serialize (Tree Bool)
*Main GHC.Generics> put $ (Leaf False)
[0,0]
*Main GHC.Generics> put $ Node (Leaf True) (Node (Leaf False) (Leaf True))
[I,0,I,I,0,0,0,I]
*Main GHC.Generics> fst $ get [I,0,I,I,0,0,0,I] :: Tree Bool
Node (Leaf True) (Node (Leaf False) (Leaf True))
```

可以看到，instance Serialize (Tree Bool) 宣告實例後，不需要提供任何的具體實作，Tree Bool 已經可以被順利序列化/反序列化了。如果你打開 DeriveAnyClass 語言擴充的話，甚至不需要提供 instance Serialize (Tree Bool) 宣告，只在定義 Tree a 的時候順便衍生 Serialize 的一個實例就可以了：

```
{-# DeriveGeneric #-}
{-# DeriveAnyClass #-}

data Tree a = Leaf a | Node (Tree a) (Tree a) deriving (Show, Generic, Serialize)
```

GHC 會自動為上面的程式碼提供基於泛型的 Serialize 實作。需要注意的是，我們在定義 Serialize 時，透過輔助型別類別 GSerialize 定義出針對泛型的實例，但是 GSerialize 這個型別類別是不用匯出的，用戶也不應該接觸到任何 gput/gget 相關的操作，這個型別類別只需給 Serialize 提供預設實作即可。

如果遇到很複雜的二進位/文字協定，你可能需要更強大的解析器函數程式庫。attoparsec 函數程式庫就是一個非常快速、強大的二進位協定解析函數程式庫，你可以使用它手動建構解析器，來反序列化複雜的資料結構。在 Hackage 上，還有一些序列化/反序列化的函數程式庫，例如 binary/cereal 提供了一套自訂的序列化/反序列化格式，protobuf 提供了對 Protobuf 格式的支援。這些函數程式庫的抽象往往集中在 Put/Get 兩個單子型別上，Put 單子可以看作一個 Writer，而 Get 單子就是一個簡單的解析器。透過提供單子抽象，你可以方便地使用 do 語法撰寫序列化/反序列化的程式碼。你也可以使用它們提供的泛型支援，直接推導泛型實例，從而省去手動撰寫的麻煩。

33

Haskell 中的異常處理

異常處理（也稱例外處理）是程式設計中常見的一類問題，很多程序式語言提供了 try...catch...finally 語法結構來輔助程式設計師分離無異常的業務邏輯和異常處理的程式碼，有些語言則使用類似 data, err 這樣的返回值約定來規範異常處理。另一個很嚴重的問題在於，很多語言提供了空指標/空值，例如 C 語言的 NULL、JavaScript 的 undefined、Go 的 nil 等，這些值的存在會導致任何求值過程都有可能導致程式崩潰，再優秀的程式設計師也難免會寫出包含錯誤的程式碼。正如 NULL 的發明人 Tony Hoare 在 2009 年回憶到的：

> I call it my billion-dollar mistake. It was the invention of the null reference in 1965. At that time, I was designing the first comprehensive type system for references in an object oriented language (ALGOL W). My goal was to ensure that all use of references should be absolutely safe, with checking performed automatically by the compiler. But I couldn't resist the temptation to put in a null reference, simply because it was so easy to implement. This has led to innumerable errors, vulnerabilities, and system crashes, which have probably caused a billion dollars of pain and damage in the last forty years.

> 翻譯：我把 NULL 稱為我的十億美元錯誤。1965 年，我用物件導向語言（ALGOL W）設計了第一個全面的參考型別系統，我的目標是確保每個變數的引用都會經過編譯器檢查確保絕對安全，但是我沒有忍住使用了 null 引用，因為它（null）實在是太容易實作了。這導致了後來的無數錯誤、漏洞和系統崩潰，這在過去的 40 年中可能已經導致了十億美元的損失。

在 Haskell 中，主要有兩種異常處理方式：使用代數型別標記錯誤，或者在 IO 單子中使用執行時提供的異常處理機制。下面我們就來介紹一下 Haskell 中異常處理的最佳實踐。

33.1 使用 Either/Maybe 表示異常

這兩個型別是返回錯誤結果時最常用的型別，其中 Either String a 可以用來提供適當的錯誤資訊。由於 Either/Maybe 都是單子的實例型別，所以你可以方便地使用 do 語法提取它們的值。例如，unorder-container 函數程式庫提供了 lookup 函數，用來從散清單中讀取鍵對應的值，當鍵不存在時，則返回 Nothing。這個函數可以用下面的型別表示：

```
-- Hashable 的型別限制確保鍵可以經過散列演算法求出對應的散列值
lookup :: (Eq k, Hashable k) => k -> HashMap k v -> Maybe v
```

下面從一個散列表（雜湊表）裡讀取三個值，然後交給函數 f 處理：

```
-- 使用 do 語法
result = do
    foo <- lookup "foo" hashmap
    bar <- lookup "bar" hashmap
    qux <- lookup "qux" hashmap
    return (f foo bar qux)

-- 使用自然升格
result = f <$> lookup "foo" hashmap
           <*> lookup "bar" hashmap
           <*> lookup "qux" hashmap
```

只要 "foo"、"bar"、"qux" 這三個鍵中有一個在 hashmap 中不存在，最後的 result 就會是 Nothing。再舉一個常用的 JSON 編解碼的例子。函數程式庫 aeson 中的函數 eitherDecode，用來把二進位的 JSON 字串序列化成 Haskell 的資料型別。如果需要連續反序列化幾個值，可以這樣：

```
result :: Either String (Foo, Bar)
result = do
    foo <- eitherDecode json1
    bar <- eitherDecode json2
    return (foo, bar)
```

任意一個反序列化失敗，都會得到包含在 Left 中的錯誤資訊。上面的例子都是使用代數型別來解決異常的常見方式，這在傳遞可能失敗的計算結果時十分常見。這種顯式使用型別來標記運算結果的異常處理方式，適用於應對純函數中可能出現的計算失敗。如果你的純函數運算使用了單子堆疊，適當使用 transformers 函數程式庫提供的 ExceptT，或者 either 函數程式庫提供的 EitherT，也可以簡化 Either 型別返回值的撰寫（不過 Either 本身提供的單子實例大部分情況下都非常好用）。

33.2　執行時異常

除了基於代數型別的異常傳遞和處理機制之外，GHC 執行時也提供了和其他程式設計語言類似的基於中斷和查閱資料表的異常處理機制。這種方式尤其適用於在 IO 單子中的計算失敗，例如打開檔案失敗等。在 Control.Exception 模組裡，提供了使用這種異常處理機制的函數和型別：

```
-- 異常型別類別
class (Typeable e, Show e) => Exception e where
    toException :: e -> SomeException
    fromException :: SomeException -> Maybe e
    displayException :: e -> String

-- 在 IO 中拋出異常
throwIO :: Exception e => e -> IO a

-- 把 IO 中的異常轉換成代數型別 Either
try :: Exception e => IO a -> IO (Either e a)

-- 捕獲異常
catch :: Exception e
    => IO a           -- 會拋出異常 e 的 IO 運算
    -> (e -> IO a)    -- 處理異常 e 的 IO 運算
    -> IO a           -- 異常 e 得到處理的 IO 運算
```

上面的幾個函數提供了在 IO 單子中處理異常的基本功能。舉個簡單的例子，System.IO.Error 模組提供了一些 IO 中常見的系統異常：

```
-- IOException 是 Exception 的實例型別之一
type IOError = IOException
```

```
-- 描述 IOError 型別的集合型別
data IOErrorType

alreadyExistsErrorType :: IOErrorType
doesNotExistErrorType :: IOErrorType
alreadyInUseErrorType :: IOErrorType
....

-- 獲取 IOError 的型別
ioeGetErrorType :: IOError -> IOErrorType
```

我們可以使用下面的程式碼處理讀取檔案時可能遇到的異常：

```
result = do
        ...
        t <- readFile "./foo.txt"
        ...
    `catch` \ e ->
        if  | isAlreadyExistsError e -> ...
            | isDoesNotExistError  e -> ...
            | isPermissionError    e -> ...
```

或者使用下面的程式碼把讀取檔的內容包裝進 Either 中：

```
result :: IO (Either IOError String)
result = try $ readFile "./foo.txt"
```

這裡涉及 Haskell 中異常體系的一個重要特性：可擴充性。透過抽象出 Exception 型別類別，我們可以針對實際問題建立起一套類似 IOError/IOException 的異常型別體系。這需要用到第 31 章中介紹的存在型別的程式設計技巧。在 Haskell 中，SomeException 是所有異常型別的父級型別，所有的異常都可以透過 Exception 型別類別提供的 toException 方法被轉化成 SomeException：

```
data SomeException = forall e . Exception e => SomeException e
```

有時我們並不關心具體的異常型別，想給所有的異常情況提供統一的處理，此時可以直接使用 catch f (\e -> ... (e :: SomeException) ...) 這樣的寫法捕獲所有型別的異常（這並不是一個好習慣，尤其在涉及非同步異常的情況下）。使用具體的異常型別可以達成更好的效果，我們使用下面的寫法提供自訂的異常型別：

```
data MyException = ThisException | ThatException deriving (Show, Typeable)

-- 如果直接使用 SomeException 作為父級異常型別的話
-- 我們不需要手動撰寫 Exception 的實例方法，只需提供空的實例宣告即可，例如：
instance Exception MyException
```

上面的程式碼定義了 MyException 型別，其中包含可能的 ThisException 和 ThatException。當我們知道一段運算可能會拋出 MyException 時，可以使用模式匹配來處理 MyException：

```
catch f $
    \e -> case e of
        ThisException -> ...
        ThatException -> ...
```

型別推斷會推斷出我們想要捕獲的異常的型別是 e :: MyException。如果在 f 中拋出了別的型別的異常，這個異常不會被我們的處理函數捕獲，會向上繼續拋出。

如果你希望自訂異常的層級，可以使用類似存在型別 SomeException 的技巧：

```
-- 宣告存在型別作為父級異常
data SomeFooException = forall e . Exception e => SomeFooException e
    deriving Typeable

-- 存在型別無法自動推導 Show 實例，需要手動撰寫
instance Show SomeFooException where
    show (SomeFooException e) = show e

instance Exception SomeFooException

fooExceptionToException :: Exception e => e -> SomeException
fooExceptionToException = toException . SomeFooException

fooExceptionFromException :: Exception e => SomeException -> Maybe e
fooExceptionFromException x = do
    SomeFooException a <- fromException x
    cast a

---------------------------------------------------------------------
-- 宣告 SomeFooException 的子型別

data FooBarException = FooBarException
    deriving (Typeable, Show)

instance Exception FooBarException where
    toException   = fooExceptionToException
    fromException = fooExceptionFromException

data FooQuxException = FooQuxException
    deriving (Typeable, Show)

instance Exception FooQuxException where
    toException   = fooExceptionToException
    fromException = fooExceptionFromException
上面程式碼展示了如何建立如下圖所示的異常體系：
              SomeException
                    |
```

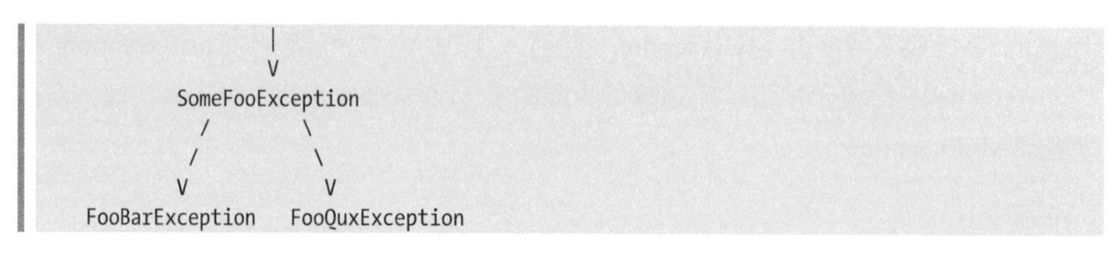

```
            |
            V
     SomeFooException
         /        \
        /          \
       V            V
FooBarException   FooQuxException
```

我們在 GHCi 中試驗一下，捕獲 SomeFooException 可以涵蓋 FooBarException/FooQuxException 的情況：

```
*Main GHC.Generics Data.Typeable> throwIO FooBarException
➥`catch` (\ e -> print (e :: SomeFooException))
FooBarException
*Main GHC.Generics Data.Typeable> throwIO FooBarException
➥`catch` (\ e -> print (e :: FooBarException))
FooBarException
*Main GHC.Generics Data.Typeable> throwIO FooBarException
➥`catch` (\ e -> print (e :: IOException))
*** Exception: FooBarException
```

33.2.1 非同步異常

上面舉的都是同步異常的例子，即這些異常在一個執行緒內部被拋出，並被對應的處理函數捕獲。但是由於多執行緒的存在，執行緒之間可以相互向對方拋異常。另外，執行時出於特定的目的，例如終止程式等，有可能向執行緒拋出執行時異常，這類異常在 Haskell 中統稱為非同步異常（asynchronous exception）。和其他異常一樣，非同步異常也是 SomeException 的一個子型別異常：

```
data AsyncException
    = StackOverflow   -- 堆疊空間溢出
    | HeapOverflow    -- 堆空間溢出
    | ThreadKilled    -- 強制結束執行緒
    | UserInterrupt   -- 使用者中斷執行緒
  deriving (Eq, Ord)
```

上面的資料型別 AsyncException 定義了執行時會向 Haskell 執行緒拋出的非同步異常型別，執行緒捕獲到這些異常後，應該立即執行清理操作並保證儘快退出。實際上，透過 throwTo :: Exception e => ThreadId -> e -> IO () 函數，任意型別的異常都可以當成非同步異常來使用，ThreadId 是被拋異常的目標執行緒的編號。關於 throwIO，你需要知道以下幾點。

◎ throwIO 會等待目標執行緒完畢後才返回，這意味著呼叫 throwIO 的執行緒會被阻塞，這也使得 throwIO 函數成了同步兩個執行緒的一個方式。

◎　一個執行緒因為呼叫了 throwIO 被阻塞時，這個執行緒本身仍然可能因為接收到非同步異常而被中斷。

一般來說，GHC 的羽量級執行緒只有執行到「安全點」的時候，才會接收並開始處理非同步異常。GHC 中把申請記憶體當作「安全點」的標誌，這意味著如果你的執行緒在執行一個不用申請新記憶體的迴圈，這個迴圈就不會被非同步異常打斷。同樣的道理，如果執行緒透過 FFI 呼叫了外部函數，這時非同步異常也不會起作用，直到 FFI 呼叫結束（一般此時會申請新的記憶體），非同步異常才會打斷執行緒。

透過非同步異常的設計，我們可以實作諸如超時關閉這類自訂控制函數。不過非同步異常的處理中有一個需要注意的地方：GHC 提供了遮罩非同步異常的功能，這個功能透過下面這組函數實作：

```
-- 遮罩非同步異常，提供恢復非遮罩狀態的函數
mask :: ((forall a. IO a -> IO a) -> IO b) -> IO b
-- 遮罩非同步異常
mask_ :: IO a -> IO a

-- 遮罩非同步異常，提供恢復非遮罩狀態的函數
uninterruptibleMask :: ((forall a. IO a -> IO a) -> IO b) -> IO b
-- 遮罩非同步異常，類似 mask_
uninterruptibleMask_ :: IO a -> IO a
```

這兩組函數的語義區別非常微妙，我們先來理解 mask 的型別 ((forall a. IO a -> IO a) -> IO b) -> IO b：mask 接收一個接收回呼的函數，forall a. IO a -> IO a 是 mask 函數內部傳遞給這個函數的回呼參數，這個參數可以用來「恢復」mask 之外的遮罩狀態，我們通常把它記作 restore。來看下面的例子：

```
mask $ \ restore -> do
    x <- acquire          -- 非同步異常不會中斷這個 IO 運算
    restore ($ do         -- restore 內部的 IO 運算不再被 mask 遮罩
           do_something_with x
           ...
       ) `onException` release
    release               -- 出現非同步異常時，清理動作仍然會被完整執行
```

在上面的例子裡，我們透過 mask 保證非同步異常發生時 acquire/release 仍然能夠正常執行，restore :: forall a. IO a -> IO a 用來恢復 mask 之外的遮罩狀態。一旦運算進入 restore 內部，非同步異常就可以再次中斷運算了，restore 恢復了執行緒的遮罩狀態。實際上，你可以透過下面的函數查詢目前的 IO 運算處於什麼樣的遮罩狀態中：

```
-- 表示遮罩狀態的資料型別
data MaskingState = Unmasked | MaskedInterruptible | MaskedUninterruptible
```

```
-- 獲取目前 IO 運算的遮罩狀態
getMaskingState :: IO MaskingState
```

IO 運算的遮罩狀態分為三個等級：Unmasked、MaskedInterruptible 和 MaskedUninterruptible，分別對應沒有遮罩、mask/mask_提供的遮罩和 uninterruptibleMask/uninterruptibleMask_提供的遮罩。mask 和 uninterruptibleMask 提供的遮罩的區別在於，mask 只能保證某些不可被中斷的 IO 運算不被中斷，並不能保證所有的 IO 運算都不被打斷，而 uninterruptibleMask 保證任何沒有在 restore 之內的 IO 運算都不會被打斷。實際上，可以把 mask 理解為提供了一定等級的中斷保證會更好些。下面這些 IO 操作不可以被打斷。

◎ Data.IORef 模組提供的針對 IORef 的操作。

◎ 沒有使用 retry 的 STM 操作。

◎ Foreign 模組中的所有操作。

◎ Control.Exception 中的操作（除了 throwTo，原因上面已經解釋了）。

◎ 針對 MVar 的操作：tryTakeMVar、tryPutMVar、isEmptyMVar、newEmptyMVar 和 newMVar。

◎ MVar 有值的時候的 takeMVar 操作，MVar 沒有值時的 putMVar 操作。

◎ Control.Concurrent 模組裡提供的 forkIO、forkIOUnmasked、myThreadId 操作。

上述操作一旦被中斷，程式會出現嚴重的正確性問題，所以這些操作需要透過 mask 得到保護，但是 mask 並不能保證上述操作的組合仍然不被打斷（大部分情況下，你並不需要這個級別的保護）。而 uninterruptibleMask 提供了真正意義上的「不可中斷」，不過在使用時要格外小心。由於 uninterruptibleMask 會阻止任何的非同步異常打斷目前的操作，這可能導致程式無回應（使用者無法中斷），以及鎖死的情況發生。

33.2.2 資源的清理和釋放

如果執行緒沒有定義合適的 AsyncException 的捕獲函數，那麼異常發生時，GHC 執行時會強制結束子執行緒。很多情況下，這會造成資源得不到釋放。例如，打開檔案控制程式碼的 openFile 函數應該配合關閉檔案函數 closeFile 使用，當異常發生時，需要手動關閉檔案。這種情況下，你可以使用所謂的 bracket 模式來解決這類問題。在 Control.Exception 模組中定義了 bracket 函數：

```
bracket
:: IO a                     -- 申請資源 a 的函數，例如 openFile
-> (a -> IO b)              -- 關閉資源 a 的函數，例如 closeFile
-> (a -> IO c)              -- 拿到資源 a 之後的運算
-> IO c                     -- 遇到異常時自動關閉資源的運算
```

使用這個函數的好處是它會自動呼叫 mask 來保證清理動作不會再次被非同步異常打斷，所以比手動撰寫異常清理更加可靠。打開檔案並處理的例子改寫成 bracket 模式，就是：

```
bracket (openFile "filename" ReadMode) (hClose) $ \ fd -> do
    -- 安全地使用 fd，不用擔心關閉文件的問題
    ...
和 bracket 類似的一組函數還有：
-- 和 bracket 類似，只是關閉和後續運算都用不到申請操作的返回值
bracket_ :: IO a -> IO b -> IO c -> IO c

-- 和 bracket 類似，但是只在後續運算拋出異常時執行清理操作
-- 申請資源失敗時，並不會觸發清理動作
bracketOnError ::IO a -> (a -> IO b) -> (a -> IO c) -> IO c

-- 保證第二個計算在第一個計算結束或者發生異常時執行
finally :: IO a -> IO b -> IO a

-- 和 finally 類似，但只在第一個計算發生異常時執行
onException :: IO a -> IO b -> IO a
```

使用這些函數的好處是它們都為你自動處理好了非同步異常遮罩。除了使用上面的輔助函數外，resource 函數程式庫提供的 MonadResource 單子也是一個不錯的選項。MonadResource 單子提供了如下一些基本操作：

```
-- 類似 bracket，保證資源在異常出現時得到釋放
allocate :: MonadResource m
=> IO a                      -- 申請資源 a 的操作
-> (a -> IO ())              -- 釋放資源 a 的操作
-> m (ReleaseKey, a)         -- 手動釋放資源 a 需要的 ReleaseKey

-- 註冊不需要參數的釋放操作
register :: MonadResource m => IO () -> m ReleaseKey

-- 手動執行 ReleaseKey 對應的釋放操作
release :: MonadIO m => ReleaseKey -> m ()
```

和 mtl 類似，MonadResource 只是一個方便升格的型別類別。ResourceT 單子變換是實作 MonadResource 型別類別的實例型別，我們透過 runResourceT 函數執行一個 ResourceT 計算。例如，上面安全打開檔的例子，使用 ResourceT 改寫如下：

```
runResourceT $ do
    (fkey, fd) <- allocate (openFile "filename" ReadMode) (hClose)

    -- 安全使用 fd
    ...

    -- 沒有異常發生的話，用完 fd 後手動關閉檔案
    release fkey
```

實際上，ResourceT 內部維繫了一個從 ReleaseKey 到釋放動作的映射表。allocate/register 操作會把釋放動作新增到表裡，如果 ResourceT 運算內部發生異常，或者捕獲到了非同步異常，這些釋放動作會自動執行。

33.3 純函數中的異常處理

雖然說在 Haskell 中，使用合適的代數型別來標記可能失敗的純函數是推薦的異常處理方式，但是 GHC 還是提供了在純函數中拋出異常以及在 IO 中處理這些異常的方法。不過總的來說，這些方法並不推薦使用。因為經過 GHC 最佳化之後，純函數的求值過程難以預測，這會讓異常處理變得十分困難。這裡簡單介紹一下這類異常處理機制：

```
-- 在純函數的計算過程中拋出異常
-- 異常只能在 IO 單子內捕獲，不推薦使用
throw :: Exception e => e -> a

-- 在純函數的計算過程中拋出異常（SomeException）
-- 附帶一段說明異常的文字
error :: String -> a

-- error "Prelude.undefined"的別名
undefined :: a
```

上述函數的返回值是 _|_，可以適配任意型別 a。含有 _|_ 的表示式只有在求值過程中用到_|_時，才會導致執行時拋出異常，所以要想捕捉純函數中拋出的異常，需要對表示式求值。Control.Exception 模組提供了這樣的函數：

```
-- 對表示式求值（到弱常態），並在 IO 中返回求值結果
-- 如果求值過程遇到_|_，在 IO 中拋出對應的異常
evaluate :: a -> IO a
```

上述函數配合 try/catch 就可以處理純函數運算中拋出的異常了。需要注意的一點是，evaluate 僅僅把接收到的表示式求值到弱常態，所以一些深層次的_|_不一定被拋出。如果需要徹底對表示式求值（到常態），你可以使用 Control.DeepSeq 模組提供的 force 函數。例如，evaluate $ force x 會把 x 求值到常態，並把求值過程中遇到的_|_轉換成異常在 IO 運算中拋出。

33.4 異常和單子變換

IO 單子中的異常處理使用了執行時提供的介面。如果需要在以 IO 為底層單子型別的單子堆疊中使用 try/catch 的話，需要使用升格操作。好在這個過程函數程式庫已經幫我們完成了。目前，主流的兩個函數程式庫 exceptions 和 monad-control 都可以勝任這個工作。

33.4.1 exceptions

exceptions 函數程式庫定義了 3 個能力依次增強的單子型別類別：MonadThrow => MonadCatch => MonadMask。首先，MonadThrow 提供了最基本的拋出異常功能：

```
class Monad m => MonadThrow m where
    throwM :: Exception e => e -> m a
```

緊接著 MonadThrow 的子型別類別 MonadCatch 提供了處理異常的函數：

```
class MonadThrow m => MonadCatch m where
    catch :: Exception e => m a -> (e -> m a) -> m a
```

最後，MonadCatch 的子型別類別 MonadMask 提供了遮罩異常的函數：

```
class MonadCatch m => MonadMask m where
    mask :: ((forall a. m a -> m a) -> m b) -> m b
    uninterruptibleMask :: ((forall a. m a -> m a) -> m b) -> m b
```

基於這 3 個型別類別，exceptions 提供了很多推廣之後的異常處理操作：

```
try :: (MonadCatch m, Exception e) => m a -> m (Either e a)
onException :: MonadCatch m => m a -> m b -> m a
bracket :: MonadMask m => m a -> (a -> m b) -> (a -> m c) -> m c
finally :: MonadMask m => m a -> m b -> m a
bracketOnError :: MonadMask m => m a -> (a -> m b) -> (a -> m c) -> m c
...
```

這些操作和 Control.Exception 模組提供的操作一一對應，只是這時作用的上下文不再被限制在 IO 裡，而是對應的 MonadThrow/MonadCatch/MonadMask 實例單子。那麼，什麼樣的單子是這些型別類別的實例呢？IO 顯然是 MonadThrow/MonadCatch/MonadMask 的實例，我們只需要提供下面的實例宣告即可：

```
import qualified Control.Exception as ControlException

instance MonadThrow IO where
```

```
    throwM = ControlException.throwIO

instance MonadCatch IO where
    catch = ControlException.catch

instance MonadMask IO where
    mask = ControlException.mask
    uninterruptibleMask = ControlException.uninterruptibleMask
```

所以，使用 MonadThrow/MonadCatch/MonadMask 單子實例作為單子堆疊一部分的單子堆疊，也都是對應 MonadThrow/MonadCatch/MonadMask 型別類別的實例。exceptions 函數程式庫定義了 transformers 函數程式庫的大部分單子變換的對應實例，這意味著在 Reader r (StateT s IO) 這樣的單子內部，可以直接使用 exceptions 提供的異常處理操作。

如果你是一個單子堆疊函數程式庫的作者，例如你編寫了一個 HTTP 服務的單子型別 HTTPServer- Monad，同時你希望使用者不用手動升格異常處理函數，那麼可以定義 HTTPServerMonad 對應的 MonadThrow/MonadCatch/MonadMask 型別類別實例，這也是 Haskell 中推薦的擴充單子異常處理能力的方式。

33.4.2 monad-control

monad-control 是基於另外一套思路的單子堆疊操作庫，它提供了更加通用的操作：把單子堆疊最底層的單子操作直接升格到整個單子堆疊的上下文中。為了達成這個效果，它定義了這樣兩個型別類別：

```
class MonadTrans t => MonadTransControl t where
    type StT t a :: *
    liftWith :: Monad m => (Run t -> m a) -> t m a
    restoreT :: Monad m => m (StT t a) -> t m a

type Run t = forall n b. Monad n => t n b -> n (StT t b)

class MonadBase b m => MonadBaseControl b m | m -> b where
    type StM m a :: *
    liftBaseWith :: (RunInBase m b -> b a) -> m a
    restoreM :: StM m a -> m a

type RunInBase m b = forall a. m a -> b (StM m a)
```

其中 MonadTrans 和 MonadBase 分別是 transformers 和 transformers-base 函數程式庫提供的用來升格任意單子層/最底層單子操作的型別類別。下面是它們的定義：

```
class MonadTrans t where
    lift :: Monad m => m a -> t m a

class (Monad b, Monad m) => MonadBase b m | m -> b where
    liftBase :: b a -> m a
```

lift 在第 24 章中已經分析過了，它可以把裡層的單子操作升格到整個單子堆疊的上下文裡。liftBase 和它類似，但是升格的物件是單子堆疊最底層的操作。例如，對於底層是 IO 單子的單子堆疊來說，liftBase 等價於 liftIO。

基於 lift 升格操作，MonadTransControl 型別類別提供了比 lift 更通用的 liftWith 和 restore 操作。下面詳細分析一下 MonadTransControl。

◎ MonadTransControl 中定義了對應的關聯型別別名 StT，這個型別代表可以被「快照」的單子變換 t 攜帶的上下文。例如，stT MaybeT a 對應 Maybe a，StT (StateT s) a 對應 (a, s)，等等。

◎ restoreT 函數可以根據 m (StT t a) 型別的值恢復單子堆疊的上下文。例如，對於 m (Maybe a)，我們直接交給 MaybeT 就可以恢復之前 MaybeT 的上下文，所以 restoreT = MaybeT。而對於 StateT 來說，我們需要建構一個返回之前的 (a, s) 的函數，所以 restoreT = StateT . const。

◎ 型別 type Run t = forall n b. Monad n => t n b -> n (StT t b) 代表執行外層單子變換 t 的函數，例如 MaybeT 的 runMaybeT :: MaybeT m a -> m (Maybe a)。不過 StateT 的情況則要複雜一些，StateT 的上下文可以被保存為元組 (a, s)，但是 StateT 單子封裝的是一個狀態轉換函數，即 runStateT :: StateT s m a -> (s -> m (a, s))。如果希望得到「快照」下來的 (a, s)，就需要提供執行單子堆疊的狀態 s。所以對於 StateT 來說，liftWith 的定義就稍顯複雜了：

```
instance MonadTransControl (StateT s) where
  type StT (StateT s) a = (a, s)
  liftWith f = StateT $ \s ->
                 liftM (\x -> (x, s))
                       (f $ \t -> runStateT t s)
```

理解 StateT 的 MonadTransControl 實例的關鍵在於理解 StateT 保存的是狀態轉移函數。>>=操作對於 StateT 來說是狀態轉移函數的組合，而我們保存的「快照」是計算執行到一半時的具體狀態量 (a, s)。

而 MonadBaseControl 和 MonadTransControl 之間的區別，類似 MonadBase 和 MonadTrans 之間的區別：前者直接作用於最底層的單子 b，後者作用在單子變換之前的 m 層次上。由於 MonadBaseControl b m 直接限制了 b 和 m，這裡使用了型別依賴 m -> b 幫助編譯器推導型別，而 StM m a 需要保存整個單子堆疊從最外層直到最底層的上下文。這個過程是透過遞迴呼叫 StT 實作的：

```
-- 用來組合 t 和 m 的上下文的型別函數
type ComposeSt t m a = StM m (StT t a)

-- 定義每個單子堆疊的 StM
type StM (MaybeT m) a    = ComposeSt MaybeT m a
type StM (StateT t m) a = ComposeSt (StateT t) m a
...

-- 定義可以作為底層單子的單子型別
type StM IO a       = a
type StM Identity a = a
...


-- 具體的型別展開過程：
-- StM StateT s (MaybeT m) a
-- ComposeSt (StateT s) (MaybeT m) a
-- StM (MaybeT m) (StT (StateT s) a)      -- 先展開 StT (StateT s) a
-- StM (MaybeT m) (a, s)
-- ComposeSt MaybeT m (a, s)
-- StM m (StT MaybeT (a, s))              -- 繼續展開 StT (MaybeT) (a, s)
-- StM m (Maybe (a, s))
-- Maybe (a, s)                           -- 假設此時 m 已經是上述底層單子
```

上述的程式碼展示了如何透過 ComposeSt 把整個單子堆疊的上下文型別組合起來。MonadBaseControl 的實例方法 liftBaseWith 和 restoreM 也都是利用 liftWith 和 restoreT 遞迴定義出來的，它們允許直接在最底層的單子中執行整個單子堆疊的運算，並把上下文「快照」下來，或者透過「快照」下來的上下文恢復整個單子運算。

發揮 MonadBaseControl 型別類別威力的一個應用是 lifted-base 函數程式庫，這個函數程式庫透過型別限制 MonadBaseControl IO m 把 base 中所有常見的 IO 操作都升格到 m 單子中。這個過程的核心就在於 MonadBaseControl 提供的 liftBaseWith 和 restoreM 函數。我們以升格之後的 try 函數為例，下面是它的定義：

```
-- 使用 restoreM 恢復 StM m a 的上下文
sequenceEither :: MonadBaseControl IO m => Either e (StM m a) -> m (Either e a)
sequenceEither = either (return . Left) (liftM Right . restoreM)

-- 使用 liftBaseWith 提供的 runInIO 直接在 IO 中執行整個單子堆疊
-- 並把 StM m a 的上下文傳給 sequenceEither
```

```
try :: (MonadBaseControl IO m, Exception e) => m a -> m (Either e a)
try m = liftBaseWith (\runInIO -> E.try (runInIO m)) >>= sequenceEither
```

現在只要一個單子堆疊定義了 MonadBaseControl IO m 的實例，就可以直接在這個單子堆疊上使用 try 函數。當然，正如前面強調的，lifted-base 提供的不只是升格之後的異常處理操作，而是升格任意底層單子操作的能力。

33.5 常見的異常處理問題

異常處理在任何語言裡都不是一件簡單的事情，Haskell 也不例外。合理地使用處理函數，認真考慮需要處理的異常型別是總原則。下面是作者整理出的一些常見問題，供大家參考。

Q：如果我是函數程式庫的作者，我應該提供 MonadThrow/MonadCatch/MonadMask 的實例還是 MonadBaseControl/MonadTransControl 的實例呢？

如果可能，儘量都提供。如果只是為了增加異常處理，建議使用 MonadThrow/MonadCatch/ onadMask，因為 MonadBaseControl/MonadTransControl 保存整個單子堆疊上下文的做法會影響性能。

Q：如果底層單子是 IO，還有使用諸如 ExceptT 的必要嗎？

沒有，你可以直接在 IO 的返回值裡標記失敗，例如返回 IO (Either e a)。因為 IO 中的異常基於查閱資料表，對正常執行的程式碼沒有性能負擔，而在 IO 上疊加其他的異常處理單子變換，即損失性能，又會讓問題複雜化。

Q：try 和 catch 函數的區別是什麼，如何選擇正確的異常處理函數？

catch 函數會把異常處理操作放進一個遮罩區域，從而保證在異常處理時不再受到非同步異常的影響，而大部分情況下你並不需要這麼強力的保證。另一方面，雖然 try 是透過 catch 實作的，但是 try 很快把異常轉化成了 Either e 表示，接下來的處理處於正常的遮罩區域。總的來說，Haskell 中推薦的異常處理原則如下。

- 如果你想在異常發生時執行必要的清理動作，可以使用 finally/bracket/onException，或者使用 resource 函數程式庫。

- 如果動作執行的成功和失敗都在考慮範圍內，那麼推薦使用 try/tryJust 函數把操作的結果轉成 Either 型別，以便後續處理。另外，建議在使用 try/tryJust 的時候，設計好你想要捕捉的異常型別，不要處理不該處理的異常，也不要漏掉應該處理的異常。
- 如果你想在非同步異常發生之後仍然能夠恢復執行，可以使用 catch/catchJust 函數，但這時必須小心，因為處理不當會導致程式鎖死。

Haskell 的魔力｜函數式程式設計入門與應用

作　　者：韓冬
譯　　者：H&C
企劃編輯：蔡彤孟
文字編輯：江雅鈴
設計裝幀：張寶莉
發 行 人：廖文良

發 行 所：碁峰資訊股份有限公司
地　　址：台北市南港區三重路 66 號 7 樓之 6
電　　話：(02)2788-2408
傳　　真：(02)8192-4433
網　　站：www.gotop.com.tw
書　　號：ACL049800
版　　次：2017 年 06 月初版
建議售價：NT$520

國家圖書館出版品預行編目資料

Haskell 的魔力：函數式程式設計入門與應用 / 韓冬原著；H&C 譯. -- 初版. -- 臺北市：碁峰資訊, 2017.06
面；　公分
ISBN 978-986-476-419-8(平裝)
1.電腦程式語言
312.2　　106007400

讀者服務

- 感謝您購買碁峰圖書，如果您對本書的內容或表達上有不清楚的地方或其他建議，請至碁峰網站:「聯絡我們」\「圖書問題」留下您所購買之書籍及問題。(請註明購買書籍之書號及書名，以及問題頁數，以便能儘快為您處理)
http://www.gotop.com.tw

- 售後服務僅限書籍本身內容，若是軟、硬體問題，請您直接與軟體廠商聯絡。

- 若於購買書籍後發現有破損、缺頁、裝訂錯誤之問題，請直接將書寄回更換，並註明您的姓名、連絡電話及地址，將有專人與您連絡補寄商品。

- 歡迎至碁峰購物網
http://shopping.gotop.com.tw
選購所需產品。